JN250723

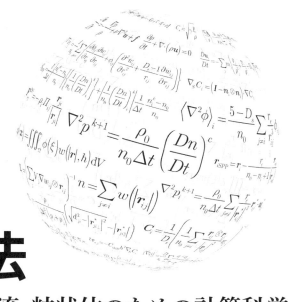

粒子法

連続体・混相流・粒状体のための計算科学

後藤仁志 著
Gotoh Hitoshi

森北出版株式会社

まえがき

　粒子法が最も効果を発揮するのは, 大変形を伴う問題においてである. したがって, 固体より流体の方が, 粒子法適用の恩恵は格段に大きい. もちろん, 固体の場合でも破壊過程では大変形を伴うので粒子法が有効な手段となる. 本書で主として扱うのは, 自由表面流れの解析である. 具体的にいうと気相と接する液相の運動の解析を対象とするのだが, 簡単のために気相の影響は考慮せず, 自由に変形する表面（水面）を有する液相（水流）を考える. たとえば, 砕波（海岸線付近で波が崩れる現象）のように水塊の分裂や再合体を伴う激しい水面形状の変化の下では, 格子法では水面境界の変形の追跡に大きな困難が生じ, 水面追跡精度の維持が難しい. 一方, 粒子法では, 液滴の飛散を伴うような状態でも安定した計算が行える. このような激しい流れ（violent flow）の解析に robustness を有するのが粒子法の長所である.

　粒子法としては, SPH（Smoothed Particle Hydrodynamics）法がよく知られているが, SPH 法は元来, 1970 年代に考案された圧縮性流体を陽解法型アルゴリズムで計算する手法であり, 非圧縮性流体（水の流れなど）を扱うには体積保存性に問題があった. 1990 年代後半に半陰解法型アルゴリズムを有する MPS（Moving Particle Semi-implicit）法が東京大学の越塚誠一博士により提案され, 非圧縮性流体を安定して計算できるようになり, 水流への適用が活発となった. また, SPH 法に関しても非圧縮性流体への適用に関する研究が進んだ. 格子法と比較した場合の粒子法の長所は, 1）時間微分項が移流項を含まないので数値拡散が生じないこと, 2）壁面等の固定境界条件の設定が粒子を配列するだけで行えるので, 格子生成のような熟練を要さないこと, である. つまり, 従来の格子法では計算が困難な大変形問題の解を得るための道具として, 粒子法はきわめて有望であり, それ故に研究面・実務面で注目を集めている.

　粒子法に関する既出の解説書はそれほど多くない. 粒子法に特化した和書としては, 1）越塚誠一著「粒子法」（丸善, 2005）, 2）越塚誠一編著「粒子法シミュレーション」（培風館, 2008）, 3）W. G. Hoover 著・志田晃一郎訳「粒子法による力学（Smooth Particle Applied Mechanics）」（森北出版, 2006）, 4）越塚誠一・柴田和也・室谷浩平著「粒子法入門」（丸善, 2014）, 5）矢川元基・酒井譲著「粒子法 基礎と応用」（岩波書店, 2016）がある. 1）は, MPS 法の計算原理の詳細な解説に加えて, 2005 年時

点での粒子法の関連研究の体系的レビューが掲載されている有用な書籍である．2）は，力学的な面よりも物理ベース CG の実践に関心のある読者を対象として，流体だけでなく弾性体や布のシミュレーションが可能な粒子法の特徴を端的に示している．3）は，主として SPH 法による連続体シミュレーションを扱った書籍であり，人工粘性を用いる初期の SPH 法に関しては詳しい計算原理の解説がある．4）は，MPS 法の理論の根幹部分の丁寧な解説とソースコードの具体的な記述についての解説を一体として展開しており，C 言語によるコードも添付されている．特に，陽解法の並列計算に関する具体的かつ詳細な記述は有用である．5）は，SPH 法について簡潔に解説し，固体・流体・粉体などの計算例を紹介している．

　本書の出版の動機の一つは，近年の粒子法研究の著しい進展がもたらした状況の変化である．「SPH 法と MPS 法のどちらが優れているのか？　違いは何か？」といった質問をよく耳にするが，現在の研究状況を見ると両者の明確な区別はないといえるだろう．先にも述べたように，SPH 法は圧縮性流体を対象とした陽解法，MPS 法は非圧縮性流体を対象とした半陰解法として開発されたが，その後，半陰解法に基づく ISPH 法が提案され，最近では GPU 高速並列計算に適合性が高い陽解法型の MPS 法も提案されている．越塚博士自身も MPS 法を「Moving Particle Simulation」と再定義されている．陽解法・半陰解法の区別がなくなれば，あとは微分演算子モデルの相違のみとなるが，これに関しても融合が進んでいる．高精度粒子法は，半陰解法型の粒子法の最も深刻な弱点であった圧力擾乱を低減するために開発されてきたが，その中で微分演算子モデルの高精度化に関しても様々な提案がなされている．高精度微分演算子モデルの多くは SPH 法と MPS 法に共通して導入可能であり，この面でも両手法の区別はないといってよい．このような粒子法にまつわる状況の変化は，近年急速に生じたので，既出の解説書には必ずしも十分には記載されていない．高精度粒子法は発展途上ではあるが，標準型の粒子法と比較して圧力擾乱を2桁程度小さくすることが可能となっており，手法の多様化もかなり進んできたことから，このあたりで全体像をとりまとめた解説が必要な時期ではと感じている．

　本書では以上のような認識から，はじめに，SPH 法と MPS 法の共通点や相違点を含めた統一的な計算原理の解説を行い，高精度粒子法に関して，諸手法の原理と適用効果について系統的に説明する．さらに，流体と相互作用する剛体群の解析，弾性体解析，混相流解析など連続体力学に関連する諸問題への適用に関しても具体的に述べる．特に，微小変形を扱う弾性体解析，密度差の著しい相界面を扱う混相流解析では，計算精度が計算の安定性に果たす役割が大きく，高精度粒子法の適用が，解析の適用範囲を大きく拡大させる．また，固液あるいは固気混相流の固相モデルとして必要となる粒状体解析のツールとして，個別要素法を取り上げる．

　執筆に際しては，すべての章にわたって，初学者が基礎式の導出過程を確実に追えるように，冗長は避けつつも丁寧な記述を心がけた．テンソル解析やクォータニオンなど，本編の式展開を理解するために必要な事項は付録にまとめた．さらに，実際に計算コードを書こうとする場合に有効となる事柄も多く盛り込むように努めた．読者対象としては，コーディングの経験を有する研究者・技術者および大学院生を想定している．本書が粒子法に興味をもつ読者を多く得て，粒子法に対する適正な理解が進むことを，著者は願っている．そして，個々の研究者・技術者が，求められる解の精度とそのために必要となる計算負荷を考慮して，最適な計算手法の選択を行うための一助となれば幸甚である．

　粒子法による非圧縮性流体解析に関しては比較的歴史が浅いので，計算理論面の研究は現在も進行中である．高精度粒子法については現時点で最新の方法をできる限り紹介するように意識したが，毎年多くの研究論文が出版されているので，さらに理解を深めたい読者には，本書を手がかりとして論文検索されることを勧めたい．また，粒子法計算理論の最新の動向に関しては，欧州の粒子法コミュニティー SPHERIC（SPH European Research Interest Community）の Web ページも有用である．主要研究機関での粒子法の博士学位論文なども公開されている．

　本書の執筆に際しては，著者の共同研究者である Abbas Khayyer 博士（京都大学），原田英治博士（京都大学），五十里洋行博士（京都大学），鶴田修己博士（港湾空港技術研究所）との継続的な議論が諸所に反映されている．Khayyer 博士には第 2, 3, 5 章について，原田博士には第 6 章について，五十里博士には第 3, 4 章について，鶴田博士には第 3, 6 章について，草稿の段階から有益な意見をいただいた．本書で紹介した計算結果の多くは，著者の研究グループの成果であり，シミュレーションの実施に際しては，研究室に在籍した学生諸君の協力を得た．また，森北出版の富井晃氏には，筆の進みの遅い筆者に辛抱強く対応いただき，出版まで種々お世話になった．ここに，謝意を表する．

2017 年霜秋

後藤 仁志

目　次

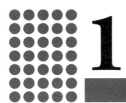

粒子法概説

　本章では，粒子法の概要に関して簡潔に述べる．はじめに 1.1 節では，連続体の数値解析法としての粒子法を格子法と対比しつつ概観する．支配方程式で見ると，格子法は Euler 法，粒子法は Lagrange 法であり，加速度項に移流項を含まない Lagrange 法は，物理学の初等課程で学ぶ質点の力学と同じ枠組みで捉えることができる．

　次に 1.2 節では，粒子法研究のこれまでの歩みに関して振り返る．今日の粒子法の直接の起源は，1977 年に天体物理学の分野で圧縮性流体の解析法として提案された SPH 法にある．格子法と同様に SPH 法には，衝撃波計算における数値的安定性のための人工粘性（非物理的粘性）が導入されている．一方，非圧縮性流体の解析にはprojection 法を基礎とするスキーム，すなわち MPS 法が有効である．この節では，SPH 法を微弱な圧縮性に対応するように改良した WCSPH 法，MPS 法と同様に projection 法を基礎とする ISPH 法など，種々の粒子法のつながりに関して整理し，今日までの粒子法研究の大まかな流れを示す．また 1.3 節では，本書の構成に関して述べる．

1.1　粒子法とは

　連続体の数値解析に広く用いられる格子法（有限差分法，有限体積法，有限要素法等）では，計算対象空間に配置された計算格子の結節点（格子点）を計算点（物理量の定義点）とする．そして，支配方程式（微分方程式）を離散的な計算点の相互関係を記述する代数方程式に変換（離散化）し，格子点数と同数の多元連立方程式を解いて，格子点における物理量の解（時間変化・空間変化）を得る．

　粒子法も，連続体の数値解析法の一つであるが，粒子法では，計算格子を導入せず，空間に配置された粒子を計算点として用いる．格子法の計算点が格子の結節点に固定されているのに対して，粒子法の計算点は空間を移動する．粒子法においても，支配方程式である微分方程式を離散化して解くプロセスは，格子法と同様に必要である．格子法では，特定の計算点の離散化に必要となる近傍の計算点は変化しないが，粒子法では，近傍粒子が時々刻々と変化するので，離散化の準備としての近傍粒子探索が必要となる．格子法では，計算点は格子状に配置されているので，計算領域が極端に変形すると格子が大きくひずみ，計算の継続が原理的には困難となる．これについて

は，格子端部の形状と物理的な界面形状の相違を補完する種々のモデルが提案されているが，それらのモデルを導入すると計算プロセスは複雑化する．一方，粒子法では，計算点が空間を移動するので，界面の大変形（分裂・再合体等も含めて）を柔軟に取り扱うことができる．格子法と粒子法の離散化の概念を**図 1.1** に，両法の概略的比較を**表 1.1** に示す．

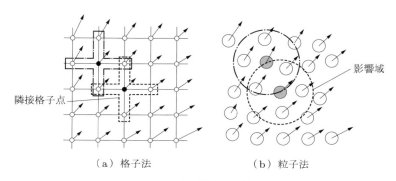

（a）格子法　　　　　　　　（b）粒子法

図 1.1　格子法と粒子法

表 1.1　格子法と粒子法の比較

項　目	格子法	粒子法
物理量の定義点	格子の結節点	粒子
計算点	固定	移動
格子形成	必要（前処理）	不要
近傍粒子探索	不要	必要
大変形問題	困難	容易

　連続体の運動の記述法には，Lagrange（ラグランジュ）法と Euler（オイラー）法がある．Lagrange 法とは，流体をきわめて多数の粒子の集合体と見なして，個々の粒子の運動を観測する方法をいい，質点の運動を運動方程式によって解析するのと類似の考え方に基づいている．Lagrange 法では時間だけが独立変数であり，粒子の位置・速度・加速度は時間の関数である．流体を構成する粒子を，運動方程式を解いて追跡することにより，流体の運動が追跡できる．流体を観測しようとする場合，Lagrange 法では流体粒子とともに移動しつつ観測を行う必要があるが，これは現実には困難だろう．それよりも，空間に固定された観測点に留まり，通過する流体を観測する方がはるかに容易である．この考え方が，Euler 法である．Euler 法では，固定された観測点において，通過する流体の速度・圧力といった物理量の時間的変化を観測する．Lagrange 法では時間だけが独立変数であったが，Euler 法では，時間と位置が独立変数であり，速度・加速度は時間と位置の関数である．このような観測法の

相違から，Euler 法と Lagrange 法では加速度項の表記が異なる．Lagrange 法では速度の時間微分として表記されるが，Euler 法では，それに加えて移流項（対流項）が出現する．

　流体の数値解析の研究では，移流項の離散化をいかに行うかが，多年にわたる中心課題であった．移流項を離散化する過程では，物理現象とは無関係な拡散（数値拡散）や解の振動（数値振動）が生じてしまう．たとえば，自由表面流れや密度流などの界面を有する流れにおいて界面付近で数値拡散が生じると，界面が極端に不鮮明化する．数値振動が生じると物理量が大きなノイズを含む値を示し，現実と乖離した解となってしまう．数値拡散と数値振動を抑制していかに解の精度を高めるかについて，格子法（Euler 法とほぼ同義）を対象として多くの研究が重ねられてきた．一方，粒子法は Lagrange 法であるから，移流項の離散化が不要であり，数値拡散・数値振動は原理的には生じない．後述するように，別の原因での非物理的擾乱が生じるが，その抑制法（高精度粒子法とよばれる）が種々研究されている．

　さきほど「格子法（Euler 法とほぼ同義）」と書いたが，格子を流体とともに移動させれば格子法も Lagrange 法となる．流体の運動が穏やかであれば，この対応も不可能ではない．水面の波の計算を考えると，波形勾配が小さい（波高が波長に対して十分に小さい）状態では，水面形状に沿った格子を配置し，格子の上端が水面に沿うように格子を変形させながら計算を行うことは可能である（境界適合格子）．しかし，波形勾配が大きくなり水面が急峻化するにつれて，尖っていく波の峰付近で次第に格子のひずみが大きくなり，水面に追随することが困難となる．そして，砕波して飛沫が上がる状態に至ると，格子は潰れて，計算は破綻する．しかし粒子法では，波形勾配の小さい沖波の岸への接近に伴う急峻化・砕波・飛沫の発生・遡上の全過程を一貫して計算することが可能である．このように，大変形問題への高い適用性が，粒子法の大きな利点だといえる．

1.2 粒子法研究の歩み

　米国の Los Alamos 研究所における Particle-in-Cell（PIC）法（Harlow, 1955）の研究の進展を記した Harlow (1988) のレビューに，完全 Lagrange 型の計算法である Particle-and-Force（PAF）法（Harlow and Daly, 1961）の記述がある．PIC 法は，格子法をベースに移流項の計算にのみ粒子を用いる方法である．移流項を Lagrange 的に計算するので数値拡散は発生しない一方，粒子と格子の間での変数のやり取りの過程で数値拡散が生じてしまう．PIC 法はいわば格子法と粒子法の折衷型の方法であるが，ここから二つの系統の手法が生まれた．第 1 は移流計算も含めて格子法を適用

し，粒子に界面（水面）のマーカーとしての役割しか与えない方法であり，これが Marker-and-Cell（MAC）法（Harlow and Welch, 1965）である．第2の方法は，格子を用いず，粒子のみを計算点として用いる方法であり，これが PAF 法である．粒子法の原型といえる PAF 法は，2次元計算でおおむね良好な成果を挙げたが，界面で顕在化する非物理的擾乱の問題を克服することができなかった（越塚, 2002）．一方，MAC 法も界面追跡のみに多数の Lagrange マーカーを用いるという非効率性が問題であり，その後 Volume-of-Fluid（VOF）法（Hirt and Nichols, 1981）に主役を譲ることとなったが，MAC 法で導入された非圧縮性流れの計算アルゴリズムは，現在でも広く用いられている．

　今日の粒子法に直接つながる手法の起源は，天文学・宇宙物理学にある．宇宙物理の分野，とりわけ恒星・銀河・星間物質などの天体の物理的性質を扱う天体物理学では，流体力学が重要な役割を演じる．対象となるのは，きわめて強い衝撃波を伴う圧縮性の超高速流であり，さらに多数の空隙の存在（天体密度の偏り）と空隙の変形に特徴付けられるが，界面の複雑な変形に対しては，粒子法の適用が有利である．さらに，粒子法では個々の粒子が一定の質量を保持して運動するため，流体の真密度が大きい場所に粒子が集中する．このことも，天体物理学で対象とするような密度の空間的偏在が大きい問題への粒子法の適用を有利にしている．圧縮性流体を陽解法で解く SPH（Smoothed Particle Hydrodynamics）法の最初の論文（Lucy, 1977 ; Gingold and Monaghan, 1977）は，当時は計算の実行に困難をきわめていた天体物理学の問題の解を示して，粒子法の有効性を明らかにした．ところで，格子法・粒子法を問わず，衝撃波（不連続面）の存在下では流体の運動方程式の数値解は得られず，衝撃波の物理粘性（平均自由行程と同オーダーの空間スケールで発現する粘性）を巨視的に表現する人工粘性の導入が不可避となる．人工粘性は過度に与えると解を鈍らせることから，その適正な評価法は，今日もなお圧縮性流体解法に共通した研究課題である．

　天文学・宇宙物理学ではもっぱら圧縮性流体を扱うが，工学上の問題には非圧縮性流体を扱うものが多い．そこで，圧縮性流体の解法として考案された SPH 法を，圧縮性がごくわずかな流体にも適用できるように改良して，擬似非圧縮性流体の計算を実現したのが，WCSPH（Weakly Compressible SPH）法（Monaghan, 1994）である．WCSPH 法は陽解法型であるので，状態方程式を用いて密度から圧力を算定するが，計算の安定性のためには 0.5% 程度の圧縮性を許容することが必要となり，体積保存性に欠陥がある．

　非圧縮性流体の解を得るのが目的ならば，圧縮性流体の解法を拡張するよりも，非圧縮性流体の計算アルゴリズムを直接導入する方が合理的である．このコンセプトで開発されたのが MPS（Moving Particle Semi-implicit）法（Koshizuka and Oka,

1996）である．MPS 法は，粘性項と重力項による粒子の移動を陽的に計算した後に圧力の Poisson（ポアソン）方程式を陰的に解く半陰解法であり，圧力の Poisson 方程式が粒子数密度一定の非圧縮性条件と質量保存則から導出されているため，体積保存性にも優れている（越塚, 2005）．

　SPH 法と MPS 法の相違は，陽解法，半陰解法という計算アルゴリズムの相違のみではない．流体の運動方程式を解くにはベクトル微分演算子（勾配，Laplacian 等）の計算が必要となるが，SPH 法と MPS 法では微分演算子の計算法が異なる．SPH 法では，積分補間子に相当する kernel 関数の微分演算としての数学的一貫性が優先されるが，MPS 法では，微分演算子ごとに個別のモデルが導入され，異なる微分演算に完全な数学的一貫性は保証されない．その一方で，MPS 法の微分演算子モデルには，低計算負荷で安定した解を得るための種々の工夫が施されており，工学的意義は高い．MPS 法の半陰解法型アルゴリズムの優位性は SPH 法の研究者にも認識されており，半陰解法型（非圧縮型）SPH 法 である ISPH（Incompressible SPH）法（Shao and Lo, 2003）も提案されている．ISPH 法は，SPH 法の微分演算子と MPS 法の計算アルゴリズムを組み合わせた方法であるが，この逆の選択，すなわち MPS 法の微分演算子と陽解法（SPH 法の計算アルゴリズム）の組み合わせも可能である．大規模計算の実行には並列計算が不可欠であるが，一般に計算コードの並列化の手続きは陽解法が容易である．MPS 法の提唱者である越塚博士の研究グループでは，「MPS = Moving Particle Simulation」と再定義し，MPS 法の微分演算子と陽解法を組み合わせた手法（山田ら, 2011）を開発して，数 10 億粒子を導入した大規模並列計算を実施した．今日では，スーパーコンピュータを用いれば，数 100 ～数 1000 億粒子の計算が実行可能である．

　半陰解法型の粒子法は，非物理的な人工粘性を導入することなく安定した計算が実行できる優れた手法であるが，圧力場の解に相当に激しい擾乱を伴うことが弱点である．この擾乱は高周波のノイズであるので，インターバル平均すれば消失する．言い換えると，個々の瞬間には激しいスパイクノイズを伴うが，計算時間間隔が 10^{-3} s と微小なため，粒子の座標の変化はわずかであり，流体の挙動全体に与える影響は限定的である．しかし，水塊の衝突の瞬間の作用圧力（たとえば，防波堤に作用する衝撃波圧）を求める場合には短時間のピーク値が問題となるため，インターバル平均は使えない．さらに，短時間のスパイクノイズであっても当該粒子の周囲に十分な数の粒子がない場所，すなわち水面などの自由境界では，粒子の飛び跳ねなどの非物理的な状況が生じる．流体力の定量評価の道具として粒子法を用いようとするなら，圧力擾乱の低減は不可避かつ最重要の研究課題である．以上の粒子法研究の歩みについて，**図 1.2** に示した．

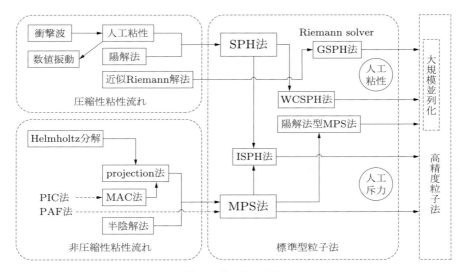

図 1.2　粒子法の歩み

　その一方で，圧力擾乱の存在があまり問題とはならない適用対象も存在する．典型的な例が，物理ベース CG である．CG 制作の観点からすれば，ものの動きをいかにリアルに表現するかが鍵であるが，CG 制作者の直感によって ad hoc に制作しようとすれば，膨大な手間が必要となる．もし，物性を考慮した運動方程式ベースの計算，すなわちシミュレーションによってものの動きを再現し，計算結果を使って CG を作成することができれば，CG 制作者の直感に依存することなくリアルな CG が制作できる．この場合，高周波のスパイクノイズは粒子の動きに決定的な影響を与えなければ問題とならず，圧力擾乱を伴う解でも十分に使用できる（粒子の一部の挙動に問題があれば，その部分のみ ad hoc な修正を行うことも可能である）．CG 制作には，流体現象を伴う水・煙・炎などのリアルな動きの再現に多数の粒子を導入する手法，すなわち particle system（Reeves, 1983）が活用されている．導入初期には，粒子の挙動は ad hoc であり，運動方程式を大幅に簡略化した運動規則が用いられたが，particle system は粒子ベースの手法であるので，粒子法との馴染みがよいことは言うまでもない．物理ベース CG への粒子法の適用は，流体に限らず，剛体・弾性体・塑性体なども含めて広範に進められている（越塚, 2008）．

　圧力擾乱の低減への対応に話を戻そう．連続体の運動方程式を離散的な計算点（粒子）間の関係に置き換える際には，様々な近似や簡略化が不可避であるので，それらに伴う誤差は当然発生する．解の擾乱を低減するには，粒子法の計算原理を丹念に振り返り，擾乱の原因を探し出して，対応を考案することが必要となる．粒子法の精度

を高めるための基礎研究は，SPH 法の提案当初から継続的に行われてきた．また，2005 年頃からは，MPS 法に関しても高精度化に関する研究が活発に行われるようになった．項目は多岐にわたるが，これまでの経緯の概略と現状での課題がまとめられている（たとえば，Rosswog, 2009 ; Liu and Liu, 2010 ; Gotoh and Khayyer, 2016）．本書では，高精度粒子法に関連する重要事項について，第 2 章以降で詳述する．

1.3　本書の構成

　本書の構成を図 1.3 に示す．本書では，連続体のソルバーとしての SPH 法，MPS 法に関して重点的に扱う．第 2 章「標準型の粒子法」では，SPH 法と MPS 法について，相互の共通点や相違点を明確に示し，手法の基本的事項に関して解説する．既存の粒子法に関する書籍の多くでは，SPH 法と MPS 法が個別に解説されており，統一的な解説は見当たらない．そこで本書では，微分演算子の定義と数値解法のアルゴリズムの二つの面から，両者の系統的な解説を試みる．陽解法型の粒子法（主として SPH 法）については人工粘性の導入方法と問題点を，半陰解法型の粒子法（主として MPS 法）については圧力擾乱の問題を取り上げて，高精度粒子法の必要性を明らかにする．さらに，乱流計算のための SPS 乱流モデル（粒子法による LES）についても述べる．また，既存の粒子法に関する書籍では基礎式の導出に関しては要点のみ

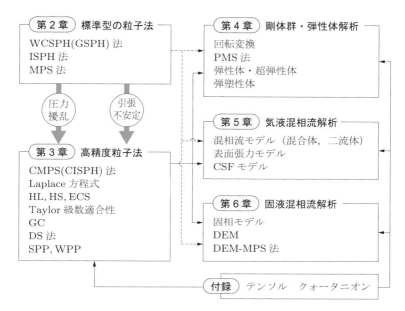

図 1.3　本書の構成

が示されているが，基礎式の導出過程の詳細を理解したいと考える初学者も少なくないだろう．本書では，基礎式の導出に関して，丁寧な記述を心がけた．

　標準的な SPH 法では陽解法が用いられるが，解を安定して収束させるには人工粘性の導入が不可避である．人工粘性は衝撃波（不連続面）への対応として導入されるのだが，衝撃波の存在しない場所でも作用するので，実際の物性とは異なった粘性を有する流体の挙動を計算することとなってしまう．このような非物理的粘性の導入を避けるには，標準 MPS 法のように半陰解法（非圧縮性流体の解法のためのアルゴリズム）を導入する必要がある．しかし，半陰解法の導入は新たな問題，すなわち圧力の擾乱（ノイズ）を生じさせる．第3章「高精度粒子法」では，圧力の擾乱の低減に効果的な高精度粒子法の種々の方法を取り上げる．離散化の際の運動量保存性，Poisson 方程式の高精度生成項，Laplacian（Laplace（ラプラス）演算子）モデルの高精度化，solenoidal 場への収束性の向上，勾配モデルの高精度化について具体的に解説する．さらに，粒子法に共通した弱点として知られる引張不安定や高精度化を進めるうえで鍵となる Taylor（テイラー）級数適合性，さらには，stabilizer（計算安定化の方法）に関して，ad hoc なものから理論的なものまで幅広く取り上げる．じつは，半陰解法型の粒子法では，計算安定化のために人工斥力項が導入されている（陽には記載されていない場合も多いが，圧力勾配項に人工斥力が含められている）．しかし，散逸的な人工粘性と比較すると人工斥力は制御しやすく，計算安定化に必要な最低限度の人工項を推定する基準も明確である．これについても第3章で詳しく述べる．また，粒子法の標準的な境界条件は簡潔で扱いやすいものであるが，固定壁，自由表面の境界条件が，いずれも圧力擾乱の発生源となってしまうことが問題である．第3章では，この問題を解決するための境界条件の記述法の改善に関しても紹介する．

　粒子法の利点の一つは，複雑な境界形状を容易に取り扱えることである．この利点が明瞭となる代表事例が，多数浮体（剛体）が流体に駆動される状況のシミュレーションである．水工学で扱う水災害では，流木や瓦礫を伴う洪水氾濫が問題となるが，多数の浮体を伴う激しい流れを自由水面の変動と浮体間衝突を含めて解析するには，粒子法が切り札となる．これについては，第4章「剛体群・弾性体解析」の前半部で詳細に解説する．

　粒子法は大変形問題の解析に特に有効であるので，流体を対象とした適用が先行しているが，弾性体・弾塑性体の解析に同一の計算原理が適用できる．たとえば，地盤の崩壊現象では，微小変形が適用できる領域を超えて塑性変形が進行し，最終的に亀裂が拡大して滑り面が形成されるまで，一貫した追跡計算が望まれる．しかし，地盤解析で広く使われる有限要素法では，弾塑性体モデルを組み込んだとしても亀裂の発生直前までしか追跡できず，滑り面の発生から土塊の分裂・流動といった地滑りの本

質的な現象の再現は不可能である．これに対して粒子法では，微小変形から土塊の分裂・流動まで一貫した解析が可能であり，構成則を切り替えれば様々な材料の変形および流動現象を取り扱うことができる．第 4 章「剛体群・弾性体解析」の後半部では，粒子法による弾性体解析に関して詳述し，超弾性体解析や弾塑性体解析にも言及する．

　実現象には固液・気液混相流を考慮するべき状況が多く見られるが，粒子法は界面の解像に優れていることから，混相流への適用も容易である．粒子法，格子法のいずれでも，二相間の密度差が大きい気液混相流は固液混相流と比較すると計算が不安定になりやすく，取り扱いが難しい．言うまでもないことだが，水と空気の混相状態では，気相の密度は液相の 1/824（20℃のとき）程度であって，同一体積を代表する液相粒子は気相粒子の約 800 倍強の質量となる．したがって，液相粒子のわずかな圧力の擾乱が，近接する気相粒子を跳ね飛ばすような大きな見かけの運動量を気相粒子に与えることになり，気液界面は圧力擾乱に対して特に不安定となる．このような理由から，粒子法でも混相流計算は固液混相流を対象に始められ，気液混相流に関しては気液相間の完全な相互作用計算は困難であった．しかし，高精度粒子法の登場によって事情は変わりつつあり，1000 倍程度の密度差に関しても双方向型の混相流計算が実現可能となっている．第 5 章「気液混相流解析」では，混相流の一般的な定式化，気液界面の密度勾配の評価法，気液二相流解析の詳細，気液界面に作用する表面張力の数理モデルとその粒子法への適用に関して解説する．

　本書では，主として流体解析の手法としての狭義の「粒子法」を扱うが，粒子法の範疇に入る手法は多岐にわたる．その中でも粒状体のモデルとしての個別要素法（Distinct Element Method, DEM）（Cundall and Strack, 1979）は，理工学の様々な分野で広く適用されている．水工学の分野でも流砂・漂砂（水流による土砂輸送）現象のモデルとして，個別要素法が用いられ，流砂・漂砂の計算力学の進展に寄与していることは，拙著「数値流砂水理学」（後藤, 2004）にも詳しく述べたとおりである．個別要素法は, 固液混相流における固相モデルとしてきわめて有用である．第 6 章「固液混相流解析」では，はじめに，固液混相流を単相流として取り扱う非 Newton 流体モデルに関して，構成則と粘性項の離散化に焦点を当てて解説する．次に，固相モデルとしての個別要素法の数理モデルに関して述べ，固相の離散粒子群としての運動を詳細に計算するための混相流モデルとして，流体粒子の数倍から 10 倍程度の粒径の固相粒子が存在する状態を対象とした DEM-MPS 法に関して詳述する．

　粒子法は，格子法と比較すると空間解像度の調整の自由度が小さいので，大領域の計算に不向きであるといわれる．格子法では格子幅を自由に調整できるから，計算点を密に配置したい地点にのみ格子配置を密にすることにより，容易に空間解像度を調整できる．しかし，粒子法の相互作用モデルは粒子径を基準とした kernel の影響域

内の粒子を対象に機能するため,粒子径の大きく異なる粒子間ではうまく機能しない.
この問題を緩和する方法は提案されてはいるが,粒子が移動計算点である(自由に動
き回る)こともあり,空間解像度は格子法ほど自由には設定できない.このため,大
規模な 3 次元計算を実施しようとすると,少なくとも 100 万〜 1000 万オーダーの粒
子数を扱うことが必要となり,計算コードの並列化は必須となる.並列計算による高
速化に関しては,計算工学上の重要課題ではあるが,CUDA (Compute Unified
Device Architecture) や MPI (Message Passing Interface) による並列化に関しては,
粒子法を対象とした具体的な解説書(たとえば,越塚ら,2014)が出版されているた
め,本書では扱わないこととした.並列化技術の解説には,ソースコードを具体的に
示すことが有効であるが,コードは日々更新されている.本書の目的は粒子法コード
を書くために必要な理論と技術(短期間には大きく変わることのない普遍性の大きい
部分)を解説することにあるので,ソースコードを示す必要がある項目には言及しな
いこととした.近年は,SPHysics のようなフリーウェアも存在するので,コーディ
ング自体を学びたいなら,まずは理論的な背景を本書で理解し,ソースコードを入手
して精読するのがよいだろう.

　特に,大学院生や若手技術者が,高精度粒子法や弾性体・流体連成解析などの先端
的な粒子法研究を始めるには,理論の基礎(式の展開)を十分に理解することが肝要
である.連続体の解析ではベクトル・テンソル表記が必須であり,本書でも随所で使
われているが,特にテンソル解析に関しては大学院生レベルでも習熟が不十分なこと
が少なくないようである.そこで,テンソルの演算に関して付録にまとめた.さらに,
本編での冗長な記述を避けるため,クォータニオンの基本演算に関しても付録を用意
した.本編での必要に応じて適宜参照してもらいたい.

2 標準型の粒子法

　本章では，すでに計算理論研究の段階を終えて，諸現象への応用の段階にある手法を標準型の粒子法として説明する．まず最初に，流体の支配方程式に関して 2.1 節にまとめる．粒子法では，非圧縮性流体解析においても質量保存則に密度の時間微分項が導入され，SPH 法では，圧力の計算に状態方程式が用いられる．これらの背景について考えるには，支配方程式自体の理解が不可欠といえる．

　既存の粒子法に関する書籍の多くでは，SPH 法と MPS 法が個別に解説されているが，本書では，両者の共通点や相違点を明確にした統一的な解説を 2.2 節および 2.3 節で試みている．鍵となるのは，微分演算子の定義と数値解法のアルゴリズムの二つの観点である．SPH 法は，微分演算子の数学的一貫性に優れた陽解法型のスキームであるが，数値的安定性の確保のために，2.4 節で述べる人工粘性（非物理的粘性）の導入が不可避である．一方，MPS 法は，微分演算子の数学的一貫性で妥協することにより，非物理的粘性の導入を回避しつつ，数値的安定性を確保した半陰解法型のスキームである．

　粒子法は一般に，圧力擾乱（圧力場の高周波ノイズの存在）の問題を抱えているが，この問題は，粒子法の本質である移動計算点の存在と関係している．2.5 節では，圧力擾乱について述べ，研究の初期段階で検討された微弱な圧縮性の付与による擾乱低減法とその問題点について解説し，抜本的な改善法としての高精度粒子法の必要性を示す．

　粒子法では，固定壁や自由水面などの境界条件の記述法が格子法とは大きく異なるので，2.6 節では，各種の境界条件に関して説明する．また，粒子法では計算格子を用いないので，近傍の計算点との幾何的関係が固定されている格子法とは異なり，離散化の際には時間更新のたびに近傍の粒子を探索する必要が生じる．2.7 節で述べるように，近傍粒子探索の負荷は計算粒子数が増加すると加速的に増加するので，探索域を絞り込む予備探索法の導入が必要となる．

　格子法と同様に，粒子法でも乱流計算は可能である．粒子法による LES すなわち SPS 乱流モデルは 2001 年に提案されたが，圧力擾乱の問題が未解決であったため，物理的擾乱（乱流）と非物理的擾乱の区別が難しく，顕著な進展なしに現在に至っている．しかし，高精度粒子法の進歩により非物理的擾乱が効果的に低減できるように

なり，今後，粒子法 LES が活発化すると見込まれる．SPS 乱流モデルの枠組みに関しては，2.8 節で述べる．さらに，計算の大規模化への貢献が期待される解像度可変型粒子法の考え方について 2.9 節で，陽解法型の WCSPH 法の安定化に有用な Riemann solver に関しても 2.10 節で概略的な解説を行う．

2.1 流体の支配方程式

2.1.1 圧縮性流体の支配方程式

圧縮性流体の支配方程式は，連続式すなわち質量保存則

$$\frac{\partial \rho}{\partial t} + \nabla \cdot (\rho \boldsymbol{u}) = 0 \tag{2.1}$$

と，運動方程式すなわち運動量保存則

$$\frac{\partial}{\partial t}(\rho \boldsymbol{u}) + \nabla \cdot (\rho \boldsymbol{u} \otimes \boldsymbol{u}) = -\nabla p + \nabla \cdot \boldsymbol{\Pi} + \rho \boldsymbol{f} \tag{2.2}$$

およびエネルギー方程式すなわちエネルギー保存則

$$\frac{\partial E}{\partial t} + \nabla \cdot (E\boldsymbol{u}) = -\nabla \cdot (p\boldsymbol{u}) + \nabla \cdot (\boldsymbol{\Pi} \cdot \boldsymbol{u}) - \nabla \cdot \boldsymbol{q}_H + \rho \boldsymbol{f} \cdot \boldsymbol{u} \tag{2.3}$$

である．ここに，ρ：密度，$\boldsymbol{u}$：流速，p：圧力，$\boldsymbol{\Pi}$：粘性応力テンソル，$\boldsymbol{f}$：外力であり，式中の記号 ∇ は，nabla（ナブラ；別名 Hamilton（ハミルトン）の演算子），記号 $\otimes$ はテンソル積（ディアド積）を示している．式中の全エネルギー E は，内部エネルギーと運動エネルギーの和であり，

$$E = \rho \left(e + \frac{|\boldsymbol{u}|^2}{2} \right) \tag{2.4}$$

と表せる（e：内部エネルギー）．また，熱流束 $\boldsymbol{q}_H$ は，Fourier（フーリエ）の関係を用いて，

$$\boldsymbol{q}_H = -k_T \nabla T \tag{2.5}$$

と書ける．ここに，k_T：熱伝導率，T：絶対温度である．方程式系 (2.1) 〜 (2.3) を圧縮性 Navier–Stokes（ナヴィエ－ストークス）式とよぶ（たとえば，保原・大宮司，1992）．

方程式系 (2.1) 〜 (2.3) の独立変数は，密度，流速，圧力，内部エネルギーで合計 6 個（流速はベクトルで 3 成分）であるが，方程式数は 5 本で完結しない．圧縮性流体の解を得るには，方程式系 (2.1) 〜 (2.3) に加えて，圧力と密度，内部エネルギーの関係式，すなわち状態方程式

$$p = fun(\rho, e) \tag{2.6}$$

が必要となる.

方程式系 (2.1) 〜 (2.3) において, 粘性・熱伝導などの散逸項を省略すると, 圧縮性 Euler 方程式

$$\frac{\partial \rho}{\partial t} + \nabla \cdot (\rho \boldsymbol{u}) = 0 \qquad \text{(2.1) 再掲}$$

$$\frac{\partial}{\partial t}(\rho \boldsymbol{u}) + \nabla \cdot (\rho \boldsymbol{u} \otimes \boldsymbol{u}) = -\nabla p + \rho \boldsymbol{f} \qquad (2.7)$$

$$\frac{\partial E}{\partial t} + \nabla \cdot (E \boldsymbol{u}) = -\nabla \cdot (p \boldsymbol{u}) + \rho \boldsymbol{f} \cdot \boldsymbol{u} \qquad (2.8)$$

が得られる.

完全気体(気体分子が質点であり, 分子間力が作用しない仮想的な気体)では, 状態方程式は,

$$p = \rho R T \qquad (2.9)$$

と表せる. ここに, R:気体定数

$$R = C_p - C_v = (\gamma - 1) C_v \quad ; \quad \gamma = \frac{C_p}{C_v} \qquad (2.10)$$

であり, C_p:等圧比熱, C_v:等積比熱, γ:比熱比である. さらに, 完全気体では, 内部エネルギーは,

$$e = C_v T \qquad (2.11)$$

と書ける. 式 (2.9) 〜 (2.11) を用いると, 内部エネルギーは,

$$e = \frac{p}{\gamma - 1} \frac{1}{\rho} \qquad (2.12)$$

と表され, 式 (2.4) を用いると, 全エネルギーは,

$$E = \frac{p}{\gamma - 1} + \frac{\rho |\boldsymbol{u}|^2}{2} \qquad (2.13)$$

となる. この方程式系 (2.1), (2.7), (2.8) と式 (2.13) を連立させた基礎式が, 天体物理学ではよく用いられる.

ところで, 全エネルギーの表式 (2.13) を式 (2.8) に代入すれば, 密度, 流速, 圧力を独立変数とする(エネルギーを陽的に含まない)方程式

$$\frac{\partial p}{\partial t} = -\gamma p \nabla \cdot \boldsymbol{u} - \boldsymbol{u} \cdot \nabla p \qquad (2.14)$$

が得られる. さらに, 音速の定義

$$C_s = \sqrt{\gamma \frac{p}{\rho}} \quad \therefore \gamma p = \rho C_s^2 \qquad (2.15)$$

を用いて,

$$\frac{\partial p}{\partial t} = -\rho C_s^2 \nabla \cdot \boldsymbol{u} - \frac{C_s^2}{\gamma} \boldsymbol{u} \cdot \nabla \rho \tag{2.16}$$

が得られるので，式 (2.1)，(2.7)，(2.16) を連立させて解けばよい．

2.1.2 非圧縮性流体の連続式・運動方程式

圧縮性流体の連続式 (2.1) の左辺第 2 項は，

$$\nabla \cdot (\rho \boldsymbol{u}) = \boldsymbol{u} \cdot \nabla \rho + \rho \nabla \cdot \boldsymbol{u} \tag{2.17}$$

と書ける．さらに，実質微分の定義

$$\frac{D\phi}{Dt} = \frac{\partial \phi}{\partial t} + \boldsymbol{u} \cdot \nabla \phi \tag{2.18}$$

を用いて，

$$\frac{\partial \rho}{\partial t} + \boldsymbol{u} \cdot \nabla \rho = \frac{D\rho}{Dt} \tag{2.19}$$

となることから，式 (2.1) は

$$\frac{D\rho}{Dt} + \rho \nabla \cdot \boldsymbol{u} = 0 \tag{2.20}$$

となる．非圧縮性流体では密度 ρ が変化しないので，

$$\frac{D\rho}{Dt} = 0 \tag{2.21}$$

であり，これを式 (2.20) に用いると，

$$\nabla \cdot \boldsymbol{u} = 0 \tag{2.22}$$

が得られる．この表式が，非圧縮性流体の連続式である．この式から明らかなように，非圧縮性流体では，時間によらず（いずれの瞬間でも）流速の発散がゼロとなる．

次に，非圧縮性流体の運動方程式を導出する．圧縮性流体の運動方程式 (2.2) の左辺は，圧縮性流体の連続式 (2.1) を用いれば，

$$\frac{\partial}{\partial t}(\rho \boldsymbol{u}) + \nabla \cdot (\rho \boldsymbol{u} \otimes \boldsymbol{u}) = \rho \left(\frac{\partial \boldsymbol{u}}{\partial t} + \boldsymbol{u} \cdot \nabla \boldsymbol{u} \right) + \boldsymbol{u} \left\{ \frac{\partial \rho}{\partial t} + \nabla \cdot (\rho \boldsymbol{u}) \right\} = \rho \frac{D\boldsymbol{u}}{Dt} \tag{2.23}$$

と書ける．粘性応力テンソルは，

$$\boldsymbol{\Pi} = 2\mu \left(\boldsymbol{D} - \frac{1}{3} \boldsymbol{I} \nabla \cdot \boldsymbol{u} \right) \tag{2.24}$$

$$\boldsymbol{D} = \frac{\nabla \boldsymbol{u} + (\nabla \boldsymbol{u})^T}{2} \tag{2.25}$$

と定義される．ここに，μ：粘性係数，$\boldsymbol{D}$：変形（ひずみ）速度テンソル，$\boldsymbol{I}$：単位テンソルである．上付き添え字 T は転置を表す．非圧縮性流体については，式 (2.22) より

$$\boldsymbol{\Pi} = 2\mu \boldsymbol{D} \tag{2.26}$$

となる．圧縮性流体の運動方程式 (2.2) の右辺第 2 項は，粘性応力テンソルの発散であるので，

$$\nabla \cdot \boldsymbol{\Pi} = 2\mu \nabla \cdot \left(\boldsymbol{D} - \frac{1}{3} \boldsymbol{I} \, \nabla \cdot \boldsymbol{u} \right) = \mu \left\{ \nabla \cdot \nabla \boldsymbol{u} + \nabla \cdot (\nabla \boldsymbol{u})^T \right\} - \frac{2}{3} \mu \nabla (\nabla \cdot \boldsymbol{u})$$

$$= \mu \left\{ \nabla^2 \boldsymbol{u} + \frac{1}{3} \nabla (\nabla \cdot \boldsymbol{u}) \right\} \qquad (2.27)$$

と表され，非圧縮性流体については，

$$\nabla \cdot \boldsymbol{\Pi} = \mu \nabla^2 \boldsymbol{u} \qquad (2.28)$$

と書ける．なお，式 (2.27), (2.28) には，ベクトル微分演算に関する公式

$$\nabla \cdot (\nabla \boldsymbol{u})^T = \nabla (\nabla \cdot \boldsymbol{u})$$

を用いた．式 (2.23), (2.28) を圧縮性流体の運動方程式 (2.2) に用いて，

$$\frac{D\boldsymbol{u}}{Dt} = -\frac{\nabla p}{\rho} + \nu \nabla^2 \boldsymbol{u} + \boldsymbol{f} \quad ; \quad \nu = \frac{\mu}{\rho} \qquad (2.29)$$

が得られる（ν：動粘性係数）．この式が非圧縮性流体の運動方程式であり，後述する粒子法の離散化の主対象である．

　さらに，式 (2.29) の発散をとる（前から ∇ との内積をとる）と，

$$\frac{\nabla^2 p}{\rho} = -\nabla \cdot (\boldsymbol{u} \cdot \nabla \boldsymbol{u}) + \nabla \cdot \boldsymbol{f} \qquad (2.30)$$

が得られる（導出には，連続式 (2.22) を用いた）．この式は Poisson 方程式であり，楕円型の偏微分方程式であって，時間微分項を含まない．したがって，圧力は瞬間の流れ場から決まることとなる．このことは，後述する粒子法の半陰解法型のアルゴリズム構築の鍵となる事実である．

　上記から明らかなように，非圧縮性流体では圧力は瞬時に場全体に伝わる．直感的にいえば，圧縮性がなければ，限りなく大きい領域の片側の端を押すと，瞬時に反対側の端が飛び出すことになる．また，媒質の粗密変化を通じて伝搬する波（たとえば音波）の速度は無限大となる．このような非現実的（非物理的）状況が生じることを考えれば，非圧縮性流体が実在しないことは言うまでもない．通常，「空気は圧縮性流体，水は非圧縮性流体」といわれているが，水も空気と比較すると微弱ながら圧縮性を有しており，水中の音速も有限値である．つまり，非圧縮性流体は近似であるが，水を対象とする限り，通常の状況では，この近似が有効であるので，「水は非圧縮性流体」といわれるのである．近似の正否を支配するのは音速と流速の比，すなわち Mach（マッハ）数である．Mach 数が十分に小さいとき，言い換えると流速が音速よりも十分に小さいとき，音速を無限大と見なす近似は妥当となり，非圧縮性流体としての取り扱いが可能である．

2.1.3 非圧縮性流体のエネルギー式

圧力項と粘性応力項をまとめて，応力テンソル

$$\boldsymbol{T} = -p\boldsymbol{I} + 2\mu\left(\boldsymbol{D} - \frac{1}{3}\boldsymbol{I}\nabla\cdot\boldsymbol{u}\right) = -p\boldsymbol{I} + \boldsymbol{\Pi} \tag{2.31}$$

を定義すると，圧縮性流体のエネルギー式 (2.3) の右辺第 1, 2 項は，

$$-\nabla\cdot(p\boldsymbol{u}) + \nabla\cdot(\boldsymbol{\Pi}\cdot\boldsymbol{u}) = \nabla\cdot(\boldsymbol{u}\cdot\boldsymbol{T}) \tag{2.32}$$

と書けるので，圧縮性流体のエネルギー式は，

$$\rho\frac{D}{Dt}\left(e + \frac{|\boldsymbol{u}|^2}{2}\right) = \nabla\cdot(\boldsymbol{u}\cdot\boldsymbol{T}) - \nabla\cdot\boldsymbol{q}_H + \rho\boldsymbol{f}\cdot\boldsymbol{u} \tag{2.33}$$

となる．この式の右辺第 1 項

$$\nabla\cdot(\boldsymbol{u}\cdot\boldsymbol{T}) = \frac{\partial}{\partial x_k}(u_j T_{jk}) = T_{jk}\frac{\partial u_j}{\partial x_k} + u_j\frac{\partial T_{jk}}{\partial x_k} \tag{2.34}$$

に関して考えるが，これ以降は式変形の過程を読み取りやすく表示するため，指標表記（Einstein（アインシュタイン）の総和規約を用いたテンソル表記）とシンボリック表記（ベクトル表記）が混在した表示としている．

式 (2.34) の右辺第 1 項は，

$$\begin{aligned}T_{jk}\frac{\partial u_j}{\partial x_k} &= \left\{-p\delta_{jk} + \mu\left(\frac{\partial u_j}{\partial x_k} + \frac{\partial u_k}{\partial x_j} - \frac{2}{3}\nabla\cdot\boldsymbol{u}\delta_{jk}\right)\right\}\frac{\partial u_j}{\partial x_k} \\ &= -p\nabla\cdot\boldsymbol{u} + \mu\left(\frac{\partial u_j}{\partial x_k} + \frac{\partial u_k}{\partial x_j} - \frac{2}{3}\nabla\cdot\boldsymbol{u}\delta_{jk}\right)\frac{\partial u_j}{\partial x_k}\end{aligned} \tag{2.35}$$

と書ける．式中の δ_{jk} は Kronecker（クロネッカー）のデルタであり，

$$\delta_{jk} = \begin{cases} 1 & (j = k) \\ 0 & (j \neq k) \end{cases} \tag{2.36}$$

と定義される．式 (2.35) に，

$$\delta_{jk}\left(\frac{\partial u_j}{\partial x_k} + \frac{\partial u_k}{\partial x_j} - \frac{2}{3}\nabla\cdot\boldsymbol{u}\delta_{jk}\right) = 0 \tag{2.37}$$

の関係および，T_{jk} の対称性（$T_{jk} = T_{kj}$）から

$$T_{jk}\frac{\partial u_j}{\partial x_k} = \frac{1}{2}T_{jk}\left(\frac{\partial u_j}{\partial x_k} + \frac{\partial u_k}{\partial x_j}\right) \tag{2.38}$$

と書けることを用いると，式 (2.34) の右辺第 1 項は，

$$T_{jk}\frac{\partial u_j}{\partial x_k} = -p\nabla\cdot\boldsymbol{u} + \frac{\mu}{2}\left(\frac{\partial u_j}{\partial x_k} + \frac{\partial u_k}{\partial x_j} - \frac{2}{3}\nabla\cdot\boldsymbol{u}\delta_{jk}\right)^2 \tag{2.39}$$

となる．この式の右辺第 2 項は，粘性による熱散逸を表し，散逸関数とよばれる．変

形速度テンソル D_{ij} を用いて表すと，

$$\Phi = 2\mu \left(D_{ij} - \frac{1}{3} \nabla \cdot \boldsymbol{u} \delta_{ij} \right)^2 \tag{2.40}$$

となり，式 (2.34) の右辺第 1 項は，

$$T_{jk} \frac{\partial u_j}{\partial x_k} = -p \nabla \cdot \boldsymbol{u} + \Phi \tag{2.41}$$

となる．

　圧縮性流体の Navier–Stokes 式

$$\rho \frac{D u_i}{D t} = \frac{\partial T_{ik}}{\partial x_k} + \rho f_i \tag{2.42}$$

に u_i を乗じて，

$$\rho u_i \frac{D u_i}{D t} = u_i \frac{\partial T_{ik}}{\partial x_k} + \rho u_i f_i \tag{2.43}$$

これに

$$\rho u_i \frac{D u_i}{D t} = \rho \frac{D}{D t} \left(\frac{|\boldsymbol{u}|^2}{2} \right) \tag{2.44}$$

を用いると，

$$\rho \frac{D}{D t} \left(\frac{|\boldsymbol{u}|^2}{2} \right) = u_i \frac{\partial T_{ik}}{\partial x_k} + \rho \boldsymbol{f} \cdot \boldsymbol{u} \tag{2.45}$$

となる．

　以上のことから，式 (2.33)，(2.34)，(2.41)，(2.45) より，内部エネルギーの方程式

$$\rho \frac{D e}{D t} = -p \nabla \cdot \boldsymbol{u} + \Phi - \nabla \cdot \boldsymbol{q}_H \tag{2.46}$$

が得られる．非圧縮性流体では式 (2.22) が成り立つので，散逸関数が

$$\Phi = 2\mu D_{ij}^2 = 2\mu \boldsymbol{D} : \boldsymbol{D} \tag{2.47}$$

と簡略化され（式中の : はテンソルの複内積を示す），式 (2.46) は，

$$\rho \frac{D e}{D t} = 2\mu \boldsymbol{D} : \boldsymbol{D} - \nabla \cdot \boldsymbol{q}_H \tag{2.48}$$

となり，さらに，熱流束に Fourier の関係（式 (2.5)）を用い，内部エネルギーを式 (2.11) で与えると，

$$\rho C_v \frac{D T}{D t} = 2\mu \boldsymbol{D} : \boldsymbol{D} + k_T \nabla^2 T \tag{2.49}$$

が得られる．粘性による熱散逸が温度に与える影響は概して小さいので，

$$\rho C_v \frac{D T}{D t} = k_T \nabla^2 T \tag{2.50}$$

と簡略化できる．このことは，内部エネルギーの方程式が温度場の方程式として記述

され，質量・運動量の保存則とは分離されている（独立して取り扱える）ことを示している．さらに運動エネルギーは，式 (2.45) からわかるように，質量・運動量の保存則に従属的であり，エネルギーの保存則を陽に取り扱う必要はない．

以上のように，非圧縮性流体では，内部エネルギーの変化（温度場）を知る必要がないならば，質量と運動量の保存則から解を得ればよいが，支配方程式には物理量の空間微分演算が含まれ，この離散化が必要となる．粒子法では，移流項は計算点（粒子）の移動として計算されるので，離散化の検討が必要なのは，圧力勾配項と粘性項である．言い換えると，有限個の離散的な物理量の定義点（粒子）の情報から，計算点における空間微分（ベクトルの微分演算子）を求めるための補間操作（この補間操作を表す演算を積分補間子とよぶ）を定義する必要がある．この補間操作の相違こそ，SPH 法と MPS 法の本質的相違にほかならない．以下の節では，両手法の補間操作とベクトルの微分演算子の定義に関して具体的に解説する．

2.2 SPH 法の離散化

2.2.1 SPH 法の積分補間子と kernel 関数

SPH 法（Lucy, 1977 ; Gingold and Monaghan, 1977）では，物理量 $\phi(\boldsymbol{x})$ は $\boldsymbol{x}$ 近傍の領域 Ω における積分補間

$$\phi(\boldsymbol{x}) = \iiint_{\Omega} \phi(\boldsymbol{\xi}) w(|\boldsymbol{r}|, h) \mathrm{d}V \quad ; \quad \boldsymbol{r} = \boldsymbol{\xi} - \boldsymbol{x} \tag{2.51}$$

と記述される（図 **2.1** 参照）．物理量は，計算点 $\boldsymbol{x}$ の周囲に分布しており，$\boldsymbol{x}$ における物理量を知りたければ，この積分補間を実行する必要がある．式中の w は物理量の分布状態を規定する関数であり，kernel 関数（あるいは単に kernel）とよばれる．以下では，簡単のため，特に必要がない限り kernel とよぶ．

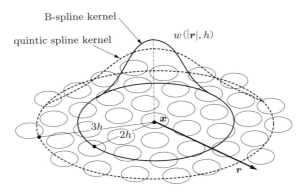

図 **2.1**　SPH の積分補間

kernel は，以下の七つの条件を満足する必要がある（たとえば，Liu and Liu, 2010）.

（1）正規化：影響域で積分すると 1 になる.

$$\iiint_{\Omega} w(|\boldsymbol{r}|,h)dV = 1 \quad ; \quad \boldsymbol{r} = \boldsymbol{\xi} - \boldsymbol{x} \tag{2.52}$$

式中の h は smoothing length であり，kernel の影響範囲を規定する距離指標である.

（2）compact support（コンパクト性を備えた関数の台）：コンパクト性の数学的に厳密な定義はさておき，粒子法における「compact support」とは，「影響域が有界区間であり，区間の端では関数値がゼロになる」ことである.

$$w(|\boldsymbol{r}|,h) = 0 \quad (\boldsymbol{\xi} \notin \Omega \text{ or } |\boldsymbol{r}| > kh) \tag{2.53}$$

上記の定義からすると Gauss（ガウス）分布は compact support ではないが，関数値が指数減衰することから compact support を著しく損なうことはない.

（3）非負性：kernel は定義域内では非負である．非負性が損なわれると，負の密度やエネルギーなど，状態量が非物理的な値となることを排除できない.

$$w(|\boldsymbol{r}|,h) \geq 0 \quad (\boldsymbol{\xi} \in \Omega \text{ or } |\boldsymbol{r}| \leq kh) \tag{2.54}$$

（4）単調減少性：近接している粒子ほど強く影響し合うという物理的に妥当な状態を保証するため，kernel の関数値は，中心から離れるに従って単調に減少することが求められる.

（5）Dirac（ディラック）のデルタ関数への収束性：kernel は smoothing length がゼロとなる極限では，Dirac のデルタ関数に収束する．この性質は，smoothing length がゼロとなる極限で kernel による近似が関数 $f(\boldsymbol{x})$ 自体に一致することを示している.

$$\lim_{h \to 0} w(|\boldsymbol{r}|,h) = \delta(|\boldsymbol{r}|) \text{ or } \lim_{h \to 0} \langle f(\boldsymbol{x}) \rangle = f(\boldsymbol{x}) \tag{2.55}$$

（6）偶関数：kernel は偶関数であり，中心に対して点対称である．つまり，中心から等距離にある粒子から受ける影響は等しい．したがって，近接する 2 粒子間では kernel の勾配は等大・異符号である.

$$\nabla w(|\boldsymbol{r}|,h)\big|_{x} = -\nabla w(|\boldsymbol{r}|,h)\big|_{\xi} \tag{2.56}$$

（7）平滑性：kernel とその微分が連続かつ滑らかな関数形状を有するとき，概して計算は安定となり，解の精度も向上する．kernel が粒子配列の不規則性や積分補間子の近似誤差の影響を受け難くするには，滑らかな関数形状が重要となる.

初期の SPH 法では，Lucy (1977) は，4 次の kernel

$$w_L(q,h) = \alpha_{D_s} \begin{cases} (1+3q)(1-q)^3 & (0 \le q \le 1) \\ 0 & (1 < q) \end{cases} \tag{2.57}$$

$$q \equiv \frac{r}{h} \tag{2.58}$$

$$\alpha_{D_s}^{2D} = \frac{5}{\pi h^2} \quad ; \quad \alpha_{D_s}^{3D} = \frac{105}{16\pi h^3} \tag{2.59}$$

$$\frac{dw_L}{dq} = \alpha_{D_s} \begin{cases} -12q(1-q)^2 & (0 \le q \le 1) \\ 0 & (1 < q) \end{cases} \tag{2.60}$$

$$\frac{d^2 w_L}{dq^2} = \alpha_{D_s} \begin{cases} 12(-1+3q)(1-q) & (0 \le q \le 1) \\ 0 & (1 < q) \end{cases} \tag{2.61}$$

を用い，Gingold and Monaghan (1977) は，Gaussian kernel

$$w_G(q,h) = \alpha_{D_s} e^{-q^2} \tag{2.62}$$

$$\alpha_{D_s}^{2D} = \frac{1}{\pi h^2} \quad ; \quad \alpha_{D_s}^{3D} = \frac{1}{\pi^{3/2} h^3} \tag{2.63}$$

$$\frac{dw_G}{dq} = -2\alpha_{D_s} q e^{-q^2} \tag{2.64}$$

$$\frac{d^2 w_G}{dq^2} = 2\alpha_{D_s} \left(2q^2 - 1\right) e^{-q^2} \tag{2.65}$$

を用いた．式中の係数 α_{D_s} の上付き添え字 2D, 3D は，2 次元，3 次元を意味している．ここでは，微分演算子に頻繁に現れる 1 階および 2 階の微分についても併せて示すこととした．Monaghan and Lattanzio (1985) は，区分多項式型の kernel，すなわち 3 次のスプライン関数を用いた B-spline kernel

$$w_{BS}(q,h) = \alpha_{D_s} \begin{cases} 1 - \dfrac{3}{2}q^2 + \dfrac{3}{4}q^3 & (0 \le q \le 1) \\ \dfrac{1}{4}(2-q)^3 & (1 \le q \le 2) \\ 0 & (2 < q) \end{cases} \tag{2.66}$$

$$\alpha_{D_s}^{2D} = \frac{10}{7\pi h^2} \quad ; \quad \alpha_{D_s}^{3D} = \frac{1}{\pi h^3} \tag{2.67}$$

$$\frac{dw_{BS}}{dq} = \alpha_{D_s} \begin{cases} -3q + \dfrac{9}{4}q^2 & (0 \le q \le 1) \\ -\dfrac{3}{4}(2-q)^2 & (1 \le q \le 2) \\ 0 & (2 < q) \end{cases} \tag{2.68}$$

$$\frac{d^2 w_{BS}}{dq^2} = \alpha_{D_s} \begin{cases} -3 + \dfrac{9}{2}q & (0 \leq q \leq 1) \\[2mm] \dfrac{3}{2}(2-q) & (1 \leq q \leq 2) \\[2mm] 0 & (2 < q) \end{cases} \tag{2.69}$$

を導入したが，B-spline kernel は現在でも SPH 法で頻用されている．区分多項式型の kernel は必要に応じて高次化できる．たとえば，5 次のスプライン関数を用いた quintic spline kernel は，

$$w_{QS}(q,h) = \alpha_{D_s} \begin{cases} (3-q)^5 - 6(2-q)^5 + 15(1-q)^5 & (0 \leq q \leq 1) \\[1mm] (3-q)^5 - 6(2-q)^5 & (1 \leq q \leq 2) \\[1mm] (3-q)^5 & (2 \leq q \leq 3) \\[1mm] 0 & (3 < q) \end{cases} \tag{2.70}$$

$$\alpha_{D_s}^{2D} = \frac{7}{478\pi h^2} \quad ; \quad \alpha_{D_s}^{3D} = \frac{1}{120\pi h^3} \tag{2.71}$$

$$\frac{dw_{QS}}{dq} = -5\alpha_{D_s} \begin{cases} (3-q)^4 - 6(2-q)^4 + 15(1-q)^4 & (0 \leq q \leq 1) \\[1mm] (3-q)^4 - 6(2-q)^4 & (1 \leq q \leq 2) \\[1mm] (3-q)^4 & (2 \leq q \leq 3) \\[1mm] 0 & (3 < q) \end{cases} \tag{2.72}$$

$$\frac{d^2 w_{QS}}{dq^2} = 20\alpha_{D_s} \begin{cases} (3-q)^3 - 6(2-q)^3 + 15(1-q)^3 & (0 \leq q \leq 1) \\[1mm] (3-q)^3 - 6(2-q)^3 & (1 \leq q \leq 2) \\[1mm] (3-q)^3 & (2 \leq q \leq 3) \\[1mm] 0 & (3 < q) \end{cases} \tag{2.73}$$

である（Morris et al., 1997）．**図 2.2** に示すように B-spline kernel（3 次）の場合には $2h$ 以上の距離を隔てると kernel の値はゼロとなるが，quintic spline kernel（5 次）の場合には kernel の値がゼロとなるには $3h$ 以上離れる必要がある．

　また，区分多項式型の高次の kernel の式形の煩雑さを避けるには，Wendland (1995) kernel

$$w_W(q,h) = \alpha_{D_s} \begin{cases} \left(1 - \dfrac{q}{2}\right)^4 (1+2q) & (0 \leq q \leq 2) \\[2mm] 0 & (2 < q) \end{cases} \tag{2.74}$$

$$\alpha_{D_s}^{2D} = \frac{7}{4\pi h^2} \quad ; \quad \alpha_{D_s}^{3D} = \frac{21}{16\pi h^3} \tag{2.75}$$

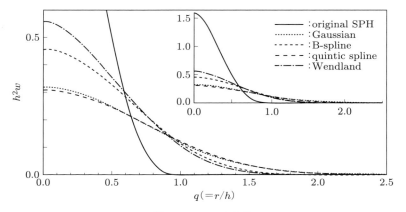

図 **2.2**　kernel の比較

$$\frac{dw_W}{dq} = \alpha_{D_s} \begin{cases} -5q\left(1-\dfrac{q}{2}\right)^3 & (0 \le q \le 2) \\ 0 & (2 < q) \end{cases} \tag{2.76}$$

$$\frac{d^2w_W}{dq^2} = \alpha_{D_s} \begin{cases} -5(1-2q)\left(1-\dfrac{q}{2}\right)^2 & (0 \le q \le 2) \\ 0 & (2 < q) \end{cases} \tag{2.77}$$

が有効である．Wendland kernel は単一の代数式で記述される高次の kernel であり，高 Reynolds（レイノルズ）数流れにおいて Gaussian kernel を用いた場合に発生する引張不安定を効果的に抑制したとの報告（Macià et al., 2011）もある．

　以上 5 種類の kernel について，分布形を図 2.2 に示した．**図 2.3** および**図 2.4** には，1 階および 2 階微分の分布形も示した．高次の関数ほど滑らかな分布を与えはするが，計算負荷が大きくなる．後述するように，SPH 法では空間微分操作が kernel の微分操作に対応することから，2 階微分操作に対して線形（1 次）となる 3 次の B-spline kernel が，許容される最低次数の kernel であるといえる．しかし，図 2.4 から明らかなように，B-spline kernel では 2 階微分が折れ線型で勾配の急変点が存在するので，2 階微分を含む Laplacian の評価には高次の kernel が望ましい．

　物理量（スカラー量）$\phi(\boldsymbol{x})$ の勾配は，式 (2.51) の積分補間を用いて，

$$\nabla\phi(\boldsymbol{x}) = \iiint_\Omega \nabla\phi(\boldsymbol{\xi})\big|_{\boldsymbol{\xi}}\, w(|\boldsymbol{r}|)\mathrm{d}V \tag{2.78}$$

と記述される．なお，これ以降は簡単のため，kernel が h に依存することを陽に表示しない．ここで，

$$\nabla\big\{\phi(\boldsymbol{\xi})\,w(|\boldsymbol{r}|)\big\}\big|_{\boldsymbol{\xi}} = \nabla\phi(\boldsymbol{\xi})\big|_{\boldsymbol{\xi}}\, w(|\boldsymbol{r}|) + \phi(\boldsymbol{\xi})\,\nabla w(|\boldsymbol{r}|)\big|_{\boldsymbol{\xi}} \tag{2.79}$$

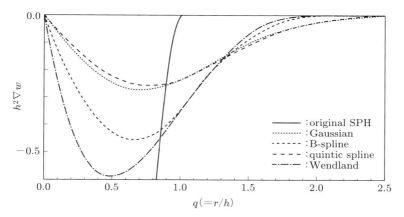

図 2.3 kernel の 1 階微分

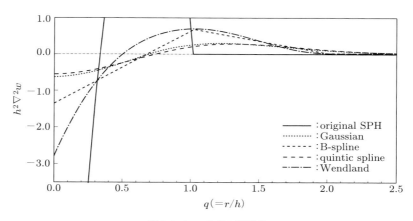

図 2.4 kernel の 2 階微分

および，式 (2.56) より，

$$\nabla \phi(\boldsymbol{\xi})\big|_{\xi}\, w(|\boldsymbol{r}|) = \nabla\left\{\phi(\boldsymbol{\xi})\,w(|\boldsymbol{r}|)\right\}\big|_{\xi} + \phi(\boldsymbol{\xi})\,\nabla w(|\boldsymbol{r}|)\big|_{x} \tag{2.80}$$

となり，これを用いて，式 (2.78) の右辺の積分は，

$$\iiint_{\varOmega} \nabla \phi(\boldsymbol{\xi})\big|_{\xi}\, w(|\boldsymbol{r}|)\mathrm{d}V =$$

$$\iiint_{\varOmega} \nabla\left\{\phi(\boldsymbol{\xi})\,w(|\boldsymbol{r}|)\right\}\big|_{\xi}\mathrm{d}V + \iiint_{\varOmega} \phi(\boldsymbol{\xi})\,\nabla w(|\boldsymbol{r}|)\big|_{x}\mathrm{d}V \tag{2.81}$$

と書ける．さらに Gauss の発散定理より，上式の右辺第 1 項は，

$$\iiint_{\varOmega} \nabla\left\{\phi(\boldsymbol{\xi})\,w(|\boldsymbol{r}|)\right\}\big|_{\xi}\mathrm{d}V = \iint_{\partial\varOmega} \phi(\boldsymbol{\xi})\,w(|\boldsymbol{r}|)\,\boldsymbol{n}\mathrm{d}S \tag{2.82}$$

となる．ところで，Gauss の発散定理は，閉領域 $\varOmega$（外縁曲面 $\partial\varOmega$）で，任意のベク

トル $\boldsymbol{a}$ について,

$$\iiint_\Omega \nabla \cdot \boldsymbol{a} \, \mathrm{d}V = \iint_{\partial\Omega} \boldsymbol{a} \cdot \boldsymbol{n} \, \mathrm{d}S \tag{2.83}$$

で与えられる（$\boldsymbol{n}$：外縁曲面の面積素 $\mathrm{d}S$ における法線ベクトル）. ここで, ベクトル $\boldsymbol{a}$ をスカラー関数 ϕ と定ベクトル $\boldsymbol{b}$ の積（$\boldsymbol{a} = \phi\boldsymbol{b}$）とすれば,

$$\nabla \cdot \boldsymbol{a} = \nabla\phi \cdot \boldsymbol{b} \quad (\because \nabla \cdot \boldsymbol{b} = 0)$$

だから, 式 (2.83) において $\boldsymbol{a} = \phi\boldsymbol{b}$ とおけば,

$$\boldsymbol{b} \cdot \iiint_\Omega \nabla\phi \, \mathrm{d}V = \boldsymbol{b} \cdot \iint_{\partial\Omega} \phi\boldsymbol{n} \, \mathrm{d}S$$

つまり,

$$\iiint_\Omega \nabla\phi \, \mathrm{d}V = \iint_{\partial\Omega} \phi\boldsymbol{n} \, \mathrm{d}S \tag{2.84}$$

が得られる. このように, 式 (2.82) は, Gauss の発散定理から派生した式である.

図 **2.5** に示すように, 領域 Ω の外縁 $\partial\Omega$ で kernel の値がゼロとなるので, 式 (2.81) の右辺第 1 項も計算領域の外縁近傍を除きゼロとなる（宇宙物理で対象とするような無限大領域では, 右辺第 1 項は完全にゼロとなる）. 結局, 物理量 $\phi(\boldsymbol{x})$ の勾配は

$$\nabla\phi(\boldsymbol{x}) = \iiint_\Omega \phi(\boldsymbol{\xi}) \nabla w(|\boldsymbol{r}|)\big|_x \mathrm{d}V \tag{2.85}$$

と記述される. 同様の操作をベクトル $\boldsymbol{\phi}(\boldsymbol{x})$ の発散に関して行うと,

$$\nabla \cdot \boldsymbol{\phi}(\boldsymbol{x}) = \iiint_\Omega \boldsymbol{\phi}(\boldsymbol{\xi}) \cdot \nabla w(|\boldsymbol{r}|)\big|_x \mathrm{d}V \tag{2.86}$$

が得られる. 積分補間式 (2.51) を離散形で書けば, 物理量 ϕ は,

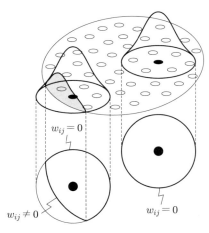

図 **2.5** 計算領域の外縁での kernel の値

$$\phi(\boldsymbol{r}_i) = \sum_j \phi(\boldsymbol{r}_j) w\big(|\boldsymbol{r}_j - \boldsymbol{r}_i|\big) V_j$$

$$V_j = \frac{m_j}{\rho_j} \quad ; \quad \text{if} \quad \forall m_j = m^0 \, (const.) \quad V_j = \frac{1}{\sum_k w\big(|\boldsymbol{r}_k - \boldsymbol{r}_j|\big)} \right\} \tag{2.87}$$

と記述される．添え字 j は物理量の定義点（粒子 i）近傍の粒子 j を意味し，V, m, ρ はそれぞれ，粒子の体積，質量，密度を表している．この表式で記述した物理量の勾配と発散は，

$$\nabla_i \phi(\boldsymbol{r}_i) = \sum_{j \neq i} \phi(\boldsymbol{r}_j) \nabla_i w\big(|\boldsymbol{r}_j - \boldsymbol{r}_i|\big) V_j \tag{2.88}$$

$$\nabla_i \cdot \boldsymbol{\phi}(\boldsymbol{r}_i) = \sum_{j \neq i} \boldsymbol{\phi}(\boldsymbol{r}_j) \cdot \nabla_i w\big(|\boldsymbol{r}_j - \boldsymbol{r}_i|\big) V_j \tag{2.89}$$

$$\nabla_i \big(\equiv \nabla|_i\big) = \boldsymbol{e}_k \frac{\partial}{\partial x_k}\bigg|_{r=r_i} = \left(\boldsymbol{i}\frac{\partial}{\partial x} + \boldsymbol{j}\frac{\partial}{\partial y} + \boldsymbol{k}\frac{\partial}{\partial z}\right)\bigg|_{r=r_i} \tag{2.90}$$

となる．ここに，$\boldsymbol{e}_k$：基本ベクトル $(\boldsymbol{i}, \boldsymbol{j}, \boldsymbol{k})$ である．

2.2.2 SPH 法のベクトル微分演算子

SPH 法では，粒子 i における密度は，

$$\rho_i = \sum_j m_j w_{ij} \quad ; \quad w_{ij} = w\big(|\boldsymbol{r}_j - \boldsymbol{r}_i|\big) \tag{2.91}$$

で与えられる．

粒子 i における圧力勾配は，前項の式 (2.88) に従って，

$$\left(-\frac{\nabla p}{\rho}\right)_i = -\frac{1}{\rho_i} \sum_j \frac{m_j}{\rho_j} p_j \nabla_i w_{ij} \tag{2.92}$$

と記述される．kernel の勾配に関しては式 (2.56) が成立するが，粒子 i と粒子 j とで圧力が異なるため，粒子 i と粒子 j に作用する圧力勾配力は反対称（逆向きかつ等大）とならず，

$$\frac{m_i m_j p_j}{\rho_i \rho_j} \nabla_i w_{ij} \neq -\frac{m_i m_j p_i}{\rho_i \rho_j} \nabla_j w_{ji} \tag{2.93}$$

となるので，作用・反作用の関係を満足しない．後述するように，反対称性を満たさない圧力勾配力の存在下では，離散化に伴う運動量保存性が保証されないので，反対称性を有する圧力勾配モデルが望ましい．そこで，Monaghan (1992) は，密度を演算子の作用下に繰り込んだ表記

$$\nabla\left(\frac{p}{\rho}\right) = \frac{\rho \nabla p - p \nabla \rho}{\rho^2} = \frac{\nabla p}{\rho} - \frac{p}{\rho^2} \nabla \rho \tag{2.94}$$

を用いて，反対称な圧力勾配項

$$\left\langle \frac{\nabla p}{\rho} \right\rangle_i = \sum_j \frac{m_j}{\rho_j} \frac{p_j}{\rho_j} \nabla_i w_{ij} + \frac{p_i}{\rho_i^2} \sum_j m_j \nabla_i w_{ij}$$

$$= \sum_j m_j \left(\frac{p_j}{\rho_j^2} + \frac{p_i}{\rho_i^2} \right) \nabla_i w_{ij} \tag{2.95}$$

を導出した．この表式は，SPH 法の圧力勾配項として標準的に用いられる．

　粘性項の記述には Laplacian の離散化が必要である．まず，1 次オーダーの Taylor 級数展開を用いると，粒子 i における物理量 ϕ_i は，

$$\phi_i = \phi_j + \nabla_j \phi_j \cdot (\boldsymbol{r}_i - \boldsymbol{r}_j) \tag{2.96}$$

と書けるので，粒子 j における物理量の勾配を直感的に，

$$\nabla_j \phi_j = (\phi_j - \phi_i) \frac{\boldsymbol{r}_j - \boldsymbol{r}_i}{|\boldsymbol{r}_j - \boldsymbol{r}_i|^2} \tag{2.97}$$

と書く（厳密な導出は第 3 章 3.5.1 項参照）．ここで，Laplacian は勾配の発散として定義されるから，

$$\left(\nabla^2 \phi \right)_i = \left\{ \nabla \cdot (\nabla \phi) \right\}_i = \sum_j \frac{m_j}{\rho_j} \nabla_j \phi_j \cdot \nabla_i w_{ij}$$

$$= \sum_j \frac{m_j}{\rho_j} (\phi_j - \phi_i) \frac{(\boldsymbol{r}_j - \boldsymbol{r}_i) \cdot \nabla_i w_{ij}}{|\boldsymbol{r}_j - \boldsymbol{r}_i|^2} \tag{2.98}$$

と記述される．発散に関して密度を演算子の作用下に繰り込むと，

$$\nabla \cdot \left(\frac{\nabla \phi}{\rho} \right) = \nabla \left(\frac{1}{\rho} \right) \cdot \nabla \phi + \frac{1}{\rho} \nabla^2 \phi \tag{2.99}$$

となり，右辺第 1 項の二つの勾配の粒子 i における評価を

$$(\nabla \phi)_{ij} = (\phi_j - \phi_i) \frac{\boldsymbol{r}_j - \boldsymbol{r}_i}{|\boldsymbol{r}_j - \boldsymbol{r}_i|^2} \tag{2.100}$$

$$\left\{ \nabla \left(\frac{1}{\rho} \right) \right\}_i = \sum_j \frac{m_j}{\rho_j} \frac{1}{\rho_j} \nabla_i w_{ij} \tag{2.101}$$

で与えると，

$$\left\{ \nabla \left(\frac{1}{\rho} \right) \cdot \nabla \phi \right\}_i = \sum_j \frac{m_j}{\rho_j^2} (\phi_j - \phi_i) \frac{(\boldsymbol{r}_j - \boldsymbol{r}_i) \cdot \nabla_i w_{ij}}{|\boldsymbol{r}_j - \boldsymbol{r}_i|^2} \tag{2.102}$$

を得る．式 (2.98)，式 (2.99) および式 (2.102) より，Laplacian は

$$\left\{ \nabla \cdot \left(\frac{\nabla \phi}{\rho} \right) \right\}_i = \sum_j \frac{m_j}{\rho_j} \left(\frac{1}{\rho_j} + \frac{1}{\rho_i} \right) (\phi_j - \phi_i) \frac{(\boldsymbol{r}_j - \boldsymbol{r}_i) \cdot \nabla_i w_{ij}}{|\boldsymbol{r}_j - \boldsymbol{r}_i|^2} \tag{2.103}$$

となる．この表式は反対称ではないが，密度に関して粒子 i と粒子 j の相加平均を用いて，

$$\rho_i \to \frac{\rho_i + \rho_j}{2} \quad ; \quad \rho_j \to \frac{\rho_i + \rho_j}{2} \tag{2.104}$$

と与えれば，反対称な Laplacian（Shao and Lo, 2003）

$$\left\langle \nabla \cdot \left(\frac{\nabla \phi}{\rho} \right) \right\rangle_i = \sum_j \frac{8 m_j}{\left(\rho_i + \rho_j \right)^2} \left(\phi_j - \phi_i \right) \frac{\left(\boldsymbol{r}_j - \boldsymbol{r}_i \right) \cdot \nabla_i w_{ij}}{\left| \boldsymbol{r}_j - \boldsymbol{r}_i \right|^2} \tag{2.105}$$

が得られる．この節では，式 (2.90) の表記に従って ∇ の定義点を明示してきたが，以降は簡単のため，特に明示の必要がない限り $\nabla_i w_{ij}$ を単に ∇w_{ij} と表記する．

2.3 MPS 法の離散化

2.3.1 MPS 法の積分補間

　SPH 法では，粒子周囲の物理量分布が kernel により定義され，物理量の微分は kernel の微分として計算された．これに対して MPS 法（Koshizuka and Oka, 1996）では，物理量は粒子上のみで定義され，物理量の微分には粒子間相互作用モデルが導入される．粒子間相互作用モデルでは，対象粒子の kernel の影響域内のほかの粒子との相互作用の重み付き平均が行われるが，この操作には，kernel（重み関数）が必要となる．kernel には図 **2.6** に示す関数形

$$w(r) = \begin{cases} \dfrac{r_e}{r} - 1 & (0 \le r < r_e) \\ 0 & (r_e \le r) \end{cases} \quad ; \quad r = \left| \boldsymbol{r}_j - \boldsymbol{r}_i \right| \tag{2.106}$$

が標準的に用いられる（越塚, 2005）．この関数では，粒子間距離がゼロになると重みは無限大となるので，粒子の過剰接近による団粒化を抑止できる．また，粒子間距離が増加するに従って重みは単調に減少し，距離 r_e 以遠では重みがゼロとなるので，

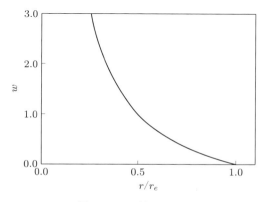

図 **2.6**　MPS 法の kernel

compact support でもある．なお，計算精度と計算効率の観点から，r_e は粒子間距離の 2 〜 4 倍にとるのが妥当とされている（Koshizuka and Oka, 1996）．

　　kernel の影響域内の粒子 i を除く全粒子に対する kernel の値の和

$$n_i = \sum_{j \neq i} w\left(|\boldsymbol{r}_j - \boldsymbol{r}_i|\right) \tag{2.107}$$

を粒子 i における粒子数密度と定義する．仮に kernel を top hat 型

$$w(r) = \begin{cases} 1 & (0 \leq r < r_e) \\ 0 & (r_e \leq r) \end{cases} \tag{2.108}$$

で与えると，粒子数密度は kernel の影響域内の粒子の個数に一致する．各粒子の質量が一定であるとすると，粒子数密度は流体の密度と比例する．したがって，非圧縮性流体（密度一定）では，粒子数密度も一定でなければならない．粒子法の計算の実行過程では，粒子は移動計算点であるから粒子数密度も変動する．しかし，非圧縮性を満足するには微小な変動を伴いつつも，粒子数密度の時間平均値は計算の全過程を通じて一定値に保たれなければならない．この値を n_0（基準粒子数密度）と定義する．

　　MPS 法では，ベクトル微分演算子をモデル化する際に kernel を用いた重み付き平均が導入されるが，その際の正規化に粒子数密度が必要となる．非圧縮性流体では，粒子数密度が一定だから，基準粒子数密度 n_0 で除することが正規化にほかならない．

2.3.2　MPS 法のベクトル微分演算子

　　粒子 i および j 間の局所的な勾配は，2 粒子における値の差を 2 粒子間の距離で除し，粒子 i から粒子 j に向かう単位ベクトルを乗じて，

$$(\nabla\phi)_{ij} = \frac{\phi_j - \phi_i}{|\boldsymbol{r}_j - \boldsymbol{r}_i|} \frac{\boldsymbol{r}_j - \boldsymbol{r}_i}{|\boldsymbol{r}_j - \boldsymbol{r}_i|} \tag{2.109}$$

と書けるから，粒子 i における勾配は，この表式の kernel による重み平均として，

$$\langle\nabla\phi\rangle_i = \frac{1}{n_i} \sum_{j \neq i} \frac{\phi_j - \phi_i}{|\boldsymbol{r}_j - \boldsymbol{r}_i|^2} (\boldsymbol{r}_j - \boldsymbol{r}_i) w\left(|\boldsymbol{r}_j - \boldsymbol{r}_i|\right) \tag{2.110}$$

と記述される（**図 2.7**）．

　　ところで，先の導出プロセスからわかるように，MPS 法の勾配モデルで計算される勾配は，相対位置ベクトルの方向に 1 次元化された方向成分であって，勾配ベクトル自体ではない（勾配ベクトルの一部の成分である）．つまり，**図 2.8** に示すように，式 (2.109) は粒子 i を起点として粒子 j に向かう方向（図中の $\boldsymbol{r}$ 方向）の物理量の変化率を与えるに過ぎず，勾配ベクトルを得るには，これと直交する成分（図中の $\boldsymbol{\theta}$ 方向の成分，3 次元のときは $\boldsymbol{r}$ と直交する 2 成分）も求める必要がある．簡単のために，粒子 i の周囲にいずれの方向にも完全に均質かつ等方的なスカラー場 ϕ が存在し

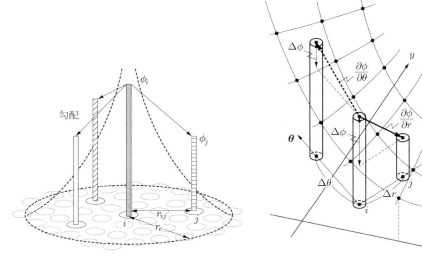

図 2.7　MPS 法の勾配モデル　　　　　図 2.8　1 次元化と勾配演算

たとすると，式 (2.110) は，2 次元場では 2 倍，3 次元場では 3 倍すると勾配ベクトルとして妥当な記述となる．そこで，次元数 D_s（2 次元場では $D_s = 2$，3 次元場では $D_s = 3$）を導入し，式 (2.110) を D_s 倍して，

$$\langle \nabla \phi \rangle_i = \frac{D_s}{n_0} \sum_{j \neq i} \frac{\phi_j - \phi_i}{|\boldsymbol{r}_j - \boldsymbol{r}_i|^2} (\boldsymbol{r}_j - \boldsymbol{r}_i) w(|\boldsymbol{r}_j - \boldsymbol{r}_i|) \tag{2.111}$$

により，勾配を評価する（越塚, 2005）．上式では簡単のため，粒子数密度 n_i を n_0 で置き換えている．なお，上記の勾配モデルの導出過程では直感的理解を優先し，厳密な誘導は省略したが，次元数の導入の根拠は，粒子 i, j 間の局所勾配の記述を厳密に行うことにより導出される相対位置ベクトルのテンソル積の重み付き平均にある．これに関しては第 3 章で改めて詳細に述べる．

　　SPH 法の場合と同様に，勾配モデルにおいて，スカラー ϕ をベクトル $\boldsymbol{u}$ に読み替え，∇ とベクトル $\boldsymbol{u}$ の内積をとると，発散モデル

$$\langle \nabla \cdot \boldsymbol{u} \rangle_i = \frac{D_s}{n_0} \sum_{j \neq i} \frac{(\boldsymbol{u}_j - \boldsymbol{u}_i) \cdot (\boldsymbol{r}_j - \boldsymbol{r}_i)}{|\boldsymbol{r}_j - \boldsymbol{r}_i|^2} w(|\boldsymbol{r}_j - \boldsymbol{r}_i|) \tag{2.112}$$

が得られる．これに関しても厳密な導出については，第 3 章で詳述する．

　　次に，Laplacian モデルについて述べる．はじめに，物理量 ϕ が動径方向にのみ変化するとき，極座標系における Laplacian は，

$$\nabla^2 \phi = \frac{1}{r^2} \frac{\partial}{\partial r} \left(r^2 \frac{\partial \phi}{\partial r} \right) = \frac{1}{r^2} \left(2r \frac{\partial \phi}{\partial r} + r^2 \frac{\partial^2 \phi}{\partial r^2} \right) \tag{2.113}$$

と書ける．物理量 ϕ を粒子 j の近傍粒子 i に関して Taylor 級数展開すると，

$$\phi_j = \phi_i + r_{ij}\frac{\partial \phi_{ij}}{\partial r_{ij}} + \frac{1}{2}r_{ij}^2\frac{\partial^2 \phi_{ij}}{\partial r_{ij}^2} + \cdots$$

$$\phi_{ij} = \phi_j - \phi_i \quad ; \quad \boldsymbol{r}_{ij} = \boldsymbol{r}_j - \boldsymbol{r}_i$$

となり，3 次以上の高次項を無視すると，

$$r_{ij}^2\frac{\partial^2 \phi_{ij}}{\partial r_{ij}^2} = 2\phi_{ij} - 2r_{ij}\frac{\partial \phi_{ij}}{\partial r_{ij}} \tag{2.114}$$

が得られる．この表式を式 (2.113) に用いると，

$$\left(\nabla^2\phi\right)_{ij} = \frac{1}{r_{ij}^2}\frac{\partial}{\partial r_{ij}}\left(r_{ij}^2\frac{\partial \phi_{ij}}{\partial r_{ij}}\right) = \frac{1}{r_{ij}^2}\left(2r_{ij}\frac{\partial \phi_{ij}}{\partial r_{ij}} + 2\phi_{ij} - 2r_{ij}\frac{\partial \phi_{ij}}{\partial r_{ij}}\right) = \frac{2\phi_{ij}}{r_{ij}^2} \tag{2.115}$$

が導出され，粒子 i, j に対して Laplacian は，

$$\left(\nabla^2\phi\right)_{ij} = \frac{2\phi_{ij}}{r_{ij}^2} = \frac{2\left(\phi_j - \phi_i\right)}{\left|\boldsymbol{r}_j - \boldsymbol{r}_i\right|^2} \tag{2.116}$$

となる．これに勾配，発散と同様の重み付き平均と次元数を適用すると，

$$\left\langle\nabla^2\phi\right\rangle_i = \frac{2D_s}{n_i}\sum_{j\neq i}\frac{\phi_j - \phi_i}{\left|\boldsymbol{r}_j - \boldsymbol{r}_i\right|^2}\,w\left(\left|\boldsymbol{r}_j - \boldsymbol{r}_i\right|\right) \tag{2.117}$$

が得られる．式 (2.117) において，

$$\frac{1}{n_i}\sum_{j\neq i}\frac{\phi_j - \phi_i}{\left|\boldsymbol{r}_j - \boldsymbol{r}_i\right|^2}\,w\left(\left|\boldsymbol{r}_j - \boldsymbol{r}_i\right|\right) \rightarrow \frac{\sum_{j\neq i}\left(\phi_j - \phi_i\right)w\left(\left|\boldsymbol{r}_j - \boldsymbol{r}_i\right|\right)}{\sum_{j\neq i}\left|\boldsymbol{r}_j - \boldsymbol{r}_i\right|^2\,w\left(\left|\boldsymbol{r}_j - \boldsymbol{r}_i\right|\right)} \tag{2.118}$$

の置き換えを行うと，MPS 法の Laplacian モデル

$$\left\langle\nabla^2\phi\right\rangle_i = \frac{2D_s}{\lambda n_0}\sum_{j\neq i}\left(\phi_j - \phi_i\right)w\left(\left|\boldsymbol{r}_j - \boldsymbol{r}_i\right|\right) \tag{2.119}$$

$$\lambda = \frac{\sum_{j\neq i}\left|\boldsymbol{r}_j - \boldsymbol{r}_i\right|^2\,w\left(\left|\boldsymbol{r}_j - \boldsymbol{r}_i\right|\right)}{\sum_{j\neq i}w\left(\left|\boldsymbol{r}_j - \boldsymbol{r}_i\right|\right)} \simeq \frac{1}{n_0}\sum_{j\neq i}\left|\boldsymbol{r}_j - \boldsymbol{r}_i\right|^2\,w\left(\left|\boldsymbol{r}_j - \boldsymbol{r}_i\right|\right) \tag{2.120}$$

が得られる．上式では，式 (2.111) と同様に，n_i を n_0 で置き換えた．

極座標系において，ベクトル $\boldsymbol{a}$ の発散の動径方向成分を書くと，

$$\left(\nabla\cdot\boldsymbol{a}\right)_r = \frac{\partial a_r}{\partial r} \tag{2.121}$$

ベクトル $\boldsymbol{u}_{ij}$ の $\boldsymbol{r}_{ij}$ 方向成分は，

$$u_{ij-r} = \left(\boldsymbol{u}_j - \boldsymbol{u}_i\right)\cdot\frac{\boldsymbol{r}_j - \boldsymbol{r}_i}{\left|\boldsymbol{r}_j - \boldsymbol{r}_i\right|} \tag{2.122}$$

だから，式 (2.122) を $|\boldsymbol{r}_j - \boldsymbol{r}_i|$ で除して MPS 法の重み付け平均を用いると，発散モデルとして式 (2.112) が導かれる．

　式 (2.119) は，粒子 i の物理量の一部を粒子 j に kernel を用いて重み付けして配分することを意味しており，Laplacian の物理的意味としての拡散現象に対応している（図 **2.9**）．なお，式 (2.120) の係数 λ は，Laplacian モデルの演算の反復から得られる統計的な分散を非定常拡散方程式の解析解と一致させる役割を果たす．拡散源（拡散の中心）における初期の物理量分布がデルタ関数で与えられるとき，非定常拡散方程式の解析解は Gauss 分布となるから，各粒子の物理量を Gauss 分布に従って周囲粒子に配分すれば Laplacian が計算できる．MPS 法では物理量は kernel を用いて周囲粒子に配分されるが，中心極限定理から，配分操作を十分に多数回反復すれば，分布形は Gauss 分布に収束するので，配分に用いる関数は必ずしも Gauss 分布である必要はない．また，計算効率を考えると，compact support である MPS 法の kernel が有効である（越塚, 2005）．

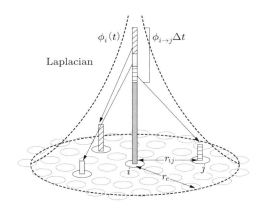

図 2.9　MPS 法の Laplacian モデル

　回転のベクトル微分演算子については，これまでの解析事例では必要な場面がなかったので長らくモデルが存在しなかったが，柴田ら (2012) は，勾配モデル，発散モデルに準じて，回転を

$$\langle \nabla \times \boldsymbol{u} \rangle_i = \frac{D_s}{n_0} \sum_{j \neq i} \frac{(\boldsymbol{r}_j - \boldsymbol{r}_i) \times (\boldsymbol{u}_j - \boldsymbol{u}_i)}{|\boldsymbol{r}_j - \boldsymbol{r}_i|^2} w(|\boldsymbol{r}_j - \boldsymbol{r}_i|) \tag{2.123}$$

と与えた．

2.4 陽解法と人工粘性

SPH法は圧縮性流体の解法としての起源を有しており，当初から陽解法が使われてきた．これに対してMPS法は，非圧縮性流体の解法として開発・提案されたので，その名称「Moving Particle Semi-implicit method」からもわかるように，projection法（Chorin, 1968）に基づき，粘性項と重力項による粒子の移動を陽的に計算した後に圧力のPoisson方程式を陰的に解く2段階の半陰解法である．

第1章でも述べたように，半陰解法型のSPH法であるISPH法（Shao and Lo, 2003）や陽解法型のMPS法の開発（山田ら, 2011）など，両手法の融合が進んでおり，明確な区別は難しくなってきている．しかし，粒子法の全体像を把握するうえでは，陽解法を用いる原典型SPH法に関する理解は不可欠である．そこでこの節では，陽解法型SPH法に関して述べる．

2.4.1 WCSPH法

SPH法の非圧縮性流体への適用はMonaghan (1994) によって始められた．この方法は圧縮性流体を対象とした従来のアルゴリズムを，非圧縮性流体にも適用可能なように改良したもので，半陰解法型（すなわち非圧縮性）のISPH法と区別して，WCSPH（Weakly Compressible SPH）法とよばれる．

陽解法は逐次代入計算により時間更新を行うので，計算が簡単であり，計算コードの開発も容易である．しかし，陽解法では，粒子の重なりやすり抜けが生じやすく，結果として数値的不安定を招きやすい．数値的に安定な計算を実行するには計算時間刻み幅を短く設定する必要があり，計算負荷は概して増大する．第1章でも述べたように，圧縮性流体を対象とする陽解法型SPH法では，衝撃波の問題に対処するため人工粘性が導入されてきたが，人工粘性はWCSPH法にも引き継がれている．つまり，WCSPH法では数値的安定性を確保するための非物理的粘性の導入が不可避である．

WCSPH法では，連続式と運動方程式は，

$$\frac{D\rho_i}{Dt} = -\sum_j m_j (\boldsymbol{u}_j - \boldsymbol{u}_i) \cdot \nabla w_{ij} \tag{2.124}$$

$$\frac{D\boldsymbol{u}_i}{Dt} = -\sum_j m_j \left(\frac{p_j}{\rho_j^2} + \frac{p_i}{\rho_i^2} + \Pi_{ij} \right) \nabla w_{ij} \quad ; \quad \frac{D\boldsymbol{r}_i}{Dt} = \boldsymbol{u}_i \tag{2.125}$$

で与えられるが（Π_{ij}：人工粘性項），圧縮性流体の解法を踏襲しているので，連続式に流体密度 ρ が含まれている．式 (2.124), (2.125) の独立変数は，密度，流速，圧力の5個であるが，支配方程式数は4であるので，方程式系が完結しない．そこで，圧縮性流体の解法同様に状態方程式を導入し，密度と圧力を関係付ける必要がある．圧

縮性流体の解法では，圧力は密度と内部エネルギーの関数として状態方程式から計算されるが，2.1 節で述べたとおり，非圧縮性流体では内部エネルギーは質量・運動量の保存則と切り離して取り扱われるので，状態方程式にも内部エネルギーを陽に含まない簡潔な式が望ましい．

温度一定であれば，圧力は密度のみの関数，すなわち Tait（テイト）型の状態方程式

$$\frac{p+B}{p_0+B}=\left(\frac{\rho}{\rho_0}\right)^{\gamma_T} \tag{2.126}$$

で表される．ここに，B, γ_T は定数，p_0, ρ_0 はそれぞれ基準圧力・基準密度である．Monaghan (1994) は，上式において自由表面境界が密度に与える影響を除去するため，$p_0 = 0$ として，

$$p = B\left\{\left(\frac{\rho}{\rho_0}\right)^{\gamma_T}-1\right\} \quad ; \quad \gamma_T = 7 \tag{2.127}$$

を得た．式中の B は密度の変化の幅と関連する定数であり，右辺 { } 内の -1 が，自由表面境界が密度に与える影響を除去することに相当している．定数 B は，音速の定義を用いて密度と関係付けて評価される．音速は，

$$C_s = \sqrt{\frac{\partial p}{\partial \rho}} \tag{2.128}$$

で与えられるから，圧力が式 (2.127) で与えられるとき，

$$C_s^2 = \frac{\partial p}{\partial \rho} = \frac{B\gamma_T}{\rho_0}\left(\frac{\rho}{\rho_0}\right)^{\gamma_T-1} \tag{2.129}$$

となる．基準密度 ρ_0 に対応した音速 C_{s0} に対して式 (2.129) を用いると，

$$B = \frac{\rho_0 C_{s0}^2}{\gamma_T} \tag{2.130}$$

となり，Morris et al. (1997) の表式

$$p = \frac{\rho_0 C_{s0}^2}{\gamma_T}\left\{\left(\frac{\rho}{\rho_0}\right)^{\gamma_T}-1\right\} \quad ; \quad \gamma_T = 7 \tag{2.131}$$

を得る．

ところで，水中の音速は 1466 m/s（15℃）であるが，式 (2.131) の音速の値に関しては別途検討が必要である．式 (2.131) によって密度から圧力を評価する際には，流体の擬似圧縮性をどの程度に設定するかが鍵となるが，1 次元非粘性流れにおいてエントロピーが一定のとき，Mach 数 Ma と密度の関係は，

$$\frac{\rho_0}{\rho} = \left(1 + \frac{\gamma-1}{2}Ma^2\right)^{1/(\gamma-1)} \quad ; \quad Ma = \frac{v}{C_s} \tag{2.132}$$

で与えられる（γ：比熱比，v：流体の流速）．$Ma^2 \ll 1$ として Taylor 展開すれば，

$$\frac{\rho}{\rho_0} = 1 - \frac{1}{2}Ma^2 \tag{2.133}$$

となり，Mach 数と圧縮性の程度の関係式

$$\frac{\rho_0 - \rho}{\rho_0} = \frac{1}{2}Ma^2 \tag{2.134}$$

が得られる．たとえば，$Ma = 0.3$ のときには密度が 4.5% 程度減少することが上式からわかる．SPH 法で非圧縮性流体を計算する際には，$Ma = 0.1$（密度が 0.5% 減少）程度となるようにわずかな圧縮性を許容する必要がある．

時間ステップ k の密度を式 (2.127) に代入すると圧力が得られ，時間ステップ k の密度と圧力，さらに流速を運動方程式 (2.125) に代入すると，時間ステップ $k+1$ の流速が計算できる．流速がわかれば，連続式 (2.124) から時間ステップ $k+1$ の密度が計算できる．このプロセスを繰り返すと，逐次代入計算によって時間発展過程が追跡できる．

2.4.2 人工粘性

圧縮性流体中を超音速で進行する物体があるとき，衝撃波が発生し，衝撃波の前後では，圧力，密度，温度等の物理量が不連続となる（たとえば，Landau and Lifshitz, 1959）．衝撃波を平均自由行程のスケールで見れば，分子粘性が作用するので物理量は連続的であるが，通常の気体では平均自由行程は $10^{-7} \sim 10^{-8}$ m オーダーであり，流体計算の空間解像度で見れば不連続面（物理量の勾配が無限大となる特異点）となる．不連続面の存在下では数値解を得ることができないので対処が必要となるが，衝撃波の取り扱いには二つの方法がある．第1は，衝撃波面を挟む二つの計算点間で Riemann（リーマン）問題の解を用いる方法（Riemann solver），第2は，衝撃波面でエントロピーを増大させる作用（分子粘性が担う作用）を担う項，すなわち人工粘性を支配方程式に導入する方法である．

von Neumann and Richtmyer (1950) は，人工粘性を導入して衝撃波の存在下での数値解析を可能にした．人工粘性によって衝撃波面の厚さを計算格子幅程度（格子幅の数倍）に増大させることにより，衝撃波面においても急峻な勾配ではあるが連続した物理量の分布が与えられ，解の発散をもたらす特異点が消去される．人工粘性は分子粘性の作用を真似たものといえなくもないが，むしろ，格子の解像度以下のスケールの物理的な作用を格子スケールに投影した Sub-Grid スケール（SGS）モデルとし

て理解するべきだろう.

　人工粘性の導入にあたっては，非物理的な影響を極力避けることが必要である．すなわち，人工粘性は常に散逸的で，運動エネルギーの熱散逸を促進するものでなければならず，剛体回転や一様な圧縮に対しては粘性を発現してはならない．人工粘性は以下の要件を満足する必要がある.

（1）物理量を不連続にしない.

（2）衝撃波面の厚さは空間解像度（SPH 法では smoothing length）と同程度とする.

（3）衝撃波面から離れた場所の解には影響を及ぼさない.

（4）衝撃波面の前後の計算点における物理量が Rankine–Hugoniot（ランキン－ユゴニオ）関係（質量・運動量・エネルギーの保存則から導かれる垂直衝撃波の通過前後における流速・圧力・密度等の物理量の関係）を満足する.

（5）常に散逸的である（運動エネルギーの熱散逸を促進する方向に作用する）.

von Neumann and Richtmyer (1950) は，流速の発散の 2 乗に比例する人工圧力項

$$q_{\mathrm{NR}} = c_{\mathrm{NR}} \rho l_{\mathrm{AV}}^2 \left(\nabla \cdot \boldsymbol{u} \right)^2 \tag{2.135}$$

を示した．ここに，c_{NR}：モデル定数，l_{AV}：smoothing length 相当の長さスケールである．この人工圧力項は衝撃波面前後の物理量の不連続性の解消にはおおむね良好に機能するが，衝撃波の通過後に数値振動（解の非物理的振動）を発生させる欠点がある．そこで，流速の発散に比例する項

$$q_{\mathrm{L}} = -c_{\mathrm{L}} \rho C_s l_{\mathrm{AV}} \left(\nabla \cdot \boldsymbol{u} \right) \tag{2.136}$$

を式 (2.135) と併用した表式

$$q_{\mathrm{AV}} = -c_{\mathrm{L}} \rho C_s l_{\mathrm{AV}} \left(\nabla \cdot \boldsymbol{u} \right) + c_{\mathrm{NR}} \rho l_{\mathrm{AV}}^2 \left(\nabla \cdot \boldsymbol{u} \right)^2 \tag{2.137}$$

が一般的に用いられる（c_{L}：モデル定数，C_s：音速）.

　粒子 i, j では流速の発散は，

$$\left(\nabla \cdot \boldsymbol{u} \right)_{ij} = \frac{\boldsymbol{u}_j \cdot \boldsymbol{r}_{ij} / |\boldsymbol{r}_{ij}| - \boldsymbol{u}_i \cdot \boldsymbol{r}_{ij} / |\boldsymbol{r}_{ij}|}{|\boldsymbol{r}_{ij}|} = \frac{\boldsymbol{u}_{ij} \cdot \boldsymbol{r}_{ij}}{|\boldsymbol{r}_{ij}|^2} \tag{2.138}$$

と書ける．仮に粒子 i, j が過剰に接近して大幅な重なりが生じると，式 (2.138) の分母が極端に小さくなり計算が不安定化する（いわゆるゼロ除算）．この防止策として，分母に微小項を加えて，

$$\left(\nabla \cdot \boldsymbol{u} \right)_{ij} = \frac{\boldsymbol{u}_{ij} \cdot \boldsymbol{r}_{ij}}{|\boldsymbol{r}_{ij}|^2 + \varepsilon h^2} \tag{2.139}$$

を流速の発散として用いる（h：smoothing length, ε：定数）．運動方程式 (2.125) では，圧力項に人工粘性が付加されているので，人工粘性項は $[p/\rho^2]$ の次元とする必要がある．式 (2.137) において，

$$l_{\mathrm{AV}} = h \quad ; \quad c_{\mathrm{L}} = \alpha_{\varPi} \quad ; \quad c_{\mathrm{NR}} = \beta_{\varPi} \tag{2.140}$$

とおくと，人工粘性項（人工圧力項）は，

$$\varPi_{\mathrm{AV}} = \frac{q_{\mathrm{AV}}}{\rho^2} = \frac{-\alpha_{\varPi} C_s h (\nabla \cdot \boldsymbol{u}) + \beta_{\varPi} h^2 (\nabla \cdot \boldsymbol{u})^2}{\rho} \tag{2.141}$$

となる.

　人工粘性は粒子の過剰接近を抑制するように作用する必要があるので，粒子 i, j が接近しようとするとき（convergent flow）に作用し，粒子 i, j が離れようとするとき（expanding flow）ではゼロとなる必要がある．さらに，音速，密度に関しては粒子 i, j 間の平均値を用いて評価することとすると，人工粘性項の表式

$$\varPi_{ij} = \begin{cases} \dfrac{-\alpha_{\varPi} \overline{C_{s\,ij}} \mu_{ij} + \beta_{\varPi} \mu_{ij}^2}{\overline{\rho}_{ij}} & \left(\boldsymbol{u}_{ij} \cdot \boldsymbol{r}_{ij} < 0 \right) \\[3mm] 0 & \left(\boldsymbol{u}_{ij} \cdot \boldsymbol{r}_{ij} \geq 0 \right) \end{cases} \tag{2.142}$$

$$\mu_{ij} = \frac{h \boldsymbol{u}_{ij} \cdot \boldsymbol{r}_{ij}}{\left| \boldsymbol{r}_{ij} \right|^2 + \varepsilon h^2} \tag{2.143}$$

$$\overline{C_{s\,ij}} = \frac{C_{si} + C_{sj}}{2} \quad ; \quad \overline{\rho}_{ij} = \frac{\rho_i + \rho_j}{2} \tag{2.144}$$

が得られる.

2.4.3　人工粘性の適正化

　人工粘性は，衝撃波面でエントロピーを増大させて，衝撃波面を貫通する粒子を阻止するはたらきをもつ必要がある．このためには体積粘性が必要となるが，せん断粘性は不要である．天体物理学では，円盤銀河や降着円盤（ブラックホールなどの高密度天体に落ち込むガスや塵が形成する円盤）等を流体（あるいは多粒子系）と見なして解析するが，これらの天体は中心に近くなるほど角速度が大きくなるような回転，すなわち差動回転を伴い，ガスどうしのせん断粘性のために摩擦熱が発生し，高温になる．この種の状況のシミュレーションでは，人工粘性による非物理的せん断粘性の存在が角運動量を散逸させて，解の信頼性を大きく損なうことになる．

　この問題に対処するため，Balsara (1995) は，粒子周囲の局所流の状態に依存する関数

$$\overline{f_{\mathrm{B}i}} = \frac{\left| f_{\mathrm{B}i} + f_{\mathrm{B}j} \right|}{2} \tag{2.145}$$

$$f_{\mathrm{B}i} = \frac{\left| \nabla \cdot \boldsymbol{u} \right|_i}{\left| \nabla \cdot \boldsymbol{u} \right|_i + \left| \nabla \times \boldsymbol{u} \right|_i + \eta_B C_s / h_i} \quad ; \quad \eta_B \approx 10^{-4} \tag{2.146}$$

$$(\nabla \times \boldsymbol{u})_i = \frac{1}{\rho_i} \sum_j m_j (\boldsymbol{u}_i - \boldsymbol{u}_j) \times \nabla w_{ij} \tag{2.147}$$

を人工粘性に乗じる方法を提案した．この方法は Balsara スイッチとよばれる．
式 (2.146) は，圧縮が支配的な場合には

$$f_{\text{B}i} \to 1 \quad \left(\text{for } |\nabla \cdot \boldsymbol{u}|_i \gg |\nabla \times \boldsymbol{u}|_i \right) \tag{2.148}$$

回転が支配的な場合には

$$f_{\text{B}i} \to 0 \quad \left(\text{for } |\nabla \cdot \boldsymbol{u}|_i \ll |\nabla \times \boldsymbol{u}|_i \right) \tag{2.149}$$

となって，それぞれ 1 および 0 に近づくので，差動回転する天体における非物理的せ
ん断粘性の発生が抑制される．

　一方，Morris and Monaghan (1997) は，標準的人工粘性の定数 α_Π, β_Π を時間とと
もに減衰する関数

$$\alpha_\Pi = \alpha_{\text{MM}}(t) \quad ; \quad \beta_\Pi = 2\alpha_{\text{MM}}(t) \tag{2.150}$$

$$\frac{d\alpha_{\text{MM}}}{dt} = \frac{\alpha_{\text{MM}} - \alpha_{\text{MM min}}}{\tau_{\text{MM}}} + S_{\text{MM}v} \tag{2.151}$$

$$S_{\text{MM}v} = \max\left(-(\nabla \cdot \boldsymbol{u})_i, 0 \right) \tag{2.152}$$

$$\alpha_{\text{MM min}} \sim 0.1 \quad ; \quad \tau_{\text{MM}} \sim h / (0.1 \sim 0.2) C_s \tag{2.153}$$

に置き換える方法を提案した．式中の $\alpha_{\text{MM min}}$ は SPH 法では計算の安定化のために人
工粘性を完全にはゼロにできないことを意味しており，τ_{MM} は減衰の時間スケールで
あるが，smoothing length と音速の比と関連付けて評価される．$S_{\text{MM}v}$ は圧縮が支配
的な場合（粒子が接近する際）に作用する生成項であり，衝撃波に対して人工粘性を
発現させるはたらきを担っている．この方法は Morris–Monaghan スイッチとよばれる．

　このほかにも人工粘性による解の鈍りを抑制する種々の方法が検討されている
（Lombardi et al., 1999 ; Rosswog, 2009 参照）．

2.4.4　時間発展と安定性

　移流拡散方程式は放物型偏微分方程式であり，与えられた初期値からの時間発展を
解くことになるが，陽解法を用いた計算では，解の安定性が重要となる．この種の数
値的不安定問題は格子法を対象として体系化されてきた経緯があるので，差分法を対
象に簡潔に述べる．1 次元の移流拡散方程式である Burgers（バーガース）方程式

$$\frac{\partial \phi}{\partial t} + u \frac{\partial \phi}{\partial x} = \nu \frac{\partial^2 \phi}{\partial x^2} \tag{2.154}$$

を対象に，移流と拡散に分けて示すこととする．移流方程式

$$\frac{\partial \phi}{\partial t} + u \frac{\partial \phi}{\partial x} = 0 \tag{2.155}$$

に対し，空間微分に 1 次精度の後退差分，時間微分に 1 次精度の前進差分を導入する
と，

$$\frac{\phi_j^{k+1} - \phi_j^k}{\Delta t} + u \frac{\phi_j^k - \phi_{j-1}^k}{\Delta x} = 0 \tag{2.156}$$

となり（Δt：計算時間刻み幅，Δx：計算格子幅，式中の下付き添え字は格子点の位
置を，上付き添え字は時間ステップを表す），時間ステップでまとめると，

$$\phi_j^{k+1} = \phi_j^k - C\left(\phi_j^k - \phi_{j-1}^k\right) \quad ; \quad C = \frac{u\Delta t}{\Delta x} \tag{2.157}$$

となる．時間ステップ k の量を既知とすれば，式 (2.157) から時間ステップ $k+1$ の
量が計算できる．式中の無次元数 C は Courant（クーラン）数である．

　陽解法では逐次代入により時間発展が進行するので，桁落ちに伴う誤差（丸め誤差）
が蓄積し，計算が破綻する可能性がある．この誤差蓄積こそ数値的不安定の原因であ
る．陽解法型のスキームの安定性の判定法としては，von Neumann の安定性解析が
ある．具体的には，差分式の解を

$$\phi_j^k = \sum_m C_m^k \exp\left(i\kappa_m j\Delta x\right) \tag{2.158}$$

と Fourier 級数展開し（i：虚数単位，C_m：振幅，κ_m：波数），振幅の比

$$G = \frac{C_m^{k+1}}{C_m^k} \tag{2.159}$$

を増幅率と定義する．各波数成分の振幅が時間とともに小さくなれば，いったん擾乱
が生じても時間とともに減衰することとなり，数値的に安定である．すなわち，

$$|G| < 1 \tag{2.160}$$

が，von Neumann の安定条件である．この条件を式 (2.157) に適用すると，

$$C = \frac{u\Delta t}{\Delta x} < 1 \tag{2.161}$$

が得られる．この式は，数値的に安定である条件が，「時刻 Δt 間の物理的な擾乱の
移動距離 $u\Delta t$ が差分格子幅 Δx を超えないこと」あるいは「数値的な伝搬速度 $\Delta x /$
Δt が物理的な擾乱の伝搬速度 u を上回ること」であることを示しており，CFL
（Courant–Friedrichs–Lewy；クーラン-フリードリッヒ-リューイ）条件あるいは
Courant 条件とよばれる．

　次に，拡散方程式

$$\frac{\partial \phi}{\partial t} = \nu \frac{\partial^2 \phi}{\partial x^2} \tag{2.162}$$

に空間微分に 2 次精度の中心差分，時間微分に 1 次精度の前進差分を導入すると，

$$\frac{\phi_j^{k+1} - \phi_j^k}{\Delta t} = \nu \frac{\phi_{j-1}^k - 2\phi_j^k + \phi_{j+1}^k}{\Delta x^2} \tag{2.163}$$

となり，時間ステップでまとめると，

$$\phi_j^{k+1} = \phi_j^k + d\left(\phi_{j-1}^k - 2\phi_j^k + \phi_{j+1}^k\right) \quad ; \quad d = \frac{\nu \Delta t}{\Delta x^2} \tag{2.164}$$

となる．式中の無次元数 d は拡散数とよばれる．この式について von Neumann の安定性解析を行うと，安定条件

$$d = \frac{\nu \Delta t}{\Delta x^2} < \frac{1}{2} \tag{2.165}$$

が得られる．拡散項が支配的な場合には，空間分解能を 2 倍（Δx を 1/2 倍）にするなら，時間分解能は 4 倍（Δt を 1/4 倍）にする必要があることがわかる．

　SPH 法も陽解法を用いているので，長さスケールに smoothing length，速度スケールに音速を用いた Courant 条件

$$C \equiv \frac{C_s \Delta t_{\mathrm{CFL}}}{h} < 1 \quad \rightarrow \quad \Delta t_{\mathrm{CFL}} = C \frac{h}{C_s} \tag{2.166}$$

を満足するように計算時間刻み幅 Δt を設定する必要がある．なお，MPS 法では，音速 C_s に代えて流速の最大値 $u_{\max}$ が，smoothing length に代えて粒子径が用いられる．この場合，Courant 数の上限値として 0.2 が推奨されている（越塚, 2005）．また，粘性項を高分解能で扱う際には，

$$d \equiv \frac{\nu \Delta t_{vd}}{h^2} < \frac{1}{2} \quad \rightarrow \quad \Delta t_{vd} = d \frac{h^2}{\nu} \tag{2.167}$$

も考慮する必要がある．さらに，SPH 法では粒子の加速度に関する条件

$$\Delta t_f = \min_{\forall i} \sqrt{\frac{h}{f_i}} \quad ; \quad f_i = \left| \frac{d^2 \boldsymbol{r}_i}{dt^2} \right| \tag{2.168}$$

が考慮される（たとえば，Monaghan, 1989 ; Bate et al., 1995）．計算では，以上三つの条件から定まる計算時間刻み幅から最小の刻み幅

$$\Delta t = \min \left(\lambda_{\mathrm{CFL}} \frac{h}{C_s}, \lambda_{vd} \frac{h^2}{2\nu}, \lambda_f \Delta t_f \right) \tag{2.169}$$

を使用することとなる．ここに，$\lambda_{\mathrm{CFL}}, \lambda_{vd}, \lambda_f$：モデル定数であり，$\lambda_{\mathrm{CFL}}, \lambda_{vd}$ はそれぞれ，Courant 数，拡散数の上限値に相当する．

　さらに，Monaghan (1989, 1992) は，人工粘性の影響を考慮した計算時間刻み幅の推定式

$$\Delta t_{cv} = \begin{cases} \displaystyle \min_{\forall i} \frac{h}{C_{si} + 0.6\left(\alpha_{\Pi} C_{si} + \beta_{\Pi} \max_{j \in \Omega} |\mu_{ij}|\right)} & (\boldsymbol{u}_{ij} \cdot \boldsymbol{r}_{ij} < 0) \\[4mm] \displaystyle \min_{\forall i} \frac{h}{C_{si}} & (\boldsymbol{u}_{ij} \cdot \boldsymbol{r}_{ij} > 0) \end{cases} \tag{2.170}$$

を提案し（式中の α_{Π}, β_{Π}, μ_{ij} については式 (2.141), (2.143) を参照），粒子の加速度に関する条件式 (2.168) を併用して，刻み幅を

$$\Delta t = \begin{cases} \lambda_f \Delta t_f & \left(\Delta t_f < \Delta t_{cv}\right) \\[2mm] \lambda_{cv} \Delta t_{cv} & \left(\Delta t_f > \Delta t_{cv}\right) \end{cases} \tag{2.171}$$

から推定する方法を提案した．式中の定数に関しては経験値であるが，Monaghan (1989) では，$\lambda_f = \lambda_{cv} = 0.3$ が，Monaghan (1992) では，$\lambda_f = 0.25, \lambda_{cv} = 0.4$ が推奨されている．

2.5 半陰解法と圧力擾乱

2.5.1 MPS 法

　MPS 法（Koshizuka and Oka, 1996）は，非圧縮性流体の解析のために新たに開発された粒子法であり，projection 法（Chorin, 1968）に基づき，粘性項と重力項による粒子の移動を陽的に計算した後に圧力の Poisson 方程式を陰的に解く 2 段階の半陰解法型アルゴリズム，すなわち SMAC（Simplified MAC）法（Amsden and Harlow, 1970）に準拠したアルゴリズムが適用される．

　Helmholtz（ヘルムホルツ）の分解定理により，任意のベクトル場 $\boldsymbol{A}$ について

$$\boldsymbol{A} = -\nabla\phi + \nabla \times \boldsymbol{B} \tag{2.172}$$

を満足するスカラーポテンシャル ϕ とベクトルポテンシャル $\boldsymbol{B}$ が存在する．式 (2.172) の第 1 項の回転および第 2 項の発散は

$$\nabla \times (-\nabla\phi) = -\mathrm{rot}(\mathrm{grad}\,\phi) = 0$$
$$\nabla \cdot (\nabla \times \boldsymbol{B}) = \mathrm{div}(\mathrm{rot}\,\boldsymbol{B}) = 0 \tag{2.173}$$

となるから，式 (2.172) の第 1 項は，回転なしのベクトル場（渦なし場）であり，第 2 項は発散なしのベクトル場（solenoidal 場；湧き出しのない場）である．図 2.10 に示すように，projection 法では，第 1 段階（predictor step）では solenoidal 条件を考慮せずに仮（予測）流速場を求め，第 2 段階（corrector step）では，solenoidal 条件を満足するように導出された圧力の Poisson 方程式を仮流速場において解き，流速場を修正する．すなわち，第 1 段階で solenoidal 場から離れた流速場を，第 2 段階において圧力をスカラーポテンシャルとする渦なし場上で solenoidal 場に投影する予測子

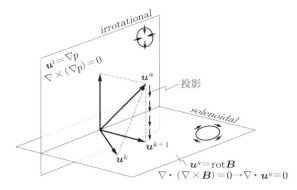

図 2.10 projection 法の概念

修正子法である.

MPS 法では,時間ステップ $k+1$ の流速ベクトルは,時間ステップ k の流速ベクトルに二つの修正量を加算して

$$\boldsymbol{u}^{k+1} = \boldsymbol{u}^k + \delta\boldsymbol{u}^p + \delta\boldsymbol{u}^c \tag{2.174}$$

と表記される(式中の上付き添え字 p, c は,第 1,第 2 段階を表す).第 1 段階は陽的な予測計算であり,粘性項と重力項を与えて粒子の速度(流速)を計算し,粒子の仮位置および仮の数密度 n^* が算定される.この段階での速度修正値は,

$$\delta\boldsymbol{u}^p = \left(\nu\nabla^2\boldsymbol{u}\right)^k \Delta t + \boldsymbol{g}\Delta t \tag{2.175}$$

となり(Δt:計算時間刻み幅),仮流速,仮の粒子位置はそれぞれ

$$\boldsymbol{u}^* = \boldsymbol{u}^k + \delta\boldsymbol{u}^p \quad ; \quad \boldsymbol{r}^* = \boldsymbol{r}^k + \boldsymbol{u}^*\Delta t \tag{2.176}$$

と書ける.このように,粒子法では計算の更新に伴って粒子(計算点)自身を移動させるので,移流項を別途離散化して計算する必要がなく,前述の数値拡散の問題が発生しない.

第 1 段階で更新された場では,個々の粒子を陽的に移動させただけで,質量保存に関する条件(すなわち,solenoidal 条件)が課されていない.粒子法では粒子の質量が不変として計算を進めるので,非圧縮性流体における質量保存則は粒子数密度一定の条件(すなわち,基準粒子数密度 n_0 に一致)と等価となる.第 1 段階計算の結果,個々の粒子が移動し,粒子数密度に標準値 n_0 からのずれが生じるが,局所的な疎密が生じた粒子配列を均質な状態に修正するのが第 2 段階である.

第 2 段階では,第 1 段階で扱わなかった圧力項を考慮し,個々の粒子の速度変化 $\delta\boldsymbol{u}^c$ の結果として生じる数密度の再修正量 n^c が

$$n^{k+1} = n^* + n^c = n_0 \tag{2.177}$$

なる関係を満足するように，圧力場を陰的に解く．第 2 段階の速度修正量 $\delta \boldsymbol{u}^c$ は，

$$\delta \boldsymbol{u}^c = \boldsymbol{u}^{k+1} - \boldsymbol{u}^* = -\frac{1}{\rho_0} \nabla p^{k+1} \Delta t \tag{2.178}$$

と書ける．この式の発散をとると，

$$\nabla \cdot \boldsymbol{u}^{k+1} - \nabla \cdot \boldsymbol{u}^* = -\frac{1}{\rho_0} \nabla^2 p^{k+1} \Delta t$$

となり，速度 $\boldsymbol{u}^{k+1}$ は solenoidal だから，

$$\nabla \cdot \boldsymbol{u}^* = \frac{1}{\rho_0} \nabla^2 p^{k+1} \Delta t \tag{2.179}$$

となる．ところで，MPS 法の計算の進行過程では密度は一定値周辺で微小変動を繰り返すことになるので，流速の発散に乗じる密度を一定と近似した質量保存則を第 2 段階の速度修正に用いて，

$$\left(\frac{D\rho}{Dt}\right)^c + \rho_0 \nabla \cdot \delta \boldsymbol{u}^c = 0 \quad ; \quad \left(\frac{D\rho}{Dt}\right)^c = \frac{\rho_0 - \rho^*}{\Delta t} \tag{2.180}$$

だから，速度 $\boldsymbol{u}^{k+1}$ が solenoidal であり，$\delta \boldsymbol{u}^c = \boldsymbol{u}^{k+1} - \boldsymbol{u}^*$ であることを考慮すると，

$$\frac{\rho^* - \rho_0}{\Delta t} + \rho_0 \nabla \cdot \boldsymbol{u}^* = 0 \quad \rightarrow \quad \nabla \cdot \boldsymbol{u}^* = -\frac{1}{\Delta t} \frac{\rho^* - \rho_0}{\rho_0}$$

が得られる．MPS 法では，流体の密度は粒子数密度と比例関係にあるから，

$$\frac{\rho^* - \rho_0}{\rho_0} = \frac{n^* - n_0}{n_0}$$

であり，仮速度の発散は，

$$\nabla \cdot \boldsymbol{u}^* = -\frac{1}{\Delta t} \frac{n^* - n_0}{n_0} \tag{2.181}$$

と書ける．式 (2.179)，(2.181) より，圧力に関する Poisson 方程式

$$\nabla^2 p^{k+1} = -\frac{\rho_0}{\Delta t^2} \frac{n^* - n_0}{n_0} \tag{2.182}$$

が得られる．この式を陰的に解いて圧力場の解を得て，それに式 (2.178) を用いると第 2 段階の速度修正量が得られ，粒子の位置は，

$$\boldsymbol{r}^{k+1} = \boldsymbol{r}^* + \delta \boldsymbol{u}^c \Delta t \tag{2.183}$$

によって更新される．以上のプロセスを繰り返し，時間発展的に流体の挙動を追跡する．

　計算時間刻み幅に関しては，格子法と同様に移流拡散方程式の初期値問題の数値解法において不安定を回避するための制約を受ける．MPS 法では，Courant 数，拡散数は

$$C = \frac{u_i \Delta t}{l_0} \quad ; \quad d = \frac{\nu \Delta t}{l_0{}^2} \qquad (2.184)$$

と定義される．ここに，u_i：粒子 i の速度の絶対値，l_0：粒子間距離（粒子径相当）である．MPS 法で既往の適用例が多い粒子径が数 mm（計算領域が数 m 程度）の流れ場では，Courant 条件が支配的であり，

$$\Delta t_{\mathrm{CFL}} = \lambda_{\mathrm{CFL}} \frac{l_0}{\max\limits_{\forall i}(u_i)} \quad ; \quad \lambda_{\mathrm{CFL}} = 0.2 \qquad (2.185)$$

に基づき，計算時間刻み幅が決定される．式中の λ_{CFL} は経験的に決められた定数である（越塚, 2005）．なお，溶融樹脂などの高粘性流体では，拡散数の上限値の制約が支配的となり，陽解法では 10^{-8} s オーダーの計算時間刻み幅を用いる必要が生じる（たとえば，鷲頭ら, 2010）．このような場合には，第 1 段階の速度更新において，

$$\boldsymbol{u}^* = \left(\nu \nabla^2 \boldsymbol{u}^*\right)\Delta t + \boldsymbol{g}\Delta t \quad ; \quad \delta \boldsymbol{u}^p = \boldsymbol{u}^* - \boldsymbol{u}^k \qquad (2.186)$$

のように粘性項を陰的に積分することにより，拡散数の制約を回避できるが，陰的積分の計算負荷は増える．これに対して，鈴木 (2007) は，有理 Runge–Kutta（ルンゲ－クッタ）法（RRK 法）にサブタイムステップを導入した方法を考案し，サブタイムステップを拡散数の制約から決まる安定限界の計算時間刻み幅程度に設定すれば，RRK 法の計算時間刻み幅を安定限界の刻み幅の 100 倍のオーダーに設定しても数値的に安定であることを，Poiseuille（ポアズイユ）流れの計算で確認している．

　半陰解法型の粒子法では，時間積分には 1 次精度の Euler 法が使われるが，Euler 法は精度が低いため，格子法では一般に，Runge–Kutta 法などの高次の時間積分スキームが用いられる．SPH 法は陽解法であるので，低精度のスキームを使うと計算誤差が蓄積し，計算精度の観点から時間積分スキームの選択が重要であるため，高次スキームの適用が試みられてきた（たとえば，Molteni and Colagrossi, 2009；Blanc and Pastor, 2012）．しかし，MPS 法は半陰解法であり，solenoidal 場への射影によって各時間ステップで体積保存するように解が修正されるから，陽解法で問題となるような深刻な誤差蓄積は生じない．Jeong et al. (2013) は，Runge–Kutta 法を MPS 法に導入し，精度の改善はわずかであることを確認した．さらに，Shimizu and Gotoh (2016) は，高精度粒子法（MPS-HS-HL-ECS-GC-DS 法，第 3 章参照）に Wendland kernel を導入した空間微分精度の高い半陰解法型スキームに，leapfrog 法，台形公式，Adams–Bashforth（アダムス－バッシュフォース）法，Runge–Kutta 法を適用して，半陰解法で通常用いられる 10^{-3} s オーダーの計算時間刻み幅に対しては，高次時間積分スキームの影響は有意ではないことを明らかにした．

　ところで，MPS 法の圧力勾配項の計算では，数値的安定性のために，式 (2.111) の

勾配モデルを

$$\langle \nabla p \rangle_i = \frac{D_s}{n_0} \sum_{j \neq i} \frac{p_j - \hat{p}_i}{\left| \boldsymbol{r}_j - \boldsymbol{r}_i \right|^2} (\boldsymbol{r}_j - \boldsymbol{r}_i) \, w(\left| \boldsymbol{r}_j - \boldsymbol{r}_i \right|) \tag{2.187}$$

$$\hat{p}_i = \min_{j \in J}(p_i, p_j) \quad ; \quad J = \left\{ j : w(\left| \boldsymbol{r}_j - \boldsymbol{r}_i \right|) \neq 0 \right\} \tag{2.188}$$

のように変更する（Koshizuka and Oka, 1996）．この変更によって，圧力勾配の評価
の基準となる粒子は，粒子 i ではなく，kernel の影響域内の粒子の中で最小の圧力を
有する粒子になる．このことにより，粒子間に作用する力が常に斥力となって粒子は
相互に反発し合い，過剰接近が抑止されて均質な分散状態を保持しやすくなる．この
圧力の最小値への付け替えは，第3章の3.6.3項で詳述するように，計算安定化のた
めの人工斥力の導入に相当する．

　Shao and Lo (2003) は，SPH法の微分演算子とMPS法の計算アルゴリズムを組み
合わせて，半陰解法型（非圧縮型）SPH法 である ISPH（Incompressible SPH）法を
提案した．ISPH法では，粒子数密度 n_i に代わって，真密度 ρ_i を用いる．ISPH法に
より，SPH法でも人工粘性の導入なしに非圧縮性流体を解析できるようになり，
MPS法とSPH法の協調的発展への道が拓かれた．

2.5.2　圧力擾乱

　粒子法では移動計算点が用いられるので，計算点の空間密度の揺らぎは不可避であ
り，これが計算に誤差をもたらす．図 2.11 は，矩形水槽における静水状態をMPS法
で計算したときの圧力分布の瞬間像の一例であるが，本来は成層状態となるべき圧力
分布に非物理的な擾乱が生じ，不規則な分布となっている．言うまでもないことだが，
この分布は定常的なものではなく，動画で表示すると圧力分布が不規則にめまぐるし
く変化する．図 2.12 には，図 2.11 の矩形水槽の底壁面上の固定点における圧力変動
時系列を，図 2.13 には，同じ固定点近傍の粒子数密度の変動時系列を示した．圧力
には平均圧力（静水圧値）の数倍の振幅のスパイクノイズが見られるが，粒子数密度
は一定値周辺で小刻みに変動するものの，系統的な粒子数密度の減少は生じない．つ
まり，これほど大きな圧力の変動を伴うにもかかわらず，体積の保存性はおおむね良
好であり，MPS法が非圧縮性流体の解法として適切であることが理解できる．

　図 2.11 の水面付近には跳躍する粒子が見られるが，圧力の非物理的擾乱は，この
種の粒子の非物理的な振る舞い（断片化，凝集，振動など）として顕在化し，条件次
第では計算の完全な破綻に直結しかねず，粒子法の最も深刻な弱点である（Colagrossi
and Landrini, 2003 ; Gotoh et al., 2005）．根本的な解決に関しては，次章で詳述する
高精度粒子法が必須であるが，微弱な圧縮性の導入が擾乱の減衰に有効であることは

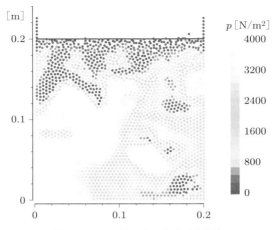

図 **2.11** MPS 法による静水圧力分布

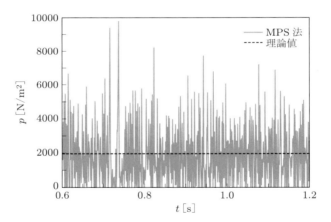

図 **2.12** 固定点における圧力変動時系列

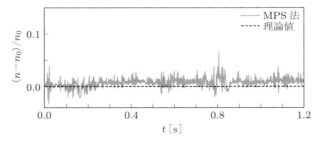

図 **2.13** 固定点における粒子数密度の変動時系列

想像に難くない．MPS 法は非圧縮性流体の解析を目的に開発されたが，簡単な変更で微弱な圧縮性を扱うことができる．

Koshizuka et al. (1999) は，MPS 法の開発初期の段階で，微弱な圧縮性の導入法を提案した．音速の式 (2.128) より，

$$\frac{\partial p}{\partial \rho} = C_s^2 \tag{2.189}$$

だから，基準密度 ρ_0 および基準圧力 p_0 の近傍では，線形の圧縮性

$$\rho - \rho_0 = \frac{1}{C_s^2}(p - p_0) \tag{2.190}$$

を想定することができる．この式を時刻 $k+1$ の粒子 i に適用すると（すなわち，粒子 i の密度は一定値 ρ_0 ではなく，その圧力 p_i に応じて変化するとすれば），

$$\frac{\rho_i^{k+1} - \rho_0}{\rho_0} = \frac{1}{\rho_0 C_s^2}\left(p_i^{k+1} - p_0\right) \tag{2.191}$$

となる．密度と粒子数密度の比例関係

$$\frac{\rho_i^{k+1} - \rho_0}{\rho_0} = \frac{n_i^{k+1} - n_0}{n_0}$$

を式 (2.191) に用いると，

$$n_i^{k+1} = n_0 \left\{ 1 + \frac{1}{\rho_0 C_s^2}\left(p_i^{k+1} - p_0\right) \right\} \tag{2.192}$$

となる．第 2 段階の速度修正のための質量保存則は，粒子数密度を用いて，

$$\left(\frac{Dn}{Dt}\right)_i^c + n_0 \nabla \cdot \delta \boldsymbol{u}^c = 0 \quad \rightarrow \quad \left(\frac{Dn}{Dt}\right)_i^c - n_0 \nabla \cdot \boldsymbol{u}_i^* = 0 \tag{2.193}$$

であり，粒子数密度の時間微分は，

$$\left(\frac{Dn}{Dt}\right)_i^c = \frac{n_i^{k+1} - n_i^*}{\Delta t} \tag{2.194}$$

と書ける．式 (2.193)，(2.194) より，

$$\nabla \cdot \boldsymbol{u}_i^* = \frac{1}{n_0} \frac{n_i^{k+1} - n_i^*}{\Delta t}$$

となり，これに式 (2.192) を用いて，

$$\nabla \cdot \boldsymbol{u}_i^* = -\frac{1}{\Delta t}\left\{ \frac{n_i^* - n_0}{n_0} - \frac{1}{\rho_0 C_s^2}\left(p_i^{k+1} - p_0\right) \right\}$$

となる．さらに，式 (2.179) を用いて，仮速度の発散を圧力の Laplacian に書き換えると，圧力の Poisson 方程式

$$\nabla^2 p_i^{k+1} = -\frac{\rho_0}{\Delta t^2}\left\{\frac{n_i^* - n_0}{n_0} - \frac{1}{\rho_0 C_s^2}\left(p_i^{k+1} - p_0\right)\right\} \tag{2.195}$$

が得られる．ここで，

$$\alpha_p = \frac{1}{\rho_0 C_s^2} \quad ; \quad p_0 = 0 \tag{2.196}$$

とおくと（α_p：圧縮率），

$$\nabla^2 p_i^{k+1} = -\frac{\rho_0}{\Delta t^2}\left(\frac{n_i^* - n_0}{n_0} - \alpha_p p_i^{k+1}\right) \tag{2.197}$$

となる．この式を式 (2.182) と比べて違う点は，右辺の括弧内の第 2 項が加わっていることのみである．

　圧縮性の導入に関しては以上であるが，Poisson 方程式の陰解法の計算過程について少々補足しておこう．式 (2.197) に MPS 法の Laplacian モデル

$$\left\langle\nabla^2 p\right\rangle_i^{k+1} = \frac{2D_s}{\lambda n_0}\sum_{j \neq i}\left(p_j^{k+1} - p_i^{k+1}\right)w\left(\left|\boldsymbol{r}_j^* - \boldsymbol{r}_i^*\right|\right) \tag{2.198}$$

を用いて，未知量 p_j^{k+1} に関する項を左辺にまとめて整理すると，

$$\left(\frac{2D_s}{\lambda} + \frac{\rho_0\alpha_p}{\Delta t^2}\right)p_i^{k+1} - \frac{2D_s}{\lambda n_0}\sum_{j \neq i}w\left(\left|\boldsymbol{r}_j^* - \boldsymbol{r}_i^*\right|\right)p_j^{k+1} = \frac{\rho_0}{\Delta t^2}\frac{n_i^* - n_0}{n_0} \tag{2.199}$$

となる．これを行列方程式

$$\boldsymbol{A}_p\boldsymbol{x}_p = \boldsymbol{b}_p \tag{2.200}$$

で書けば，未知変数ベクトル $\boldsymbol{x}_p$，既知変数ベクトル $\boldsymbol{b}_p$ の第 i 成分は，

$$\boldsymbol{x}_{p\_i} = p_i^{k+1} \quad ; \quad \boldsymbol{b}_{p\_i} = \frac{\rho_0}{\Delta t^2}\frac{n_i^* - n_0}{n_0} \tag{2.201}$$

行列 $\boldsymbol{A}_p$ の成分 a_{p_ij} は，

$$a_{p\_ij} = \begin{cases} \dfrac{2D_s}{\lambda} + \dfrac{\rho_0\alpha_p}{\Delta t^2} & (i = j) \\[3mm] -\dfrac{2D_s}{\lambda n_0}w\left(\left|\boldsymbol{r}_j^* - \boldsymbol{r}_i^*\right|\right) & (i \neq j) \end{cases} \tag{2.202}$$

と記述され，この行列の成分は既知量のみで構成されている．導出の過程から明らかなように，非圧縮性流体の場合には，$i = j$ ならば第 2 項がゼロとなる．

　言うまでもないことだが，粒子数を N とすれば，行列方程式は N 元連立方程式に相当する．式 (2.202) を見ると，対角成分（$i = j$）は常に非ゼロであり，非対角成分（$i \neq j$）の中で kernel の値がゼロではない（i 行については粒子 i 近傍の粒子の）成分のみが非ゼロであるが，ほかの非対角成分はゼロである．非圧縮性流体の場合については，

$$\sum_{j \neq i} a_{p\_ij} = -\frac{2D_s}{\lambda n_0} \sum_{j \neq i} w\left(\left|\boldsymbol{r}_j^* - \boldsymbol{r}_i^*\right|\right) = -\frac{2D_s}{\lambda} = -a_{p\_ii} \quad \left(\text{for } \frac{\rho_0 \alpha_p}{\Delta t^2} = 0\right) \quad (2.203)$$

であるので，非対角成分の和の大きさと対角成分の大きさが等しくなる．圧縮性を導入すれば，

$$\left|\sum_{j \neq i} a_{p\_ij}\right| = \frac{2D_s}{\lambda} < a_{p\_ii} \quad \left(\text{for } \frac{\rho_0 \alpha_p}{\Delta t^2} > 0\right) \quad (2.204)$$

となるので，対角成分は非対角成分の和より大きくなる．このように，行列 $\boldsymbol{A}_p$ は，対角優位である．この行列が，きわめて大規模な疎行列であることを具体的に示すため，水深 20 cm，水平長 5 m の水槽について 5 mm 径の粒子で 2 次元計算する場合を例に，非ゼロ要素の割合を見積ることとする．粒子数は約 40000 であり，行列は 40000×40000，個々の粒子の近傍粒子は影響半径に依存するが約 20 個と想定すると（影響半径が粒子径の 2 〜 4 倍のとき，近傍粒子個数は 12 〜 44 個），非ゼロ要素の割合は 0.05% となる．このような対角優位な大規模疎行列は，偏微分方程式の数値解法の多くに共通して現れるが，前処理付き共役勾配法（CG 法，Conjugate Gradient method）の適用により，効率的に解くことができる．MPS 法のコードでは，不完全Cholesky（コレスキー）分解付き共役勾配法（ICCG 法，Incomplete Cholesky decomposition Conjugate Gradient method）が標準的に用いられる（越塚, 2005）．

　圧力擾乱の問題に話を戻そう．実際の計算では，わずかな圧縮性の導入が，非物理的な圧力擾乱の低減に有効であることが確認されている（たとえば，日比・藪下, 2004；末吉・内藤, 2004）．しかし，わずかでも圧縮性が許容されると，長時間計算ではその影響が累積して流体の体積が徐々に減少し，体積保存性に重大な欠陥が生じる．さらに，微弱な圧縮性は非物理的なエネルギー減衰をもたらす．また，非物理的な圧縮性の導入が与えた擾乱減衰効果を定量的に評価できないため，衝撃圧など短時間のピーク値が問題となる場合には適用できない．したがって，安易に弱圧縮型MPS 法を導入するのは得策ではなく，圧力擾乱の発生理由に関して数値スキームや微分演算子モデルの導入過程を再考し，問題の本質を解明することが必要との認識が広がり，高精度粒子法の研究が活発化した．

2.6　境界条件

2.6.1　壁面境界

　固定壁面は，図 2.14 に示すように数層の厚さで規則配列された固定粒子により構成される．流体と接する壁面表層の粒子では圧力の更新計算を実施するが，流体と接さない第 2 層以降の粒子は圧力の計算は行わないダミー粒子である．粒子 i における

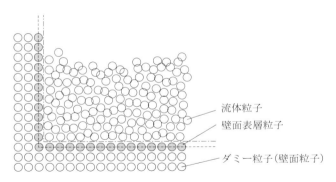

流体粒子
壁面表層粒子
ダミー粒子（壁面粒子）

図 2.14 壁面境界

粒子数密度は kernel の影響域（2 次元では半径 r_e の円）内の粒子における kernel の値の和として計算されるので，仮に kernel の影響域の一部に粒子の存在しない空白域ができると，粒子 i の粒子数密度は基準値より小さくなる．もしダミー粒子を配置しないと，壁面表層粒子の kernel の影響域の一部に空白域が生じ，壁面表層粒子の粒子数密度は小さく評価される．非圧縮性を保証するには，粒子数密度を一定値 n_0 に保つ必要があるが，壁面粒子は移動できないので流体粒子を壁付近に引き寄せる力が過剰になり，壁面を貫通する粒子が生じる．また，後述する自由表面の判定条件が壁近傍の粒子で成立し，水中の粒子が自由表面粒子として誤判定されてしまう．これを防ぐには，壁面の厚みを kernel の影響域の半径 r_e より大きく設定する必要があり，流体と接する壁面表面粒子の背後に数層のダミー粒子が配列される．壁面表面粒子では，流速をゼロとして圧力の更新計算を行うが，座標の更新計算は行わない．また，ダミー粒子はほかの粒子から参照されるのみで，流速・圧力ともに更新計算の必要はない．

　壁面表層粒子での圧力の計算には，流体粒子とは異なる扱いが必要となる．先述のように，圧力の Poisson 方程式を解くには Laplacian モデルを適用して圧力を変数とする行列方程式を導出するが，壁面表層粒子と壁面近傍の流体粒子では kernel の影響域内にダミー粒子が存在する．この場合ダミー粒子の係数はすべてゼロに設定するが，そうすると非対角成分の和が対角成分より小さくなり，式 (2.203) の関係が満足されない．つまり，壁近傍の粒子に関しては，

$$\sum_{j \neq i, p_j \neq 0} w\left(\left|\boldsymbol{r}_j^* - \boldsymbol{r}_i^*\right|\right) < n_0 \tag{2.205}$$

となるので，圧力計算の対象となる粒子の粒子数密度は n_0 より小さくなる．このままの状態では，壁面表層粒子の圧力計算で対角成分が過大となり，壁面近傍の流体粒子に過大な斥力が生じてしまう．これを防ぐには，kernel の影響域内にダミー粒子が存在する壁面表層粒子と壁面近傍の流体粒子については，対角成分を

$$\hat{a}_{p\_ii} = \frac{2D_s}{\lambda n_0} \sum_{j\neq i, p_j\neq 0} w\left(\left|\boldsymbol{r}_j^* - \boldsymbol{r}_i^*\right|\right) \tag{2.206}$$

と修正すればよい．この修正によって，壁面での圧力勾配はゼロとなって，影響域内の粒子が均質に分布していれば，Neumann 境界条件が課される．

　壁面での速度の境界条件に関しては，no-slip（固着）条件と free-slip（自由すべり）条件がある．no-slip 条件とは，壁面での速度がゼロとなることである．一方，free-slip 条件では，壁面と平行な速度成分に関して壁面で速度勾配ゼロとし，壁面と垂直な成分に関しては速度ゼロ（壁を突き抜けない）と設定する．粒子法で no-slip 条件を与えるには，壁面粒子の速度をゼロに設定すればよい．この場合，壁面表層粒子の中心（図中の点線）に壁面の位置があることになる．もし，壁面粒子と壁面近傍の流体粒子の間（図中の一点鎖線）に壁面を設定しようとするなら，壁面表層粒子では負の速度を与える必要が生じる．しかし，格子法とは異なり，流体粒子は移動するので厳密な壁面の座標の設定は難しい（不可能ではないが）．そこで，特別な場合（壁乱流の計算のように壁面近傍の精度が特に求められるとき）を除けば，通常は壁面表層粒子の速度をゼロと設定する．一方，free-slip 条件の設定は，粘性項に適用する Laplacian モデルで流体粒子と壁粒子が相互作用しないように（行列方程式の係数をゼロに設定）すればよい．式 (2.198) からわかるように，流体粒子 i と壁面粒子 j において，Laplacian モデルによる相互作用をゼロとするには，粒子 i, j の流速を等しくすればよい．

2.6.2　自由表面

　粒子法の長所の一つが，自由表面の判定が簡潔であるにもかかわらず，robustness に優れていることである．MPS 法の自由表面判定は粒子数密度を用いて行われる．単相流計算では自由表面の外部には粒子が存在しないので，自由表面に近づくと粒子の kernel の影響域の一部に空白域が生じ，粒子数密度は小さくなる．この性質を利用し，半陰解法の第 1 段階が済んだ時点の粒子数密度について，

$$n_i^* < \beta_{\mathrm{MPS}} n_0 \quad ; \quad \beta_{\mathrm{MPS}} = 0.95 \sim 0.97 \tag{2.207}$$

が成立するとき，当該粒子を自由表面粒子と判定する（β_{MPS}：モデル定数）．自由表面粒子では，圧力を大気圧（$p=0$）に設定する（Dirichlet（ディリクレ）境界条件）．具体的には，Poisson 方程式を解く過程で，自由表面粒子では $p_i^{k+1}=0$ とする．また，モデル定数 β_{MPS} については，dam break（水柱崩壊）問題を対象とした感度解析を通じて，式中の推奨値が定められている（Koshizuka and Oka, 1996）．なお，半陰解法型の ISPH 法では，粒子数密度ではなく真密度を変数とするため，自由表面判定条件は，

$$\rho_i^* < \beta_{\mathrm{ISPH}}\rho_0 \quad ; \quad \beta_{\mathrm{ISPH}} = 0.99 \tag{2.208}$$

となる（β_{ISPH}：モデル定数）.

　粒子数密度による自由表面判定の最大の利点は，水塊の分裂や合体に対して例外処理を必要としないことにある．水面で飛沫が上がるような状況が生じ，孤立する粒子が生じると，式 (2.207) の自由表面判定条件が成立するので自由表面粒子と判定され，圧力がゼロに設定されて粒子は孤立時の初速度を初期条件として自由落下する．粒子が水面に落下して流体内部に潜り込むと，式 (2.207) の条件が成立せず，再び圧力の計算の対象となる.

　先述のとおり，半陰解法型の粒子法では圧力擾乱が発生するので，粒子数密度も変動する．その一方で，式 (2.207)，(2.208) では定数 β_{MPS}, β_{ISPH} はともに 1.0 に近い値となっており，粒子数密度の変動に敏感である．**図 2.15**(a) は，MPS 法で計算した矩形水槽内の静水状態について，自由表面と判定された粒子（圧力はゼロ）を表示したものであるが，水中に多数の自由表面粒子が存在している．水中の自由表面粒子は誤判定ではあるが，当該粒子では粒子数密度が基準値 n_0 より小さくなっており（粒子周辺に隙間が空いた状態），当該粒子の圧力がゼロとなることで周囲の粒子が当該粒子に接近し，周辺の隙間が減少する．この意味で，水中の自由表面粒子は粒子数密度の一定化（体積保存）には効果的に機能しており，たとえ誤判定があっても計算を決定的に破綻させることはない．しかし，計算精度を求める立場からすると，この種の誤判定は圧力擾乱と相互作用するので，可能な限り取り除くのが望ましい.

● 自由表面粒子 ○ 水中粒子

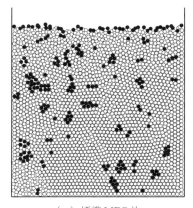 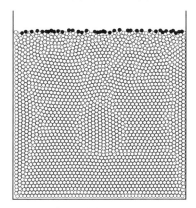

（a）標準 MPS 法 　　　　　　　　（b）補助判定条件付き MPS 法

図 2.15　自由表面粒子の誤判定とその対応策

　水中粒子が自由表面粒子と誤判定されやすい理由は，判定式 (2.207) で定数 β_{MPS} が 1.0 に近い値に設定されていることにある．したがって，この判定条件に加えて補助的な判定条件を導入すれば，誤判定の抑制が期待できる．Khayyer et al. (2009) は，半径 r_e の kernel の影響域内粒子配列の偏りを簡便に判定する補助条件として

$$\left|\sum_{j\neq i} x_{ij}\right| > \alpha_l \ \text{ or } \ \left|\sum_{j\neq i} y_{ij}\right| > \alpha_l \ \text{ or } \ \left|\sum_{j\neq i} z_{ij}\right| > \alpha_l \ \ ; \ \ \alpha_l \approx d_0 \qquad (2.209)$$

を考案した（図 2.16）．kernel の影響域内の全粒子の x, y, z 方向の各成分の和の絶対値が閾値 α_l より大きいときには，いずれかの方向に kernel の影響域内の粒子分布の偏りが生じていると推定される．この場合には，kernel の影響域内にひとかたまりの空隙があり，これが粒子数密度の減少の理由であろう．このような状況では，当該粒子は自由表面粒子と判定するのが妥当である．一方，式 (2.209) の判定条件が満足されないときには，kernel の影響域内には粒子分布の極端な偏りがないこと，すなわち分散して空隙が存在することになる．このような場合には，粒子数密度が減少していたとしても，当該粒子の近傍には自由表面は存在しないと判断するのが妥当である．Khayyer et al. (2009) の補助条件は，粒子の座標の方向成分の和を計算するのみできわめて低負荷であるが，判定条件 (2.207) と併用すると，図 2.15(b) のように水中粒子での誤判定が効果的に解消される．自由表面の判定精度向上に関する研究には，ほかにも Lee et al. (2008)，Ma and Zhou (2009) などがある．

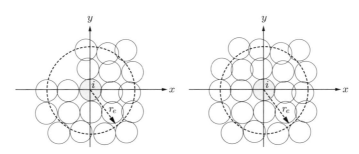

　　（ a ）分布の偏りが顕著なとき　　　　（ b ）分布の偏りが小さいとき

図 2.16　自由表面粒子の補助判定

2.6.3　流入・流出・その他の境界

　流入境界には，速度を有する粒子を次々に配置すればよい．具体的には，図 2.17 のように，少し厚めの固定壁（少なくとも標準的な固定壁面より 1 粒子分は厚い壁）を流入速度で計算領域内に移動させ，計算領域の 1 粒子分外側に到達した粒子は固定壁表面粒子として圧力の計算に組み込む．さらに壁面が前進し，固定壁表層粒子が流

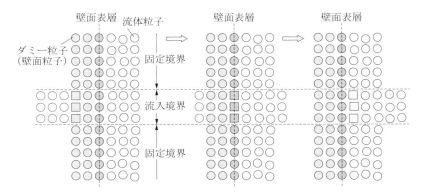

壁面表層　流体粒子　　　　　壁面表層　　　　　　壁面表層

ダミー粒子
(壁面粒子)　　　　　　　　　固定境界

流入境界

固定境界

図 2.17　流入境界

体存在域に入ったら,固定壁表層粒子から流体粒子に変えればよい.そのとき同時に,固定壁の外側に1層分のダミー粒子を新しく配置する.つまり,進行する固定壁の先端が溶け出して流体粒子となるような扱いをすることとなる.深さごとに壁粒子の進行速度を変えれば,速度分布を有する流入条件も課すことができるが,流速分布の勾配が大きい場合には層ごとの粒子のずれが大きくなり,流体と直接に接する固定壁表層粒子の配置間隔が瞬間的に大きくなる場合がある.このような状況では,流体粒子が壁面を貫通するエラーが生じることがあるが,この問題には固定壁表層粒子を2層にして圧力計算を行う範囲を厚くとることで対応できる.

　流出境界としては,自由流出とするのが一般的である.水理実験の際には,水路の終端では越流堰を調整して水路内に擬似等流を発生させるが,粒子法の場合にも,これと同じ方法をとるのが最も簡単である.その場合,堰を越流した(領域外に出た)直後に粒子を消去する.なお,消去した粒子を流入壁の背後にダミー粒子として再配置すれば,粒子数の増加(記憶容量の増加)を抑制して長時間の計算が可能となる.

　計算領域の節約には周期境界条件が有効なことが多い.つまり,主流方向に平衡した現象では,流出境界と流入境界を接続すれば長い区間を少ない粒子で計算できる.この際には,計算領域の両端に影響半径 r_e の幅の帯状の計算領域を追加し,他方の領域の端部から内側へ幅 r_e の帯状領域の内部に存在する粒子について,その状態量をもう一方の端部の外側に設けた幅 r_e の帯状領域に複写する.このようにすれば,一方の領域から流出した粒子がただちに他方の領域から流入することとなり,周期境界が実現される.自由表面流の場合,周期境界の取り扱いで注意すべきことがある.傾斜した水路を例に考えると,駆動力(重力の斜面方向成分)と抵抗力(底面壁での摩擦力)がつり合った状態では,主流方向に水深の変化が生じない(等流)状態が生じる.このとき,等流状態の水深は物理的に決まるが,周期境界を与える場合には,

水深は任意に設定できる．そのため，実際には等流とならない水深の条件で，無理矢理に周期境界条件を与えることも可能である．このような場合には，計算領域内で本来は生じないはずの水面勾配が生じたり，水面が不安定となって変動したりと，非物理的な現象が計算される．したがって，周期境界を傾斜水路に課す場合には，想定する水深が適切か否かをあらかじめ検討することが重要である．

　水面波の計算を行う際の造波境界に関しては，実験水槽で使う造波板と同様に，固定壁を周期的に前後させる．水理実験では，造波板からの再反射を抑制する無反射造波法が使われることも多いが，これに関しても同様の造波方式をコードに組み込めばよい．たとえば，Gotoh et al. (2005) は，Hirakuchi et al. (1990) による無反射造波法を援用し，固定壁の移動を以下のように与えた．

$$\frac{dx_w}{dt} = \frac{\omega}{A_w}\left\{2\eta_D -(\eta_0 - C_w x)\right\} \tag{2.210}$$

$$A_w = \frac{2\sinh^2 \kappa h_0}{\kappa h_0 + \sinh \kappa h_0 \cosh \kappa h_0} \tag{2.211}$$

$$C_w = \sum_{n=1}^{\infty} \frac{2\sin^2 \kappa_n h_0}{\kappa_n h_0 + \sin \kappa_n h_0 \cos \kappa_n h_0} \tag{2.212}$$

$$\frac{\omega^2}{g} = \kappa \tanh \kappa h_0 \tag{2.213}$$

ここに，ω：角周波数，η_D：目標とする水位変動，η_0：造波板前面の水位変動，x_w：造波板の位置，κ：波数，h_0：静水深である．また，消波境界としては，固定壁表層粒子を粒子径の数倍の間隔を隔てて格子状に配置する方法がある．この方法は経験的であり，粒子配置の間隔や消波域の大きさなどは，試行錯誤で決める必要がある．

2.7　近傍粒子探索

　粒子は移動するから，各粒子の相対的な位置関係は時々刻々と変化する．したがって，微分演算を行う前に個々の粒子の kernel の影響域内に位置する粒子を探索する必要がある．最も単純な方法は全粒子探索である．近傍の粒子を特定するには，ほかのすべての粒子との間の距離を計算し，粒子間距離が影響域半径 r_e 以下か否かを判定することが必要となるが，総粒子数を N とすれば，この操作は $N(N-1)$ 回の距離計算を要し，近傍粒子探索の計算コストは $O(N^2)$ となる．粒子数が少ない（$10^3 \sim 10^4$ 個程度）場合には問題はないが，粒子数の増大とともに近傍粒子探索の計算負荷は増大し，粒子数が 10^6 個程度に達すると計算時間の大半が近傍粒子探索に費やされることとなってしまう．

　計算規模の拡大には近傍粒子探索の効率化が不可避なのは自明だから，問題の解決法は MPS 法の開発初期から検討され，主として二つの方法が適用されてきた．第 1 の方法は，影響半径 r_e より大きい探索半径を有する予備探索領域を導入する方法である．粒子 i の kernel の影響域は予備探索域の内部にあるので，予備探索域の近傍粒子テーブルには粒子 i の近傍粒子候補が掲載されている．近傍粒子の探索では，予備探索域の近傍粒子テーブルに掲載されている粒子のみとの粒子間距離を計算すればよいので，計算量は大幅に削減できる．また，予備探索域は kernel の影響域より大きいため，時間更新数回に 1 回の頻度で更新すればよく，計算負荷の増大は限定的である．この方法により，近傍粒子探索の計算コストは $O(N^{1.5})$ 程度に減少する（Koshizuka et al., 1998）．

　一般に，図形を bucket（小長方形領域）に分割し，各 bucket で切り出して管理すれば，問題を各 bucket 内での局所的で単純な問題に帰着できることがあり，高速処理に有効である（bucket 法）．第 2 の方法はこれに準じた方法で，計算領域を均等な規則格子で覆い，セルを利用して粒子 i の近傍粒子を探索する（図 2.18）．この方法は SPH 法，MPS 法を通じて広く用いられ，連結リストアルゴリズムともよばれる（たとえば，Monaghan, 1985）．粒子 i が含まれるセルは，粒子 i の座標から簡単に特定できる．仮にセルサイズと影響半径 r_e が同じに設定されているとすると，粒子 i が含まれるセルと接するセルに含まれる粒子のみを対象に距離計算すれば，粒子 i の近傍粒子が特定できる．各セルが含む粒子の特定は頻繁に行う必要があるが，粒子の座標からセル番号への変換は簡単な代数式を介して行うことができるので計算負荷は低い．この方法により，近傍粒子探索の計算コストは $O(N)$ 程度に減少する（たとえば，Gotoh et al., 2005）．

　天体物理学や分子動力学などにおける N 体問題で使われる方法に，木探索アルゴ

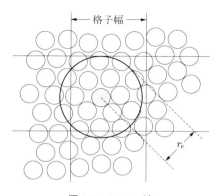

図 2.18　bucket 法

リズム（Barnes and Hut, 1986）がある．この方法も計算空間を格子で覆うのだが，覆い方に工夫がある．簡単のため 2 次元で考えると，はじめに全空間を同じ大きさの四つの領域に分割する．この領域に 2 個以上の粒子があれば，その領域を再度四つに分割する．この操作をすべての小領域に含まれる粒子が 1 個または 0 個となるまで繰り返す．このようにして得られた領域は樹形図に表すことができる（**図 2.19**）．全領域が根ノードとすれば，4 分割するたびに個々を親ノードとする四つの子ノードが出現する．2 次元では，四つの枝分かれを繰り返す四分木，3 次元では八つの枝分かれを繰り返す八分木の構成となる．この種の方法は，再帰的分割とよばれ，探索の計算コストは $O(N \log N)$ 程度であることが知られている．

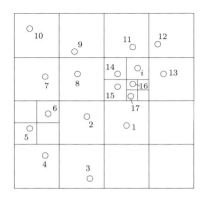
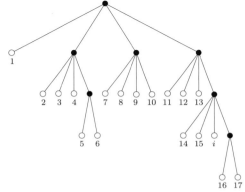

図 2.19　木探索

　粒子数が増加するほど木探索アルゴリズムの効率が高くなるが，木構造の構築や並列化の手続きが煩雑である．一方，bucket 法に基づく方法は，単純で実装も容易であるから，粒子法の大規模計算では広く用いられている．

2.8　乱流計算

2.8.1　乱流モデル

　粒子法の積分補間や微分演算子モデルは，Navier–Stokes 式に限らず一般に適用できるので，乱流特性量（乱れエネルギー，エネルギー散逸率など）の輸送方程式の離散化も可能である．乱流モデルは，RANS（Reynolds Averaged Navier–Stokes Simulation），LES（Large Eddy Simulation），DNS（直接数値計算；Direct Numerical Simulation）に大別される（たとえば，大宮司ら，1998；梶島，1999）．

　RANS では Reynolds 平均（時間平均）によって平均流成分と乱流成分を分離して，

平均流の支配方程式である Reynolds 方程式が導出されるが，この式に含まれる Reynolds 応力が未知量となり，方程式系の完結に乱流場の適切なモデル化（乱流モデル）が必要となる．乱流モデルの構成の仕方によって多くの選択肢があるが，渦粘性モデルと応力方程式モデルに大別される．渦粘性モデルには，古典的なモデルとして初学者向け入門書にも登場する混合距離モデルや，格子法の乱流計算で頻繁に使われる k-ε モデルなどがある．非定常 RANS も存在するが，RANS は基本的には時間平均操作を前提としているので，組織乱流のような時空間構造の変動を記述するにはあまり適さない．

　LES は空間平均モデルであり，計算格子スケール（Grid Scale ; GS）以下，すなわち Sub-Grid スケール（SGS）の乱流構造をモデル化して，GS の支配方程式である粗視化された Navier–Stokes 式を解く．つまり，大規模な渦の運動は直接計算し，SGS の小さな渦については乱流モデルを適用する計算法である．計算負荷は RANS より大きくなるが，モデル定数が RANS（特に応力方程式モデル）と比べて大幅に少なく，組織乱流のような時空間構造の変動を記述するのに適している．

　DNS は，時空間平均処理を行わず Navier–Stokes 式の解を直接計算する方法である．物理的に意味のある直接計算を実行するには，最小の渦スケール，すなわち Kolmogorov（コルモゴロフ）スケールまで解像する必要があるので，きわめて高い空間分解能が必要となり，工学上は非現実的である．ところで，SGS 粘性モデルは Sub-Grid スケールにおけるエネルギー散逸を担うものであるが，数値スキームに固有の人工粘性もエネルギー散逸を生じさせる．人工粘性は非物理的粘性ではあるが，SGS のエネルギー散逸を生じさせる点では SGS 粘性モデルと類似している．つまり，人工粘性を伴うスキームで Navier–Stokes 式を離散化すれば，人工粘性を SGS 粘性モデルの代替として活用できる（Boris et al., 1992）．この方法は，陰的 LES とよばれる．

2.8.2　SPS 乱流モデル

　粒子法の利点の一つは，水塊の分裂・合体を伴う violent flow の計算を安定して実行できることであるが，violent flow の乱流場は激しい時空間変動を伴うので，RANS の適用性には限界があると考えられる．したがって，粒子法の乱流計算には LES の導入が鍵となる．格子法では，GS，SGS にスケールを分割するが，粒子法では格子幅に代わって粒子径が基準となる．Gotoh et al. (2001) は，PS（Particle Scale）と SPS（Sub-Particle Scale）の分割による粒子法のための LES のフレームワークを提案し，SPS 乱流モデルと名付けた．SPS 乱流モデルは，格子法の LES のコンセプトを忠実に導入しているので，SPH 法，MPS 法のいずれにも適用できる．

　SPS 乱流モデルについて概要を説明する．一般に LES では，フィルター関数 G を用いて，

$$\overline{\phi}(x) = \int_{-\infty}^{\infty} G(\xi)\phi(x-\xi)d\xi \qquad (2.214)$$

のように物理量 ϕ の重み付け平均を行う．フィルター関数としては

$$G(0) > 0 \quad ; \quad \lim_{\xi \to \pm\infty} G(\xi) = 0 \qquad (2.215)$$

$$\int_{-\infty}^{\infty} G(\xi)d\xi = 1 \qquad (2.216)$$

の条件を満足するものを用いる．たとえば，Gauss 分布

$$G_G(\xi) = \sqrt{\frac{6}{\pi\Delta_f^2}} \exp\left(-\frac{6\xi^2}{\Delta_f^2}\right) \qquad (2.217)$$

は上記の条件を満たすので，フィルター関数として適合する（Gaussian filter）．式中の Δ_f：フィルター幅である．

　フィルター操作（粗視化）を施すと，非圧縮性流体の連続式と運動方程式は，

$$\frac{\partial \overline{u}_i}{\partial x_i} = 0 \qquad (2.218)$$

$$\frac{\partial \overline{u}_i}{\partial t} + \overline{u}_j \frac{\partial \overline{u}_i}{\partial x_j} = -\frac{1}{\rho}\frac{\partial \overline{p}}{\partial x_i} + \frac{\partial}{\partial x_j}\left(-\tau_{ij} + 2\nu\overline{D}_{ij}\right) \qquad (2.219)$$

$$\overline{D}_{ij} = \frac{1}{2}\left(\frac{\partial \overline{u}_i}{\partial x_j} + \frac{\partial \overline{u}_j}{\partial x_i}\right) \qquad (2.220)$$

と書ける．なお，本書ではシンボリック表記を原則としているが，主要な乱流モデルに関する書籍の多くでは，指標表記が用いられている．この節では既存の書籍との対応に配慮して指標表記を用いることとした．運動方程式中の

$$\tau_{ij} = \overline{u_i u_j} - \overline{u}_i \overline{u}_j \qquad (2.221)$$

は，SPS の渦の効果（粘性）を表し，粗視化後の残余応力とよばれる．この応力を適切にモデル化して，方程式系を完結させる必要がある．

　完結の方法は複数あるが，最も簡便なのが Smagorinsky（スマゴリンスキー）モデルである．このモデルでは SPS での局所平衡性（乱れの生成と散逸が平衡した状態）

$$\varepsilon_{\mathrm{SPS}} = -\tau_{ij}\overline{D}_{ij} \qquad (2.222)$$

を仮定する．上式の右辺は，SPS 乱れエネルギー k_{SPS}

$$k_{\mathrm{SPS}} = \frac{1}{2}\left(\overline{u_i u_i} - \overline{u}_i \overline{u}_i\right) \qquad (2.223)$$

の輸送方程式に出現する生成項である．SGS 応力に関しては，分子粘性応力とのアナロジーから，τ_{ij} の非等方部分に渦粘性近似

$$\tau_{ij}^d = -2\nu_e \overline{D}_{ij} \quad ; \quad \tau_{ij}^d = \tau_{ij} - \frac{1}{3}\delta_{ij}\tau_{kk} \tag{2.224}$$

を導入する（ν_e：SPS 渦粘性係数）．ところで，変形速度テンソルのトレースはゼロであるから，

$$\tau_{ij}^d \overline{D}_{ij} = \tau_{ij}\overline{D}_{ij} \quad \left(\overline{D}_{ii} = 0\right) \tag{2.225}$$

となる．さらに，速度スケールに k_{SPS} の平方根をとり，距離スケールに Δ_f をとると，次元解析的観点から，

$$\nu_e = C_\nu k_{\mathrm{SPS}}^{1/2}\Delta_f \quad ; \quad \varepsilon_{\mathrm{SPS}} = C_\varepsilon \frac{k_{\mathrm{SPS}}^{3/2}}{\Delta_f} \tag{2.226}$$

が得られ（式中の C_ν，C_ε は定数），式 (2.222)，(2.224)，(2.225) より SPS エネルギー散逸率は，

$$\varepsilon_{\mathrm{SPS}} = 2\nu_e \overline{D}_{ij}\overline{D}_{ij} \tag{2.227}$$

と書ける．これを式 (2.226) に用いると，SPS 乱れエネルギーは，

$$k_{\mathrm{SPS}} = 2\frac{C_\nu}{C_\varepsilon}\Delta_f^2 \overline{D}_{ij}\overline{D}_{ij} \tag{2.228}$$

となり，SPS 渦粘性係数の表式として，

$$\nu_e = \left(C_{\mathrm{Sm}}\Delta_f\right)^2 \left|\overline{D}\right| \quad ; \quad \left|\overline{D}\right| = \sqrt{2\overline{D}_{ij}\overline{D}_{ij}} \quad ; \quad C_{\mathrm{Sm}}^2 = \sqrt{\frac{C_\nu^3}{C_\varepsilon}} \tag{2.229}$$

が得られる．式中の定数 C_{Sm} は Smagorinsky 定数とよばれ，Smagorinsky モデルにおける唯一のモデル定数である．以上の過程より，運動方程式は，

$$\frac{\partial \overline{u}_i}{\partial t} + \overline{u}_j \frac{\partial \overline{u}_i}{\partial x_j} = -\frac{1}{\rho}\frac{\partial}{\partial x_i}\left(\overline{p} + \frac{2}{3}\rho k_{\mathrm{SPS}}\right) + \frac{\partial}{\partial x_j}\left\{2(\nu + \nu_e)\overline{D}_{ij}\right\} \tag{2.230}$$

となって，完結する．

Gotoh et al. (2001) は，上記のフレームワークを 2 次元噴流に適用して，乱れ強度分布等の乱流特性量の再現を試みた．これが粒子法を対象とした乱流モデルの適用の初めての試みである．この翌年に，Monaghan (2002) は，自らが考案した XSPH 法（Monaghan, 1989）に用いていた近傍粒子の速度の空間平均法を一般化し，SPH 法の乱流計算に展開するための方法を提案した．XSPH 法は，粒子の挙動の安定性を向上させるために，近傍粒子の速度の空間平均を粒子の移動速度として用いる方法で，元来の開発目的は計算の安定化にあった．乱流モデルの初期の適用例としては，Colagrossi and Landrini (2003)，Gotoh et al. (2003)，Dalrymple and Rogers (2006)，Shao (2006)，Violeau and Issa (2007) などがある．

先にも述べたように，粒子法は violent flow の計算に適合性が高いので，砕波のような violent flow の乱流計算が先行して実施されてきたが，格子法での研究の経緯か

らも明らかなように，自由水面の影響のない壁乱流などの基礎的な境界条件での乱流計算の検証も進める必要がある．このことは当初から認識されてはいたが，先述の圧力擾乱の問題が未解決であったため，物理的擾乱と非物理的擾乱の区別が難しく，本格的な研究の例は希有である．Arai et al. (2013) は，壁乱流を対象に MPS 法に基づく LES を実施し，対数流速分布，乱れ強度分布，乱れエネルギースペクトル等の再現計算を先駆的に試みている．今後，次章で詳述する高精度粒子法を駆使して非物理的擾乱を効果的に抑制しつつ，この種の基礎的な場での乱流計算を実施して，粒子法の乱流場への適用性を詳細に検討する必要があるだろう．

2.9　解像度可変型粒子法

　粒子法では，均一の粒径の粒子を用いて空間の離散化を行うのが通例であるが，計算領域の中に部分的に空間解像度を高くすべき領域がある場合，解像度（すなわち粒子径）の調節ができれば便利である．越塚 (2005) は，粒子径が非均一な場合の MPS 法について，以下のような修正法を示している．まず，kernel については個々の粒子に固有の影響半径（r_{ei}）を導入し，さらに粒子 i, j についてそれぞれの体積で重み付けして

$$V_i \tilde{w}_{ij}(r_{ei}, r_{ej}) = \frac{1}{2} \left\{ V_j w(|\boldsymbol{r}_{ij}|, r_{ei}) + V_i w(|\boldsymbol{r}_{ij}|, r_{ej}) \right\} \tag{2.231}$$

のように書く（図 2.20 参照）．粒子の体積は，

$$V_i \propto (d_i)^{D_s} \tag{2.232}$$

のように距離スケール（粒子径 d_i）の次元数乗に比例する．式 (2.231) の kernel を用

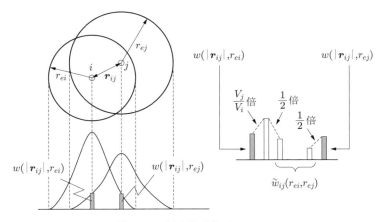

図 2.20　可変解像度粒子の kernel

いて，粒子数密度は，

$$n_i = \sum_{j \neq i} \tilde{w}_{ij}\left(r_{ei}, r_{ej}\right) \tag{2.233}$$

と書ける．次に，勾配モデルは，

$$\langle \nabla \phi \rangle_i = \frac{D_s}{n_0} \sum_{j \neq i} \frac{\phi_j - \phi_i}{\left|\boldsymbol{r}_{ij}\right|^2} \boldsymbol{r}_{ij} \frac{V_j}{V_i} w\left(\left|\boldsymbol{r}_{ij}\right|, r_{ei}\right) \tag{2.234}$$

で与える．粒子数密度の評価と異なる kernel（粒子 i に対する kernel）が導入されているが，粒子 i, j の体積比を乗じる調整が行われている．

Laplacian モデルは，

$$\langle \nabla^2 \phi \rangle_i = \frac{2D_s}{\lambda_{ij} n_{0ij}} \sum_{j \neq i} (\phi_j - \phi_i) \tilde{w}_{ij}\left(r_{ei}, r_{ej}\right) \tag{2.235}$$

$$\lambda_{ij} = \frac{\displaystyle\sum_{j \neq i} \left|\boldsymbol{r}_{ij}\right|^2 \tilde{w}_{ij}\left(r_{ei}, r_{ej}\right)}{\displaystyle\sum_{j \neq i} \tilde{w}_{ij}\left(r_{ei}, r_{ej}\right)} \quad ; \quad n_{0ij} = \sum_{j \neq i} \tilde{w}_{ij}\left(r_{ei}, r_{ej}\right) \tag{2.236}$$

で与える．こちらには，粒子数密度の評価に用いたのと同様の kernel が導入されているが，これによって Laplacian モデル（粘性力）は反対称となる．Laplacian モデルは圧力の Poisson 方程式の陰的解法にも導入されるので，反対称性の確保が必須である．一方，勾配モデルは圧力分布から速度修正量を陽的に計算する場合に用いるので，行列解法を伴わず，反対称でなくとも計算の実行は可能である．

なお，この方法は，最大・最小粒径比 1.5 程度が適用限界であることが知られている．粒径比が際立った粒子の周囲状況（小粒径粒子の影響半径を超える大粒径粒子の存在）を想像すれば明らかなように，大粒径粒子の kernel 影響域内には十分な数の小粒径粒子が存在するが，個々の小粒径粒子の kernel の影響域には一つも大粒径粒子が存在しない状況が生じ得る．この場合の対処法として考えられるのは，粒子を分裂・合体させる方法である．以下では，Adams et al. (2007) が WCSPH 法に用いた方法を MPS 法に適合するように改良した田中ら (2009) の方法について概要を示す．

はじめに，kernel は，

$$\tilde{w}_{ij} = \frac{d_j}{d_i} w\left(\left|\boldsymbol{r}_{ij}\right|, r_{eij}\right) \quad ; \quad r_{eij} = \frac{r_{ei} + r_{ej}}{2} \tag{2.237}$$

で与える．特に解像度の変化点近傍では粒子数密度を一定に保つのが難しいので，陽に粒子数密度を含まない基準の導入が必要になる．自由表面の判定には体積による判定基準

$$\sum_{j \neq i} V_j \tilde{w}_{ij} < \beta' V^0 \quad ; \quad \beta' \approx 0.8 \tag{2.238}$$

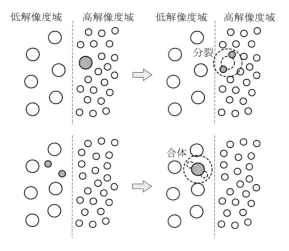

低解像度域　高解像度域　低解像度域　高解像度域

分裂

合体

図 2.21 粒子の分裂・合体

を導入する（V^0：基準体積）．解像度が高い領域に入ると，図 2.21 に示すように粒子は二つに分裂するが，分裂後に配置する方向ベクトル t^{SP} は，粒子周囲の空隙が大きい方向（空いている方向）に設定する必要がある．この判定には，評価関数

$$e_i^{\mathrm{SP}} = \frac{1}{n_i}\sum_{j\neq i}\left|\frac{r_{ij}}{|r_{ij}|}\cdot t_i^{\mathrm{SP}}\right|\tilde{w}_{ij} < 0.6 \qquad (2.239)$$

が導入される．分裂後の粒子径 d_i' は体積保存から，

$$d_i' = \frac{d_i}{2^{1/D_s}} \qquad (2.240)$$

となり，分裂後の粒子の位置 r_i' と速度 u_i' は，

$$r_i' = r_i \pm \frac{\beta^{\mathrm{SP}}}{2}d_i't_i^{\mathrm{SP}} \quad ; \quad \beta^{\mathrm{SP}}\approx 1.0 \quad ; \quad u_i' = u_i \qquad (2.241)$$

で与える（分裂によるエネルギー損失はないとして，分裂前後で同じ速度を与える）．一方，解像度が低い領域に入ると粒子は合体する．まず，距離

$$l_{ij} = r_{ij} - \frac{d_i + d_j}{2} \qquad (2.242)$$

を計算して，最も近接した粒子 j を合体の対象として探し出す．合体後の粒子径 d_i' は，体積保存から

$$d_i' = \left(d_i^{D_s} + d_j^{D_s}\right)^{1/D_s} \qquad (2.243)$$

となり，位置 r_i' と速度 u_i' は，重心の一致と運動量保存から

$$\boldsymbol{r}_i' = \frac{d_i^{D_s}\boldsymbol{r}_i + d_j^{D_s}\boldsymbol{r}_j}{d_i^{D_s}+d_j^{D_s}} \quad ; \quad \boldsymbol{u}_i' = \frac{d_i^{D_s}\boldsymbol{u}_i + d_j^{D_s}\boldsymbol{u}_j}{d_i^{D_s}+d_j^{D_s}} \tag{2.244}$$

で与える．この方法では，微分演算子モデルに関しては標準 MPS 法と同様のものを用いるが，圧力の Poisson 方程式については，粒径の混合状態での粒子数密度の評価が困難なことから，速度発散型生成項（第 3 章 3.2 節参照）を用いる Tanaka and Masunaga (2010) の方法が導入されている．

可変解像度粒子法は，計算負荷の低減に効果が大きく，標準粒子法の適用を拡大するには有効だろうが，粒子法の高精度化とは相容れない面がある．高精度粒子法に関しては第 3 章で詳述するが，粒子法の微分演算子モデル（空間離散化）の精度は粒子配列の均質性・等方性と密接に関連しており，均一粒径の粒子を用いる場合の粒子配列の不規則性でさえ，空間離散化の精度に与える影響が少なくないことが知られている．粒子法を設計の道具として活用しようとすると，計算精度の保証が必須となるから，「見た目のそれらしさ」だけでは十分とはいえない．この観点からすると，可変解像度粒子法には計算精度上の限界があることを認識したうえで，問題に応じて使用の適否を判断すべきだろう．

2.10 **Riemann solver**

2.10.1 Riemann 問題

陽解法である SPH 法では人工粘性の導入が必要となることは 2.4 節で述べたが，衝撃波が発生しない状況でも非物理的な粘性を加えることとなり，解の精度が低下する．Balsara (1995) スイッチのように必要な状況でのみ人工粘性を作用させる方法も考案されているが，衝撃波面を挟む二つの計算点間で Riemann 問題の解を適用して流束を算定すれば，必要最低限の粘性が自動的に導入できるので合理的である．この方法の発案者 Godunov（ゴドノフ）(1959) は格子法を対象としたが，Godunov 法は粒子法にも適用できる．

Riemann 問題とは，物理状態の異なる二つの気体が隣接している状態を初期条件とする初期値問題であり，典型的な例として衝撃波管問題がある．具体的には，**図 2.22** に示すように，左に高密度・高圧の気体，右に低密度・低圧の気体が隔膜で仕切られた状態で，瞬時に隔膜を破ったときの衝撃波の挙動を扱う問題である．隔膜が破れると衝撃波（圧縮波）が発生し，右に（高圧部から低圧部に向かって）移動し，低圧気体の温度と圧力を急激に上昇させるとともに，衝撃波の進行方向に向かう流れを生じさせ，同時に膨張波が左向きに伝わる．衝撃波と膨張波の間にはエントロピーの異なる二つの状態が接して存在しており，二つの状態の界面が接触不連続面となっている．

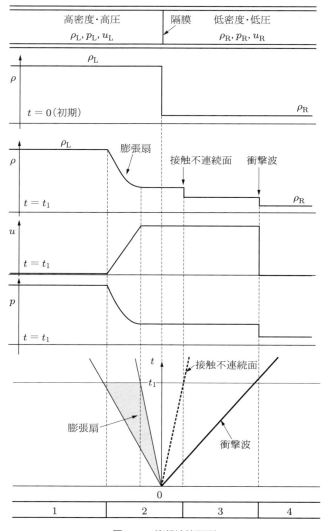

図 2.22　衝撃波管問題

接触不連続面は右に伝播する．衝撃波面は急峻であるが，膨張波面は緩やかであり膨張扇ともいわれる．図中には，衝撃波管問題の密度，速度，圧力の分布を模式的に示した．衝撃波管問題には解析解が存在するが，両端（領域1と4）の物理量を与えても内部の物理量の分布は単純には決まらない（たとえば，Hirsch, 1992）．具体的な導出過程は本書の諸処範囲を外れるので省略するが，領域3の圧力 p_3 は，

$$\sqrt{\frac{2}{\gamma}}\frac{p_3 / p_4 - 1}{\sqrt{\gamma - 1 + (\gamma + 1) p_3 / p_4}} = \frac{2}{\gamma - 1}\frac{C_{s1}}{C_{s4}}\left\{1 - \left(\frac{p_3}{p_1}\right)^{(\gamma-1)/2\gamma}\right\} \tag{2.245}$$

と記述される. 式中の p_3 以外の諸量は,

$$p_1 = p_{\mathrm{L}} \quad ; \quad p_4 = p_{\mathrm{R}} \quad ; \quad C_{s1} = \sqrt{\gamma\frac{p_{\mathrm{L}}}{\rho_{\mathrm{L}}}} \quad ; \quad C_{s4} = \sqrt{\gamma\frac{p_{\mathrm{R}}}{\rho_{\mathrm{R}}}} \tag{2.246}$$

で, いずれも両端（領域 1 と 4）の物理量であり, 既知量であるが, 式 (2.245) は p_3 に関して超越方程式であり, p_3 の解を得るには反復計算が必要である.

2.10.2　Riemann solver と SPH 法

　Godunov 法では, 格子法のセル界面が衝撃波管問題の隔膜に相当するとして, セル界面に Riemann 問題の解析解を適用して流束を算定し, 流体の支配方程式を解く. Godunov 法は厳密解を用いるので高精度ではあるが, セル界面で流束を評価するたびに, 上述のように超越方程式を解く必要があり, 反復計算が必要となるので計算負荷は高い. たとえ各時間ステップで厳密解から流束を求めたとしても, 時間軸上では離散化しているので Godunov 法は近似的解法であり, 各時間ステップの解を得るための近似解法を導入して計算負荷を下げるのが合理的といえる. Riemann 問題の近似解法（いわゆる Riemann solver）には, 局所線形近似を導入した Roe (1981) 法, 衝撃波と膨張波に挟まれた領域における速度を一定と近似する（扇状膨張波解を考慮しない）HLL（Harten–Lax–van Leer）法（Harten et al., 1983）, HLL 法を接触不連続面が扱えるように修正した HLLC（Harten–Lax–van Leer-Contact）法（Toro et al., 1994）などもある（たとえば, Toro, 1997）. また, 時間・空間ともに 2 次精度とするには, MUSCL スキーム（Monotonic Upstream Centered Scheme for Conservation Laws）を導入する方法がある（van Leer, 1979）.

　粒子法への Godunov 法の導入は Inutsuka (2002) によって行われ, GSPH（Godunov SPH）法とよばれる. Molteni and Bilello (2003) は, 粒子 i, j の相対位置ベクトルに沿って 1 次元の Riemann 問題の解を導入する方法を示したが, この方法は直感的に理解しやすい. 図 **2.23** に Molteni and Bilello の方法を模式的に示した. 初期条件（r_i, p_i, u_i^{ij}, r_j, p_j, u_j^{ij}）

$$u_i^{ij} = \boldsymbol{u}_i \cdot \frac{\boldsymbol{r}_{ij}}{|\boldsymbol{r}_{ij}|} \quad ; \quad u_j^{ij} = \boldsymbol{u}_j \cdot \frac{\boldsymbol{r}_{ij}}{|\boldsymbol{r}_{ij}|} \quad ; \quad \boldsymbol{r}_{ij} = \boldsymbol{r}_j - \boldsymbol{r}_i \tag{2.247}$$

を与えて, 1 次元の Riemann 問題を解き, 圧力, 速度の解（p_{R}^{ij}, $\boldsymbol{u}_{\mathrm{R}}^{ij}$）を得る. 計算に必要な Riemann 問題の近似解は, Riemann solver が与えてくれる. つまり, 任意の 2 粒子間のすべてに衝撃波面が存在するとして, 2 粒子間に Riemann solver を適用

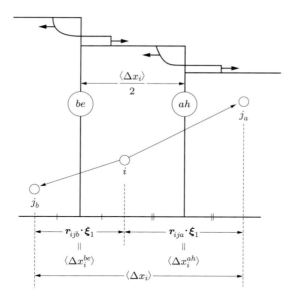

図 2.23　Molteni and Bilello の GSPH 法

し，2粒子間の物理量の flux を求めて，各粒子の kernel の影響域で保存則を解き，各粒子における物理量を更新する．Riemann solver は非圧縮性流体を対象とする SPH 法コード SPHysics（Gomez-Gesteira et al., 2012）にも導入されており，SPH 法において広く用いられている．得られた解の直交座標系 $\xi_q\,(q=1,2,3)$ への射影は，

$$\left\langle p_i^{ah} \right\rangle_q = \frac{\sum_j V_j p_{\mathrm{R}}^{ij} \left(w_{ij}^{ah} \right)_q}{\left[M_i^{ah} \right]_q} \tag{2.248}$$

$$\left\langle u_i^{ah} \right\rangle_q = \frac{\sum_j V_j u_{\mathrm{R}}^{ij} \left(\dfrac{\boldsymbol{r}_{ij}}{|\boldsymbol{r}_{ij}|} \cdot \boldsymbol{\xi}_q \right) \left(w_{ij}^{ah} \right)_q}{\left[M_i^{ah} \right]_q} \tag{2.249}$$

$$\left[M_i^{ah} \right]_q = \sum_j V_j \left(w_{ij}^{ah} \right)_q \tag{2.250}$$

である．なお，式中の kernel は，

$$\left[w_{ij}^{ah} \right]_q = \begin{cases} w_{ij} \cos \theta_{ijq} & (\cos \theta_{ijq} > 0) \\ 0 & (\text{otherwise}) \end{cases} \tag{2.251}$$

で定義する．式中の上付き添え字 ah は，衝撃波の移動方向（前方；ahead）を意味している．膨張波の移動方向（後方；behind，上付き添え字 be）に関しては，式 (2.248)，(2.249)，(2.250) で ah を be に変更し，kernel は

$$\left[w_{ij}^{be}\right]_q = \begin{cases} w_{ij}\left|\cos\theta_{ijq}\right| & (\cos\theta_{ijq}<0) \\ 0 & (\text{otherwise}) \end{cases} \tag{2.252}$$

を用いて記述される．先に算定した圧力と速度は，粒子 i の前後に配置する仮想粒子（不連続面の初期の位置に相当）における物理量である．この仮想粒子は，実在の粒子 i, j の中間に位置するが，粒子 i と前方の仮想粒子の間の距離（equivalent distance）は，

$$\left\langle\Delta x_i^{ah}\right\rangle_q = \frac{\sum_j V_j\left|\boldsymbol{r}_{ij}\cdot\boldsymbol{\xi}_q\right|\left(w_{ij}^{ah}\right)_q}{\left[M_i^{ah}\right]_q} \tag{2.253}$$

と書ける．上付き添え字 ah を be に変更すれば，粒子 i と後方の仮想粒子の間の距離にも同じ表式が適用できる（ここでの距離は実際の距離ではなく，距離の重み付け平均になっているので，equivalent distance とよばれている）．前方の粒子と後方の粒子の間の equivalent distance は，

$$\left\langle\Delta x_i\right\rangle_q = \left\langle\Delta x_i^{ah}\right\rangle_q + \left\langle\Delta x_i^{be}\right\rangle_q \tag{2.254}$$

となるが，この距離が粒子 i の前後に配置する仮想粒子の間の距離の 2 倍に相当する．

以上を用いて，Euler の方程式（式 (2.1)，(2.7)，(2.8) 参照，ただし，ここでは外力の作用がない場合を扱う）中の微分演算子は，

$$\left\langle\nabla\cdot\boldsymbol{u}\right\rangle_i = 2\sum_{s=1}^{3}\frac{\left\langle u_i^{ah}\right\rangle_s - \left\langle u_i^{be}\right\rangle_s}{\left\langle\Delta x_i\right\rangle_s} \tag{2.255}$$

$$\left\langle\nabla p_s\right\rangle_i = 2\frac{\left\langle p_i^{ah}\right\rangle_s - \left\langle p_i^{be}\right\rangle_s}{\left\langle\Delta x_i\right\rangle_s} \quad (s=1,2,3) \tag{2.256}$$

$$\left\langle\nabla\cdot(p\boldsymbol{u})\right\rangle_i = 2\sum_{s=1}^{3}\frac{\left\langle p_i^{ah}\right\rangle_s\left\langle u_i^{ah}\right\rangle_s - \left\langle p_i^{be}\right\rangle_s\left\langle u_i^{be}\right\rangle_s}{\left\langle\Delta x_i\right\rangle_s} \tag{2.257}$$

と書ける．時間方向に 1 次の前進差分を用いれば，Euler の方程式は，これらの微分演算子を用いて，

$$\rho_i^{k+1} = \rho_i^k - \rho_i^k\left\langle\nabla\cdot\boldsymbol{u}\right\rangle_i\Delta t \tag{2.258}$$

$$\boldsymbol{u}_i^{k+1} = \boldsymbol{u}_i^k - \frac{1}{\rho_i^k}\left\langle\nabla p\right\rangle_i\Delta t \tag{2.259}$$

$$E_i^{k+1} = E_i^k - \frac{\left\langle\nabla\cdot(p\boldsymbol{u})\right\rangle_i}{\rho_i^k}\Delta t \tag{2.260}$$

と離散化される．ただし，言うまでもないことだが，個々の粒子間で想定する仮想不連続面から生じる衝撃波の到達位置は，粒子間距離の 1/2 を越えてはならないので，

計算時間刻み幅は,

$$\Delta t = \min_{i,j} \frac{a_t \left| \boldsymbol{r}_{ij} \right|}{2\sqrt{C_{si}^2 + \left(u_i^{ij} \right)^2}} \quad ; \quad a_t \leq 0.5 \quad ; \quad C_{si} = \sqrt{\gamma \frac{p_i}{\rho_i}} \tag{2.261}$$

で与えることとなる.

　以上のようにして, 1 次元の Riemann 問題の解を導入した SPH 法が構築できるが, 表式から明らかなように GSPH 法には人工粘性が陽に導入されていない. Riemann solver には人工粘性項を有するものもあるが, Riemann solver の特性は SPH 法のアルゴリズムと切り離して検討が可能であり, SPH 法のアルゴリズム中に陽的に人工粘性を加える方法と比べると, 人工粘性の効果を制御しやすい. このようなことから, GSPH 法は必要最低限の粘性作用を導入できる手法といわれており, 陽解法型の SPH 法で圧縮性流体を扱う場合には Riemann solver の導入が主流となっている. また, 非圧縮性流体を解く WCSPH 法に関しても, SPHysics コードに見られるように Riemann solver が使われている.

3

高精度粒子法

　前章で述べたように，圧力擾乱の低減は粒子法に共通の最重要課題であるが，この
ために行われてきた基礎研究の成果を高精度粒子法とよぶ．多くの高精度粒子法は，
標準型の粒子法の主要な過程を再検討することから考案されてきた．たとえば，標準
MPS 法では，計算の安定性を優先して，圧力勾配力の反対称性を満たさない勾配モ
デルが用いられるので，運動量保存性が保証されない．このような離散化の際の運動
量および角運動量の保存性を保証するモデルとして提案された CMPS 法や CISPH 法
に関して，3.1 節で詳述する．

　半陰解法型の粒子法では，Poisson 方程式が重要な役割を担うので，Poisson 方程
式の数値解法上の問題点を再考すれば高精度化に有効であると考えられる．この観点
に立って，Poisson 方程式の生成項を高精度化したのが 3.2 節の HS であり，Poisson
方程式および Navier–Stokes 式の粘性項に現れる Laplacian を高精度化したのが，3.3
節の HL である．半陰解法のアルゴリズムは projection 法に基づいているが，体積保
存性を満たすには solenoidal 場への収束性が不可欠である．これに関して，Poisson
方程式の生成項に補正項を付与したのが，3.4 節の ECS である．

　引張不安定は，粒子法に共通した弱点として広く知られ,高精度粒子法のベンチマー
ク問題にも取り上げられている．引張状態における数値的不安定は，流体では負圧下
の計算における不安定に相当する．MPS 法，CMPS 法では，安定性確保のために斥
力型の勾配モデルが導入されているので，粒子間の引張すなわち引力の作用を記述で
きず，負圧も計算できない．負圧の計算には，3.5 節で述べる Taylor 級数適合性の検
討から導出される高精度勾配モデル（GC）が有効であるが，粒子間に引力の作用を
許容することで粒子の重なりを生じやすくなり，数値的安定性は低下する．これに対
応するための計算安定化の方法（stabilizer）に関しては，3.6 節で ad hoc なものから
理論的なものまで幅広く解説する．PS 法やその改良型の OPS 法，必要最低限の人工
斥力を算出できる DS 法など，近年の粒子法計算理論研究において特に注目を集めて
いる手法に関しては詳しく述べる．

　粒子法の境界条件の標準的な設定法は，単純で robustness に優れているが，詳細
に見ると，それ自身が圧力擾乱の原因の一つとなっている．粒子法では鈍い物体の背
後の剥離域（負圧域）で計算粒子が存在しない空白域が形成される欠陥が知られてい

たが，この原因は粒子法の自由表面境界の設定法にある．このような境界条件の問題
点の解決を可能にするのが，3.7 節で述べる SPP である．

　最後に 3.8 節では，一連の高精度粒子法の相互関係を整理する．高精度粒子法の多
くが陽形式で記述されているので，個々の方法の計算負荷はわずかである．高精度粒
子法は単独で用いるのではなく，組み合わせて用いるのが効果的であるが，適切な組
み合わせを選択するには，個々の手法の相互関係の理解は不可欠である．

3.1　離散化における運動量保存性

　粒子法の微分演算子モデルには，運動量・角運動量の保存性が不完全なものもある
ので，運動量・角運動量の保存性の有無を判断し，適切な修正を行う必要がある．連
続体の並進および回転運動に対して連続体内部のエネルギーが不変であれば，stored
internal energy（連続体内部に蓄積されたエネルギー）を汎関数とする変分によって，
運動量・角運動量の保存性が保証される．Bonet and Lok (1999) は，これに基づく粒
子法微分演算の修正法を示した．

3.1.1　運動量・角運動量保存

　連続体が多数粒子からなる系で構成されると考えると，系の運動量の合計は，

$$G = \sum_i m_i \boldsymbol{u}_i \tag{3.1}$$

となる．ここに，m_i：粒子 i の質量，$\boldsymbol{u}_i$：粒子 i の速度である．外力の作用がないと
きの Newton の第 2 法則，

$$m_i \boldsymbol{a}_i = \boldsymbol{F}_i - \boldsymbol{T}_i \quad ; \quad \boldsymbol{F}_i = 0 \tag{3.2}$$

（$\boldsymbol{a}_i$：加速度，$\boldsymbol{T}_i$：連続体の応力に起因する内力，$\boldsymbol{F}_i$：外力）を式 (3.1) に用いれば，
系の運動量の変化は，

$$\frac{D\boldsymbol{G}}{Dt} = \sum_i m_i \boldsymbol{a}_i = -\sum_i \boldsymbol{T}_i \tag{3.3}$$

となるので，運動量保存のための条件，

$$\sum_i \boldsymbol{T}_i = 0 \tag{3.4}$$

が得られる．

　次に，系の角運動量の合計は，

$$H = \sum_i \boldsymbol{r}_i \times m_i \boldsymbol{u}_i \tag{3.5}$$

となる．先ほどと同様に Newton の第 2 法則を用いると，系の角運動量の変化は，

$$\frac{D\boldsymbol{H}}{Dt} = \sum_i \boldsymbol{r}_i \times m_i \boldsymbol{a}_i = -\sum_i \boldsymbol{r}_i \times \boldsymbol{T}_i \tag{3.6}$$

となるので，角運動量保存のための条件，

$$\sum_i \boldsymbol{r}_i \times \boldsymbol{T}_i = 0 \tag{3.7}$$

が得られる.

ところで，粒子 i の内力は，周囲の粒子と粒子 i の間に作用する内力の合計として

$$\boldsymbol{T}_i = \sum_j \boldsymbol{T}_{ij} \tag{3.8}$$

と書けるので，個々の力の組 (i, j) について式 (3.4) あるいは (3.7) が満足されていれば，運動量あるいは角運動量が保存される．具体的には，SPH 法の圧力勾配力は，勾配モデルの式 (2.95) より，

$$\boldsymbol{T}_{ij}^{\mathrm{SPH}p} = m_i m_j \left(\frac{p_i}{\rho_i^2} + \frac{p_j}{\rho_j^2} \right) \nabla w_{ij} \tag{3.9}$$

であり，kernel に関しては，式 (2.56) より，

$$\nabla w_{ij} = -\nabla w_{ji} \tag{3.10}$$

が成り立っているので，SPH 法の圧力勾配力については，

$$\boldsymbol{T}_{ij}^{\mathrm{SPH}p} = -\boldsymbol{T}_{ji}^{\mathrm{SPH}p} \tag{3.11}$$

となり，粒子 i, j に作用する 2 力は，**図 3.1** に示すように反対称となって，式 (3.4) を満足し，運動量が保存される.

Bonet and Lok (1999) は，stored internal energy を汎関数 Π で与えて，stored internal energy の不変性と運動量保存が等価な関係にあることを示した．たとえば，連続体が弾性体ならば，汎関数は弾性ポテンシャルエネルギーの合計を表している．仮想速度場 $\delta\boldsymbol{u}$ に対する Π の変分が

$$D\Pi[\delta\boldsymbol{u}] = \sum_i \boldsymbol{T}_i \cdot \delta\boldsymbol{u}_i \quad ; \quad \boldsymbol{T}_i = \frac{\partial \Pi}{\partial \boldsymbol{r}_i} \tag{3.12}$$

で与えられるとき，任意の一様流速場 $\boldsymbol{u}_0$ に対する Π の変分がゼロとなる，すなわち，

$$D\Pi[\boldsymbol{u}_0] = \sum_i \boldsymbol{T}_i \cdot \boldsymbol{u}_0 = \left(\sum_i \boldsymbol{T}_i \right) \cdot \boldsymbol{u}_0 = 0 \tag{3.13}$$

には式 (3.4) が成立していればよいから，すべての粒子 i, j で相互に作用する内力が反対称であることは，連続体の並進運動に対して汎関数が停留値をもつことの十分条件であるとわかる．言い換えると，すべての粒子 i, j において相互作用する内力が反対称であれば，連続体の並進運動に対して汎関数は必ず停留点をもつ.

図 3.1 の 2 力の関係を見ると，座標原点 O に対する 2 力のモーメントの合計は，

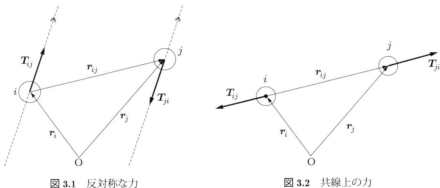

図 3.1　反対称な力　　　　　　　　図 3.2　共線上の力

$$\boldsymbol{r}_i \times \boldsymbol{T}_{ij} + \boldsymbol{r}_j \times \boldsymbol{T}_{ji} = -\boldsymbol{r}_{ij} \times \boldsymbol{T}_{ij} \quad ; \quad \boldsymbol{r}_{ij} = \boldsymbol{r}_j - \boldsymbol{r}_i \tag{3.14}$$

と書ける（上式には式 (3.11) を用いている）．この値は，**図 3.2** に示すように，相互作用力 $\boldsymbol{T}_{ij}$ と相対位置ベクトル $\boldsymbol{r}_{ij}$ が共線上（同一作用線上の）関係にあるときゼロとなり，角運動量が保存される．共線上の関係は，「他者との相互作用力がすべて自身を起点とした相対位置ベクトルの方向を向く」という意味で「radial（放射状の）」関係ともよばれる．なお，第 2 章においては，相対位置ベクトルの表記に個々のベクトルを明示して $\boldsymbol{r}_j - \boldsymbol{r}_i$ と記載してきたが，これ以降は特に必要のない限り，表記の短縮化の観点から，相対位置ベクトルを $\boldsymbol{r}_{ij}$ と表記する．

Bonet and Lok (1999) に従い，原点周りの剛体回転の仮想角速度 $\delta\boldsymbol{\omega}$ を考え，仮想速度場を

$$\delta\boldsymbol{u}_i = \delta\boldsymbol{\omega} \times \boldsymbol{r}_i \tag{3.15}$$

と与える．この仮想速度場に対する汎関数 Π の変分は，式 (3.7) が成立するとき，

$$\begin{aligned} D\Pi[\delta\boldsymbol{u}_i] &= D\Pi[\delta\boldsymbol{\omega} \times \boldsymbol{r}_i] \\ &= \sum_i \boldsymbol{T}_i \cdot (\delta\boldsymbol{\omega} \times \boldsymbol{r}_i) = \delta\boldsymbol{\omega} \cdot \sum_i \boldsymbol{r}_i \times \boldsymbol{T}_i = 0 \end{aligned} \tag{3.16}$$

となって，ゼロとなる．なお，上式には，スカラー 3 重積に関して循環的な順序の交換が可能なことを用いた．このことから，すべての粒子 i, j で相互に作用する内力が反対称かつ共線上であることは，連続体の剛体回転運動に対して汎関数が停留値をもつことの十分条件であるとわかる．

3.1.2　微分演算子モデルの運動量・角運動量保存性

SPH 法の圧力勾配力（式 (3.9)）が反対称であることはすでに述べたが，式 (3.9) から明らかなように共線上にある．つまり，SPH 法の圧力勾配力については，運動量保存性および角運動量保存性が保証される．次に，SPH 法の粘性力は，式 (2.105)

を参照すると,

$$\left\langle \frac{\mu}{\rho}\nabla^2\boldsymbol{u}\right\rangle_i = \sum_{j\neq i}\frac{4m_j(\mu_i+\mu_j)}{(\rho_i+\rho_j)^2}(\boldsymbol{u}_j-\boldsymbol{u}_i)\frac{\boldsymbol{r}_{ij}\cdot\nabla w_{ij}}{|\boldsymbol{r}_{ij}|^2} \tag{3.17}$$

と書ける.式中では粘性定数 μ を相加平均し,

$$\mu_j \to \frac{\mu_i+\mu_j}{2} \tag{3.18}$$

としている.式 (3.17) より,粘性による粒子 i, j の内力は,

$$\boldsymbol{T}_{ij}^{\mathrm{SPH}vis} = \frac{4m_im_j(\mu_i+\mu_j)}{(\rho_i+\rho_j)^2}(\boldsymbol{u}_j-\boldsymbol{u}_i)\frac{\boldsymbol{r}_{ij}\cdot\nabla w_{ij}}{|\boldsymbol{r}_{ij}|^2} \tag{3.19}$$

と書けるので,2 力は

$$\boldsymbol{T}_{ij}^{\mathrm{SPH}vis} = -\boldsymbol{T}_{ji}^{\mathrm{SPH}vis} \tag{3.20}$$

となり,反対称ではあるが,共線上にないことがわかる.SPH 法の粘性力は運動量保存性には問題はないが,角運動量保存性は保証されない.

次に,MPS 法の圧力勾配力は,式 (2.187) を参照すると,

$$\boldsymbol{T}_{ij}^{\mathrm{sMPS}p} = -\frac{D_sV_i}{n_0}(p_j-\hat{p}_i)\frac{\boldsymbol{r}_{ij}}{|\boldsymbol{r}_{ij}|^2}w(|\boldsymbol{r}_{ij}|) \tag{3.21}$$

と書ける.MPS 法では kernel の勾配ではなく,kernel の値が式中に現れることに注意すると,

$$p_j-\hat{p}_i \neq -(p_i-\hat{p}_j) \quad \to \quad \boldsymbol{T}_{ij}^{\mathrm{sMPS}p} \neq -\boldsymbol{T}_{ji}^{\mathrm{sMPS}p} \tag{3.22}$$

となり,2 力は反対称ではない.しかし,表式から明らかなように 2 力は共線上にはある.この場合,2 力は反対称ではないので,運動量・角運動量ともに保存されない.なお,kernel の値には,

$$w(|\boldsymbol{r}_j-\boldsymbol{r}_i|)=w(|\boldsymbol{r}_i-\boldsymbol{r}_j|) \ \mathrm{or} \ w(|\boldsymbol{r}_{ij}|)=w(|\boldsymbol{r}_{ji}|) \tag{3.23}$$

の関係があるが,方向ベクトルを含めて,

$$\nabla w_{ij}' = \frac{\boldsymbol{r}_{ij}}{|\boldsymbol{r}_{ij}|^2}w(|\boldsymbol{r}_{ij}|) \tag{3.24}$$

を kernel と見れば,SPH 法と同様に i, j の交換に対して反対称の関係になる.次に,MPS 法の粘性力は,式 (2.117) を参照すると,

$$\boldsymbol{T}_{ij}^{\mathrm{sMPS}vis} = \frac{2\mu D_sV_i}{n_0}(\boldsymbol{u}_j-\boldsymbol{u}_i)\frac{w(|\boldsymbol{r}_{ij}|)}{|\boldsymbol{r}_{ij}|^2} \tag{3.25}$$

と書けて,2 力は

$$\boldsymbol{T}_{ij}^{\mathrm{sMPS}vis} = -\boldsymbol{T}_{ji}^{\mathrm{sMPS}vis} \tag{3.26}$$

となり,反対称ではあるが,共線上にないことがわかる.MPS 法の粘性力については,

表 3.1　微分演算子モデルと運動量・角運動量保存性

	圧力勾配力（grad.）		粘性力（Laplacian）	
	MPS 法	SPH 法	MPS 法	SPH 法
反対称性	×	○	○	○
共線性	○	○	×	×
運動量保存	×	○	○	○
角運動量保存	×	○	×	×

運動量保存性は問題はないが，角運動量保存性が保証されない．以上，標準型の
SPH 法，MPS 法の微分演算子モデルに関して，運動量・角運動量の保存性を**表 3.1**
にまとめた．

3.1.3　CMPS 法

　以上から明らかなように，MPS 法では圧力勾配モデルで運動量・角運動量の両方
が保存されず，この改善が必須といえる．Khayyer and Gotoh (2008) は，運動量・
角運動量の保存性を満足する圧力勾配モデルを導出し，CMPS（Corrected MPS）法
と名付けた．式 (2.187) の MPS 法の圧力勾配モデルで粒子 i, j の圧力を分離して表
示すると，

$$\langle \nabla p \rangle_i = \frac{D_s}{n_0} \sum_{j \neq i} \left\{ \frac{p_j}{|\boldsymbol{r}_{ij}|^2} \boldsymbol{r}_{ij} w\big(|\boldsymbol{r}_{ij}|\big) - \frac{\hat{p}_i}{|\boldsymbol{r}_{ij}|^2} \boldsymbol{r}_{ij} w\big(|\boldsymbol{r}_{ij}|\big) \right\} \tag{3.27}$$

となる．ここで，**図 3.3** に示すように，粒子 i, j の中間点に仮想的計算点 k

$$\boldsymbol{r}_{ik} = \boldsymbol{r}_k - \boldsymbol{r}_i = \frac{\boldsymbol{r}_{ij}}{2} \tag{3.28}$$

を導入し，粒子 i, j 間の圧力変化が線形と仮定すると，k における圧力は，

$$p_k = \frac{p_i + p_j}{2} \tag{3.29}$$

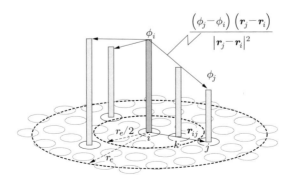

図 3.3　CMPS 法の圧力勾配モデル

となる．ここで，粒子 i, k を対象に粒子 i における圧力勾配を記述すると，

$$\langle \nabla p \rangle_i = \frac{D_s}{n_{0ik}} \sum_{k \neq i} \left\{ \frac{p_k}{|\boldsymbol{r}_{ik}|^2} \boldsymbol{r}_{ik} w(|\boldsymbol{r}_{ik}|) - \frac{\hat{p}_i}{|\boldsymbol{r}_{ik}|^2} \boldsymbol{r}_{ik} w(|\boldsymbol{r}_{ik}|) \right\} \tag{3.30}$$

となる．式中の粒子数密度の標準値 n_0 は粒子 i, k を対象に定義している．まず，粒子 i, k の kernel は，

$$w(|\boldsymbol{r}_{ik}|) = \frac{r_{eik}}{r_{ik}} - 1 = \frac{r_{eij}/2}{r_{ij}/2} - 1 = w(|\boldsymbol{r}_{ij}|) \tag{3.31}$$

であることから，粒子 i, j の kernel と同一視できる．したがって，式 (3.30) 中の粒子 i, k についての粒子数密度の標準値は，

$$n_{0ik} = \sum_{k \neq i} w(|\boldsymbol{r}_{ik}|) = \sum_{j \neq i} w(|\boldsymbol{r}_{ij}|) = n_0 \tag{3.32}$$

のように標準値 n_0 と同一となる．式 (3.28), (3.29), (3.31), (3.32) を式 (3.30) に用いると，粒子 i における圧力勾配は，

$$\langle \nabla p \rangle_i = \frac{D_s}{n_0} \sum_{j \neq i} \left\{ \frac{p_i + p_j}{|\boldsymbol{r}_{ij}|^2} \boldsymbol{r}_{ij} w(|\boldsymbol{r}_{ij}|) - \frac{2\hat{p}_i}{|\boldsymbol{r}_{ij}|^2} \boldsymbol{r}_{ij} w(|\boldsymbol{r}_{ij}|) \right\} \tag{3.33}$$

となる．ここで，kernel の影響域内の圧力の最小値について

$$\hat{p}_i \rightarrow \frac{\hat{p}_i + \hat{p}_j}{2} \tag{3.34}$$

のように相加平均に置き換えると，粒子 i における圧力勾配の表式として

$$\langle \nabla p \rangle_i = \frac{D_s}{n_0} \sum_{j \neq i} \frac{(p_i + p_j) - (\hat{p}_i + \hat{p}_j)}{|\boldsymbol{r}_{ij}|} \frac{\boldsymbol{r}_{ij}}{|\boldsymbol{r}_{ij}|} w(|\boldsymbol{r}_{ij}|) \tag{3.35}$$

が得られる．この式が CMPS 法の圧力勾配モデルである．なお，式 (3.35) によって圧力勾配力を評価すると，

$$\boldsymbol{T}_{ij}^{\mathrm{CMPS}} = -\frac{D_s V_i}{n_0} \frac{(p_i + p_j) - (\hat{p}_i + \hat{p}_j)}{|\boldsymbol{r}_{ij}|} \frac{\boldsymbol{r}_{ij}}{|\boldsymbol{r}_{ij}|} w(|\boldsymbol{r}_{ij}|) \tag{3.36}$$

となり，

$$\boldsymbol{T}_{ij}^{\mathrm{CMPS}} = -\boldsymbol{T}_{ji}^{\mathrm{CMPS}} \tag{3.37}$$

の関係が成り立つので，CMPS 法の圧力勾配は反対称である．また，式 (3.36) からわかるとおり，粒子 i, j の圧力勾配力は共線上にある．したがって，CMPS 法の圧力勾配モデルは，運動量・角運動量の両方について保存性を保証する．

3.1.4　角運動量保存と CSPH・CISPH 法

　先に述べたように，粒子法の微分演算子モデルでは，運動量保存性には問題はなくても角運動量保存性が保証されない場合が多い．SPH 法は，Laplacian モデルに，角

運動量保存性の問題を抱えている．SPH法の勾配モデル，Laplacianモデルは，ともに kernel の勾配を計算するので，kernel の勾配に共通した修正を施すことで角運動量保存性が保証されるようにできれば一貫性がある．ここでは，Bonet and Lok (1999) により導出された kernel の勾配に対する修正行列について説明する．修正行列は，連続体の剛体回転運動下において弾性ポテンシャルエネルギーを不変とする条件に基づき導出されるが，その前に少々準備が必要である．

(1)   速度勾配テンソル

テンソルは一般に対称テンソルと反対称テンソルの和として記述できる．速度勾配テンソルは，

$$\nabla \boldsymbol{u} = \frac{\nabla \boldsymbol{u} + (\nabla \boldsymbol{u})^T}{2} + \frac{\nabla \boldsymbol{u} - (\nabla \boldsymbol{u})^T}{2}$$

$$\text{or } \frac{\partial u_i}{\partial x_j} = \frac{1}{2}\left(\frac{\partial u_i}{\partial x_j} + \frac{\partial u_j}{\partial x_i}\right) + \frac{1}{2}\left(\frac{\partial u_i}{\partial x_j} - \frac{\partial u_j}{\partial x_i}\right) \tag{3.38}$$

のように対称テンソルと反対称テンソルの和として書ける．二つのテンソルを

$$\boldsymbol{D} \equiv \frac{\nabla \boldsymbol{u} + (\nabla \boldsymbol{u})^T}{2} = \frac{1}{2}\left(\frac{\partial u_i}{\partial x_j} + \frac{\partial u_j}{\partial x_i}\right) = D_{ij} \tag{3.39}$$

$$\boldsymbol{\Omega} \equiv \frac{\nabla \boldsymbol{u} - (\nabla \boldsymbol{u})^T}{2} = \frac{1}{2}\left(\frac{\partial u_i}{\partial x_j} - \frac{\partial u_j}{\partial x_i}\right) = \Omega_{ij} \tag{3.40}$$

$$\nabla \boldsymbol{u} = \boldsymbol{D} + \boldsymbol{\Omega} = D_{ij} + \Omega_{ij} \tag{3.41}$$

と定義し，$\boldsymbol{D}$ を変形速度テンソル，$\boldsymbol{\Omega}$ をスピンテンソルとよぶ．変形速度テンソルは対称テンソル，スピンテンソルは反対称テンソルであるから，おのおのの転置に対して，

$$\boldsymbol{D}^T = \boldsymbol{D} \quad ; \quad \boldsymbol{\Omega}^T = -\boldsymbol{\Omega} \tag{3.42}$$

が成り立つ．

ここで，$\boldsymbol{D} = \boldsymbol{0}$ の場合を考えると，速度勾配テンソルは，

$$\nabla \boldsymbol{u} = \boldsymbol{\Omega} \tag{3.43}$$

となる．速度勾配テンソルのトレースは，

$$\text{tr}(\nabla \boldsymbol{u}) = \frac{\partial u_j}{\partial x_i}\delta_{ij} = \frac{\partial u_i}{\partial x_i} = \nabla \cdot \boldsymbol{u} = \text{div } \boldsymbol{u} \tag{3.44}$$

であって，体積変化（膨張・収縮）を意味するが，式 (3.40) から明らかなように，

$$\text{tr}\,\boldsymbol{\Omega} = \Omega_{ii} = 0 \tag{3.45}$$

だから，

$$\text{tr}(\nabla \boldsymbol{u}) = \text{tr}\,\boldsymbol{\Omega} = 0 \tag{3.46}$$

となって，体積変化を伴わない純粋な回転運動であることがわかる．体積変化がなければひずみエネルギーは生じないから，弾性ポテンシャルエネルギーは変化しない．

(2) 角速度ベクトルとスピンテンソル

連続体の微小部分の変形は，伸縮変形，せん断変形，回転の線形和で表される．伸縮変形とせん断変形は体積変化を伴う非回転の変形であり，回転は体積変化を伴わない剛体回転である．先に述べたように，スピンテンソルは体積変化を伴わない回転，すなわち剛体回転を表している．以下では, 流体の微小要素（流体粒子）が，速度（流速）$\boldsymbol{u}$，角速度 $\boldsymbol{\omega}$ で運動している状態を想定し，速度 $\boldsymbol{u}$ と角速度 $\boldsymbol{\omega}$ の関係について考える．剛体力学によると，回転軸 $\boldsymbol{n}$ の周りの回転角を θ，角速度ベクトルを $\boldsymbol{\omega}$，回転軸上に原点を有する動径ベクトルを $\boldsymbol{r}$ とすると，次のようになる．

$$\boldsymbol{u} = \boldsymbol{\omega} \times \boldsymbol{r} \tag{3.47}$$

$$\boldsymbol{\omega} = \dot{\theta}\boldsymbol{n} \quad ; \quad \boldsymbol{n} = \frac{\boldsymbol{\omega}}{|\boldsymbol{\omega}|} \tag{3.48}$$

流速ベクトル $\boldsymbol{u}$ の回転 rot $\boldsymbol{u}$ を渦度という．付録 A の公式 (A.111)

$$\nabla \times (\boldsymbol{u} \times \boldsymbol{v}) = (\boldsymbol{v} \cdot \nabla)\boldsymbol{u} - (\boldsymbol{u} \cdot \nabla)\boldsymbol{v} + \boldsymbol{u}(\nabla \cdot \boldsymbol{v}) - \boldsymbol{v}(\nabla \cdot \boldsymbol{u})$$

および式 (3.47) により，渦度は，

$$\text{rot } \boldsymbol{u} = \nabla \times \boldsymbol{u} = \nabla \times (\boldsymbol{\omega} \times \boldsymbol{r})$$

$$= (\boldsymbol{r} \cdot \nabla)\boldsymbol{\omega} - (\boldsymbol{\omega} \cdot \nabla)\boldsymbol{r} + \boldsymbol{\omega}(\nabla \cdot \boldsymbol{r}) - \boldsymbol{r}(\nabla \cdot \boldsymbol{\omega})$$

と書ける．さらに，

$$\nabla \boldsymbol{r} = \frac{\partial x_j}{\partial x_i} \boldsymbol{e}_i \otimes \boldsymbol{e}_j = \delta_{ij}\boldsymbol{e}_i \otimes \boldsymbol{e}_j = \boldsymbol{I} \tag{3.49}$$

であること，および式 (A.122)

$$\nabla \cdot \boldsymbol{r} = 3$$

を用いると，

$$(\boldsymbol{\omega} \cdot \nabla)\boldsymbol{r} = \boldsymbol{\omega} \cdot \nabla \boldsymbol{r} = \boldsymbol{\omega} \quad ; \quad \boldsymbol{\omega}(\nabla \cdot \boldsymbol{r}) = 3\boldsymbol{\omega}$$

となる．流体の微小要素は剛体回転しているので，角速度ベクトルは微小要素近傍では空間的に変化しない．すなわち，角速度ベクトル $\boldsymbol{\omega}$ は空間微分に対しては定ベクトルとして扱えるから，

$$(\boldsymbol{r} \cdot \nabla)\boldsymbol{\omega} = 0 \quad ; \quad \nabla \cdot \boldsymbol{\omega} = 0$$

つまり，

$$\nabla \times \boldsymbol{u} = -\boldsymbol{\omega} + 3\boldsymbol{\omega} = 2\boldsymbol{\omega}$$

であり，

$$\boldsymbol{\omega} = \frac{1}{2}\nabla \times \boldsymbol{u} = \frac{1}{2}\varepsilon_{ijk}\boldsymbol{e}_i \frac{\partial u_k}{\partial x_j} \tag{3.50}$$

が得られる．式中の ε_{ijk} は，Eddington（エディントン）のイプシロンあるいは Levi–Civita（レヴィ‒チヴィタ）記号とよばれる置換記号

$$\varepsilon_{ijk} \equiv \begin{cases} 1 & ((i,j,k)=(1,2,3),(2,3,1),(3,1,2)) \\ -1 & ((i,j,k)=(1,3,2),(3,2,1),(2,1,3)) \\ 0 & (\text{otherwise}) \end{cases} \tag{3.51}$$

である．

式 (3.50) の角速度ベクトルを成分で書くと，

$$\boldsymbol{\omega} = \begin{pmatrix} \omega_x \\ \omega_y \\ \omega_z \end{pmatrix} = \frac{1}{2}\begin{pmatrix} \dfrac{\partial w}{\partial y}-\dfrac{\partial v}{\partial z} & \dfrac{\partial u}{\partial z}-\dfrac{\partial w}{\partial x} & \dfrac{\partial v}{\partial x}-\dfrac{\partial u}{\partial y} \end{pmatrix}^T \tag{3.52}$$

となるが，式 (3.40) を見ると，式 (3.52) がスピンテンソルの各成分を与えることがわかる．すなわち，スピンテンソルは角速度ベクトルの成分を用いて，

$$\boldsymbol{\Omega} = \begin{pmatrix} 0 & -\omega_z & \omega_y \\ \omega_z & 0 & -\omega_x \\ -\omega_y & \omega_x & 0 \end{pmatrix} \tag{3.53}$$

と書ける．ところで，任意のベクトル $\boldsymbol{a}, \boldsymbol{b}$ の外積は，

$$[\boldsymbol{a}]_\times \cdot \boldsymbol{b} = \boldsymbol{a}\times\boldsymbol{b} \quad ; \quad [\boldsymbol{a}]_\times \equiv \begin{pmatrix} 0 & -a_z & a_y \\ a_z & 0 & -a_x \\ -a_y & a_x & 0 \end{pmatrix}$$

のように反対称テンソルを用いて表せる（付録 B の式 (B.14), (B.15) 参照）．この関係を角速度ベクトル $\boldsymbol{\omega}$ と動径ベクトル $\boldsymbol{r}$ について書くと，

$$\boldsymbol{\omega}\times\boldsymbol{r} = \boldsymbol{\Omega}\cdot\boldsymbol{r} \tag{3.54}$$

となる．式 (3.47), (3.54) より，流速ベクトルはスピンテンソルを用いて，

$$\boldsymbol{u} = \boldsymbol{\Omega}\cdot\boldsymbol{r} \tag{3.55}$$

と書ける．なお，流体力学では，渦度 $\mathrm{rot}\,\boldsymbol{u}$ を $\boldsymbol{\omega}$ で，角速度を $\boldsymbol{\Omega}$ で表す（$\boldsymbol{\Omega}=\boldsymbol{\omega}/2$）のが一般的であるが，ここでは本書の各章との整合性のため，角速度を $\boldsymbol{\omega}$ で表し，$\boldsymbol{\Omega}$ をスピンテンソルの表記に充てている．

(3) 弾性ポテンシャルエネルギーを保存する勾配モデル

以上のことから，速度勾配テンソルがスピンテンソルに一致すれば（すなわち式 (3.43) が成立していれば），体積変化を伴わない純粋な回転運動となり，弾性ポテンシャルエネルギーは変化しないことは示されたが，問題は，粒子法の勾配モデルを適用したとき式 (3.43) が成立しているか否かである．SPH 法の勾配モデルを用いて，

速度勾配は,

$$\langle \nabla \boldsymbol{u} \rangle_i = \sum_j V_j \left(\boldsymbol{u}_j - \boldsymbol{u}_i \right) \otimes \nabla w_{ij} \tag{3.56}$$

と書ける. ここで, 式 (3.55) を用いれば,

$$\boldsymbol{u}_j - \boldsymbol{u}_i = \boldsymbol{\Omega} \cdot \boldsymbol{r}_j - \boldsymbol{\Omega} \cdot \boldsymbol{r}_i$$

と書けるから,

$$\langle \nabla \boldsymbol{u} \rangle_i = \sum_j V_j \boldsymbol{\Omega} \cdot \boldsymbol{r}_{ij} \otimes \nabla w_{ij} = \boldsymbol{\Omega} \cdot \left(\sum_j V_j \boldsymbol{r}_{ij} \otimes \nabla w_{ij} \right) \tag{3.57}$$

が得られる. この式の第 3 辺 (最右辺) の括弧内が恒等テンソル (単位行列) であるとき,

$$\sum_j V_j \boldsymbol{r}_{ij} \otimes \nabla w_{ij} = \boldsymbol{I} \quad \rightarrow \quad \langle \nabla \boldsymbol{u} \rangle_i = \boldsymbol{\Omega} \tag{3.58}$$

となって, SPH 法の勾配モデルの適用結果が, 剛体回転を与える速度勾配の表示 (式 (3.43)) に適合する.

しかし, 現実には,

$$\sum_j V_j \boldsymbol{r}_{ij} \otimes \nabla w_{ij} \neq \boldsymbol{I} \tag{3.59}$$

であって, SPH 法の勾配モデルは, 剛体回転を与える速度勾配の定義との適合性を有していない. 適合性を確保するためには, kernel の勾配に修正行列 $\boldsymbol{L}_i$

$$\tilde{\nabla} w_{ij} \equiv \boldsymbol{L}_i \cdot \nabla w_{ij} \tag{3.60}$$

を導入して

$$\sum_j V_j \boldsymbol{r}_{ij} \otimes \tilde{\nabla} w_{ij} = \boldsymbol{I} \tag{3.61}$$

と修正する必要がある. ここで,

$$\boldsymbol{r}_{ij} \otimes \tilde{\nabla} w_{ij} = \boldsymbol{r}_{ij} \otimes \left(\boldsymbol{L}_i \cdot \nabla w_{ij} \right) = \left(\boldsymbol{r}_{ij} \otimes \nabla w_{ij} \right) \cdot \boldsymbol{L}_i^T \tag{3.62}$$

であるから,

$$\sum_j V_j \boldsymbol{r}_{ij} \otimes \tilde{\nabla} w_{ij} = \left(\sum_j V_j \boldsymbol{r}_{ij} \otimes \nabla w_{ij} \right) \cdot \boldsymbol{L}_i^T = \boldsymbol{I} \tag{3.63}$$

が得られ, 修正行列の表式

$$\boldsymbol{L}_i = \left(\sum_j V_j \nabla w_{ij} \otimes \boldsymbol{r}_{ij} \right)^{-1} \tag{3.64}$$

が導かれる. この修正によって, SPH 法では, 標準型の勾配モデル, Laplacian モデルともに, 角運動量保存性が保証されるようになる. なお, 式 (3.64) の導出においては, ベクトル積およびテンソルの転置に関する公式

$$(\boldsymbol{a} \otimes \boldsymbol{b})^T = \boldsymbol{b} \otimes \boldsymbol{a}$$

$$(\boldsymbol{X} \cdot \boldsymbol{Y})^T = \boldsymbol{Y}^T \cdot \boldsymbol{X}^T$$

により（$\boldsymbol{a}$, $\boldsymbol{b}$：ベクトル，$\boldsymbol{X}$, $\boldsymbol{Y}$：テンソル），

$$(\boldsymbol{a} \otimes \boldsymbol{b}) \cdot \boldsymbol{L}^T = \boldsymbol{I} \quad \rightarrow \quad \left\{ (\boldsymbol{a} \otimes \boldsymbol{b}) \cdot \boldsymbol{L}^T \right\}^T = \boldsymbol{I} \quad \rightarrow \quad \boldsymbol{L} \cdot (\boldsymbol{a} \otimes \boldsymbol{b})^T = \boldsymbol{I}$$

$$\rightarrow \quad \boldsymbol{L} \cdot (\boldsymbol{b} \otimes \boldsymbol{a}) = \boldsymbol{I} \quad \rightarrow \quad \boldsymbol{L} = (\boldsymbol{b} \otimes \boldsymbol{a})^{-1}$$

となることを用いた．

　Bonet and Kulasegaram (2000 ; 2001) は，この修正行列を導入した SPH 法を CSPH（Corrected SPH）法と名付けて，鍛造の計算の安定性の向上，つまり引張不安定の改善が可能なことを示した．また，Khayyer et al. (2008) は，Shao and Lo (2003) の ISPH 法の粘性項をひずみ速度型で記述し，Bonet and Lok (1999) の修正行列 $\boldsymbol{L}_i$ を適用して，

$$\left\langle \frac{\mu}{\rho} \nabla^2 \boldsymbol{u} \right\rangle_i = \sum_j \frac{8 m_j \nu}{(\rho_i + \rho_j)^2} (\rho_i \boldsymbol{D}_i + \rho_j \boldsymbol{D}_j) \cdot \boldsymbol{L}_i \cdot \nabla w_{ij} \tag{3.65}$$

とすることで（ν：動粘性係数，$\boldsymbol{D}_i$：ひずみ速度テンソル），半陰解法型 SPH 法で角運動量保存性を保証するスキームを提案し，CISPH（Corrected Incompressible SPH）法と名付けた．図 **3.4** は一様斜面上の巻き波型砕波に関する Li and Raichlen (2003) の水理実験との比較であるが，図から明らかなように，従来の ISPH 法と比較すると，砕波ジェットの着底時の空気室の形状や 2 次ジェットの立ち上がりと弧を描く様子など，CISPH 法の再現性の高さがわかる．

　Bonet and Lok (1999) の修正行列の導出法は MPS 法にも適用できる．MPS 法の勾配モデルを用いると，連続体の剛体回転運動における速度勾配は，

$$\langle \nabla \boldsymbol{u} \rangle_i = \frac{1}{n_0} \sum_{j \neq i} \frac{(\boldsymbol{u}_j - \boldsymbol{u}_i) \otimes \boldsymbol{r}_{ij}}{|\boldsymbol{r}_{ij}|^2} w_{ij} = \boldsymbol{\Omega} \cdot \left(\frac{1}{n_0} \sum_{j \neq i} \frac{\boldsymbol{r}_{ij} \otimes \boldsymbol{r}_{ij}}{|\boldsymbol{r}_{ij}|^2} w_{ij} \right) \tag{3.66}$$

と書ける．この式の第 3 辺（最右辺）の括弧内が単位行列に一致するとき，

$$\frac{1}{n_0} \sum_{j \neq i} \frac{\boldsymbol{r}_{ij} \otimes \boldsymbol{r}_{ij}}{|\boldsymbol{r}_{ij}|^2} w_{ij} = \boldsymbol{I} \quad \rightarrow \quad \langle \nabla \boldsymbol{u} \rangle_i = \boldsymbol{\Omega} \tag{3.67}$$

となって，MPS 法の勾配モデルの適用結果が剛体回転を与える速度勾配の表示（式 (3.43)）に適合する．しかし，一般には上記の条件は満たされないので，以下のように修正行列 $\boldsymbol{L}_i$ を導入し，粒子 i, j の相対位置ベクトルを修正する．

$$\langle \nabla \boldsymbol{u} \rangle_i = \frac{1}{n_0} \sum_{j \neq i} (\boldsymbol{u}_j - \boldsymbol{u}_i) \otimes \frac{\boldsymbol{L}_i \cdot \boldsymbol{r}_{ij}}{|\boldsymbol{r}_{ij}|^2} w_{ij} \tag{3.68}$$

Bonet and Lok (1999) の導出にならうと，修正行列の表式

ISPH 法 　　　　 実験（Li and Raichlen）[†] 　　　　 CISPH 法

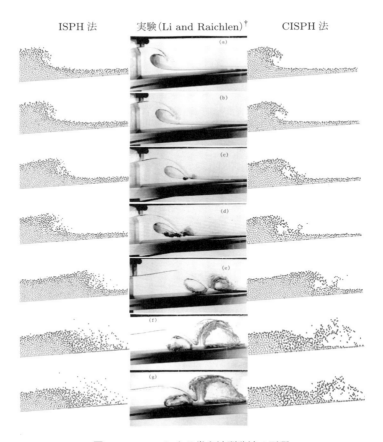

図 3.4 CISPH による巻き波型砕波の再現

$$\boldsymbol{L}_i = \left(\frac{1}{n_0} \sum_{j \neq i} \frac{\boldsymbol{r}_{ij} \otimes \boldsymbol{r}_{ij}}{\left| \boldsymbol{r}_{ij} \right|^2} w_{ij} \right)^{-1} \tag{3.69}$$

が得られる.

　Bonet and Lok (1999) の修正行列の導入に際して一つ留意すべき事項がある．粒子 i, j の kernel の影響域は，重なりはもつが一致してはいないため，粒子 i の修正行列 $\boldsymbol{L}_i$ と粒子 j の修正行列 $\boldsymbol{L}_j$ とは同一ではない．粒子 i, j 間の 2 力が反対称であることは，運動量・角運動量保存のための十分条件であるが，修正行列 $\boldsymbol{L}_i$ を導入すると反対称条件が充足されない．それでも修正行列の導入が計算精度の向上に大きく寄与することは，既往の適用例（たとえば，Khayyer et al., 2008）から明らかである．仮に

[†] Li, Y. and Raichlen, F. (2003). Energy balance model for breaking solitary wave runup. *J. Waterw. Port Coast. Ocean Eng.* **129** (2): 47–59.

粒子分布が十分に均質かつ等方的ならば，計算対象となる粒子が異なっても $\boldsymbol{L}_i$ と $\boldsymbol{L}_j$ との差はわずかである．境界近傍などでは非均質・非等方な粒子分布が生じるので粒子 i, j の修正行列は一致しないが，計算領域の十分に内側では，圧力擾乱がうまく制御されれば均質かつ等方的な粒子分布が期待できる．修正行列 $\boldsymbol{L}_i$ によって実際の計算で明瞭な解の改善が得られたのは，このようなことによるのであろう．いずれにしても，修正行列 $\boldsymbol{L}_i$ の導入による解の改善の事実は，Bonet and Lok の修正行列が高精度化の方向性として正しいことを意味している．なお，$\boldsymbol{L}_i$ と $\boldsymbol{L}_j$ の不一致を緩和する方法として，Vaughan et al. (2008) は背景格子を導入する ad hoc な方法を提案した．この方法では，kernel の影響域内の粒子に対して修正行列を算定するのではなく，粒子 i, j の修正行列の計算対象となる背景格子上の計算点をできるだけ共通化することにより，$\boldsymbol{L}_i$ と $\boldsymbol{L}_j$ を同一視できるようにしている．

3.2 Poisson 方程式の高精度生成項

第 2 章で述べたように，MPS 法では半陰解法型アルゴリズムの第 2 段階で Poisson 方程式を陰的に解いて圧力を得るので，圧力擾乱に Poisson 方程式がかかわっていると考えるのはきわめて自然な発想であろう．Poisson 方程式の解法で工夫の余地がありそうなのは生成項の扱い方である．

粒子数密度型で書かれた連続式を第 2 段階の速度修正に用いると，

$$\frac{1}{n_0}\left(\frac{Dn}{Dt}\right)^c + \nabla \cdot \delta \boldsymbol{u}^c = 0 \tag{3.70}$$

となる．式 (2.174), (2.176) より，

$$\boldsymbol{u}^{k+1} = \boldsymbol{u}^* + \delta \boldsymbol{u}^c \tag{3.71}$$

であるから，式 (3.70) は，

$$\frac{1}{n_0}\left(\frac{Dn}{Dt}\right)^c = -\nabla \cdot \boldsymbol{u}^{k+1} + \nabla \cdot \boldsymbol{u}^* \tag{3.72}$$

と書ける．$\boldsymbol{u}^{k+1}$ が solenoidal であることに注意して，式 (2.179) を用いて，仮速度の発散を消去すると，

$$\nabla^2 p^{k+1} = \frac{\rho_0}{n_0 \Delta t}\left(\frac{Dn}{Dt}\right)^c \tag{3.73}$$

が得られる．つまり，Poisson 方程式の生成項は，第 2 段階の数密度変化 $(Dn/Dt)^c$ で一般的に記述できる．標準 MPS 法では，

$$\left(\frac{Dn}{Dt}\right)^c = \frac{n_0 - n^*}{\Delta t} \tag{3.74}$$

としているが, Khayyer and Gotoh (2009) は, 粒子数密度の定義式 (2.107) によって生成項を評価する方法を提案した. 式 (2.107) より, 粒子数密度の時間微分は,

$$\frac{Dn_i}{Dt} = \sum_{j \neq i} \frac{Dw\left(\left|\boldsymbol{r}_j - \boldsymbol{r}_i\right|\right)}{Dt} \tag{3.75}$$

となり, kernel の時間微分は, 微分の連鎖律を用いると,

$$\frac{Dw}{Dt} = \frac{\partial w}{\partial r} \frac{\partial r}{\partial \boldsymbol{r}} \frac{d\boldsymbol{r}}{dt} \tag{3.76}$$

と書ける.

まず, 第 1 段階の更新における粒子数密度の変化について考える. 式中の $\boldsymbol{r}$ は, 粒子 i に対する相対位置ベクトルで, 粒子 j について,

$$\boldsymbol{r} = \boldsymbol{r}_j^* - \boldsymbol{r}_i^* = \boldsymbol{r}_{ij}^*$$

であり, その時間微分は, 粒子 i に対する相対速度ベクトル

$$\frac{d\boldsymbol{r}}{dt} = \boldsymbol{u}_j^* - \boldsymbol{u}_i^* = \boldsymbol{u}_{ij}^*$$

となる. MPS 法の標準 kernel（式 (2.106)）を r で微分すると,

$$\frac{\partial w}{\partial r} = -\frac{r_e}{r^2}$$

となり,

$$\frac{\partial r}{\partial \boldsymbol{r}} = \frac{\boldsymbol{r}}{r} \quad \left(\because r = \sqrt{x^2 + y^2 + z^2} \right)$$

であることも併せて, 式 (3.76) に用いると, 第 1 段階における (Dw/Dt) として,

$$\left(\frac{Dw}{Dt}\right)_{ij}^p = -\left\{ \frac{r_e}{r^2} \frac{\boldsymbol{r}}{r} \cdot \left(\frac{d\boldsymbol{r}}{dt}\right) \right\}_i = -\frac{r_e}{\left|\boldsymbol{r}_{ij}^*\right|^3} \boldsymbol{r}_{ij}^* \cdot \boldsymbol{u}_{ij}^* \tag{3.77}$$

が得られる. ところで, 非圧縮性流体では,

$$\frac{D\rho}{Dt} = 0 \quad \rightarrow \quad \frac{Dn}{Dt} = 0$$

であり, (Dn/Dt) を第 1, 第 2 段階に分けて書くと,

$$\frac{Dn}{Dt} = \left(\frac{Dn}{Dt}\right)^p + \left(\frac{Dn}{Dt}\right)^c = 0 \quad \rightarrow \quad \left(\frac{Dn}{Dt}\right)^c = -\left(\frac{Dn}{Dt}\right)^p \tag{3.78}$$

となる. 式 (3.75) より (Dw/Dt) と (Dn/Dt) は同符号であるから, 式 (3.77) の第 1 段階における (Dw/Dt) の符号を反転させて, 第 2 段階における $(Dw/Dt)^c$ は,

$$\left(\frac{Dw}{Dt}\right)_{ij}^c = \frac{r_e}{\left|\boldsymbol{r}_{ij}^*\right|^3} \boldsymbol{r}_{ij}^* \cdot \boldsymbol{u}_{ij}^* \tag{3.79}$$

となる. これを式 (3.73) に用いて, 粒子 i の Poisson 方程式は,

$$\nabla^2 p_i^{k+1} = \frac{\rho_0}{n_0 \Delta t} \sum_{j \neq i} \frac{r_e}{\left| \boldsymbol{r}_{ij}^* \right|^3} \boldsymbol{r}_{ij}^* \cdot \boldsymbol{u}_{ij}^* \tag{3.80}$$

と書ける．この方程式の生成項を Khayyer and Gotoh (2009) は高精度生成項（Higher order Source term ; HS）と名付けた．

ISPH 法にも HS は適用できる．

$$\frac{Dw}{Dt} = \frac{\partial w}{\partial \boldsymbol{r}} \cdot \frac{d\boldsymbol{r}}{dt} = \nabla w \cdot \boldsymbol{u} \tag{3.81}$$

であるから，

$$\left(\frac{Dw}{Dt} \right)_{ij}^p = \nabla w_{ij} \cdot \boldsymbol{u}_{ij}^* \quad \rightarrow \quad \left(\frac{Dw}{Dt} \right)_{ij}^c = -\nabla w_{ij} \cdot \boldsymbol{u}_{ij}^* \tag{3.82}$$

と書けて，Poisson 方程式の生成項に kernel の勾配と速度の内積が現れる．

圧力の Poisson 方程式の生成項の記述には，別の方法もある．式 (2.178) の発散をとると，

$$\nabla \cdot \delta \boldsymbol{u}^c = -\frac{1}{\rho_0} \nabla^2 p^{k+1} \Delta t \tag{3.83}$$

となる．さらに，$\boldsymbol{u}^{k+1}$ は solenoidal であることを考慮して，式 (3.71) の発散をとり，$\delta \boldsymbol{u}^c$ の発散を消去すれば，Poisson 方程式は，

$$\nabla^2 p^{k+1} = \frac{\rho_0}{\Delta t} \nabla \cdot \boldsymbol{u}^* \tag{3.84}$$

と書ける．この方程式の生成項を速度発散型という（Cummins and Rudman, 1999）．速度発散型の生成項を用いると圧力擾乱は低減するが，体積保存性に問題が生じ（Kondo and Koshizuka, 2011 ; Asai et al., 2012），非圧縮性流体への適用には難がある．一方，標準型（粒子数密度型）の生成項では，体積保存性は良好であるが，第 2 章で述べたとおり圧力擾乱が顕著である．そこで，2 種の生成項を併用して，体積保存性をできる限り改善しつつ，圧力擾乱を低減する方法が用いられる．MPS 法の標準型の Poisson 方程式 (2.182) は，時間ステップ k の粒子数密度を導入して，

$$\nabla^2 p^{k+1} = \frac{\rho_0}{\Delta t^2} \frac{n^k - n^*}{n_0} + \frac{\rho_0}{\Delta t^2} \frac{n_0 - n^k}{n_0} \tag{3.85}$$

のように書ける（Kondo and Koshizuka, 2006）．この式の右辺第 1 項は，

$$\frac{n^k - n^*}{n_0 \Delta t} = \frac{\rho^k - \rho^*}{\rho_0 \Delta t} = \frac{1}{\rho_0} \left(\frac{D\rho}{Dt} \right)^c = -\nabla \cdot \delta \boldsymbol{u}^c = \nabla \cdot \boldsymbol{u}^* \tag{3.86}$$

と変形すれば，速度発散型であることがわかる．このことを考慮して，Tanaka and Masunaga (2010) は，Poisson 方程式の表式

$$\nabla^2 p^{k+1} = \frac{\rho_0}{\Delta t}\nabla\cdot\boldsymbol{u}^* + \gamma\frac{\rho_0}{\Delta t^2}\frac{n_0 - n^k}{n_0} \tag{3.87}$$

を提案した．式中の γ （$\approx 1.0\times10^{-3}$）：緩和係数であり，右辺第 1 項が速度発散型，第 2 項が粒子数密度型である．第 2 項は体積保存性のために必要であるが，γ を大きく設定すると数値振動が発生することが知られている．HS による方法も速度発散型の生成項と同種の起源を有するので，体積保存性は不十分である．この点の改善には，式 (3.87) と同様にして，粒子 i の Poisson 方程式を

$$\nabla^2 {p_i}^{k+1} = \frac{\rho_0}{n_0\Delta t}\sum_{j\neq i}\frac{r_e}{\left|\boldsymbol{r}_{ij}^*\right|^3}\boldsymbol{r}_{ij}^*\cdot\boldsymbol{u}_{ij}^* + \gamma\frac{\rho_0}{\Delta t^2}\frac{n_0 - n_i^k}{n_0} \tag{3.88}$$

とする必要がある．

3.3 Laplacian モデルの高精度化

　MPS 法の Laplacian モデルは，粘性項の離散化と Poisson 方程式の左辺の離散化の両方に用いられるが，式 (2.118) に示した kernel による積分項の置き換えを介して導出されたもので，Laplacian の定義には厳密には適合していない．圧力擾乱の原因を Poisson 方程式に求めるなら，Laplacian モデルに関しても改善の余地がないか検討する必要がある．ここでは，数学的定義に忠実な Laplacian モデル（Khayyer and Gotoh, 2010）の導出について述べる．

　Laplacian は勾配の発散であるから，勾配モデルの発散をとると，

$$\left\langle\nabla^2\phi\right\rangle_i = \nabla\cdot\left\langle\nabla\phi\right\rangle_i \tag{3.89}$$

となる．これに SPH 法の勾配モデル（Monaghan, 1992）

$$\left\langle\nabla\phi\right\rangle_i = \frac{1}{\sum_{j\neq i}w_{ij}}\sum_{j\neq i}\phi_{ij}\nabla w_{ij} = \frac{1}{n_0}\sum_{j\neq i}\phi_{ij}\nabla w_{ij} \quad;\quad \phi_{ij}=\phi_j-\phi_i \tag{3.90}$$

を用いると，Laplacian は

$$\nabla\cdot\left\langle\nabla\phi\right\rangle_i = \frac{1}{n_0}\sum_{j\neq i}\left(\nabla\phi_{ij}\cdot\nabla w_{ij} + \phi_{ij}\nabla^2 w_{ij}\right) \tag{3.91}$$

と書ける．ここで，式 (3.91) の右辺の各項の具体的表式を導出する．ϕ と w の勾配は，

$$\nabla\phi = \frac{\partial\phi}{\partial r}\nabla r = \frac{\partial\phi}{\partial r}\frac{\boldsymbol{r}}{r} \tag{3.92}$$

$$\nabla w = \frac{\partial w}{\partial r}\nabla r = \frac{\partial w}{\partial r}\frac{\boldsymbol{r}}{r} \tag{3.93}$$

と書ける．式中の $\boldsymbol{r}$ は，式 (3.77) で定義した粒子 i 近傍の位置ベクトルである．

式 (3.92), (3.93) より,

$$\nabla\phi\cdot\nabla w = \frac{\partial\phi}{\partial r}\frac{\partial w}{\partial r}\frac{\boldsymbol{r}\cdot\boldsymbol{r}}{r^2} = \frac{\partial\phi}{\partial r}\frac{\partial w}{\partial r}\frac{|\boldsymbol{r}|^2}{r^2} = \frac{\partial\phi}{\partial r}\frac{\partial w}{\partial r} \tag{3.94}$$

が得られ, 式 (3.93) の発散をとると,

$$\nabla^2 w = \nabla\cdot(\nabla w) = \nabla\cdot\left(\frac{\partial w}{\partial r}\frac{\boldsymbol{r}}{r}\right) = \nabla\left(\frac{\partial w}{\partial r}\right)\cdot\frac{\boldsymbol{r}}{r} + \frac{\partial w}{\partial r}\nabla\cdot\left(\frac{\boldsymbol{r}}{r}\right)$$

$$= \frac{\partial^2 w}{\partial r^2}\nabla r\cdot\frac{\boldsymbol{r}}{r} + \frac{\partial w}{\partial r}\left\{\frac{1}{r}\nabla\cdot\boldsymbol{r} + \nabla\left(\frac{1}{r}\right)\cdot\boldsymbol{r}\right\}$$

$$= \frac{\partial^2 w}{\partial r^2}\frac{\boldsymbol{r}\cdot\boldsymbol{r}}{r^2} + \frac{\partial w}{\partial r}\left(\frac{D_s}{r} - \frac{\boldsymbol{r}\cdot\boldsymbol{r}}{r^3}\right) = \frac{\partial^2 w}{\partial r^2} + \frac{D_s-1}{r}\frac{\partial w}{\partial r} \tag{3.95}$$

となる. 式中の D_s：次元数である. 式 (3.94), (3.95) を用いて,

$$\nabla\phi\cdot\nabla w + \phi\nabla^2 w = \frac{\partial\phi}{\partial r}\frac{\partial w}{\partial r} + \phi\left(\frac{\partial^2 w}{\partial r^2} + \frac{D_s-1}{r}\frac{\partial w}{\partial r}\right) \tag{3.96}$$

が得られるので, これを式 (3.91) に用いると, Laplacian は

$$\left\langle\nabla^2\phi\right\rangle_i = \frac{1}{n_0}\sum_{j\neq i}\left\{\frac{\partial\phi_{ij}}{\partial r_{ij}}\frac{\partial w_{ij}}{\partial r_{ij}} + \phi_{ij}\left(\frac{\partial^2 w_{ij}}{\partial r_{ij}^2} + \frac{D_s-1}{r_{ij}}\frac{\partial w_{ij}}{\partial r_{ij}}\right)\right\} \tag{3.97}$$

となる. Khayyer and Gotoh (2010) は, この表式を高精度 Laplacian (Higher order Laplacian ; HL) と名付けた.

　上記の表式からわかるように, 高精度 Laplacian は kernel に依存する. たとえば, MPS 法の標準型 kernel（式 (2.106)）を用いると,

$$\frac{\partial w}{\partial r} = -\frac{r_e}{r^2} \quad;\quad \frac{\partial^2 w}{\partial r^2} = \frac{2r_e}{r^3} \tag{3.98}$$

だから,

$$\nabla\phi\cdot\nabla w + \phi\nabla^2 w = \frac{r_e}{r^2}\left(\frac{3-D_s}{r}\phi - \frac{\partial\phi}{\partial r}\right) \tag{3.99}$$

となり,

$$\frac{\partial\phi_{ij}}{\partial r_{ij}} = \frac{\phi_{ji} - \phi_{ij}}{r_{ij}} = -\frac{2\phi_{ij}}{r_{ij}} \tag{3.100}$$

に注意して粒子 i, j について書くと,

$$\nabla\phi_{ij}\cdot\nabla w_{ij} + \phi_{ij}\nabla^2 w_{ij} = \frac{r_e}{r_{ij}^2}\left(\frac{3-D_s}{r_{ij}}\phi_{ij} + \frac{2\phi_{ij}}{r_{ij}}\right) = \frac{(5-D_s)r_e}{r_{ij}^3}\phi_{ij} \tag{3.101}$$

となる. したがって, MPS 法の標準型 kernel を用いた場合の HL は,

$$\left\langle\nabla^2\phi\right\rangle_i = \frac{5-D_s}{n_0}\sum_{j\neq i}\frac{r_e}{r_{ij}^3}\phi_{ij} \tag{3.102}$$

となり，次元数に依存する（Khayyer and Gotoh, 2012）.

　上記の表式から明らかなように，HL を用いた粘性力は反対称ではあるが，粒子 i, j に作用する 2 力は共線上にはない. したがって，HL 型粘性項では運動量保存は保証されるが，角運動量は保存されない. また，先に示した MPS 法の勾配モデル，Laplacian モデルでは，導出の最終段階で次元数 D_s を乗じる（D_s 倍する）操作を行っていたが，高精度 Laplacian では，次元数は kernel の勾配の発散を計算する際に出現する. 第 2 章では特に言及しなかったが，MPS 法の微分演算子モデルでは，導出の最終段階で次元数 D_s を乗じる操作が必要であるのに対して，SPH 法の微分演算子モデルには次元数は現れない. このことの理由は 3.5 節で改めて述べるが，HL も SPH 法の勾配モデルを基礎としているため，SPH 法と同様の形式で kernel を用いる限り，最終的な表式に D_s を乗じる操作は不要である.

　HL は MPS 法，SPH 法に共通して用いることができるが，具体的な表式は kernel に依存する. SPH 法では区分多項式型の kernel が用いられるが，HL では 2 階の微分が必要となるため，高次の区分多項式を用いないと，一部の項に半径方向の値の急変点が生じ，計算が不安定となることが知られている（Hongbin and Xin, 2005 ; Fatehi et al., 2009）. 具体的には，3 次の B-spline kernel では，Poisson 方程式の陰的計算過程で収束計算の反復回数が増加し，計算負荷が増大する. したがって，HL の kernel としては，quintic spline kernel（Morris et al., 1997）ないしは Wendland kernel (1995) を用いる必要がある. これらの 5 次の kernel は単一回の計算負荷は B-spline kernel よりも大きいが，Poisson 方程式の陰的計算過程で収束計算の反復回数を少なくするには効果的で，結果として計算時間の短縮に有効である.

3.4　solenoidal 場への収束性の向上

　半陰解法型の粒子法は，2.5 節で述べたように Helmholtz 分解に基づいており，2 段階の速度修正を終えた速度場は，solenoidal 条件を満足するはずである. しかし現実には，(1) Poisson 方程式の生成項（第 1 段階の速度更新後の体積変化 $1/n_0(Dn/Dt)^*$）の計算誤差，(2) 微分演算子モデルの適合性と精度の問題，(3) 時間積分の精度の問題，(4) Poisson 方程式の陰解法に用いる solver（たとえば，ICCG 法）の収束時の許容誤差などの種々の要因により，solenoidal 条件を完全には満足せず，**図 3.5** に模式的に示すように solenoidal 場からの偏差が残存する. この偏差をできる限り小さくすることが，solenoidal 場への収束性を高め，体積保存性を良好に保つことになる.

　Kondo and Koshizuka (2011) は，流体密度と関連した補正を行うことの妥当性に関して，Poisson 方程式の導出過程を通じて説明した. 質量保存則は，

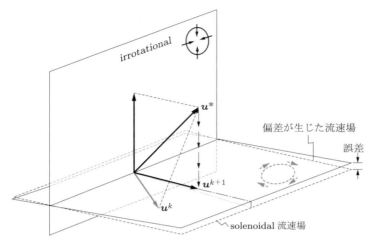

図 3.5 solenoidal 場からの偏差

$$\frac{1}{\rho_0}\frac{D\rho}{Dt} + \nabla \cdot \boldsymbol{u} = 0 \tag{3.103}$$

である．また，非圧縮性流体では，流速の発散はゼロだから，

$$\nabla \cdot \left(\frac{D\boldsymbol{u}}{Dt}\right) = \frac{D}{Dt}(\nabla \cdot \boldsymbol{u}) = 0 \tag{3.104}$$

となる．Helmholtz 分解に基づく 2 段解法であるから，加速度項も 2 段階に分けて，

$$\frac{D\boldsymbol{u}}{Dt} = \left(\frac{D\boldsymbol{u}}{Dt}\right)^{pr} + \left(\frac{D\boldsymbol{u}}{Dt}\right)^{\nu g} \tag{3.105}$$

$$\left(\frac{D\boldsymbol{u}}{Dt}\right)^{pr} = -\frac{1}{\rho_0}\nabla p \quad ; \quad \left(\frac{D\boldsymbol{u}}{Dt}\right)^{\nu g} = \nu\nabla^2\boldsymbol{u} + \boldsymbol{g} \tag{3.106}$$

と記述できる．式 (3.105) および式 (3.106) の第 1 式を式 (3.104) に代入すると，

$$\frac{1}{\rho_0}\nabla^2 p = \nabla \cdot \left(\frac{D\boldsymbol{u}}{Dt}\right)^{\nu g} \tag{3.107}$$

となる．また，式 (3.103), (3.104) より，

$$\nabla \cdot \left(\frac{D\boldsymbol{u}}{Dt}\right) = -\frac{1}{\rho_0}\left(\frac{D^2\rho}{Dt^2}\right) \tag{3.108}$$

が得られ，これを式 (3.107) に用いると，Poisson 方程式は

$$\frac{1}{\rho_0}\nabla^2 p = -\frac{1}{\rho_0}\left(\frac{D^2\rho}{Dt^2}\right)^{\nu g} \tag{3.109}$$

となり，生成項は流体密度と関係付けられる．そこで，密度の時間変化率 $D\rho/Dt$ および基準密度からの偏差 $(\rho - \rho_0)$ の項を補正項として導入すると，

$$\frac{1}{\rho_0}\nabla^2 p = -\left\{\frac{1}{\rho_0}\left(\frac{D^2\rho}{Dt^2}\right)^{\nu g} + \frac{\beta}{\rho_0\Delta t}\left(\frac{D\rho}{Dt}\right) + \frac{\gamma}{\Delta t^2}\frac{\rho-\rho_0}{\rho_0}\right\} \tag{3.110}$$

が得られる. MPS 法では真密度に代えて粒子数密度を用いるが, その際には上式右辺の ρ を n に変更すればよい.

Poisson 方程式 (3.73) に補正項 S_{ECS} を導入して, 粒子 i について書けば,

$$\frac{1}{\rho_0}\nabla^2 p_i^{k+1} = \frac{1}{n_0\Delta t}\left(\frac{Dn}{Dt}\right)_i^c - S_{\mathrm{ECS}} \tag{3.111}$$

となる. Kondo and Koshizuka (2011) は, 上式において,

$$\frac{1}{n_0\Delta t}\left(\frac{Dn}{Dt}\right)_i^c = -\frac{n_i^* - 2n_i^k + n_i^{k-1}}{n_0\Delta t^2} \tag{3.112}$$

$$S_{\mathrm{ECS}} = \frac{\beta_K}{n_0\Delta t}\frac{n_i^k - n_i^{k-1}}{\Delta t} + \frac{\gamma_K}{\Delta t^2}\frac{n_i^k - n_0}{n_0} \tag{3.113}$$

とする補正法を提案した. この補正項を ECS (Error Compensating Source term) とよぶ. 式中の β_K, γ_K はモデル定数であるが, これらのモデル定数を適切に設定すれば, solenoidal 場への収束性は大幅に改善する. Kondo and Koshizuka は静水状態と dam break 流を対象に, モデル定数の普遍性の有無を調べたが, モデル定数は普遍ではなかった. 補正の必要の程度は各瞬間の粒子数密度の基準値からの偏差に依存するから, モデル定数を普遍化するのは困難である. しかし, モデル定数を計算条件に応じて適宜定める（試行錯誤によってチューニングを行う）のは手間が多く, 何らかの指標を導入した決定法が必要である.

そこで, Khayyer and Gotoh (2011) は, Kondo and Koshizuka の定式化を改良し, 数密度の時間変化率 Dn/Dt および基準密度からの偏差 $(n-n_0)$ に依存してモデル定数 β_K, γ_K を変化させる動的 ECS を考案した. Poisson 方程式の生成項には, 式 (3.80) の高精度生成項（HS）を導入し, 式 (3.111) の生成項と式 (3.113) の補正項を

$$\frac{1}{n_0\Delta t}\left(\frac{Dn}{Dt}\right)_i^c = \frac{1}{n_0\Delta t}\sum_{j\neq i}\frac{r_e}{\left|\boldsymbol{r}_{ij}^*\right|^3}\boldsymbol{r}_{ij}^*\cdot\boldsymbol{u}_{ij}^* \tag{3.114}$$

$$S_{\mathrm{ECS}} = \frac{1}{\Delta t}\left|\frac{n_i^k - n_0}{n_0}\right|\left\{\frac{1}{n_0}\left(\frac{Dn}{Dt}\right)_i^k\right\} + \left|\frac{1}{n_0}\left(\frac{Dn}{Dt}\right)_i^k\right|\frac{1}{\Delta t}\frac{n_i^k - n_0}{n_0} \tag{3.115}$$

で与えた. 上式から明らかなように, モデル定数を含まない parameter-free な表式となっている. なお, 上式中の $(Dn/Dt)^k$ については,

$$\left(\frac{Dn}{Dt}\right)_i^k = \frac{n_i^k - n_i^{k-1}}{\Delta t} \tag{3.116}$$

とするのではなく, 式 (3.114) のように, 式 (3.80) の HS を用いれば, 評価精度は高

くなる．式 (3.115) の補正項は，式 (3.113) においてモデル定数 β_K, γ_K を

$$\beta_K = \left| \frac{n_i^k - n_0}{n_0} \right| \quad ; \quad \gamma_K = \left| \frac{\Delta t}{n_0} \left(\frac{Dn}{Dt} \right)_i^k \right| \tag{3.117}$$

と設定したことに相当する．

Khayyer and Gotoh の動的 ECS がどのように挙動するのかをさらに具体的に説明する．式 (3.115) を導入した Poisson 方程式を Dn/Dt と $n - n_0$ の符号に注目して書き直すと，

$$\frac{1}{\rho_0} \nabla^2 p_i^{k+1} = \begin{cases} \frac{1}{n_0 \Delta t} \left(\frac{Dn}{Dt} \right)_i^c - \frac{n_i^k - n_0}{n_0 \Delta t} \left\{ \frac{2}{n_0} \left(\frac{Dn}{Dt} \right)_i^k \right\} \\ \qquad \left(\left(\frac{Dn}{Dt} \right)_i^k > 0 \text{ and } \frac{n_i^k - n_0}{n_0} > 0 \right) \\[2mm] \frac{1}{n_0 \Delta t} \left(\frac{Dn}{Dt} \right)_i^c + \frac{n_i^k - n_0}{n_0 \Delta t} \left\{ \frac{2}{n_0} \left(\frac{Dn}{Dt} \right)_i^k \right\} \\ \qquad \left(\left(\frac{Dn}{Dt} \right)_i^k < 0 \text{ and } \frac{n_i^k - n_0}{n_0} < 0 \right) \\[2mm] \frac{1}{n_0 \Delta t} \left(\frac{Dn}{Dt} \right)_i^c \qquad \left(\frac{n_i^k - n_0}{n_0} \left(\frac{Dn}{Dt} \right)_i^k \leq 0 \right) \end{cases} \tag{3.118}$$

となる．図 3.6 は Khayyer and Gotoh の動的 ECS の挙動を模式的に示したものであるが，$n - n_0 > 0$ かつ $Dn/Dt > 0$ ならば，粒子数密度は基準値 n_0 より大きい状態にあり，さらに増加途上にあることとなるので，補正を実行する必要がある．$n - n_0 < 0$

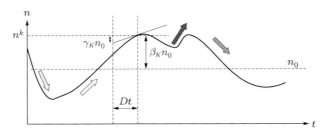

$(Dn/Dt)^k$	$(n^k-n_0)/n_0$	Poisson 方程式の生成項
$+$	$+$	$\frac{1}{n_0} \left(\frac{Dn}{Dt} \right)_i^c \pm \frac{n^k - n_0}{n_0} \left\{ \frac{2}{n_0} \left(\frac{Dn}{Dt} \right)_i^k \right\}$
$-$	$-$	
$-$	$+$	$\frac{1}{n_0} \left(\frac{Dn}{Dt} \right)_i^c$
$+$	$-$	

図 3.6   動的 ECS の挙動

かつ $Dn/Dt < 0$ の場合は，粒子数密度は基準値 n_0 より小さく，さらに減少途上にある．つまり，Dn/Dt と $n - n_0$ が同符号の場合には補正を実行する必要がある．一方，$n - n_0 > 0$ かつ $Dn/Dt < 0$ ならば，粒子数密度は基準値 n_0 より大きい状態にあるが，減少途上にある．$n - n_0 < 0$ かつ $Dn/Dt > 0$ ならば，粒子数密度は基準値 n_0 より小さい状態にあるが，増加途上にある．つまり，Dn/Dt と $n - n_0$ が異符号の場合には補正を実行しなくても，粒子数密度は基準値に近づくので，補正項は不要となる．以上のことから，補正の必要性を判定して補正項を on/off するスイッチを導入したのが，Khayyer and Gotoh の動的 ECS であることがわかる．

　これまで述べてきた CMPS 法系列の高精度粒子法の導入による効果を示すため，dam break 流が鉛直壁と衝突して折り返して砕波する過程（以降，後方砕波とよぶ）のシミュレーション結果を図 **3.7** に示す．折り返し砕波したジェットが水面と衝突し

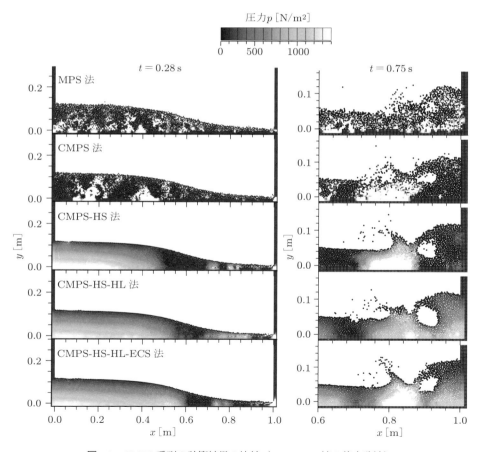

図 **3.7**　CMPS 系列の計算結果の比較（dam break 流の後方砕波）

て2次ジェットが発生する過程 ($t = 0.75$ s) に注目すると，高精度粒子法を多く導入するほど，ジェット先端部での粒子の散らばりが抑止され，砕波前面に形成される air chamber（単連結から2重連結への水面トポロジーの変化）も明瞭となっている．

3.5　高精度勾配モデル

3.5.1　勾配モデルの Taylor 級数適合性

　ここで，きわめて基本的な問題に戻って考えてみよう．粒子法の離散化方程式の解が，離散化前の微分方程式の解と一致しているかという問題である．一致するといっても，計算点は離散的に分布しているのだから，計算点間隔をゼロにする極限操作において離散化方程式の解が離散化前の微分方程式の解に収束するかどうかということである．差分法では，「格子幅がゼロの極限において，離散化方程式の解が離散化前の微分方程式の厳密解に収束する」ことであり，収束性とよばれる．格子幅がゼロの極限において二つの方程式の解が一致するには，式自体が一致することが肝要であるが，「格子幅がゼロの極限において，離散化方程式が離散化前の微分方程式と同じになる」ことを適合性という．さらに，2.4.5 項で述べたように，「いかなる誤差（丸め誤差，打切り誤差など）も計算過程で成長しない」こと，すなわち安定性が必要である．Lax（ラックス）の等価定理が示すように，「適切な初期値の下で，適合性を有する離散化方程式の解が安定性をもつことは，離散化方程式が収束性を有することの必要十分条件である」ので，離散化方程式の解が，離散化前の微分方程式の解に収束することを保証するには，適合性と安定性が確保されていればよい．このうち，安定性に関しては，2.4.4 項で述べたように差分法と同様の CFL 条件を満足するように時間・空間の離散化スケールをとればよいので，以下では，粒子法における適合性について考えることとする．

　適合性の評価は Taylor 級数を使って行われるが，標準型粒子法の微分演算子モデルは規則的で均質な粒子配列を前提としているので，粒子配列の不規則性に影響され，Taylor 級数に対する1次精度すら保証されない（越塚, 2005）．Oger et al. (2007) は，Taylor 級数の各項に SPH 法の積分補間子を作用させて得られた表式ともとの Taylor 級数が一致する条件から，SPH 法の勾配演算子の精度を評価した．たとえば，2次以上の高次項を無視した Taylor 級数に SPH 法の積分補間子を適用すれば，SPH 法の積分補間子に1次精度が保証される条件が導出できる．

　Khayyer and Gotoh (2011) は，Oger et al. と同様の方法を MPS 法に適用し，勾配演算子の Taylor 級数適合性を評価した．粒子 j の物理量 ϕ_j を粒子 i の近傍で Taylor 展開すると，

$$\phi_j = \phi_i + \nabla\phi_i \cdot \boldsymbol{r}_{ij} + O\left(h^2\right) \tag{3.119}$$

となり，2次以上の項を無視すると，

$$\frac{\phi_j - \phi_i}{|\boldsymbol{r}_{ij}|} = \nabla\phi_i \cdot \frac{\boldsymbol{r}_{ij}}{|\boldsymbol{r}_{ij}|} \tag{3.120}$$

となる．これに，MPS法の積分補間子 $(\boldsymbol{r}_{ij}/|\boldsymbol{r}_{ij}|)w_{ij}$ を作用させると，

$$\frac{\phi_j - \phi_i}{|\boldsymbol{r}_{ij}|}\frac{\boldsymbol{r}_{ij}}{|\boldsymbol{r}_{ij}|} w_{ij} = \left(\nabla\phi_i \cdot \frac{\boldsymbol{r}_{ij}}{|\boldsymbol{r}_{ij}|}\right)\frac{\boldsymbol{r}_{ij}}{|\boldsymbol{r}_{ij}|} w_{ij} \tag{3.121}$$

が得られる．任意のベクトル $\boldsymbol{a}, \boldsymbol{b}, \boldsymbol{c}$ について，テンソル積は演算則

$$(\boldsymbol{a}\otimes\boldsymbol{b})\boldsymbol{c} \equiv \boldsymbol{a}(\boldsymbol{b}\cdot\boldsymbol{c}) = (\boldsymbol{c}\cdot\boldsymbol{b})\boldsymbol{a}$$

を満たすから，式 (3.121) の右辺は，

$$\left(\nabla\phi_i \cdot \frac{\boldsymbol{r}_{ij}}{|\boldsymbol{r}_{ij}|}\right)\frac{\boldsymbol{r}_{ij}}{|\boldsymbol{r}_{ij}|} w_{ij} = \frac{\boldsymbol{r}_{ij}\otimes\boldsymbol{r}_{ij}}{|\boldsymbol{r}_{ij}|^2}\nabla\phi_i w_{ij} \tag{3.122}$$

と書ける．MPS法では，式 (3.121) の左辺を kernel 積分した勾配モデル

$$\langle\nabla\phi\rangle_i = \frac{1}{n_0}\sum_{j\neq i}\frac{\phi_j - \phi_i}{|\boldsymbol{r}_{ij}|}\frac{\boldsymbol{r}_{ij}}{|\boldsymbol{r}_{ij}|} w_{ij} \tag{3.123}$$

を用いるが，式 (3.121), (3.122) より，

$$\frac{\boldsymbol{r}_{ij}\otimes\boldsymbol{r}_{ij}}{|\boldsymbol{r}_{ij}|^2} w_{ij}\nabla\phi_i = \frac{\phi_j - \phi_i}{|\boldsymbol{r}_{ij}|}\frac{\boldsymbol{r}_{ij}}{|\boldsymbol{r}_{ij}|} w_{ij} \tag{3.124}$$

であるから，1次精度が保証されるためには，MPS法の勾配モデルは式 (3.123) ではなく，

$$\langle\nabla\phi\rangle_i = \boldsymbol{B}_i^{-1}\left(\frac{1}{n_0}\sum_{j\neq i}\frac{\phi_j - \phi_i}{|\boldsymbol{r}_{ij}|}\frac{\boldsymbol{r}_{ij}}{|\boldsymbol{r}_{ij}|} w_{ij}\right) \tag{3.125}$$

$$\boldsymbol{B}_i = \frac{1}{n_0}\sum_{j\neq i}\frac{\boldsymbol{r}_{ij}\otimes\boldsymbol{r}_{ij}}{|\boldsymbol{r}_{ij}|^2} w_{ij} \tag{3.126}$$

と記述されなければならない．

　式 (3.126) から明らかなように，テンソル $\boldsymbol{B}_i$ は周辺粒子の位置に依存する．2次元空間の $\boldsymbol{B}_i$ は，連続型の表示で，

$$\boldsymbol{B} = \begin{pmatrix} V\int_\Omega \frac{x^2}{r^2}w\,dV & V\int_\Omega \frac{xy}{r^2}w\,dV \\ V\int_\Omega \frac{yx}{r^2}w\,dV & V\int_\Omega \frac{y^2}{r^2}w\,dV \end{pmatrix} \tag{3.127}$$

となる．ここで，粒子 i の位置を原点とする極座標系 (r, θ) において，周囲粒子が均質かつ等方的に分布しているとすると，テンソル $\boldsymbol{B}$ の各成分は，

$$V = \cfrac{1}{\displaystyle\int_{r_0}^{r_e}\int_0^{2\pi} wr\,d\theta\,dr} = \cfrac{1}{\displaystyle\int_0^{2\pi} d\theta \int_{r_0}^{r_e} wr\,dr} = \cfrac{1}{2\pi\displaystyle\int_{r_0}^{r_e} wr\,dr}$$

$$V\int_\Omega \frac{x^2}{r^2}\,wdV = V\int_{r_0}^{r_e}\int_0^{2\pi}\cos^2\theta wr\,d\theta\,dr$$

$$= V\int_0^{2\pi}\frac{1+\cos 2\theta}{2}d\theta\int_{r_0}^{r_e} wr\,dr = V\pi\int_{r_0}^{r_e} wr\,dr = \frac{1}{2}$$

$$V\int_\Omega \frac{y^2}{r^2}\,wdV = V\int_{r_0}^{r_e}\int_0^{2\pi}\sin^2\theta wr\,d\theta\,dr = V\pi\int_{r_0}^{r_e} wr\,dr = \frac{1}{2}$$

$$V\int_\Omega \frac{xy}{r^2}\,wdV = V\int_{r_0}^{r_e}\int_0^{2\pi}\cos\theta\sin\theta wr\,d\theta\,dr = 0$$

であることから，テンソル $\boldsymbol{B}$ は，2 次元では，

$$\boldsymbol{B} = \frac{1}{2}\begin{pmatrix} 1 & 0 \\ 0 & 1 \end{pmatrix}$$

と書ける．3 次元で同様の計算を行うと，

$$\boldsymbol{B} = \frac{1}{3}\begin{pmatrix} 1 & 0 & 0 \\ 0 & 1 & 0 \\ 0 & 0 & 1 \end{pmatrix}$$

となって，いずれも恒等テンソル（単位行列）$\boldsymbol{I}$ を次元数 D_s で除した形となっている．

$$\boldsymbol{B} = \frac{\boldsymbol{I}}{D_s} \quad ; \quad \boldsymbol{B}^{-1} = D_s\boldsymbol{I} \tag{3.128}$$

鈴木 (2007) は，正方格子状の粒子配列を対象にテンソル $\boldsymbol{B}$ を算定し，同様の結果を得ている．式 (3.125) と式 (3.128) を見れば，MPS 法の微分演算子モデルで次元数を乗じる理由は明白である．

　ところで，現実の計算過程では粒子は不均質な配置となっていて，式 (3.128) は満足されないので，1 次精度を保証するには修正行列 $\boldsymbol{C}_i$

$$\boldsymbol{C}_i = \frac{1}{D_s}\left(\frac{1}{n_0}\sum_{j\neq i}\frac{\boldsymbol{r}_{ij}\otimes\boldsymbol{r}_{ij}}{\left|\boldsymbol{r}_{ij}\right|^2}w_{ij} \right)^{-1} \tag{3.129}$$

を導入し，

$$\langle\nabla\phi\rangle_i = \frac{D_s}{n_0}\sum_{j\neq i}\frac{\phi_j-\phi_i}{|\boldsymbol{r}_{ij}|}\frac{\boldsymbol{C}_i\cdot\boldsymbol{r}_{ij}}{|\boldsymbol{r}_{ij}|}w_{ij} \tag{3.130}$$

とする必要がある．式中で修正行列は，相対位置ベクトルを修正する役割を担っている．Khayyer and Gotoh (2011) は修正行列を乗じる式 (3.130) の勾配モデルを GC（Gradient Correction）と名付けた．式 (3.129) の 1 次精度保証の条件は，鈴木 (2007) が示した条件と同じであるが，入部・仲座 (2010) は，鈴木が導出した条件に従って

勾配モデルの高精度化を行った.

　Taylor 級数との適合性を根拠に積分補間子の精度を保証する条件を導く方法は,MPS 法, SPH 法に共通して適用できる. Oger et al. (2007) は 2 次元で全成分を記述した表式を示しているが, ここでは先に MPS 法を対象に行ったのと同様に, ベクトル表示で示すこととする. 粒子 j の物理量 ϕ_j の粒子 i の近傍での Taylor 展開 (式 (3.119)) に SPH 法の積分補間子 $V_j \nabla w_{ij}$ を乗じると,

$$V_j \phi_j \nabla w_{ij} - V_j \phi_i \nabla w_{ij} = V_j (\nabla \phi_i \cdot \boldsymbol{r}_{ij}) \nabla w_{ij} \quad ; \quad V_i = 1 / \sum_j w_{ij} \tag{3.131}$$

となり, 式 (3.131) の第 1 式の右辺は,

$$V_j (\nabla \phi_i \cdot \boldsymbol{r}_{ij}) \nabla w_{ij} = V_j (\nabla w_{ij} \otimes \boldsymbol{r}_{ij}) \cdot \nabla \phi_i \tag{3.132}$$

であり, 式 (3.131) 第 1 式の左辺の第 1 項に SPH 法の積分補間を施すと,

$$\sum_j V_j \phi_j \nabla w_{ij} = \langle \nabla \phi \rangle_i \tag{3.133}$$

となる. 左辺の第 2 項については, kernel の対称性から,

$$\sum_j V_j \nabla w_{ij} = 0 \tag{3.134}$$

である. 以上のことから,

$$\langle \nabla \phi \rangle_i = \left(\sum_j V_j \nabla w_{ij} \otimes \boldsymbol{r}_{ij} \right) \cdot \nabla \phi_i \tag{3.135}$$

が得られる. 仮に,

$$\sum_j V_j \nabla w_{ij} \otimes \boldsymbol{r}_{ij} = \boldsymbol{I} \tag{3.136}$$

ならば,

$$\langle \nabla \phi \rangle_i = \nabla \phi_i \tag{3.137}$$

となって, SPH の勾配モデルの 1 次精度の Taylor 級数との適合性が保証されるが, 一般には式 (3.136) は成立していないので, 修正行列 $\boldsymbol{C}_i$ を導入して kernel の勾配を

$$\sum_j V_j \boldsymbol{C}_i \cdot (\nabla w_{ij} \otimes \boldsymbol{r}_{ij}) = \boldsymbol{I} \tag{3.138}$$

のように修正する. 修正行列 $\boldsymbol{C}_i$ は

$$\boldsymbol{C}_i = \left(\sum_j V_j \nabla w_{ij} \otimes \boldsymbol{r}_{ij} \right)^{-1} \tag{3.139}$$

と書ける. この修正行列 $\boldsymbol{C}_i$ の表式は, Bonet and Lok (1999) による角運動量保存のための修正行列 (式 (3.64)) と完全に一致する. このことから, Bonet and Lok の変分法に基づくアプローチから導出された修正行列は, 空間的離散化について 1 次精度を保証するといえる. 式 (2.95) の標準型の圧力勾配項に修正行列を導入し,

$$\left\langle \frac{\nabla p}{\rho} \right\rangle_i = \sum_j m_j \left(\frac{p_j}{\rho_j^2} + \frac{p_i}{\rho_i^2} \right) \boldsymbol{C}_i \cdot \nabla w_{ij} \tag{3.140}$$

とすれば，1次精度が保証される.

　スカラー関数の1次精度の勾配モデルは，式 (3.125) で与えられたが，ベクトルの勾配モデルについても考えてみよう．粒子 j のベクトル $\boldsymbol{u}_j$ を粒子 i の近傍で Taylor 展開すると，

$$\boldsymbol{u}_j = \boldsymbol{u}_i + \nabla \boldsymbol{u}_i \cdot \boldsymbol{r}_{ij} + O\left(h^2\right) \tag{3.141}$$

となる．2次以上の項を無視すると，

$$\frac{\boldsymbol{u}_j - \boldsymbol{u}_i}{|\boldsymbol{r}_{ij}|} = \nabla \boldsymbol{u}_i \cdot \frac{\boldsymbol{r}_{ij}}{|\boldsymbol{r}_{ij}|} \tag{3.142}$$

となり，これに，MPS 法の積分補間子 $(\boldsymbol{r}_{ij}/|\boldsymbol{r}_{ij}|)w_{ij}$ を作用させると，

$$\frac{\boldsymbol{u}_j - \boldsymbol{u}_i}{|\boldsymbol{r}_{ij}|} \otimes \frac{\boldsymbol{r}_{ij}}{|\boldsymbol{r}_{ij}|} w_{ij} = \nabla \boldsymbol{u}_i \cdot \frac{\boldsymbol{r}_{ij}}{|\boldsymbol{r}_{ij}|} \otimes \frac{\boldsymbol{r}_{ij}}{|\boldsymbol{r}_{ij}|} w_{ij} \tag{3.143}$$

が得られる．この式を kernel 積分すれば，

$$\frac{1}{n_0} \sum_{j \neq i} \frac{\boldsymbol{u}_{ij} \otimes \boldsymbol{r}_{ij}}{|\boldsymbol{r}_{ij}|^2} w_{ij} = \nabla \boldsymbol{u}_i \cdot \boldsymbol{B}_i \quad ; \quad \boldsymbol{B}_i = \frac{1}{n_0} \sum_{j \neq i} \frac{\boldsymbol{r}_{ij} \otimes \boldsymbol{r}_{ij}}{|\boldsymbol{r}_{ij}|^2} w_{ij} \tag{3.144}$$

となる．式 (3.144) から，ベクトル $\boldsymbol{u}$ の勾配モデル

$$\langle \nabla \boldsymbol{u} \rangle_i = \left(\frac{1}{n_0} \sum_{j \neq i} \frac{\boldsymbol{u}_{ij} \otimes \boldsymbol{r}_{ij}}{|\boldsymbol{r}_{ij}|^2} w_{ij} \right) \cdot \boldsymbol{B}_i^{-1} \tag{3.145}$$

が得られる.

3.5.2　発散モデル・Laplacian モデルの Taylor 級数適合性

　発散，Laplacian に関して，1次精度で Taylor 級数に適合するモデルについて考える．ベクトル $\boldsymbol{u}$ の勾配（テンソル）のトレースは，ベクトル $\boldsymbol{u}$ の発散である．すなわち，

$$\mathrm{tr}(\nabla \boldsymbol{u}) = \frac{\partial u_j}{\partial x_i} \delta_{ij} = \frac{\partial u_i}{\partial x_i} = \nabla \cdot \boldsymbol{u} = \mathrm{div}\ \boldsymbol{u} \tag{3.44 再掲}$$

であり，さらに，トレースは単位テンソルとの複内積，つまり，

$$\mathrm{tr}(\nabla \boldsymbol{u}) = (\nabla \boldsymbol{u}) : \boldsymbol{I}$$

であるから，ベクトル $\boldsymbol{u}$ の発散は，式 (3.145) と単位テンソルとの複内積として，

$$\langle \nabla \cdot \boldsymbol{u} \rangle_i = \left\{ \left(\frac{1}{n_0} \sum_{j \neq i} \frac{\boldsymbol{u}_{ij} \otimes \boldsymbol{r}_{ij}}{|\boldsymbol{r}_{ij}|^2} w_{ij} \right) \cdot \boldsymbol{B}_i^{-1} \right\} : \boldsymbol{I} \tag{3.146}$$

と書ける．周囲粒子が均質かつ等方的に分布していれば，テンソル $\boldsymbol{B}_i^{-1}$ は式 (3.128)，

すなわち次元数と単位テンソルの積となるので，式 (3.146) は，

$$\langle \nabla \cdot \boldsymbol{u} \rangle_i = \left(\frac{D_s}{n_0} \sum_{j \neq i} \frac{\boldsymbol{u}_{ij} \otimes \boldsymbol{r}_{ij}}{\left| \boldsymbol{r}_{ij} \right|^2} w_{ij} \right) : \boldsymbol{I} = \frac{D_s}{n_0} \sum_{j \neq i} \frac{\boldsymbol{u}_{ij} \cdot \boldsymbol{r}_{ij}}{\left| \boldsymbol{r}_{ij} \right|^2} w_{ij} \tag{3.147}$$

となり，式 (2.112) の発散モデルの表式に一致する.

　次に，スカラー関数 ϕ の Laplacian について考える. Laplacian は勾配の発散であるから，

$$\langle \nabla^2 \phi \rangle_i = \langle \nabla \cdot (\nabla \phi) \rangle_i \tag{3.148}$$

となる. 式 (3.124) より

$$\nabla \phi_i = \left(\frac{\boldsymbol{r}_{ij} \otimes \boldsymbol{r}_{ij}}{\left| \boldsymbol{r}_{ij} \right|^2} w_{ij} \right)^{-1} \frac{\phi_{ij} \boldsymbol{r}_{ij}}{\left| \boldsymbol{r}_{ij} \right|^2} w_{ij} \tag{3.149}$$

であるから，これを式 (3.146) の発散モデルに用いると，

$$\langle \nabla \cdot (\nabla \phi) \rangle_i = \left\{ \left(\frac{1}{n_0} \sum_{j \neq i} \frac{(\nabla \phi)_{ij} \otimes \boldsymbol{r}_{ij}}{\left| \boldsymbol{r}_{ij} \right|^2} w_{ij} \right) \cdot \boldsymbol{B}_i^{-1} \right\} : \boldsymbol{I}$$

$$= \left[\left\{ \frac{1}{n_0} \sum_{j \neq i} \left(\frac{\boldsymbol{r}_{ij} \otimes \boldsymbol{r}_{ij}}{\left| \boldsymbol{r}_{ij} \right|^2} w_{ij} \right)^{-1} \frac{\boldsymbol{r}_{ij} \otimes \boldsymbol{r}_{ij}}{\left| \boldsymbol{r}_{ij} \right|^2} w_{ij} \frac{\phi_{ij}}{\left| \boldsymbol{r}_{ij} \right|^2} w_{ij} \right\} \cdot \boldsymbol{B}_i^{-1} \right] : \boldsymbol{I}$$

$$= \left(\frac{1}{n_0} \sum_{j \neq i} \frac{\phi_{ij}}{\left| \boldsymbol{r}_{ij} \right|^2} w_{ij} \right) \boldsymbol{B}_i^{-1} : \boldsymbol{I} = \mathrm{tr} \left(\boldsymbol{B}_i^{-1} \right) \left(\frac{1}{n_0} \sum_{j \neq i} \frac{\phi_{ij}}{\left| \boldsymbol{r}_{ij} \right|^2} w_{ij} \right) \tag{3.150}$$

となる. さらに，周囲粒子が均質かつ等方的に分布していれば，式 (3.132) より $\boldsymbol{B}_i^{-1}$ は次元数と単位テンソルの積となるので，$\boldsymbol{I} : \boldsymbol{I} = D_s$ であることに注意して，

$$\langle \nabla^2 \phi \rangle_i = \left(\frac{D_s}{n_0} \sum_{j \neq i} \frac{\phi_{ij}}{\left| \boldsymbol{r}_{ij} \right|^2} w_{ij} \right) \boldsymbol{I} : \boldsymbol{I} = \frac{D_s^2}{n_0} \sum_{j \neq i} \frac{\phi_{ij}}{\left| \boldsymbol{r}_{ij} \right|^2} w_{ij} \tag{3.151}$$

が得られる. この表式は，2 次元場では，$D_s^2 = 2 D_s = 4$ だから，MPS 法の Laplacian モデル（式 (2.117)）と一致する.

3.5.3　高次の Taylor 級数適合性

　これまでは，1 次の Taylor 級数適合性を有する微分演算子モデルに関して述べてきたが，さらに高次の Taylor 級数適合性を保証することを考える. 高次の適合性に関する一般的表式は，玉井ら (2013) によって示されているが，ここでは簡単のため，2 次精度の場合に関して示すこととする. 粒子 j におけるスカラー関数 ϕ_j の粒子 i の近傍での 2 次の Taylor 展開は，

$$\phi_j = \phi_i + \nabla\phi_i \cdot \boldsymbol{r}_{ij} + \frac{1}{2}\boldsymbol{r}_{ij}^T \cdot \boldsymbol{H}(\phi)_i \cdot \boldsymbol{r}_{ij} + O\left(h^3\right) \tag{3.152}$$

$$\boldsymbol{H}(\phi) \equiv \nabla \otimes \nabla\phi = \nabla_k\nabla_l\phi = \frac{\partial^2\phi}{\partial x_k \partial x_l} \tag{3.153}$$

である．式中の $\boldsymbol{H}(\phi)$ は，Hesse（ヘッセ）行列（Hessian；多変数スカラー関数の 2 階偏導関数からなる正方行列）であり，2 次元の場合に具体的に書くと，

$$\boldsymbol{H}(\phi) = \begin{pmatrix} \dfrac{\partial^2\phi}{\partial^2 x} & \dfrac{\partial^2\phi}{\partial x \partial y} \\[3mm] \dfrac{\partial^2\phi}{\partial y \partial x} & \dfrac{\partial^2\phi}{\partial^2 y} \end{pmatrix} \tag{3.154}$$

である．1 次の Taylor 級数適合性を扱った式 (3.122) と同様に，

$$\frac{\phi_j - \phi_i}{|\boldsymbol{r}_{ij}|}\frac{\boldsymbol{r}_{ij}}{|\boldsymbol{r}_{ij}|}w_{ij} = \left\{\left(\nabla\phi_i + \frac{1}{2}\boldsymbol{r}_{ij}^T \cdot \boldsymbol{H}(\phi)_i\right) \cdot \frac{\boldsymbol{r}_{ij}}{|\boldsymbol{r}_{ij}|}\right\}\frac{\boldsymbol{r}_{ij}}{|\boldsymbol{r}_{ij}|}w_{ij}$$

$$= \frac{\boldsymbol{r}_{ij} \otimes \boldsymbol{r}_{ij}}{|\boldsymbol{r}_{ij}|^2} \cdot \left(\nabla\phi_i + \frac{1}{2}\boldsymbol{r}_{ij}^T \cdot \boldsymbol{H}(\phi)_i\right)w_{ij} \tag{3.155}$$

と変形し，kernel 積分すると，

$$\frac{1}{n_0}\sum_{j\neq i}\frac{\phi_j - \phi_i}{|\boldsymbol{r}_{ij}|}\frac{\boldsymbol{r}_{ij}}{|\boldsymbol{r}_{ij}|}w_{ij} = \left(\frac{1}{n_0}\sum_{j\neq i}\frac{\boldsymbol{r}_{ij} \otimes \boldsymbol{r}_{ij}}{|\boldsymbol{r}_{ij}|^2}w_{ij}\right)\nabla\phi_i + \left(\frac{1}{2n_0}\sum_{j\neq i}\frac{\boldsymbol{r}_{ij} \otimes \boldsymbol{r}_{ij}}{|\boldsymbol{r}_{ij}|^2}w_{ij}\right) \cdot \boldsymbol{r}_{ij}^T \cdot \boldsymbol{H}(\phi)_i$$

$$\tag{3.156}$$

となり，スカラー量 ϕ の勾配は，

$$\langle\nabla\phi\rangle_i = \boldsymbol{B}_i^{-1}\left(\frac{1}{n_0}\sum_{j\neq i}\frac{\phi_j - \phi_i}{|\boldsymbol{r}_{ij}|}\frac{\boldsymbol{r}_{ij}}{|\boldsymbol{r}_{ij}|}w_{ij}\right) - \boldsymbol{B}_i^{-1}\left(\frac{1}{2n_0}\sum_{j\neq i}\frac{\boldsymbol{r}_{ij} \otimes \boldsymbol{r}_{ij}}{|\boldsymbol{r}_{ij}|^2}w_{ij}\right) \cdot \boldsymbol{r}_{ij}^T \cdot \boldsymbol{H}(\phi)_i \tag{3.157}$$

と書ける．この表記から明らかなように，式 (3.125) に相当する勾配モデルの表式を得るには，Hesse 行列すなわち，2 階の偏導関数を評価しなければならない．

そこで，2 次元場で 2 次の Taylor 級数適合性が得られるように，1 階および 2 階の偏導関数を求めることを考える．スカラー関数 ϕ_j についての粒子 i の近傍での 2 次の Taylor 展開（式 (3.152)）の各成分を明示的に書くと，$\boldsymbol{r}_{ij} = (x_{ij}\ \ y_{ij})^T$ として，

$$\phi_j = \phi_i + \left(\frac{\partial\phi}{\partial x}\right)_i x_{ij} + \left(\frac{\partial\phi}{\partial y}\right)_i y_{ij} + \frac{1}{2}\left(\frac{\partial^2\phi}{\partial^2 x}\right)_i x_{ij}^2 + \left(\frac{\partial^2\phi}{\partial x \partial y}\right)_i x_{ij}y_{ij} + \frac{1}{2}\left(\frac{\partial^2\phi}{\partial^2 y}\right)_i y_{ij}^2 \tag{3.158}$$

となる．ここで，ベクトル

$$\boldsymbol{p}_{ij} = \left(x_{ij}\ \ y_{ij}\ \ \frac{1}{2}x_{ij}^2\ \ x_{ij}y_{ij}\ \ \frac{1}{2}y_{ij}^2\right)^T \tag{3.159}$$

$$\boldsymbol{q}_i = \left(\frac{\partial}{\partial x} \quad \frac{\partial}{\partial y} \quad \frac{\partial^2}{\partial^2 x} \quad \frac{\partial^2}{\partial x \partial y} \quad \frac{\partial^2}{\partial^2 y} \right)_i^T \tag{3.160}$$

を定義すると，式 (3.158) は，

$$\phi_{ij} = (\boldsymbol{p}_{ij} \cdot \boldsymbol{q}_i) \phi \tag{3.161}$$

と書ける．これにベクトル $\boldsymbol{p}_{ij}$ を作用させると，

$$\boldsymbol{p}_{ij} \phi_{ij} = (\boldsymbol{p}_{ij} \cdot \boldsymbol{q}_i) \boldsymbol{p}_{ij} \phi = (\boldsymbol{p}_{ij} \otimes \boldsymbol{p}_{ij}) \cdot \boldsymbol{q}_i \phi \tag{3.162}$$

となり，kernel 積分すると，

$$\sum_{j \neq i} \boldsymbol{p}_{ij} \phi_{ij} w_{ij} V_j = \left(\sum_{j \neq i} \boldsymbol{p}_{ij} \otimes \boldsymbol{p}_{ij} w_{ij} V_j \right) \cdot \boldsymbol{q}_i \phi \tag{3.163}$$

となる．右辺括弧内のテンソルの行列式が，

$$\left| \sum_{j \neq i} \boldsymbol{p}_{ij} \otimes \boldsymbol{p}_{ij} w_{ij} V_j \right| \neq 0 \tag{3.164}$$

ならば，1 階および 2 階の偏導関数は，

$$\langle \boldsymbol{q} \phi \rangle_i = \left(\frac{\partial \phi}{\partial x} \quad \frac{\partial \phi}{\partial y} \quad \frac{\partial^2 \phi}{\partial^2 x} \quad \frac{\partial^2 \phi}{\partial x \partial y} \quad \frac{\partial^2 \phi}{\partial^2 y} \right)_i^T = \left(\sum_{j \neq i} \boldsymbol{p}_{ij} \otimes \boldsymbol{p}_{ij} w_{ij} V_j \right)^{-1} \sum_{j \neq i} \boldsymbol{p}_{ij} \phi_{ij} w_{ij} V_j \tag{3.165}$$

で与えられる．

ベクトル $\boldsymbol{u}$ の勾配モデルの場合には，式 (3.161), (3.162) に代えて，

$$\boldsymbol{u}_{ij} = (\boldsymbol{p}_{ij} \cdot \boldsymbol{q}_i) \boldsymbol{u} \tag{3.166}$$

$$\boldsymbol{p}_{ij} \otimes \boldsymbol{u}_{ij} = (\boldsymbol{p}_{ij} \cdot \boldsymbol{q}_i) \boldsymbol{p}_{ij} \otimes \boldsymbol{u} = (\boldsymbol{p}_{ij} \otimes \boldsymbol{p}_{ij}) \cdot \boldsymbol{q}_i \otimes \boldsymbol{u} \tag{3.167}$$

と書けるから，1 階および 2 階の偏導関数は，

$$\langle \boldsymbol{q} \otimes \boldsymbol{u} \rangle_i = \left(\frac{\partial \boldsymbol{u}}{\partial x} \quad \frac{\partial \boldsymbol{u}}{\partial y} \quad \frac{\partial^2 \boldsymbol{u}}{\partial^2 x} \quad \frac{\partial^2 \boldsymbol{u}}{\partial x \partial y} \quad \frac{\partial^2 \boldsymbol{u}}{\partial^2 y} \right)_i^T = \left(\sum_{j \neq i} \boldsymbol{p}_{ij} \otimes \boldsymbol{p}_{ij} w_{ij} V_j \right)^{-1} \sum_{j \neq i} \boldsymbol{p}_{ij} \otimes \boldsymbol{u}_{ij} w_{ij} V_j \tag{3.168}$$

となる．ここでは 2 次元場を対象としたが，3 次元の際の表式が，Zhang and Batra (2009) によって示されている．

玉井ら (2013) は，非圧縮性流体の代表的ベンチマーク問題の一つである液滴の伸縮問題を対象に，2 次の Taylor 級数適合型モデルの有効性を検討し，円形の液滴が楕円に変形して扁平化する過程を 1 次精度，0 次精度（標準型粒子法）と比較して長時間安定して計算できることを示した．1 次精度の勾配モデルが 0 次精度モデルの安定性を劇的に改善することは，正方水塊の回転問題においても示されている (Khayyer and Gotoh, 2011)．また，玉井ら (2013) の計算によれば，0 次精度から 1 次精度への変更に伴う改善と比較して，1 次精度から 2 次精度への変更に伴う改善の効果は小さ

い．さらに，2次精度モデルの導入は1次精度のモデルと比べれば相当に煩雑であることから，1次精度の勾配モデルとほかの高精度モデルの組み合わせによって安定性を高めることも検討する必要があるだろう．また，Taylor 級数適合型の圧力勾配モデルの計算結果では，粒子が流線に沿って配置される傾向があるので，負圧域で流線剥離が生じるような条件では，粒子が層状に剥がれて計算が不安定化する．この種の不安定化は，剥がれようとする粒子を留める力が乏しい自由表面で顕在化するが，このような状況を回避するには Taylor 級数適合性を追求するだけでなく，粒子分布を均質化するための高精度モデルを併用することが必要となる．つまり，適合性と安定性の双方を考慮して，適切な高精度モデルを選択することが重要といえる．

　Taylor 級数適合型の勾配モデル（GC）の効果を確認するため，後方砕波のシミュレーション結果を図 **3.8** に示す．言うまでもなく，GC は勾配モデルであるから CMPS 法とは併用できない．MPS-GC 法は負圧が計算できる点で CMPS 系列の勾配モデルより優れているが，圧力勾配項の人工斥力の効きが CMPS 法よりも弱いため，数値的安定性では CMPS 法よりも劣る．図の水面を比較すると，MPS-HS-HL-ECS-GC 法では $t = 0.75\,\mathrm{s}$ の水面に擾乱が見える．MPS-GC 法を violent flow に用いるには，さらなる計算安定化が必要となるが，この問題は次節で述べる DS 法の導入により大幅に改善される．

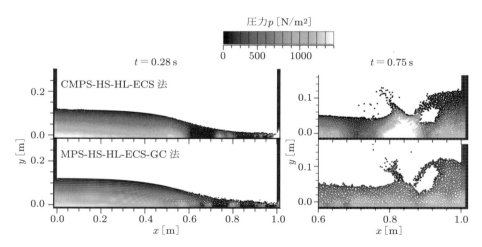

図 3.8　MPS-GC 系列の計算結果の比較（dam break 流の後方砕波）

3.6 安定性の改善——**stabilizer**

3.6.1 引張不安定

　引張不安定は引力型の粒子間力の存在下では不可避であり（Swegle et al., 1994 ; Swegle, 2000），その改善は粒子法高精度化研究の最重要課題の一つと認識されている．以下では，引張不安定の改善手法に関して概観する．

(1) stress point

　Dyka et al. (1997) は，計算点の間に補助的な格子点，すなわち stress point を導入して引張不安定を改善した．有限要素法では，速度の拘束条件が緩いと，変形しているにもかかわらず，ひずみがゼロとなる状態が生じることがある．この状態は，zero-energy mode あるいは変形の状態が砂時計の形状を呈することから hourglass mode とよばれる．Belytschko et al. (2000) は，粒子法の引張不安定の原因が zero-energy mode と同様に行列の階数不足にあることを指摘し，stress point を導入して階数不足を解消することで引張不安定が改善されると述べている．微小変形を対象とする場合には stress point の導入プロセスは複雑ではないが，大変形問題では適正な stress point の配置をどのように決定するかは容易ではない．

(2) Lagrangian kernel

　粒子法は Lagrange 型の解析法であるが，離散化に用いる kernel は完全な Lagrange 型ではない．粒子法の kernel の影響域は粒子を中心とした球（2 次元では円）であって，kernel の影響域は粒子とともに移動するが，影響域の形状は変化しない．したがって，局所的に変形が大きくなると，**図 3.9** に示すように，影響域の外縁付近で粒子の出入りが生じ，kernel 積分の対象となる粒子が変更される．一方，厳密な Lagrangian kernel では，常に同一の粒子群を kernel の影響域内に保持する（影響域の外縁付近で

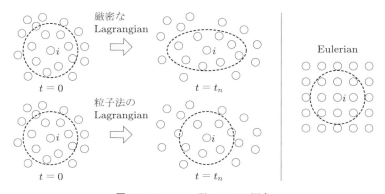

図 3.9 Lagrange 型 kernel の概念

粒子の出入りが生じない）ことが必要となるので，kernel の影響域が局所的な変形に追随して変形しなければならない．また，Euler 型の場合，kernel の影響域，粒子（計算点）はともに不動である．

　Belytschko and Xiao (2002) は，引張不安定の本質的原因は，Lagrange 型の解析法に Eulerian kernel を用いていることにあると指摘し，厳密な Lagrangian kernel と Eulerian kernel（単に kernel の形状が変化しないだけでなく，計算点（粒子）が空間に固定された条件）を用いて弾性体の変形を解析し，Lagrangian kernel が引張不安定の抑制に効果的であることを示した．容易に想像できるように，Lagrangian kernel は不規則な計算点分布に対して適用が困難であるから，大変形問題への適用は難しい（Fries and Belytschko, 2008）．

(3)　conservative smoothing

　Guenther et al. (1994) は，conservative smoothing（保存型平滑化）が数値的不安定の抑制に効果的であると述べている．粒子法に用いる場合，kernel の影響域での全質量，全体積，全運動量，全エネルギーの保存を保証する平滑化が conservative smoothing である（エントロピーは平滑化により増大する）．陽解法型の粒子法で頻用される人工粘性は，全運動量のみの保存を保証する conservative smoothing に相当することが知られている．平滑化の効果を調整する定数 α_{cs} を導入すると，物理量 ϕ_i は，

$$\hat{\phi}_i = \phi_i + \alpha_{cs}\left(\frac{\sum_{j\neq i}V_j\phi_j w_{ij}}{\sum_{j\neq i}V_j w_{ij}} - \phi_i\right) \tag{3.169}$$

のように平滑化される（Randles and Libersky, 1996）．Hicks and Liebrock (2004) は，conservative smoothing が引張不安定の抑制には有効であると述べているが，物理的に意味のある振動も数値振動と同様に平滑化されるので，適用には注意を要する．

(4)　diffusive term と δ-SPH 法

　陽解法型の SPH（WCSPH）法の数値的不安定の抑制手法として近年よく用いられるのが，δ-SPH 法（Marrone et al., 2011）である．陽解法型の SPH 法では運動方程式に人工粘性項が導入されるが，δ-SPH 法では，さらに連続式に人工拡散項を導入する．連続式への人工拡散項の導入は，Ferrari et al. (2009) によって始められたが，静水状態の自由表面で不安定（非物理的な粒子の挙動，すなわち小跳躍）が発生する問題があった．δ-SPH 法は，密度勾配を Taylor 級数の 1 次精度で算定することにより拡散項の評価精度を向上させ，自由表面での粒子の跳躍を抑制したモデルである

（Antuono et al., 2010 ; 2012）.

　ここでは，δ-SPH 法を特徴付ける連続式への人工拡散項の導入に関して説明する．粒子 i 近傍の密度分布が単調で，

$$\sum_j \rho_j V_j \simeq \rho_i \sum_j V_j \tag{3.170}$$

と近似できるとき，SPH 法の連続式 (2.124) は，

$$\frac{D\rho_i}{Dt} = -\rho_i \sum_j V_j \left(\boldsymbol{u}_j - \boldsymbol{u}_i\right) \cdot \nabla w_{ij} \tag{3.171}$$

と書ける．ここで，拡散係数が $[\mathrm{L}^2/\mathrm{T}]$ の次元であることを考慮し，拡散係数を smoothing length h と音速 C_s の積として与えて，密度の拡散項を導入すると，連続式は，

$$\frac{D\rho_i}{Dt} = -\rho_i \sum_j V_j \left(\boldsymbol{u}_j - \boldsymbol{u}_i\right) \cdot \nabla w_{ij} + \delta h C_s \left(\nabla^2 \rho\right)_i \tag{3.172}$$

となる．式中の δ はモデル定数であるが，計算条件への依存性は低く，おおむね $\delta = 0.1$ で与えるのが妥当とされる．Laplacian については，SPH で頻用される式形として，

$$\left\langle \nabla^2 \phi \right\rangle_i = 2 \sum_j V_j \left(\phi_j - \phi_i\right) \frac{\boldsymbol{r}_{ij} \cdot \nabla w_{ij}}{\left|\boldsymbol{r}_{ij}\right|^2} \tag{3.173}$$

が推奨されている（Molteni and Colagrossi, 2009）．SPH の Laplacian（式 (2.103)）は，

$$\left\{ \nabla \cdot \left(\frac{\nabla \phi}{\rho} \right) \right\}_i = \sum_j V_j \left(\frac{1}{\rho_j} + \frac{1}{\rho_i} \right) \left(\phi_j - \phi_i\right) \frac{\boldsymbol{r}_{ij} \cdot \nabla w_{ij}}{\left|\boldsymbol{r}_{ij}\right|^2} \tag{3.174}$$

であるから，ρ_j を ρ_i で置き換えれば，

$$\frac{1}{\rho_i} \left\{ \nabla \cdot (\nabla \phi) \right\}_i = \frac{2}{\rho_i} \sum_j V_j \left(\phi_j - \phi_i\right) \frac{\boldsymbol{r}_{ij} \cdot \nabla w_{ij}}{\left|\boldsymbol{r}_{ij}\right|^2} \tag{3.175}$$

が得られ，式 (3.173) が導ける．この表式に従うと，粒子 i, j 間の拡散 flux は，

$$\mathcal{D}_{ij} \equiv V_i V_j \left(\phi_j - \phi_i\right) \frac{\boldsymbol{r}_{ij} \cdot \nabla w_{ij}}{\left|\boldsymbol{r}_{ij}\right|^2} \tag{3.176}$$

と書けるが，

$$\mathcal{D}_{ij} = -\mathcal{D}_{ji} \quad \rightarrow \quad \sum_i \left\langle \nabla^2 \phi \right\rangle_i V_i = 0 \tag{3.177}$$

となり，式 (3.172) の人工拡散項は領域全体では質量保存に影響を与えないことがわかる．δ-SPH 法の人工拡散項は圧力場の高周波の数値振動の低減に有効であるが，局所的には質量保存性が満足されない状態となる．

　Antuono et al. (2012) は，Molteni and Colagrossi (2009) および Ferrari (2009) によ

る diffusive term と δ-SPH の比較計算を実施しており，静水状態を対象とした計算において，Ferrari や Molteni and Colagrossi の diffusive term で見られた自由表面近傍における粒子の非物理的な挙動（跳躍）が δ-SPH では抑制され，ポテンシャルエネルギーの保存性も改善されることを示している．一方，高速流体を対象とした δ-SPH の計算では，固定壁境界に流体が衝突する際に非物理的な衝撃波が発生し，圧力分布が乱される結果も示されている．

　陽解法型の SPH 法では運動方程式への人工粘性項の導入が不可避であり，第2章 2.4.3 項でも述べたように，過剰な数値粘性の影響をいかに避けるかが最大の課題で，必要最低限度の人工粘性を導入するための手法が研究されてきた．問題の本質は人工粘性項の物理的根拠の曖昧さにあるが，この点では人工拡散項も同じであるといえる．人工拡散項は密度場の平滑化を担うと考えられ，状態方程式を介して密度から圧力を推定する陽解法型の SPH 法では，密度場の平滑化は圧力場の平滑化に直結するので，圧力の数値振動を抑制するのに一定の効果が得られることは理解できる．しかし，どの程度の平滑化が最適であるかに関して理論的に決定できない．数値的安定性のために何らかの stabilizer の導入は不可避であるとしても，必要最低限度を判断する基準が明瞭な方法を選択するべきだろう．

(5)　非物理的擾乱の低減

　Dilts (1999) は，微分演算の精度を高めることが引張不安定の解消の鍵であると述べているが，Khayyer and Gotoh (2011) は，勾配演算子の Taylor 級数適合性を改善する GC を引張不安定のベンチマーク問題に適用し，その有効性を明らかにした．

　実際に粒子運動の時刻歴を詳細に見ると，引張不安定は粒子運動の非物理的擾乱を契機として生じる特徴が認められる．このことから，非物理的擾乱を小さくすることが引張不安定の抑制には有効であると考えられるが，3.4 節および 3.5 節で述べた ECS や GC は，これに該当する．圧力の Poisson 方程式の解法において，solenoidal 場への収束性を改善する ECS を GC と併用すると，MPS 法による負圧（引張）状態の計算が可能となる（Khayyer and Gotoh, 2011）．

　以上のように，引張不安定の改善手法は種々提案されてきたが，理論的に精緻な stress point と Lagrangian kernel は大変形問題における実効性に乏しく，conservative smoothing は物理的な振動までも平滑化する懸念がある．また，非物理的擾乱の低減には有効ではあるが，計算点が不足する自由表面近傍で微分演算の精度を高めることは容易ではない（Taylor 級数適合性を改善する GC は，特別な工夫をしない限り自由表面付近で精度が低下する）．次項・次々項では，引張不安定の改善に関して近年

注目を集めている二つの手法，すなわち，拡散方程式を用いて粒子の再配列を行う Particle Shifting（PS）法（Xu et al., 2009）および，必要最低限度の人工斥力を作用させて粒子の再配列を行う Dynamic Stabilization（DS）法（Tsuruta et al., 2013）について詳細に解説する．

3.6.2 粒子再配列——XSPH 法と Particle Shifting（PS）法

(1) XSPH 法

陽解法，半陰解法のいずれにおいても精度と安定性の向上に有効なのが，粒子再配列の実行であるが，どのような規範に基づいて再配列を行うかが問題である．

最も簡単な粒子再配列法は，Monaghan (1992) の XSPH 法である．XSPH 法では粒子の速度を周囲粒子の速度の重み付け平均として再定義することにより，速度場を平滑化する．標準型の SPH 法では，粒子の位置 r_i は，

$$\frac{Dr_i}{Dt} = u_i \tag{3.178}$$

によって更新されるが（u_i：粒子の速度），XSPH 法では smoothing velocity を

$$\hat{u}_i = u_i + \varepsilon \sum_j \frac{2m_j}{\rho_i + \rho_j} (u_j - u_i) w_{ij} \tag{3.179}$$

と定義し（式中の ε は平滑化の程度を規定する定数），粒子の位置 r_i の更新に smoothing velocity を用いる．

$$\frac{Dr_i}{Dt} = \hat{u}_i \tag{3.180}$$

XSPH 法の平滑化は，運動量および角運動量について保存性を有する．平滑化によって近傍粒子間の速度差が縮小し，近傍粒子が平滑化前よりも同期的に運動するようになるので，全体として粒子の分散が抑制され，数値的安定性が向上する．XSPH 法は粒子速度の平滑化手法であるが，速度が修正されることに伴って粒子位置も修正される過程が粒子再配列に相当する．XSPH 法では，平滑化の程度は経験的に決める必要があり，過度な平滑化は数値拡散を招く（Fatehi and Manzari, 2011）．また，速度勾配が大きい場合には数値拡散の勾配評価精度への影響が大きくなる（Shahriari et al., 2013）．

(2) Particle Shifting 法

これに対して，Xu et al. (2009) の Particle Shifting（PS）法では，粒子の非等方的な配置を修正するため，Fick（フィック）の拡散則

$$J = -\nu_p \nabla C \tag{3.181}$$

に基づいてわずかずつ粒子の位置をシフトさせ，シフト後の粒子位置における物理量

を Taylor 級数展開に基づいて評価する. ここに, $\boldsymbol{J}$：粒子拡散 flux, ν_p：粒子拡散係数, C：粒子濃度すなわち粒子数密度である. PS 法では, 粒子のシフト距離ベクトル $\delta\boldsymbol{r}_s$ を Fick の拡散則で評価した拡散 flux によって与える.

$$\delta\boldsymbol{r}_s = -\nu_p \Delta t \nabla C \quad (\delta\boldsymbol{r}_s = \boldsymbol{u}_s \Delta t) \tag{3.182}$$

なお, 式中の $\boldsymbol{u}_s$ は, シフト速度である.

粒子法では, 粒子濃度は

$$C_i = \sum_j V_j w\left(|\boldsymbol{r}_{ij}|\right) \tag{3.183}$$

と定義されるから, 濃度勾配は,

$$\nabla C_i = \sum_j V_j \nabla w\left(|\boldsymbol{r}_{ij}|\right) \tag{3.184}$$

で与えられる.

しかし, 粒子 i の位置 $\boldsymbol{r}_i$（kernel の原点）の近傍で kernel の勾配がゼロに近づくため, 式 (3.184) を用いるとシフト距離もゼロに近づき, 周囲の粒子が粒子 i に接近し続けて団粒化が進行する（pairing instability）. この団粒化を防ぐため, Monaghan (2000) が導入した人工斥力と同様の補正を行い, 濃度勾配を

$$\nabla C_i = \sum_j V_j \left[1 + R_p \left\{\frac{w\left(|\boldsymbol{r}_{ij}|\right)}{w(d_0)}\right\}^n\right] \nabla w\left(|\boldsymbol{r}_{ij}|\right) \tag{3.185}$$

で与える. 式中の R_p, n は, モデル定数（推奨値 $R_p = 0.2$, $n = 4$）, d_0 は粒子間の平均相対距離である. ところで, 数値的安定性の観点から, 計算時間刻み幅 Δt と拡散係数 ν_p は,

$$\Delta t \leq \frac{h^2}{2\nu_p} \tag{3.186}$$

の関係を満足しなければならない（h: smoothing length；式 (2.167) 参照）. 式 (3.186) を式 (3.182) に組み込むと,

$$\delta\boldsymbol{r}_s = -C_{\text{shift}} h^2 \nabla C \tag{3.187}$$

と書ける. ここに, C_{shift} (≤ 0.5) は式 (3.186) を満たす定数である. ただし, 自由表面流（特に violent flow）では, 上記の手続きで算定したシフト距離が smoothing length と同程度にまで達することがあるので, シフト距離に上限値 $0.2h$ を導入し, シフト距離ベクトルを

$$\delta\hat{\boldsymbol{r}}_s = \begin{cases} \delta\boldsymbol{r}_s & (|\delta\boldsymbol{r}_s| \leq 0.2h) \\ 0.2h \dfrac{\delta\boldsymbol{r}_s}{|\delta\boldsymbol{r}_s|} & (\text{otherwise}) \end{cases} \tag{3.188}$$

と補正する（Lind et al., 2012）．さらに，シフト距離ベクトルを用いて，物理量 ϕ_i を Taylor 級数近似

$$\hat{\phi}_i = \phi_i + \nabla \phi_i \cdot \delta \hat{\boldsymbol{r}}_s \tag{3.189}$$

によって更新する．

(3) Optimized Particle Shifting（OPS）法

式 (3.187) から明らかなように，PS 法では粒子数密度の高い場所にある粒子が，粒子数密度の低い場所に向かって少しずつシフトすることで，粒子数密度（粒子配列）が均質化される．界面の単位法線ベクトルは，

$$\boldsymbol{n} = -\frac{\nabla C}{|\nabla C|} \tag{3.190}$$

で与えられるから，式 (3.187) に基づくと，界面表面の粒子が外側に向かって大きくシフトする．つまり，式 (3.187) を界面で使うと，界面から次々と粒子が剥がれてしまう．これを防ぐには，界面粒子のシフトを接線方向にのみ許容するようにシフト距離ベクトルを変更する必要がある．しかし，界面粒子にだけ法線方向へのシフトを許容しないと，界面直下の粒子が界面の法線方向にシフトして界面に集まり，団粒化が生じてしまう．そこで，Lind et al. (2012) は，シフト距離ベクトルを

$$\delta \boldsymbol{r}_s = -C_{\text{shift}} h^2 \left\{ \frac{\partial C}{\partial s} \boldsymbol{t} + \alpha \left(\frac{\partial C}{\partial n} - \beta \right) \boldsymbol{n} \right\} \tag{3.191}$$

と与えた．ここに，$\alpha,\ \beta$ はモデル定数であり，界面粒子にもわずかな法線方向シフトを与えるために導入されている．ベクトル $\boldsymbol{t}$ は単位接線方向ベクトルである．

シフト距離ベクトルを正しく与えるには，粒子数密度勾配を正確に推定する必要がある．そこで，Khayyer et al. (2017) は，粒子分布の非均一性が粒子数密度勾配に与える影響を補正するため，Taylor 級数適合性を考慮した修正行列 $\boldsymbol{B}_i$ を導入して，粒子 i の単位法線ベクトルを，

$$\boldsymbol{n}_i = -\frac{\boldsymbol{B}_i \cdot \nabla C_i}{|\boldsymbol{B}_i \cdot \nabla C_i|} \quad ; \quad \boldsymbol{B}_i = \left(\sum_j V_j \nabla w_{ij} \otimes \boldsymbol{r}_{ij} \right)^{-1} \tag{3.192}$$

と与えた．さらに，粒子数密度勾配を法線方向と接線方向に分割し，

$$\nabla C_i = \nabla_N C_i + \nabla_S C_i \tag{3.193}$$

$$\nabla_N C_i = (\boldsymbol{n}_i \cdot \nabla C_i) \boldsymbol{n}_i = (\boldsymbol{n}_i \otimes \boldsymbol{n}_i) \cdot \nabla C_i \tag{3.194}$$

$$\nabla_S C_i = \nabla C_i - \nabla_N C_i = (\boldsymbol{I} - \boldsymbol{n}_i \otimes \boldsymbol{n}_i) \cdot \nabla C_i \tag{3.195}$$

と再定義した．

シフト距離ベクトルは，界面近傍以外の粒子について，

$$\delta \boldsymbol{r}_{s\_i} = -C_{\text{shift}} h^2 \nabla C_i \tag{3.196}$$

界面近傍粒子について,

$$\delta \boldsymbol{r}_{s\_i} = -C_{\mathrm{shift}} h^2 \nabla_S C_i = -C_{\mathrm{shift}} h^2 \left(\boldsymbol{I} - \boldsymbol{n}_i \otimes \boldsymbol{n}_i \right) \cdot \nabla C_i \tag{3.197}$$

と与えられる. この方法では, 界面境界のためのモデル定数が不要で, 試行錯誤による定数のチューニングも必要ない. Khayyer et al. (2017) は, 単位法線ベクトルの高精度推定によって最適化された PS 法を, Optimized Particle Shifting (OPS) 法と名付けた.

　図 **3.10** は, 水滴振動のベンチマーク問題に PS 法と OPS 法を適用した結果を示している. 水滴は上下, 左右方向に周期 $T = 3.7\,\mathrm{s}$ で伸縮を繰り返す. 図は, 5 周期経過した後の $t = 20.0\,\mathrm{s}$ の状態を表示している. PS 法では外縁部の粒子配置に擾乱(不規則な凸凹)が見られるが, OPS 法では粒子配列に乱れはなく, 滑らかな楕円形状が安定して維持されている. このように, 界面の法線ベクトルの推定精度が高い OPS 法は PS 法に対して明らかな優位性を示す.

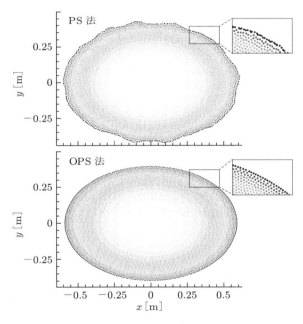

図 3.10　PS 法と OPS 法の比較

　PS 法は, 比較的単純な方法で粒子再配列ができることから, 利用が広がりつつあるが, 運動量・角運動量は保存されない (Lind et al., 2012). また, PS 法では拡散係数をモデル定数として定める必要がある. 式 (3.186) の安定条件を満足するように定めれば数値的には安定となるが, 適正な平滑化に必要な拡散幅は粒子速度に依存す

ると考えられるから，粒子速度が大きい violent flow では式 (3.188) のように経験的な上限値を導入せざるを得ず，拡散係数を普遍的に定めることは難しい．これに対して，Tsuruta et al. (2013) の Dynamic Stabilization 法は，反対称性を有する粒子間力を作用させて粒子の重なりを除去することで粒子再配列を行うので，運動量保存性が保証されており，拡散係数のように計算条件に依存するモデル定数も必要ない．次項では，人工斥力型の安定化および Dynamic Stabilization 法に関して詳細に述べる．

3.6.3　人工斥力と Dynamic Stabilization（DS）法
(1)　人工斥力項の導入

Monaghan (2000) および Gray et al. (2001) は，圧力に比例した人工斥力を導入して，粒子どうしの過剰な接近を抑制することで，数値的安定性が改善されることを示した．SPH 法の粒子の運動方程式 (2.125) に人工斥力項 F_{ij}^{AR} を加えて，

$$\frac{D\boldsymbol{u}_i}{Dt} = -\sum_j m_j\left(\frac{p_i}{\rho_i^2} + \frac{p_j}{\rho_j^2} + F_{ij}^{\mathrm{AR}} + \Pi_{ij}\right)\nabla w_{ij} \tag{3.198}$$

として，人工斥力項は圧力項と類似の表式

$$F_{ij}^{\mathrm{AR}} = \left(\varepsilon_i\frac{|p_i|}{\rho_i^2} + \varepsilon_j\frac{|p_j|}{\rho_j^2}\right)\left\{\frac{w(|\boldsymbol{r}_{ij}|)}{w(d_0)}\right\}^n \tag{3.199}$$

$$(\varepsilon_i,\varepsilon_j) = \begin{cases} (0.2,\,0.2) & (p_i<0 \text{ and } p_j<0) \\ (0.2,\,0) & (p_i<0 \text{ and } p_j>0) \\ (0,\,0.2) & (p_i>0 \text{ and } p_j<0) \\ (0.01,\,0.01) & (p_i>0 \text{ and } p_j>0) \end{cases} \tag{3.200}$$

で与える．ただし，人工斥力項の圧力は非負である．式中の n は非負のモデル定数（推奨値 $n=4$)，d_0 は粒子間の平均相対距離で，ε_i もモデル定数（推奨値 $\varepsilon_i=0.2$）である．人工斥力は圧力が正のときは不要であるが，局所的に生じる粒子の線配列を回避するために，正圧力に対してもわずかな人工斥力（推奨値 $\varepsilon_i=0.01$）が必要であるとされる（Monaghan, 2000）．

人工斥力項は，粒子間の物理的な相互作用に起因するものではなく，粒子の過剰接近による数値的不安定を抑制するために便宜的に導入された付加項に過ぎない．粒子間の斥力は粒子が接近するにつれて増大するように設定されており，この点では，分子動力学で用いられる Lennard-Jones（レナード・ジョーンズ）ポテンシャルに類似の概念であるといえる．Lennard-Jones ポテンシャルのモデル定数は粘性定数や熱伝導率などの物理定数から推定が可能であるが，人工斥力項のモデル定数を適正に決め

るための論理は不十分であり，適正なモデル定数の設定には，試行錯誤が必要となる．
　人工斥力は，粒子法の計算安定化手法として広く用いられている．先に述べた
Monaghan (2000) のような陽的な人工斥力以外にも微分演算子モデルに陰的に導入さ
れる場合が一般的である．たとえば，SPH 法の人工粘性項（式 (2.141)）は，非圧縮
性流体についてはゼロとなるように記述されているが，実際の計算過程では粒子の不
均等配列によって非圧縮条件が不完全となり，流速の発散がゼロとはならないので，
人工粘性項もゼロとはならず，粒子間斥力として作用する．圧力勾配項では，MPS
法（式 (2.187)）と SPH 法（式 (2.95)）のいずれでも，人工斥力を陰的に導入した微
分演算モデルが用いられている．以下では，人工斥力の導入がどのように行われてい
るか，MPS 法を例に説明する．
　MPS 法の圧力勾配モデル（式 (2.187)）を，純粋な勾配モデル（越塚, 2005）であ
る式 (2.111) を抽出した形式に書き直すと，

$$\langle \nabla p \rangle_i = \frac{D_s}{n_0} \sum_{j \neq i} \frac{p_j - \hat{p}_i}{|\boldsymbol{r}_{ij}|^2} \boldsymbol{r}_{ij} \ w\big(|\boldsymbol{r}_{ij}|\big)$$

$$= \frac{D_s}{n_0} \sum_{j \neq i} \frac{p_j - p_i}{|\boldsymbol{r}_{ij}|^2} \boldsymbol{r}_{ij} w\big(|\boldsymbol{r}_{ij}|\big) + \frac{D_s}{n_0} \sum_{j \neq i} \frac{p_i - \hat{p}_i}{|\boldsymbol{r}_{ij}|^2} \boldsymbol{r}_{ij} w\big(|\boldsymbol{r}_{ij}|\big) \qquad (3.201)$$

となる．右辺第 1 項が式 (2.111) の純粋な勾配モデル，第 2 項が人工斥力項である．
同様に，CMPS 法の勾配モデル（式 (3.35)）は，

$$\langle \nabla p \rangle_i = \frac{D_s}{n_0} \sum_{j \neq i} \frac{(p_i + p_j) - (\hat{p}_i + \hat{p}_j)}{|\boldsymbol{r}_{ij}|^2} \boldsymbol{r}_{ij} w\big(|\boldsymbol{r}_{ij}|\big)$$

$$= \frac{D_s}{n_0} \sum_{j \neq i} \frac{p_j - p_i}{|\boldsymbol{r}_{ij}|^2} \boldsymbol{r}_{ij} w\big(|\boldsymbol{r}_{ij}|\big) + \frac{D_s}{n_0} \sum_{j \neq i} \frac{(p_i - \hat{p}_i) + (p_i - \hat{p}_j)}{|\boldsymbol{r}_{ij}|^2} \boldsymbol{r}_{ij} w\big(|\boldsymbol{r}_{ij}|\big) \quad (3.202)$$

と書ける．MPS 法では，計算不安定化の主要因である粒子の重なりを回避するため，
いかなる 2 粒子間にも常に斥力が作用するように圧力勾配がモデル化されている．
MPS 法の圧力勾配モデルは，Monaghan (2000) の人工斥力とは異なり，試行錯誤的
な決定を必要とするモデル定数を含んでおらず，簡便で使いやすいが，近接 2 粒子間
の圧力勾配力が反対称ではないので，運動量保存が不完全となる．CMPS 法は，
MPS 法の人工斥力項の利点を生かしつつ，近接 2 粒子間の圧力勾配力に反対称性を
付与する改良を施し，運動量保存性を保証した手法である．運動量保存性自体は直接
に数値的安定性に寄与するものではないが，粒子位置の推定精度を向上させることか
ら圧力場の擾乱が低減し，間接的には安定性にも寄与している．それゆえに CMPS
法は，MPS 法と比較しても数値安定性の改善が著しい．このように人工斥力は数値
安定性には好都合であるが，粒子間の引力の存在を許容しないことから，負圧域を伴

う流れが計算できない.

式 (3.201), (3.202) の各項を比べると，圧力差の部分のみが各項間の違いであることがわかる. そこで，純粋な勾配モデルと MPS 法の圧力差の部分を比べると，粒子 j が粒子 i の kernel の影響域に含まれていて，粒子 i 近傍（影響域相当の領域）の圧力の分布が単調ならば，

$$|p_j - p_i| \leq |p_i - \hat{p}_i| \quad (j \in \Omega_i) \tag{3.203}$$

の関係が成り立つ. さらに，粒子 i が粒子 j の kernel の影響域に含まれていれば，粒子 i の圧力は粒子 j の影響域内の最小圧力値以上の値となるから，

$$p_i - \hat{p}_j \geq 0 \quad (i \in \Omega_j) \tag{3.204}$$

となる. したがって，MPS 法と CMPS 法の人工斥力項の圧力差の部分について，

$$|p_i - \hat{p}_i| \leq |(p_i - \hat{p}_i) + (p_i - \hat{p}_j)| \tag{3.205}$$

の大小関係が成り立つ. 以上をまとめると，圧力差の部分の大小関係は，

$$\underbrace{|p_j - p_i|}_{\text{理論値}} \leq \underbrace{|p_i - \hat{p}_i|}_{\text{MPS 法}} \leq \underbrace{|(p_i - \hat{p}_i) + (p_i - \hat{p}_j)|}_{\text{CMPS 法}} \tag{3.206}$$

であることがわかる. つまり，CMPS 法では，圧力勾配力に反対称性を付与するために，MPS 法よりも大きい人工斥力を導入している.

ところで，式 (3.203) は，$p_j \leq p_i$ のときは自明であるが，$p_j > p_i$ の場合には，粒子 i 近傍の圧力分布の単調性が追加要件として求められる. 粒子 i 近傍（kernel の影響域相当の領域）の圧力の分布が単調ならば，

$$p_i \approx \bar{p}_i \quad ; \quad \bar{p}_i \equiv \frac{1}{n_0} \sum_{j \neq i} p_j w_{ij} \tag{3.207}$$

が成り立つ. このことから，

$$|p_j - p_i| \approx |p_j - \bar{p}_i| \quad ; \quad |\bar{p}_i - \hat{p}_i| \approx |p_i - \hat{p}_i| \tag{3.208}$$

であり，よい近似として，

$$\bar{p}_i \approx \frac{p_{i\max} + \hat{p}_i}{2} \quad \rightarrow \quad p_{i\max} - \bar{p}_i \approx \bar{p}_i - \hat{p}_i \tag{3.209}$$

が成り立つ. ここに，$p_{i\max}$ は kernel の影響域内の圧力の最大値である. また，

$$|p_j - \bar{p}_i| \leq |p_{i\max} - \bar{p}_i| \tag{3.210}$$

は自明である. 以上より，

$$|p_j - p_i| \approx |p_j - \bar{p}_i| \leq |p_{i\max} - \bar{p}_i| \approx |\bar{p}_i - \hat{p}_i| \approx |p_i - \hat{p}_i|$$

$$\rightarrow \quad |p_j - p_i| \leq |p_i - \hat{p}_i| \tag{3.211}$$

が得られ，圧力の急変点が kernel の影響域に含まれない状態の粒子に関しては，式 (3.203) が成立しているといってよい. 一方，kernel の影響域の一部が境界で切断

される状況，すなわち自由表面付近では，圧力分布の単調性が必ずしも成立せず，

$$|p_j - p_i| \ge |p_i - \hat{p}_i| \tag{3.212}$$

の状態が頻発して，人工斥力項が純粋な勾配モデルである式 (2.111) に対して相対的に小さくなり，粒子の重なりが生じやすい状態となる．

　人工斥力は粒子法の数値的安定性に不可欠なものではあるが，過度な人工斥力は負圧域の再現を不可能にするので，非物理的で不適切である．つまり，物理的な矛盾を発生させずに数値的な安定性を確保するためには，必要最低限度の人工斥力を作用させることが重要となる．MPS 法や CMPS 法のように人工斥力を圧力勾配項に陰的に導入すると，人工斥力の効果を独立して評価することが難しいので，圧力勾配項としては純粋な勾配モデルである式 (2.111) を用い，圧力勾配項と独立させて，stabilizer としての人工斥力を導入するべきである．ただし，Monaghan (2000) のように試行錯誤で決定する必要があるモデル定数を伴うことなく，モデル定数はできる限り場の状態量に応じて自動的に計算されること（動的なチューニング）が望ましい．このような要求に応えるモデルの例として，Tsuruta et al. (2013) の Dynamic Stabilization（DS）法について次に詳しく述べる．

(2)　Dynamic Stabilization 法

　前述のように，純粋な勾配モデルである式 (2.111) は，粒子間に過大な引力が作用する場合も排除できない．粒子間の過大な引力は粒子の著しい重なりを生じさせるため，圧力の異常上昇を誘発し，計算を不安定化する．Tsuruta et al. (2013) は，粒子の重なりを回避するための必要最低限の人工斥力 $\boldsymbol{F}^{\mathrm{DS}}$ を以下のように導入した．

$$\langle \nabla p \rangle_i = \frac{D_s}{n_0} \sum_{j \ne i} \frac{p_j - p_i}{|\boldsymbol{r}_{ij}|} \frac{\boldsymbol{r}_{ij}}{|\boldsymbol{r}_{ij}|} w(|\boldsymbol{r}_{ij}|) + \frac{1}{n_0} \sum_{j \ne i} \boldsymbol{F}_{ij}^{\mathrm{DS}} w(|\boldsymbol{r}_{ij}|) \tag{3.213}$$

これを Dynamic Stabilization（DS）法とよぶ．右辺第 1 項が純粋な勾配モデル，第 2 項が人工斥力項である．MPS 法では粒子 i, j 間の圧力勾配力は 2 粒子の相対位置ベクトルと平行に作用するから，**図 3.11** に示すように，粒子の重なりを回避するために必要最低限の人工斥力 $\boldsymbol{F}^{\mathrm{DS}}$ も 2 粒子の相対位置ベクトルと平行に作用させることとする．人工斥力 $\boldsymbol{F}^{\mathrm{DS}}$ は，純粋な勾配モデルである式 (2.111) に基づいて実施した計算において重なりが生じた粒子についてのみ作用させる．重なりが生じた粒子は，重なりがなくなる位置（すなわち点接触する位置）まで，人工斥力 $\boldsymbol{F}^{\mathrm{DS}}$ によって押し戻される．

$$\boldsymbol{F}_{ij}^{\mathrm{DS}} = \begin{cases} 0 & \left(|\boldsymbol{r}_{ij}^*| \ge d_{ij}\right) \\ \rho_i \Pi_{ij} \boldsymbol{e}_{ij\|} & \left(|\boldsymbol{r}_{ij}^*| < d_{ij}\right) \end{cases} \tag{3.214}$$

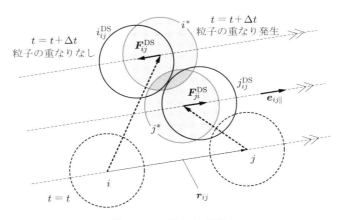

図 3.11 DS 法の人工斥力

$$d_{ij} = \alpha_{\mathrm{DS}} \frac{d_i + d_j}{2} \quad ; \quad \boldsymbol{e}_{ij\|} = \frac{\boldsymbol{r}_{ij}}{|\boldsymbol{r}_{ij}|} \quad ; \quad |\boldsymbol{e}_{ij\|}| = 1 \tag{3.215}$$

ここに，d_i：粒子径，$\boldsymbol{e}_{ij\|}$：$\boldsymbol{r}_{ij}$ 方向の単位ベクトル，Π_{ij}：正の定数である．定数 α_{DS} は人工斥力 $\boldsymbol{F}^{\mathrm{DS}}$ の作用範囲を規定するが，MPS 法の Courant 数の上限値 α_{dt}（第 2 章 2.4.4 項参照）との間に，

$$\alpha_{\mathrm{DS}} + \alpha_{dt} = 1 \quad ; \quad \alpha_{dt} = \frac{u_{\max} \Delta t}{d_i} \tag{3.216}$$

なる関係がある．ここに，$u_{\max}$：流速の最大値，Δt：計算時間刻み幅であり，MPS 法では，$\alpha_{dt} < 0.2$ が推奨されている（越塚, 2005）．たとえば，$\alpha_{dt} = 0.1$ の場合には，粒子の重なりが初期の粒子間距離の 10% を超えると人工斥力が作用する．

　次に，図 3.11 のように重なりが生じた粒子を点接触する位置に戻すための人工斥力 $\boldsymbol{F}^{\mathrm{DS}}$ の大きさ（具体的には定数 Π_{ij} の大きさ）を求める．**図 3.12** のように，時刻 t における粒子 j の粒子 i に対する相対位置ベクトルを $\boldsymbol{r}_{ij}$ とする．MPS 法の純粋な勾配モデルに基づいて計算された時刻 $t + \Delta t$ における相対位置ベクトルを $\boldsymbol{r}_{ij}^*$，人工斥力 $\boldsymbol{F}^{\mathrm{DS}}$ により修正された後の時刻 $t + \Delta t$ における相対位置ベクトルを $\boldsymbol{r}_{ij}^{\mathrm{DS}}$，人工斥力 $\boldsymbol{F}^{\mathrm{DS}}$ が与える修正ベクトルを $\Delta \boldsymbol{r}_{ij}^{\mathrm{DS}}$ とする．この三つのベクトルは**図 3.13**(a) の関係にあり，

$$\boldsymbol{r}_{ij}^{\mathrm{DS}} = \boldsymbol{r}_{ij}^* + \Delta \boldsymbol{r}_{ij}^{\mathrm{DS}} = \boldsymbol{r}_{ij\|}^* + \boldsymbol{r}_{ij\perp}^* + \Delta \boldsymbol{r}_{ij}^{\mathrm{DS}} \quad ; \quad |\boldsymbol{r}_{ij}^{\mathrm{DS}}| = d_{ij} \tag{3.217}$$

である．ここに，$\boldsymbol{r}_{ij\|}^*, \boldsymbol{r}_{ij\perp}^*$：ベクトル $\boldsymbol{r}_{ij}^*$ の $\boldsymbol{r}_{ij}$ 方向（すなわち圧力勾配力の作用方向）成分とそれに垂直な成分であり，ベクトル $\Delta \boldsymbol{r}_{ij}^{\mathrm{DS}}$ の大きさは式 (3.215) の d_{ij} で与えられる．

　式 (3.217) の人工斥力 $\boldsymbol{F}^{\mathrm{DS}}$ による修正ベクトルは

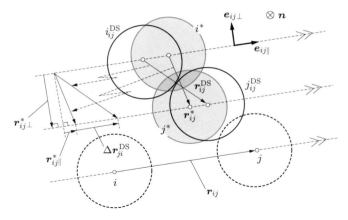

図 3.12 修正ベクトルの推定

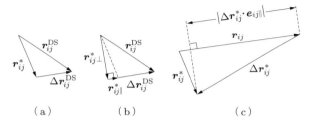

（a）　　　　　　（b）　　　　　　（c）

図 3.13 相対位置ベクトルの相互関係

$$\Delta \boldsymbol{r}_{ij}^{\mathrm{DS}} = \left(\frac{\boldsymbol{F}_{ji}^{\mathrm{DS}}}{\rho_j} - \frac{\boldsymbol{F}_{ij}^{\mathrm{DS}}}{\rho_i} \right) \Delta t^2 \tag{3.218}$$

と書ける．ここで，人工斥力 $\boldsymbol{F}^{\mathrm{DS}}$ の反対称性

$$\boldsymbol{F}_{ij}^{\mathrm{DS}} = -\boldsymbol{F}_{ji}^{\mathrm{DS}} \tag{3.219}$$

を考慮し，修正ベクトルの反対称性に配慮しつつ，式 (3.214) を用いると，

$$\Delta \boldsymbol{r}_{ij}^{\mathrm{DS}} = -\left(\frac{1}{\rho_j} + \frac{1}{\rho_i} \right) \boldsymbol{F}_{ij}^{\mathrm{DS}} \Delta t^2 = -\Pi_{ij} \left(1 + \frac{\rho_i}{\rho_j} \right) \Delta t^2 \boldsymbol{e}_{ij\|} \tag{3.220}$$

が得られる．

一方，MPS 法の純粋な勾配モデルに基づいて計算された時刻 $t + \Delta t$ における相対位置ベクトル $\boldsymbol{r}_{ij}^*$ は，

$$\boldsymbol{r}_{ij}^* = \boldsymbol{r}_{ij} + \Delta \boldsymbol{r}_{ij}^* \quad ; \quad \Delta \boldsymbol{r}_{ij}^* = -\left(\frac{\langle \nabla p \rangle_j}{\rho_j} - \frac{\langle \nabla p \rangle_i}{\rho_i} \right) \Delta t^2 \tag{3.221}$$

と表せる（図 3.13(c) 参照）．ベクトル $\boldsymbol{r}_{ij}^*$ の $\boldsymbol{r}_{ij}$ 方向（すなわち圧力勾配力の作用方向）成分とそれに垂直な成分は，

$$\boldsymbol{r}_{ij\parallel}^{*} = \boldsymbol{r}_{ij} + \left(\Delta\boldsymbol{r}_{ij}^{*} \cdot \boldsymbol{e}_{ij\parallel}\right)\boldsymbol{e}_{ij\parallel} \tag{3.222}$$

$$\boldsymbol{r}_{ij\perp}^{*} = \sqrt{\left|\Delta\boldsymbol{r}_{ij}^{*}\right|^{2} - \left(\Delta\boldsymbol{r}_{ij}^{*} \cdot \boldsymbol{e}_{ij\parallel}\right)^{2}}\,\boldsymbol{e}_{ij\perp} \tag{3.223}$$

$$\boldsymbol{e}_{ij\perp} = \boldsymbol{e}_{ij\parallel} \times \boldsymbol{n} \tag{3.224}$$

と書ける. ここに, $\boldsymbol{n}$：紙面に立てた法線ベクトル（紙面奥向きが正）である. ここで導入した位置ベクトルに関して, 図3.13(b) の関係に注目すると,

$$\left|\boldsymbol{r}_{ij\perp}^{*}\right|^{2} + \left|\boldsymbol{r}_{ij\parallel}^{*} + \Delta\boldsymbol{r}_{ij}^{\mathrm{DS}}\right|^{2} = \left|\boldsymbol{r}_{ij}^{\mathrm{DS}}\right|^{2} = d_{ij}^{2} \tag{3.225}$$

となり, 修正ベクトル $\Delta\boldsymbol{r}_{ij}^{\mathrm{DS}}$ の大きさ

$$\left|\Delta\boldsymbol{r}_{ij}^{\mathrm{DS}}\right| = \sqrt{d_{ij}^{2} - \left|\boldsymbol{r}_{ij\perp}^{*}\right|^{2}} - \left|\boldsymbol{r}_{ij\parallel}^{*}\right| \tag{3.226}$$

が得られる. 式 (3.220) を用いると, これは,

$$\left|\Delta\boldsymbol{r}_{ij}^{\mathrm{DS}}\right| = \Pi_{ij}\left(1 + \frac{\rho_{i}}{\rho_{j}}\right)\Delta t^{2} \tag{3.227}$$

と書けるので, 式 (3.226), (3.227) より, 定数 Π_{ij} の表式

$$\Pi_{ij} = \frac{\rho_{j}}{\Delta t^{2}\left(\rho_{i} + \rho_{j}\right)}\left(\sqrt{d_{ij}^{2} - \left|\boldsymbol{r}_{ij\perp}^{*}\right|^{2}} - \left|\boldsymbol{r}_{ij\parallel}^{*}\right|\right) \tag{3.228}$$

が得られる. 純粋な勾配モデルによって陰的計算を行い, 重なりが生じた粒子に対して式 (3.214), (3.228) によって人工斥力 $\boldsymbol{F}^{\mathrm{DS}}$ を作用させて, 粒子の位置を修正する.

DS法では, 圧力勾配項から分離された反対称性を有する人工斥力が導入されている. そのため, 人工斥力項を導入しても運動量は保存される. また, 数値的不安定の原因であった粒子の重なりが生じた場合のみ人工斥力が作用し, 斥力の大きさは重なりが解消されるのに必要な最低限度の大きさとして, 重なりの状態に応じて自動的に決定される. したがって, 試行錯誤で決定する必要があるモデル定数はなく, MPS法やCMPS法などの既往の斥力型圧力勾配モデルでは不可能であった負圧域の計算も可能である. なお, 負圧域の計算を実行するにはTaylor級数適合型の圧力勾配モデル（GC）が必要となるが, DS法は陽的記述により導入できる斥力項であるので, GCとの併用は容易である. 式 (3.213) に式 (3.129) の修正行列を導入して,

$$\langle\nabla p\rangle_{i} = \frac{D_{s}}{n^{0}}\sum_{j\neq i}\frac{p_{j} - p_{i}}{\left|\boldsymbol{r}_{ij}\right|}\frac{\boldsymbol{C}_{i} \cdot \boldsymbol{r}_{ij}}{\left|\boldsymbol{r}_{ij}\right|}\,w\left(\left|\boldsymbol{r}_{ij}\right|\right) + \frac{1}{n^{0}}\sum_{j\neq i}\boldsymbol{F}_{ij}^{\mathrm{DS}}\,w\left(\left|\boldsymbol{r}_{ij}\right|\right) \tag{3.229}$$

とすればよい.

図3.14 は, 水中に配置された重い流体（比重2.65, 初期配置は図上部に表示）の沈降過程をCMPS-HS法, MPS-HS-GC法, MPS-HS-GC-DS法で計算した結果を示している. CMPS-HS法では, 圧力勾配モデルに導入された人工斥力のおかげで, 安

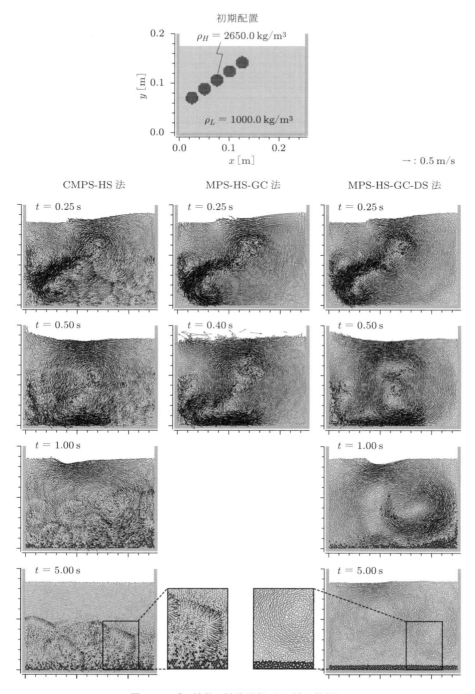

図 **3.14** 重い流体の沈降過程（DS 法の効果）

定した計算が可能であるが，人工斥力による粒子間反発が過大となって，十分に時間が経過した後（$t = 5.00\,\mathrm{s}$）も沈降を完了せず水中に浮遊する重い流体粒子が多数見られる．また，ほかの手法と比べて，沈降初期から流速場に非物理的乱れ（ノイズ）が多く，重い粒子の沈降によって誘起されるはずの水深スケールの循環流も不明瞭である．流速場の非物理的乱れは，十分に時間が経過した後（$t = 5.00\,\mathrm{s}$）も消えることがない．これに対して，Taylor 級数適合型の圧力勾配モデルである MPS-HS-GC 法では，重い粒子の沈降によって水深スケールの循環流が明瞭に生じている．しかし，時刻 $t = 0.40\,\mathrm{s}$ の水表面に粒子の飛び跳ねが生じており，水面は数値的に不安定である．不安定性のために，計算はこの直後に発散する．一方，DS 法を併用した MPS-HS-GC-DS 法では，GC の効果で水深スケールの循環流が明瞭に再現され，流速場の非物理的乱れは生じていない．DS 法により必要最低限度の人工斥力が導入されているので，Taylor 級数適合型の圧力勾配モデルでも数値的不安定性は抑制され，一貫して水面の粒子の飛び跳ねは見られない．さらに，十分に時間が経過した後（$t = 5.00\,\mathrm{s}$）には，重い流体粒子は完全に水槽の底に沈降しており，CMPS-HS 法で問題となった非物理的浮遊粒子も存在しない．次に，**図 3.15** に MPS-HS-HL-ECS-GC-DS 法による dam break 流の後方砕波のシミュレーション結果を示す．MPS-HS-HL-ECS-GC 法では $t = 0.75\,\mathrm{s}$ の水面に擾乱が顕著であるが，DS 法の併用により，水面の擾乱は抑制され，砕波ジェットの動きもより明瞭に再現できる．

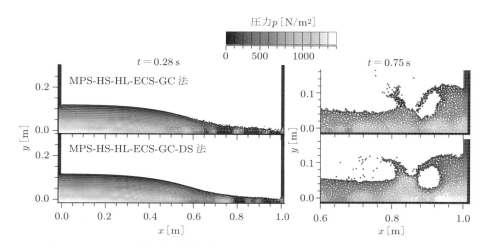

図 3.15 dam break 流の後方砕波（MPS-GC 系列における DS 法あり・なしの比較）

3.7 境界条件の高精度化

3.7.1 自由表面境界条件の高精度化

第2章の 2.6.2 項で述べたように，粒子法の自由表面判定法は粒子数密度（kernel の影響域内の粒子数）に閾値を設けるだけの簡潔な方法であるが，十分な robustness を備えている．しかし，標準型の粒子法における自由表面判定では，閾値を低く設定すると自由表面が数粒径分の厚みを呈し，閾値を高く設定すると自由表面が不連続となりやすく，粒子数密度のみを拠り所とする方法では必ずしも十分な精度で自由表面判定ができない．

自由表面の判定精度を向上させるには，粒子数密度だけでなく，kernel の影響域内の粒子分布の偏りの有無に関する補助的条件を導入するのが有効である．2.6.2 項で述べた Khayyer et al. (2009) の補助判定条件は，この範疇に属する．Ma and Zhou (2009) も同様の観点から，複数の補助判定条件を組み合わせた自由表面判定法 Mixed Particle number density and Auxiliary function Method（MPAM）を提案している．

自由表面は粒子数密度の不連続面となることから，圧力の数値的擾乱の一因となる．このことは真密度の差が大きい気液界面では特に深刻であるが，自由表面判定の不正確さに起因する圧力擾乱を低減して，計算の不安定化を回避するには，Skillen et al. (2013) のように自由表面に幅をもたせて粒子数密度の不連続性を鈍らせる方法がある．また，3.6.2 項で述べた PS 法（Xu et al., 2009）では，自由表面で粒子が層状に剥がれるエラーが生じるが，自由表面の法線方向の拡散係数を小さくして拡散範囲をひずませることにより，自由表面での粒子の剥がれを抑制できることが知られている．

これまで述べたいずれの方法でも，まず自由表面粒子を検出し，当該粒子において圧力の力学的境界条件（Dirichlet 条件）を与える必要があるが，Nair and Tomar (2014) は，semi analytical approach を自由表面境界に適用して，前処理としての自由表面粒子の検出なしに Dirichlet 条件を課す方法を示した．単相流で考えると，自由表面付近の粒子の kernel の影響域において粒子が存在しない部分（空白域）に一定圧力の気体（連続体）を配して，kernel の積分を実行することにより圧力の力学的境界条件を満足させることができる．Nair and Tomar は粒子の空白域自体の重要性に関しては言及していないが，粒子の空白域の存在を陽に記述することでまったく新しい境界条件の扱いが可能となる．次項では，この発想を具体化した Tsuruta et al. (2015) の Space Potential Particles（SPP）について詳しく述べる．

3.7.2 Space Potential Particles（SPP）

粒子法で頻用される標準型の自由表面境界条件では，自由表面粒子には Dirichlet 条件が課されるが，自由表面粒子自体はその場所で圧力値を規定する役割を担うのみで，圧力の更新計算から切り離される．言い換えると，自由表面粒子は圧力のPoisson 方程式の計算過程においては，固体壁と同様に扱われる．粒子法では，圧力の更新計算から外れると，ほかの自由表面粒子から受ける作用もなくなり，個々の自由表面粒子は近傍の自由表面粒子の存在の有無に関係なく，おのおのが個別に Newton の運動方程式に従って移動する．それゆえに，自由表面粒子に関しては，質量保存則の適用外となってしまう．しかし実際の計算では，自由表面粒子が重力に引かれて流体粒子内部に潜り込むことにより再び圧力の更新計算に取り込まれ，流体粒子から押し返されるので，この問題が計算の破綻に直結することはない．

　さらにいえば，標準型の自由表面境界条件では，自由表面粒子に作用する力が正確に記述できていない．具体的には，重力および近接する流体粒子からの反力（圧力勾配力）は作用するが，周囲の自由表面粒子からの斥力は作用しない．直感的な見方をすれば，各瞬間では自由表面粒子が流体に向かって沈み込む固体壁のように挙動している．つまり，自由表面粒子は運動の自由度を大きく制限されているといえる．2.6.2 項で述べた静水状態の計算では自由表面粒子の小跳躍が見られるが，これは先に述べたように圧力の更新計算の on/off の頻繁な切り替わりの結果生じている現象であり，ここでいう粒子運動の自由度の制限は，これよりもさらに短時間の状態を指している．さらに，自由表面粒子の近傍にある流体粒子も運動を大幅に制限される．自由表面粒子の近傍にある流体粒子から見れば，自身に向かって固体壁が繰り返し接近してくる状態が生じていることになる．このことが自由表面粒子の近傍にある流体粒子の運動を著しく制限することは自明だろう．

　図 **3.16** に示すように，実際には平坦な自由表面で，何らかの原因で粒子の配置（数密度）が不均質となった状態を考えてみる．この場合，物理空間は均質であるので，粒子の偏りは数値的なエラーであり物理的な空隙を意味するものではない．しかし，標準型の自由表面境界条件では，近傍にある自由表面粒子は互いに孤立していて，粒

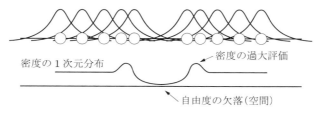

図 3.16 粒子分布の不均質化

子間を結び付ける数式上の関係がない．つまり，すぐそばに空隙があったとしても，空隙の存在を示す情報が自由表面粒子に与えられない．それゆえに個々の自由表面粒子は，空隙自体が存在しないかのように挙動する．

　以上の考察から，自由表面粒子自体の運動を制限することなく（自由表面粒子も圧力の更新計算に含め），自由表面粒子が近傍の空隙に関する情報を保持できる（自律的に空隙を埋めて粒子数密度を均質化する）境界条件が必要となる．これを可能とするのが，Tsuruta et al. (2015) の Space Potential Particles（SPP）である．

　粒子 i での微分演算は，kernel の影響域内の粒子の均質な分布を必要とする．しかし，自由表面近傍の粒子については，十分な数の近傍粒子がない．自由表面粒子の kernel の影響域は，実態のある空間としての流体粒子の存在域と粒子が存在しない空隙とからなっている．微分演算に必要な条件を満たすため，空隙に配置されるのが SPP である．図 **3.17** に示すように，SPP は，自由表面近傍のすべての粒子に対して各 1 個配置され，SPP には重み（あるいは，粒子数密度）

$$w_{i\mathrm{SPP}} = \begin{cases} n_0 - n_i & (n_0 > n_i) \\ 0 & (n_0 \leq n_i) \end{cases} \tag{3.230}$$

が付与される．ここに，n_i：粒子 i の粒子数密度である．MPS 法の標準 kernel（式 (2.106)）を用いると，kernel の影響域内部では，

$$w(|\boldsymbol{r}_{ij}|) = \frac{r_e}{|\boldsymbol{r}_j - \boldsymbol{r}_i|} - 1 \tag{3.231}$$

である（r_e：kernel の影響半径）．図 **3.18** に示すように，粒子 i の SPP の位置ベクトルを $\boldsymbol{r}_{i\mathrm{SPP}}$ と定義すると，

$$w_{i\mathrm{SPP}} = \frac{r_e}{|\boldsymbol{r}_{i\mathrm{SPP}} - \boldsymbol{r}_i|} - 1 \tag{3.232}$$

と書けるから，SPP と粒子 i の距離は，

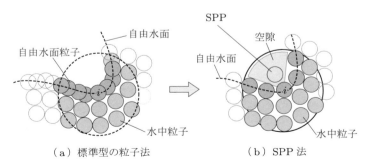

（a）標準型の粒子法　　　　　（b）SPP 法

図 **3.17**　自由表面粒子と SPP

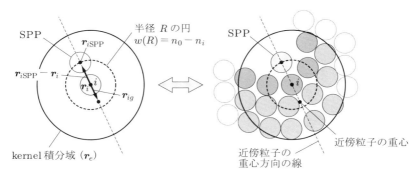

図 3.18 SPP の配置

$$|\boldsymbol{r}_{i\mathrm{SPP}} - \boldsymbol{r}_i| = \frac{r_e}{w_{i\mathrm{SPP}} + 1} = \frac{r_e}{n_0 - n_i + 1} \tag{3.233}$$

となる. 一方, 粒子 i の (SPP を除く) 近傍粒子の重心の粒子 i に対する相対位置ベクトルは,

$$\boldsymbol{r}_{ig} = \frac{1}{n_0} \sum_{j \in J} \boldsymbol{r}_{ij} w\big(|\boldsymbol{r}_{ij}|\big) \quad ; \quad J = \{j \neq i \text{ and } j \neq i\mathrm{SPP}\} \tag{3.234}$$

で与えられる.

粒子が存在しない空隙が不均等分布の原因であることを考慮して, SPP を, 粒子 i の (SPP を除く) 近傍粒子の重心位置と粒子 i の位置を結ぶ線上で, 近傍粒子の重心位置と反対側に配置する. SPP の位置ベクトルは,

$$\boldsymbol{r}_{i\mathrm{SPP}} = \boldsymbol{r}_i - |\boldsymbol{r}_{i\mathrm{SPP}} - \boldsymbol{r}_i| \frac{\boldsymbol{r}_{ig}}{|\boldsymbol{r}_{ig}|} \tag{3.235}$$

と記述され, SPP と粒子 i の距離が式 (3.233) で与えられることを考慮すると, SPP の位置ベクトルは,

$$\boldsymbol{r}_{i\mathrm{SPP}} = \boldsymbol{r}_i - \frac{r_e}{n_0 - n_i + 1} \frac{\boldsymbol{r}_{ig}}{|\boldsymbol{r}_{ig}|} \tag{3.236}$$

と書ける.

境界条件は自由表面付近の個々の粒子に個別に付与されるべきであり, 粒子法で頻用される自由表面境界条件 (境界付近で粒子数密度の閾値を下回る複数個の粒子に同一境界条件を付与する扱い) は, この意味では厳密性を欠いている. これに対して SPP は, 自由表面付近の個々の粒子について 1 対 1 の関係でつながっており, 一つの SPP が複数粒子に共有されることはないので, 境界条件の付与方法としても適切である.

自由表面では, SPP が流体粒子 i にせん断を与えないように, 粒子 i の SPP の速

度 $\boldsymbol{u}_{i\mathrm{SPP}}$ を

$$\boldsymbol{u}_{i\mathrm{SPP}} = \boldsymbol{u}_i \tag{3.237}$$

とする（free-slip 境界条件）．この設定では，SPP は kernel の影響域内部の空隙の存在を表しているだけであり，SPP と流体粒子の間では flux がゼロとなり，物理量の交換は発生しない．

　自由表面では，流体粒子ではなく SPP に力学的境界条件を課す．すなわち，自由表面近傍粒子 i の SPP の圧力 $p_{i\mathrm{SPP}}$ を大気圧（$p=0$）に設定する．自由表面近傍粒子 i の圧力更新計算は，粒子 i の kernel の影響域内の他の流体粒子に，粒子 i の SPP を加えて実行される．その他の近傍流体粒子の SPP が粒子 i の kernel の影響域内にあったとしても，粒子 i の圧力更新計算の対象とはしない．また，SPP 自体に関しては，圧力更新計算は行わない．kernel の影響域の内部に空隙がある場合，式 (2.199) と同様の形式で書くと（ただし，式 (3.73) からわかるように，右辺第一項の符号は式 (2.197) とは異なり正である），

$$-\frac{2D_s}{\lambda n_0} p_i^{k+1} \left(\sum_{j\neq i,\, i\mathrm{SPP}} w\!\left(\left|\boldsymbol{r}_{ij}^*\right|\right) + w_{i\mathrm{SPP}} \right) + \frac{2D_s}{\lambda n_0} \sum_{j\neq i,\, i\mathrm{SPP}} w\!\left(\left|\boldsymbol{r}_{ij}^*\right|\right) p_j^{k+1}$$

$$= \frac{\rho_0}{n_0 \Delta t} \left(\frac{Dn}{Dt}\right)_i^c - \frac{2D_s}{\lambda n_0} w_{i\mathrm{SPP}} p_{i\mathrm{SPP}}$$

$$\text{where} \sum_{j\neq i,\, i\mathrm{SPP}} w\!\left(\left|\boldsymbol{r}_{ij}^*\right|\right) + w_{i\mathrm{SPP}} = n_0 \tag{3.238}$$

となるが，$p_{i\mathrm{SPP}}=0$ だから，SPP が Poisson 方程式の生成項に直接的には影響を与えない．しかし，式 (3.230) から明らかなように，

$$\sum_{j\neq i,\, i\mathrm{SPP}} w\!\left(\left|\boldsymbol{r}_{ij}^*\right|\right) = n_0 - w_{i\mathrm{SPP}} \tag{3.239}$$

であるので，粒子 i の近傍粒子の平均圧力を

$$\overline{p_j^{k+1}} = \frac{\displaystyle\sum_{j\neq i,\, i\mathrm{SPP}} w\!\left(\left|\boldsymbol{r}_{ij}^*\right|\right) p_j^{k+1}}{\displaystyle\sum_{j\neq i,\, i\mathrm{SPP}} w\!\left(\left|\boldsymbol{r}_{ij}^*\right|\right)} \tag{3.240}$$

と定義すると，式 (3.238) より，

$$\frac{\displaystyle\sum_{j\neq i,\, i\mathrm{SPP}} w\!\left(\left|\boldsymbol{r}_{ij}^*\right|\right)}{n_0} \overline{p_j^{k+1}} = \frac{\lambda \rho_0}{2D_s n_0 \Delta t}\left(\frac{Dn}{Dt}\right)_i^c + p_i^{k+1} \tag{3.241}$$

が得られ，さらに式 (3.239) を用いると，粒子 i の近傍粒子の平均圧力は，

$$\overline{p_j^{k+1}} = \frac{n_0}{n_0 - w_{i\mathrm{SPP}}} \left\{ \frac{\lambda \rho_0}{2D_s n_0 \Delta t}\left(\frac{Dn}{Dt}\right)_i^c + p_i^{k+1} \right\} \tag{3.242}$$

となる.

　ここで，kernel の影響域内部に SPP がない場合（$w_{iSPP} = 0$），式 (3.238) は，

$$\frac{2D_s}{\lambda n_0}\left\{-p_i^{k+1}\sum_{j \neq i,\, iSPP} w\left(\left|\boldsymbol{r}_{ij}^*\right|\right) + \sum_{j \neq i,\, iSPP} w\left(\left|\boldsymbol{r}_{ij}^*\right|\right) p_j^{k+1}\right\} = \frac{\rho_0}{n_0 \Delta t}\left(\frac{Dn}{Dt}\right)_i^c \tag{3.243}$$

となるから，式 (3.242) の導出と同様にして，粒子 i の近傍粒子の平均圧力は，

$$\left(\overline{p_j^{k+1}}\right)_0 = \frac{\lambda \rho_0}{2D_s n_0 \Delta t}\left(\frac{Dn}{Dt}\right)_i^c + p_i^{k+1} \tag{3.244}$$

となり，kernel の影響域内部の SPP の有無による近傍粒子の圧力に関して，

$$\frac{\overline{p_j^{k+1}}}{\left(\overline{p_j^{k+1}}\right)_0} = \frac{n_0}{n_0 - w_{iSPP}} > 1 \quad \rightarrow \quad \overline{p_j^{k+1}} > \left(\overline{p_j^{k+1}}\right)_0 \tag{3.245}$$

が得られる. このことから，粒子 i の近傍に空隙が存在すると SPP の作用によって近傍粒子の圧力が相対的に上昇し，SPP がない場合と比較して近傍粒子の粒子 i に対する圧力勾配が増大するので，近傍粒子は粒子 i の周囲に寄り集まり，空隙を埋めることになる. このようなメカニズムで，先に述べた自由表面境界条件による流体粒子の運動の非物理的制限の問題が解消される.

　図 **3.19** は，SPP の導入による円柱背後の流れの計算結果の改善を示した例である. 円柱背後では負圧域が形成され，流線が剥離するが，この種の現象の再現には，負圧

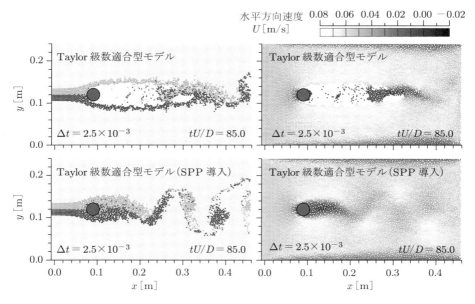

図 3.19 SPP の導入による円柱背後の流れの計算結果

が計算できる GC が不可欠である．しかし，Taylor 級数適合型の圧力勾配モデルにより圧力勾配の計算精度が上がるほど，粒子は流線に沿って運動するようになるので，円柱背後の流線剥離に伴い，粒子も円柱から離れて，円柱背後に粒子の存在しない空白域が生じる．こうして発生した空白域は，粒子すなわち物理量の定義点が存在しない領域であり，空白域が負圧であるという情報，さらには空白域が存在するという情報さえも失われてしまう．はじめは小さな空白域が発生するのだが，時間の経過とともに拡大し，最終的には図に示すように円柱背後に大きな空白域が形成され，Kármán（カルマン）渦の存在も再現できない．一方，SPP を導入すると小さな空白域が発生した段階で逐次 SPP が作用して周囲の粒子が空白域を埋めるので，円柱背後の負圧域にも十分な数の粒子が保持されて，空間の圧力分布が全領域で適切に計算され，Kármán 渦列の存在が再現できる．

3.7.3　壁面境界条件の高精度化

　固定境界付近では，粒子周囲の kernel の影響域の一部が境界の外部に及ぶので，影響域内の粒子数が不足する．2.6.1 項で述べたように，粒子法では境界を構成する固定壁粒子の外部側にダミー粒子を数層にわたって規則配置するが，これは粒子数の不足を防ぐためである．確かに，境界により切り落とされた kernel の影響域を補う必要はあるが，そのために規則配置された固定壁粒子を充てる必要は必ずしもない．

(1)　ghost 粒子

　Colagrossi and Landrini (2003) は，kernel の影響域を補う架空の近接粒子を導入し，ghost 粒子とよんだ．壁面近傍の粒子 i の位置 r_i と壁面対称となる（鏡像反射）位置 r_{iG} に複写した粒子を ghost 粒子と定義する．

$$r_{iG} = 2r_{\text{wall}} - r_i \quad ; \quad \frac{r_{iG} - r_i}{|r_{iG} - r_i|} = n \tag{3.246}$$

ここに，r_{wall}：壁面の位置，n：壁面の外向きの単位法線ベクトルである．no-slip 条件を課す場合には，速度の法線方向成分に関して，

$$u_{iG} \cdot n = (2u_{\text{wall}} - u_i) \cdot n \tag{3.247}$$

と反対称鏡像反射の関係を課す．ここに，u_{iG}：ghost 粒子の速度，u_i：粒子 i の速度，u_{wall}：壁の速度である．速度の接線成分に関しては，法線成分と同様に，

$$u_{iG} \cdot t = (2u_{\text{wall}} - u_i) \cdot t \tag{3.248}$$

とするか，あるいは，ghost 粒子が壁面と同じ速度で運動すると考えて，

$$u_{iG} \cdot t = u_{\text{wall}} \cdot t \tag{3.249}$$

とする．ここに，t：壁面の単位接線ベクトルである．圧力に関しては，壁面での力

のつり合いから

$$p_{iG} = p_i \tag{3.250}$$

とすればよい．ここに，p_{iG}：ghost 粒子の圧力，p_i：粒子 i の圧力である．また，Adami et al. (2012) は，壁面が加速度 $\boldsymbol{a}_{\text{wall}}$ で運動するときの圧力を

$$p_{iG} = p_i + \rho\,(\boldsymbol{g} - \boldsymbol{a}_{\text{wall}})\cdot(\boldsymbol{r}_{iG} - \boldsymbol{r}_i) \tag{3.251}$$

で与えた．

　実際の計算では，時間更新のたびに ghost 粒子の位置と物理量を更新し，流体粒子の計算では kernel の影響域内の ghost 粒子を近傍の流体粒子と同様に kernel 積分の対象とすればよいので，実装は容易である．このように ghost 粒子は簡便な方法であるが，2.6 節で述べた固定粒子を配列して壁面境界を構成する方法と比べると，壁面位置の定義が正確であり，物理量の適切な内挿関数が知られていれば，壁面の最近傍粒子を粒子半径以下に設定できる．一方で，ghost 粒子自体は ad hoc なものであって，物理的な意味に乏しい．また，壁面近傍の流体粒子を鏡像として複写することから，kernel の影響域内の粒子数密度の変動を拡大して壁面付近での微分演算子の計算精度を低下させることとなる．さらに，特定の壁面近傍の粒子の影響域内に他の壁面粒子の ghost 粒子が存在するが，それらの ghost 粒子は特定の壁面近傍の粒子とは鏡像関係にないことから，壁面境界条件の厳密性が損なわれる．

　境界により切り落とされた kernel の影響域を補うには，必ずしも ghost 粒子は必要ない．Di Monaco et al. (2011) は，境界により切り落とされた kernel の影響域に ghost 粒子ではなく連続体を配置する semi analytical approach を提案した．この方法では，kernel の影響域が境界の内外で 2 分割され，境界内部の流体の存在域では通常の粒子法の演算が行われ，境界外部に関しては物理量の分布関数を解析的に与えて，連続体としての物理量の kernel 積分が実行される．また，SPH 法では，固定境界付近の流体粒子に人工斥力を与える方法（Monaghan, 2005）も適用されるが，物理的根拠に乏しく，斥力の合理的な評価も容易ではないので，適切な方法とはいえない．

(2)　Wall Potential Particles（WPP）

　3.7.2 項で述べた Tsuruta et al. (2015) の Space Potential Particles（SPP）は，壁面境界にも拡張が可能である．SPP の特徴の一つは，自由表面近傍の粒子 i と 1 対 1 の関係で SPP が導入されることであったが，SPP を仮想壁粒子として用いると，壁面近傍の流体粒子ごとに個別の壁粒子が対応することとなり，壁面の境界条件が詳細に取り扱える．この点では，ghost 粒子も同様で，固定粒子を配列する従来の方法とは異なり，壁面の位置が正確に定義できるが，ghost 粒子の分布自体が壁面近傍流体粒子の単なる鏡像で ad hoc なものであり，運動方程式の解である流体粒子の分布と

は一貫していない．また，ghost 粒子は kernel の影響域の粒子数密度分布を乱し，均質な粒子分布を要求する高精度粒子法には適合し難い．

　SPP は空間のポテンシャルを示す粒子であるが，壁面では空間が「何もない」空間ではなく，壁として具体化されるので，SPP 型の壁粒子を WPP（Wall Potential Particles）とよぶ（鶴田ら，2014）．壁面近傍粒子 i の重み（粒子数密度）$w_{i\mathrm{WPP}}$ を

$$w_{i\mathrm{WPP}} = \sum_{j\in J_w} w_{ij} \quad ; \quad J_w = \left\{ j : \left| \boldsymbol{r}_{ij} \right| \leq r_e \ \text{and}\ \left(\boldsymbol{r}_i - \boldsymbol{r}_{ij\mathrm{wall}} \right)\cdot\left(\boldsymbol{r}_j - \boldsymbol{r}_{ij\mathrm{wall}} \right) < 0 \right\} \tag{3.252}$$

と定義する．この式の重みは壁面によって切り落とされる kernel の影響域の kernel の積分値を意味しているが，図 **3.20** のように，壁面背後に格子配列した仮想粒子から，粒子 i の kernel の影響域内部に存在する粒子を抽出して重みを合計すれば，簡便に算出できる．式 (3.252) はこの算定方法に基づく表記であり，式中の $\boldsymbol{r}_{ij\mathrm{wall}}$：粒子 i, j を結ぶ線分と壁面との交点の位置ベクトルである．

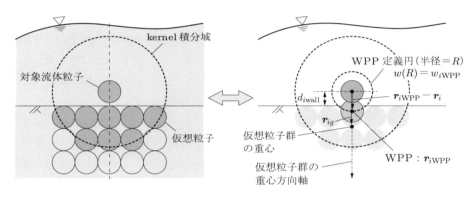

図 3.20　WPP の配置

　次に，SPP の場合の式 (3.233) と同様に，粒子 i と WPP との距離は，

$$\left| \boldsymbol{r}_{i\mathrm{WPP}} - \boldsymbol{r}_i \right| = \frac{r_e}{w_{i\mathrm{WPP}} + 1} \tag{3.253}$$

で与えられる．ここに，$\boldsymbol{r}_{i\mathrm{WPP}}$：粒子 i の WPP の位置ベクトルである．一方，壁面背後に格子配列した仮想粒子の重心の粒子 i に対する相対位置ベクトルは，

$$\boldsymbol{r}_{ig} = \frac{1}{n_0} \sum_{j\in J_w} \boldsymbol{r}_{ij} w\big(\left| \boldsymbol{r}_{ij} \right|\big) \tag{3.254}$$

であり，WPP を粒子 i の中心と式 (3.254) の重心を結ぶ線上に定義すれば，WPP の位置ベクトルは，

$$\boldsymbol{r}_{i\mathrm{WPP}} = \boldsymbol{r}_i + \left| \boldsymbol{r}_{i\mathrm{WPP}} - \boldsymbol{r}_i \right| \frac{\boldsymbol{r}_{ig}}{\left| \boldsymbol{r}_{ig} \right|} = \boldsymbol{r}_i + \frac{r_e}{w_{i\mathrm{WPP}} + 1} \frac{\boldsymbol{r}_{ig}}{\left| \boldsymbol{r}_{ig} \right|} \tag{3.255}$$

と書ける．no-slip 条件に関しては，ghost 粒子と同様に線形内挿すれば，WPP を粒子の速度 $\boldsymbol{u}_{i\mathrm{WPP}}$ は，

$$\boldsymbol{u}_{i\mathrm{WPP}} = -\frac{(\boldsymbol{r}_i - \boldsymbol{r}_{i\mathrm{WPP}}) \cdot \boldsymbol{n} - d_{i\mathrm{wall}}}{d_{i\mathrm{wall}}} \boldsymbol{u}_i \qquad (3.256)$$

で与えられる．ここに，$\boldsymbol{n}$：壁面の外向きの法線ベクトル，$d_{i\mathrm{wall}}$：粒子 i と壁面の最短距離（粒子 i から壁面に下ろした垂線長），$\boldsymbol{u}_i$：粒子 i の速度である．

各 WPP は，個別に流体粒子に随伴するので，個々の流体粒子に対して厳密に壁面境界条件を付与できる．このため，従来は適用が困難であった Neumann 条件も容易に適用できる．また，従来の固定粒子で構成された壁面では，粒子径スケールの壁面凹凸が不可避で，これが粒子数密度に擾乱を与えることが問題であったが，WPP は厳密に境界壁を定義するので，壁面凹凸を排除することができる．さらに，壁面近傍の物理量の内挿関数が既知であれば，壁面近傍粒子を壁面に寄せる（壁面の定義点を移動させる）ことも可能であり，壁面付近の速度勾配が大きい領域を解像することが求められる乱流計算にも効果的である．

図 3.21 は，急勾配斜面を遡上する波のシミュレーション結果である．標準型の境界条件では底壁面近傍にまだらに低圧力域が発生しており，壁面境界条件に起因する圧力の擾乱が確認できる．さらに，斜面上でも白く抜けて表示される空隙が確認できるが，粒子径程度の壁面凹凸を伴う標準型の境界条件では，壁面凹凸による擾乱は不可避であり，その影響で遡上水脈先端において粒子が散らばるように運動している．これら一連の非物理的挙動は，WPP の導入により劇的に改善されている．

図 3.22 に MPS-HS-HL-ECS-GC-DS 法に SPP，WPP を併用したときの dam break 流の後方砕波のシミュレーション結果を示す．SPP の導入により，$t = 0.75\,\mathrm{s}$ の 2 次

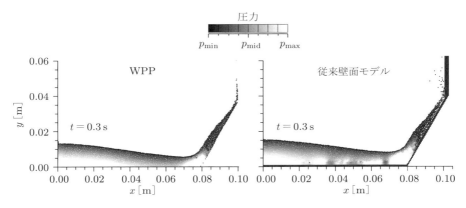

図 3.21 急勾配斜面を遡上する波 —— WPP の効果

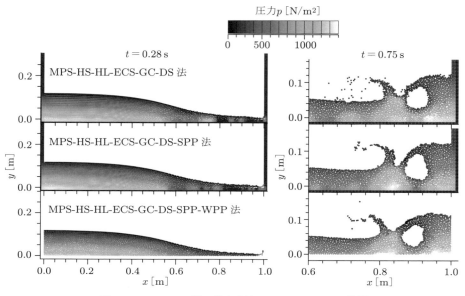

図 **3.22**　dam break 流の後方砕波 ── SPP, WPP の効果

ジェット先端の水粒子の散らばりが抑制されている．しかし，$t = 0.28\,\mathrm{s}$ には底壁面近傍にまだらに低圧力域が発生しており，水深が小さい dam break 流の先端領域では標準型の壁面境界条件による圧力場の擾乱の影響が見られる．一方，SPP, WPP を導入すると，底壁面近傍のまだらな低圧力域は消滅し，水深が小さい領域でも安定した計算が可能である．

3.8　高精度化の俯瞰的視点

　本章では，種々の高精度粒子法に関して述べてきたが，本章で示した計算例からも明らかなように，高精度粒子法は組み合わせて使うと効果的である．しかし，個別の方法に関しては理解できても，相互関係の把握なしには全体像をつかむことは難しい．そこで，図 **3.23** に高精度粒子法の相互関係を示した．以下では，本章の結びとして，相互関係図を参照しつつ，高精度粒子法の全体像について再確認する．粒子法について考えるとき，核となるのは勾配，発散，Laplacian の微分演算子モデルである．3.5 節で示したように，勾配（ベクトルの勾配）のトレースをとれば発散が得られ，勾配の発散をとると Laplacian が得られる．これらの関係を満たす微分演算子モデルを用いないと数学的一貫性を欠くこととなる．標準型の MPS 法の微分演算子モデルでは，勾配の発散は Laplacian と一致しないため，数学的一貫性を担保するために導入され

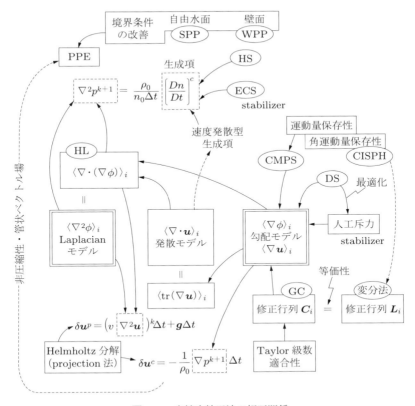

図 3.23　高精度粒子法の相互関係

たのが HL（Higher-order Laplacian）である．1 次の Taylor 級数と適合する勾配モデル（GC, Gradient Correction）では，ベクトルの勾配（テンソル）のトレースとベクトルの発散が一致するので，勾配と発散の数学的一貫性が担保されている．

　図から明らかなように，勾配モデルはその他の微分演算子モデルの上手側に位置するので，勾配モデルの高精度化が高精度粒子法の鍵を握る．半陰解法のアルゴリズムでは，第 2 段階の速度修正で圧力勾配を評価する必要がある．実際には，圧力のPoisson 方程式を解くので，Laplacian が必要となるのだが，先述のとおり，Laplacian は勾配と発散によって HL で与えられる．勾配モデルに関連する高精度法として，CMPS（Corrected MPS）法，DS（Dynamic Stabilization）法，GC による方法がある．粒子法の微分演算子モデルには，離散化に伴い運動量・角運動量を保存しない場合があることは，以前から知られていた．古典力学で扱う万有引力は反対称かつ共線的な力であるから，運動量・角運動量を保存する．MPS 法の勾配モデルが反対称かつ共線的な圧力勾配力を与えるようにしたのが，CMPS 法である．SPH の

微分演算子モデルは反対称性には問題がないので，運動量は保存される．ISPH 法において改善すべきは，角運動量保存性の担保である．Bonet and Lok (1999) は，変分法により角運動量を保存する粒子配置への修正行列 $\boldsymbol{L}_i$ を導入した．CISPH 法では，この修正行列を用いて，ISPH 法の微分演算子に角運動量保存性を付与した．

　MPS 法，CMPS 法のいずれもが非負圧力を前提としているので，引張状態（負圧状態）には適用できない．Lagrange 型のモデル共通の弱点として引張不安定が知られているが，引張状態の計算には圧力勾配の正確な推定が不可欠である．ところが，MPS 法，CMPS 法の圧力勾配モデルは，Taylor 級数に対して1次の精度すら保証していない．そこで，Taylor 級数適合性を担保するための修正行列 $\boldsymbol{C}_i$ を導出したのが GC である．修正行列 $\boldsymbol{C}_i$（1次の Taylor 級数に適合）は，変分法から導出された修正行列 $\boldsymbol{L}_i$ と一致する．Taylor 級数適合型の勾配モデルは，勾配の推定精度を向上させるうえでは有効であるが，計算が不安定となりやすく，工学上問題となる violent flow への適用は限定的であった．じつは，MPS 法，CMPS 法の圧力勾配モデルには人工斥力項が埋め込まれており，この作用で計算不安定を防いでいるのだが，過剰な人工斥力の導入は非物理的な解を与えるので，避けなければならない．そこで，必要最低限度の人工斥力を導入するために提案されたのが DS 法である．MPS-GC 法に DS 法を併用すると，引張不安定を回避しつつ，安定した計算が行える．

　圧力の Poisson 方程式（PPE）の周辺を見ると，HS（Higher-order Source），ECS（Error Compensating Source）がある．HS は，kernel の影響域内に存在する粒子の kernel 値の和としての粒子数密度の定義に忠実な PPE の生成項の表記である．Helmholtz 分解に基づく projection 法では，solenoidal 場への射影に含まれる誤差をいかに小さくするかが重要であるが，ECS は solenoidal 場からの偏差（粒子数密度の推定誤差）を修正する付加項を PPE の生成項に導入する．

　以上述べてきた高精度粒子法は，微分演算子モデルあるいは PPE の生成項の高精度化に関するものであったが，標準的粒子法では，境界条件にも圧力擾乱の原因が潜んでいる．粒子法では固定粒子を並べて，境界条件を記述する．自由水面に関しても，第2章で述べたように，水面と判定された粒子には圧力値を付与して座標の更新を行わない．つまり，各瞬間で水面は固定壁面として扱われている．以上のことから，境界は常に粒子径程度の凹凸を伴うこととなり，これが粒子数密度に擾乱を与え，圧力にも擾乱が生じることにつながる．SPP（Space Potential Particles）は自由水面において，WPP（Wall Potential Particles）は固定壁面において，境界面近傍の流体粒子（圧力，流速の計算点）に随伴して，近傍に境界が存在することの影響を流体粒子の物理量計算に反映させる．また，粒子法ではいったん形成された空白域（粒子が存在しない領域）は再度粒子で充填されないという問題が指摘されてきたが，SPP は空

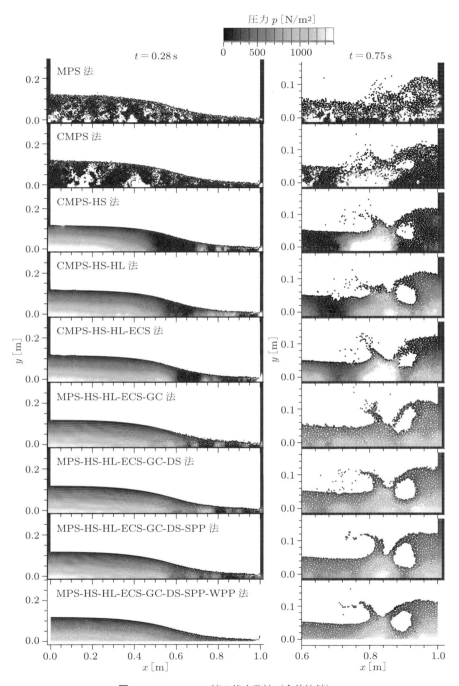

図 3.24 dam break 流の後方砕波（全体比較）

白域の存在自体を情報として保持することから，空白域の粒子再充填に有効に機能する．

　図**3.24**に，dam break流の後方砕波についての高精度粒子法の適用比較をまとめて示す．負圧域の計算が不要であれば，安定性の面からはCMPS-HS-HL-ECS法が，壁面・水面近傍を含めて高精度計算が必要なら，MPS-HS-HL-ECS-GC-DS-SPP-WPP法が最適である．**図3.25**に高精度粒子法の導入に伴う計算時間の比較を示す．計算時間の計測は，図3.24のdam break流の後方砕波のシミュレーションを対象に行い，dam break開始から1.0 s間の計算に要する時間を測定した．高精度粒子法は陽的に記述できるので，計算負荷は概して小さい．MPS法と比較すると，用いる高精度粒子法が増えるごとに徐々に計算時間が長くなる．注目すべきは，CMPS系列の手法に比べて，MPS-GC系列の手法の計算時間が30%程度短くなっていることである．勾配演算子の計算精度が高くなることにより安定性が増して，計算時間刻み幅が大きく設定できるので，計算時間が短縮される．DS法の導入は計算時間をほとんど変化させておらず，SPPの導入にも同様のことがいえる．さらに，WPPに関しては計算時間が短縮されているが，これは，WPPの導入により固定壁粒子数が削減されるので，壁面付近の計算負荷が減少するためである．この効果は2次元より3次元において，より明瞭に確認されている．

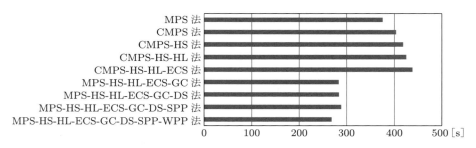

図3.25 dam break流の後方砕波の計算時間

剛体群・弾性体解析

　本章では，剛体および弾性体の解析に関して述べる．水表面に浮かぶ複数の浮体が相互に衝突しつつ，水面を波立てながら運動する状況をシミュレーションするには，きわめて複雑な計算が必要なことは容易に想像できるだろう．しかし，浮体を，連結された粒子からなる剛体として近似する PMS モデルを導入すれば，粒子法でこの種の状況をシミュレーションすることは難しくはない．剛体の運動を追跡するには 3 次元の回転を表す行列が必要となるが，回転操作の記述には，方向余弦行列，Euler 角，クォータニオン，Euler–Rodrigues の回転行列の四つの方法がある．4.1 節では，剛体運動の記述に必要なこれらの事項について解説する．

　章の後半では，弾性体解析を扱う．はじめに 4.2 節では，弾性体の支配方程式に関して述べ，4.3 節では，弾性体解析のアルゴリズムに関して詳細に解説する．個々の粒子の相対位置ベクトルの変化からひずみを算定するには，ひずみに寄与しない剛体回転を差し引く必要がある．剛体回転を追跡するには回転操作の時間更新が必要となるが，Euler 角の時間更新には特に注意を要する．また，弾性体解析には二つの系統がある．MPS 法ではじめに用いられたアルゴリズムは，数値的不安定の原因となる応力の発散を陽に扱わない．一方，SPH 法で一般に用いられるアルゴリズムは，応力の時間発展を陽に計算するため，人工粘性と人工圧力を導入して数値的不安定を抑制している．たとえば，弾塑性体のように応力－ひずみ関係が複雑な場合には，応力の時間発展が追跡できる必要があるので，SPH 型の枠組みを使うこととなる．

　大変形を伴う弾性体の場合でも，応力による仕事が経路に依存しない超弾性体に関しては，弾性ポテンシャルの関数形が適切に与えられれば，有限変形の計算は可能である．最小仕事の原理に基づき弾性ポテンシャルを用いて運動方程式を記述するのが，Hamiltonian 粒子法である．4.4 節では，弾性体の有限変形の記述法について基本事項を概観し，Hamiltonian 粒子法の運動方程式の導出について述べる．さらに，4.5 節では，弾性限界を超える状態への適用のため，塑性解析についての基礎的事項を簡潔に示す．

4.1 剛体運動の記述法

流体中に置かれた物体（固体）には流体力が作用し，流体力が抵抗力（摩擦力など）を上回ると，固体は流体力によって運動する．実務計算では，浮体の運動を伴う解析が必要になることも少なくないので，流体中の固体の運動を簡易に扱う方法が有用となる．この種の解析では，固体の変形まで考慮する必要がないことが多いが，その場合には固体は剛体（力を受けても変形しない物体）として扱うことができる．

4.1.1　Passively Moving Solid（PMS）モデル

質点は，大きさがないから並進運動するのみであるが，剛体は，並進運動に加えて回転運動する．3次元では，剛体運動の自由度は6（並進運動3自由度，回転運動3自由度）であるので，運動状態の記述に，重心の位置ベクトル（3成分）と重心周りの回転角（3成分）が必要で，6本の支配方程式が必要となる．重心の並進運動の方程式（Newtonの運動方程式，すなわち運動量保存則）3本，重心周りの回転運動の方程式（Eulerの運動方程式，すなわち角運動量保存則）3本で支配方程式を構成すれば，合計6方程式となり，問題は完結する．なお，2次元では3自由度（並進運動2自由度，回転運動1自由度）であるので，重心の位置ベクトルと重心周りの回転角の3変数となり，重心の並進運動の方程式2本，重心周りの回転運動の方程式1本で方程式系は完結する．

流体中の剛体に関しては，剛体の表面応力を面積分して得られる流体力を外力として，並進運動と回転運動の方程式によって運動が追跡できるが，剛体と流体の境界面の判定や境界条件の扱いなどが煩雑となり，複数の剛体の運動を解析する場合には計算負荷も増大するので，特に実務計算の面では実効性に乏しい．この問題を解決する切り札というべきモデルが，Koshizuka et al. (1998) の Passively Moving Solid（PMS）モデルである．以下では，PMSモデルの構成について詳述する．

複数粒子で構成された剛体を考える．はじめに，剛体構成粒子を密度の異なる流体粒子と見なし，流体粒子と同様に非圧縮性流体計算によって座標を更新する．この段階では，剛体構成粒子間の連結は考慮せず，個別に位置および速度を更新するので，剛体粒子の相対的位置関係にずれが生じる（計算では座標更新幅が Courant 条件により微小幅に保たれるので，ずれ幅も微小である）．その後，剛体粒子間の相対位置関係がもとに戻るように，速度および位置の修正を行う（当初の剛体構成粒子の相対位置関係を復元する）．このように，PMSモデルは，流れの計算と剛体補正を交互に繰り返す方法であり，弱連成解析の範疇に入る．

(1) 慣性テンソル

　PMS モデルでは回転運動の記述が必要となるが，その準備として慣性テンソルについて述べる．剛体が質点系からなると考える．質点系が点 O（通常は質点系の重心）の周りを回転しているとき，角速度を $\boldsymbol{\omega}$ とすると，点 O に対する質点 m_i（位置ベクトル $\boldsymbol{r}_i$，速度ベクトル $\boldsymbol{v}_i$）の角運動量は，

$$\boldsymbol{L}_i = \boldsymbol{r}_i \times m_i \boldsymbol{v}_i \quad ; \quad \boldsymbol{v}_i = \boldsymbol{\omega} \times \boldsymbol{r}_i \tag{4.1}$$

と記述される．剛体の全角運動量は，

$$\boldsymbol{L} = \sum_i m_i \boldsymbol{r}_i \times (\boldsymbol{\omega} \times \boldsymbol{r}_i) = \sum_i m_i \left\{ |\boldsymbol{r}_i|^2 \boldsymbol{\omega} - (\boldsymbol{r}_i \cdot \boldsymbol{\omega}) \boldsymbol{r}_i \right\}$$

$$= \sum_i m_i \left(|\boldsymbol{r}_i|^2 \boldsymbol{I} - \boldsymbol{r}_i \otimes \boldsymbol{r}_i \right) \cdot \boldsymbol{\omega}$$

$$= \sum_i m_i \begin{pmatrix} |\boldsymbol{r}_i|^2 - x_i^2 & -x_i y_i & -x_i z_i \\ -y_i x_i & |\boldsymbol{r}_i|^2 - y_i^2 & -y_i z_i \\ -z_i x_i & -z_i y_i & |\boldsymbol{r}_i|^2 - z_i^2 \end{pmatrix} \begin{pmatrix} \omega_x \\ \omega_y \\ \omega_z \end{pmatrix} \tag{4.2}$$

である．式変形には，ベクトル 3 重積の公式およびテンソル積を用いた（付録 A 参照）．ここで，

$$\boldsymbol{L} = \boldsymbol{I}_r \cdot \boldsymbol{\omega} \quad ; \quad \boldsymbol{I}_r = \begin{pmatrix} I_{xx} & I_{xy} & I_{xz} \\ I_{yx} & I_{yy} & I_{yz} \\ I_{zx} & I_{zy} & I_{zz} \end{pmatrix} \tag{4.3}$$

と慣性テンソル $\boldsymbol{I}_r$ を定義すると，

$$|\boldsymbol{r}_i|^2 = x_i^2 + y_i^2 + z_i^2 \tag{4.4}$$

であるから，慣性テンソルの表式は，

$$\boldsymbol{I}_r = \sum_i m_i \begin{pmatrix} y_i^2 + z_i^2 & -x_i y_i & -x_i z_i \\ -y_i x_i & z_i^2 + x_i^2 & -y_i z_i \\ -z_i x_i & -z_i y_i & x_i^2 + y_i^2 \end{pmatrix} \tag{4.5}$$

となる．なお，2 次元の場合に関しては，x-y 平面を例にすれば，回転軸（平面の法線方向）は z 軸であり，

$$\boldsymbol{r}_i \perp \boldsymbol{\omega} \quad \rightarrow \quad \boldsymbol{r}_i \cdot \boldsymbol{\omega} = 0 \quad \rightarrow \quad \boldsymbol{L} = \sum_i m_i |\boldsymbol{r}_i|^2 \boldsymbol{\omega} \tag{4.6}$$

となり，慣性テンソルは次のようにスカラーとなる．

$$\boldsymbol{I}_r = \sum_i m_i |\boldsymbol{r}_i|^2 = \sum_i m_i \left(x_i^2 + y_i^2 \right) = I_{zz} \tag{4.7}$$

(2)　剛体補正

N 個の粒子からなる剛体の重心の位置ベクトルは,

$$\boldsymbol{r}_g{}^k = \frac{1}{N}\sum_{i=1}^{N} \boldsymbol{r}_i{}^k \tag{4.8}$$

と表される（式中の上付き添え字 k は時間ステップを意味する）.

図 **4.1** に, 剛体補正の過程を模式的に示した. まず, 剛体構成粒子間の連結は考慮せず, 剛体構成粒子を密度の異なる流体粒子と見なして, 流体粒子と同様に非圧縮性流体計算によって座標を更新すると, 剛体粒子の相対的位置関係にずれが生じる（図 (b) の状態）. 簡単のため各粒子は同一質量 m として, 時間更新を終えた直後（剛体補正前）の剛体粒子の速度ベクトルを $\hat{\boldsymbol{v}}_i^{k+1}$ とすれば, 剛体の角運動量は,

$$\hat{\boldsymbol{L}} = m\sum_i \left(\boldsymbol{r}_i{}^k - \boldsymbol{r}_g{}^k\right)\times\hat{\boldsymbol{v}}_i^{k+1} \tag{4.9}$$

と表せる. ただし, 角運動量は座標更新前の時間ステップ k における剛体粒子の座標における量である. 時間ステップ k における慣性テンソル $\boldsymbol{I}_g^k$ は, 回転軸が重心を通ることに注意すると,

$$\boldsymbol{I}_g^k = m\sum_i \begin{pmatrix} y_{gi}^2 + z_{gi}^2 & -x_{gi}y_{gi} & -x_{gi}z_{gi} \\ -y_{gi}x_{gi} & z_{gi}^2 + x_{gi}^2 & -y_{gi}z_{gi} \\ -z_{gi}x_{gi} & -z_{gi}y_{gi} & x_{gi}^2 + y_{gi}^2 \end{pmatrix} \tag{4.10}$$

$$\text{where}\ \ x_{gi} = x_i{}^k - x_g{}^k\ \ ;\ \ y_{gi} = y_i{}^k - y_g{}^k\ \ ;\ \ z_{gi} = z_i{}^k - z_g{}^k$$

と書ける. 補正前後で重心の位置は不変とする.

速度更新後（剛体粒子が周囲の流体粒子とともに動いた後）の剛体の重心の位置ベクトルは,

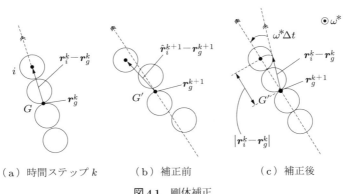

（a）時間ステップ k　　　（b）補正前　　　（c）補正後

図 4.1　剛体補正

$$\boldsymbol{r}_g^{k+1} = \frac{1}{N} \sum_{i=1}^{N} \hat{\boldsymbol{r}}_i^{k+1} \tag{4.11}$$

となる．ここに，$\hat{\boldsymbol{r}}_i^{k+1}$：補正前の剛体粒子の位置ベクトルである．時刻 Δt の間に剛体の重心は $\boldsymbol{r}_g^k$ から $\boldsymbol{r}_g^{k+1}$ へと並進運動し，重心周りに剛体回転が生じるとすれば，重心周りの角運動量は保存されることから，

$$\boldsymbol{I}_g^k \cdot \boldsymbol{\omega}^{k+1} = \hat{\boldsymbol{L}} \tag{4.12}$$

となる．これに式 (4.9) を用いると，角速度は

$$\boldsymbol{\omega}^{k+1} = m \left(\boldsymbol{I}_g^k \right)^{-1} \cdot \sum_i \left(\boldsymbol{r}_i^k - \boldsymbol{r}_g^k \right) \times \hat{\boldsymbol{v}}_i^{k+1} \tag{4.13}$$

と書ける．ただし，時間 Δt の間の剛体回転においては，慣性テンソルは変化しないとして，時間ステップ k における慣性テンソルを用いて表記した．

剛体粒子の位置は，

$$\boldsymbol{r}_i^{k+1} = \boldsymbol{r}_i^k + \left(\boldsymbol{r}_g^{k+1} - \boldsymbol{r}_g^k \right) + \left(\boldsymbol{\omega}^* \Delta t \right) \times \left(\boldsymbol{r}_i^k - \boldsymbol{r}_g^k \right) \tag{4.14}$$

あるいは，

$$\boldsymbol{r}_i^{k+1} = \boldsymbol{r}_i^k + \left\{ \boldsymbol{v}_g^* + \boldsymbol{\omega}^* \times \left(\boldsymbol{r}_i^k - \boldsymbol{r}_g^k \right) \right\} \Delta t \tag{4.15}$$

と書ける（$\boldsymbol{v}_g^*$：剛体の重心の速度）．$\boldsymbol{\omega}^*$ には時刻 k, $k+1$ の間の平均値

$$\boldsymbol{\omega}^* = \frac{\boldsymbol{\omega}^k + \boldsymbol{\omega}^{k+1}}{2} \tag{4.16}$$

を用いるのがよいが，粒子の Δt 間の角速度ベクトルの変化はわずかであることから，時刻 $k+1$ の値のみで，

$$\boldsymbol{\omega}^* = \boldsymbol{\omega}^{k+1} \tag{4.17}$$

と与えることも多い．各粒子の速度は，

$$\boldsymbol{v}_i^{k+1} = \frac{\boldsymbol{r}_i^{k+1} - \boldsymbol{r}_i^k}{\Delta t} \tag{4.18}$$

として求めればよい．なお，式 (4.14) あるいは式 (4.15) 中の角速度と相対値ベクトルの外積の項は，$\boldsymbol{\omega}^* = (\omega_x^*, \omega_y^*, \omega_z^*)^T$ に随伴する反対称テンソル（付録 B 参照）

$$\left[\boldsymbol{\omega}^* \right]_\times \equiv \begin{pmatrix} 0 & -\omega_z^* & \omega_y^* \\ \omega_z^* & 0 & -\omega_x^* \\ -\omega_y^* & \omega_x^* & 0 \end{pmatrix} \tag{4.19}$$

を用いて，

$$\left(\boldsymbol{\omega}^* \Delta t \right) \times \left(\boldsymbol{r}_i^k - \boldsymbol{r}_g^k \right) = \left[\boldsymbol{\omega}^* \right]_\times \cdot \left(\boldsymbol{r}_i^k - \boldsymbol{r}_g^k \right) \Delta t \tag{4.20}$$

と書ける．以上のように，PMS モデルでは粒子法の相互作用モデルを通じて流体力

が体積力化されて取り込まれるので，剛体粒子の表面応力を計算することなく，剛体の移動を追跡することができる．また，剛体から流体への作用力も，流体計算に含まれて評価されている．そのため，第 5 章の気液混相流解析で扱う表面張力の評価のように表面の法線ベクトルを推定する必要がない．法線ベクトルの評価には複雑なプロセスを要し，計算精度面で困難な点もあることから，コードの実装の容易さの観点からは，剛体表面を陽に求めることなく剛体を追跡できることの利点は大きい．

　PMS モデルは弱連成であり，実装が容易なことから，適用例は多い．波浪中の矩形浮体の揺動（Bouscasse et al., 2013 ; Ren et al., 2015），船舶の甲板上への海水打ち込み（Sueyoshi et al., 2008 ; Shibata et al., 2012），陸上遡上流れに巻き込まれる浮体群の運動（後藤ら，2006 ; Amicarelli et al., 2015），流木による河道閉塞（後藤ら，2007），水没固体円柱群を伴う水中崩壊（Zhang et al., 2009）など，様々な問題の解析に用いられている．図 4.2 は，流木を伴い河川を遡上する津波によって桁橋が流失する過程を計算したもので，流木と桁橋を PMS モデルにより剛体として扱っている．水中の流木の動きを見やすくするため，水粒子はメタボールを使って推定した等値面を marching cubes 法（Lorensen and Cline, 1987）でポリゴン化してテクスチャを貼り付け，流体の質感を表現している．なお，PMS モデルを用いると，剛体間衝突では粒子法の圧力項によって反発力が発現するが，桁橋の流失限界の再現には桁底面の摩擦抵抗を適切に評価する必要があるため，剛体・壁面間の衝突力は個別要素法で評価している．

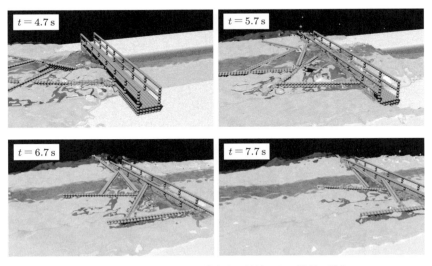

図 4.2　流木を伴い河川を遡上する津波による桁橋の流失

4.1.2 回転行列

　剛体や固相粒子の運動の解析では，回転角や角速度を扱う必要があるので，3 次元の回転操作を効率的に計算することが肝要である．回転操作の記述には，方向余弦行列，Euler 角，クォータニオン，Euler–Rodrigues（オイラー – ロドリゲス）の回転行列の 4 種の方法がある．以下では，それらを順に説明する．

(1)　方向余弦行列

　直交座標系 x-y-z と x'-y'-z' について考える．図 **4.3** に示すように，x' 軸方向の単位ベクトル i' の x, y, z 各軸方向の方向余弦を (l_1, m_1, n_1) とする．y' 軸方向および z' 軸方向の単位ベクトル j'，k' についても方向余弦を (l_2, m_2, n_2)，(l_3, m_3, n_3) とする．

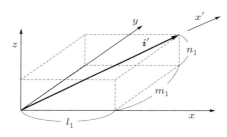

図 4.3　方向余弦

このとき，座標系 x-y-z と x'-y'-z' の関係は，

$$\begin{pmatrix} x' \\ y' \\ z' \end{pmatrix} = \begin{pmatrix} l_1 & m_1 & n_1 \\ l_2 & m_2 & n_2 \\ l_3 & m_3 & n_3 \end{pmatrix} \begin{pmatrix} x \\ y \\ z \end{pmatrix} \tag{4.21}$$

と書ける．この式中の行列を方向余弦行列という．

　基本ベクトル i', j', k' が直交系をなしているから，

$$l_i l_j + m_i m_j + n_i n_j = 0 \quad (i, j = 1, 2, 3 \quad ; \quad i \neq j) \tag{4.22}$$

i', j', k' がいずれも単位ベクトルであるから，

$$l_i^2 + m_i^2 + n_i^2 = 1 \quad (i = 1, 2, 3) \tag{4.23}$$

の関係がある．このように，方向余弦行列は単純であるが 9 個の変数を伴うので冗長であり，9 個の変数は互いに独立ではない．実際の計算では，互いに独立な三つの変数で記述され，式 (4.22)，(4.23) の関係を満足する方向余弦行列が使われることが多いが，これに関しては第 6 章の 6.2.1 項で具体的に述べる．

(2)　Euler 角

　はじめに，x-y 平面において，x-y 座標系が z 軸周りに回転（回転角 ϕ）して，x'-y'

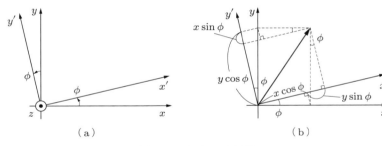

図 **4.4** 2 次元の回転変換

座標系に変換される状況を考える. 図 **4.4** に示す幾何学的関係から,

$$\begin{cases} x' = x\cos\phi + y\sin\phi \\ y' = -x\sin\phi + y\cos\phi \end{cases} \tag{4.24}$$

が得られ, 行列表示すると,

$$\begin{pmatrix} x' \\ y' \end{pmatrix} = \begin{pmatrix} \cos\phi & \sin\phi \\ -\sin\phi & \cos\phi \end{pmatrix} \begin{pmatrix} x \\ y \end{pmatrix} \tag{4.25}$$

となる. z 軸は変化しないので,

$$\boldsymbol{r}' = \boldsymbol{R}_3(\phi)\boldsymbol{r} \quad ; \quad \boldsymbol{R}_3(\phi) = \begin{pmatrix} \cos\phi & \sin\phi & 0 \\ -\sin\phi & \cos\phi & 0 \\ 0 & 0 & 1 \end{pmatrix} \tag{4.26}$$

と書ける. 同様にして, x 軸周りの ϕ 回転は,

$$\boldsymbol{r}' = \boldsymbol{R}_1(\phi)\boldsymbol{r} \quad ; \quad \boldsymbol{R}_1(\phi) = \begin{pmatrix} 1 & 0 & 0 \\ 0 & \cos\phi & \sin\phi \\ 0 & -\sin\phi & \cos\phi \end{pmatrix} \tag{4.27}$$

y 軸周りの ϕ 回転は,

$$\boldsymbol{r}' = \boldsymbol{R}_2(\phi)\boldsymbol{r} \quad ; \quad \boldsymbol{R}_2(\phi) = \begin{pmatrix} \cos\phi & 0 & \sin\phi \\ 0 & 1 & 0 \\ -\sin\phi & 0 & \cos\phi \end{pmatrix} \tag{4.28}$$

と表せる.

　任意の二つの直交座標系 O, O$'$ があるとき, 直交座標系 O に特定の回転を 3 回施すと直交座標系 O$'$ に一致させることができる. このときの 3 回の回転の回転角の組み合わせが Euler 角である. 図 **4.5** に示す手順での回転を考える. ベクトル $\boldsymbol{r} = (x, y, z)^T$ を, はじめに z 軸周りに ϕ 回転し, 次に x' 軸周りに θ 回転し, さらに z'' 軸周りに ψ 回転する. この操作でベクトル $\boldsymbol{r}$ がベクトル $\boldsymbol{r}' = (x', y', z')^T$ に一致するとすれば,

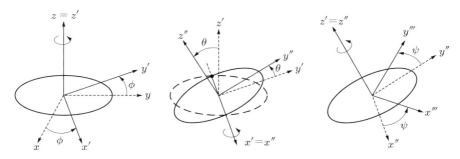

図 **4.5**　Euler 角の回転操作（3-1-3 系列）

$$\boldsymbol{r}' = \boldsymbol{R}_E \cdot \boldsymbol{r} \tag{4.29}$$

となり，回転行列 $\boldsymbol{R}_E$ は，

$$\boldsymbol{R}_E = \boldsymbol{R}_{313}(\psi) = \boldsymbol{R}_3(\psi)\,\boldsymbol{R}_1(\theta)\,\boldsymbol{R}_3(\phi)$$

$$= \begin{pmatrix} \mathrm{c}\,\psi & \mathrm{s}\,\psi & 0 \\ -\mathrm{s}\,\psi & \mathrm{c}\,\psi & 0 \\ 0 & 0 & 1 \end{pmatrix} \begin{pmatrix} 1 & 0 & 0 \\ 0 & \mathrm{c}\,\theta & \mathrm{s}\,\theta \\ 0 & -\mathrm{s}\,\theta & \mathrm{c}\,\theta \end{pmatrix} \begin{pmatrix} \mathrm{c}\,\phi & \mathrm{s}\,\phi & 0 \\ -\mathrm{s}\,\phi & \mathrm{c}\,\phi & 0 \\ 0 & 0 & 1 \end{pmatrix}$$

$$= \begin{pmatrix} \mathrm{c}\,\psi & \mathrm{s}\,\psi & 0 \\ -\mathrm{s}\,\psi & \mathrm{c}\,\psi & 0 \\ 0 & 0 & 1 \end{pmatrix} \begin{pmatrix} \mathrm{c}\,\phi & \mathrm{s}\,\phi & 0 \\ -\mathrm{c}\,\theta\mathrm{s}\,\phi & \mathrm{c}\,\theta\mathrm{c}\,\phi & \mathrm{s}\,\theta \\ \mathrm{s}\,\theta\mathrm{s}\,\phi & -\mathrm{s}\,\theta\mathrm{c}\,\phi & \mathrm{c}\,\theta \end{pmatrix}$$

$$= \begin{pmatrix} \mathrm{c}\,\psi\mathrm{c}\,\phi-\mathrm{s}\,\psi\mathrm{c}\,\theta\mathrm{s}\,\phi & \mathrm{c}\,\psi\mathrm{s}\,\phi-\mathrm{s}\,\psi\mathrm{c}\,\theta\mathrm{c}\,\phi & \mathrm{s}\,\psi\mathrm{s}\,\theta \\ -\mathrm{s}\,\psi\mathrm{c}\,\phi-\mathrm{c}\,\psi\mathrm{c}\,\theta\mathrm{s}\,\phi & -\mathrm{s}\,\psi\mathrm{s}\,\phi+\mathrm{c}\,\psi\mathrm{c}\,\theta\mathrm{c}\,\phi & \mathrm{c}\,\psi\mathrm{s}\,\theta \\ \mathrm{s}\,\theta\mathrm{s}\,\phi & -\mathrm{s}\,\theta\mathrm{c}\,\phi & \mathrm{c}\,\theta \end{pmatrix} \tag{4.30}$$

となる．ただし，式中の c, s は c $\equiv$ cos, s $\equiv$ sin である．逆変換に関しては，

$$\boldsymbol{r} = \boldsymbol{R}_E^{-1} \cdot \boldsymbol{r}' \tag{4.31}$$

$$\boldsymbol{R}_E^{-1} = \boldsymbol{R}_E^T$$

$$= \begin{pmatrix} \mathrm{c}\,\psi\mathrm{c}\,\phi-\mathrm{s}\,\psi\mathrm{c}\,\theta\mathrm{s}\,\phi & -\mathrm{s}\,\psi\mathrm{c}\,\phi-\mathrm{c}\,\psi\mathrm{c}\,\theta\mathrm{s}\,\phi & \mathrm{s}\,\theta\mathrm{s}\,\phi \\ \mathrm{c}\,\psi\mathrm{s}\,\phi-\mathrm{s}\,\psi\mathrm{c}\,\theta\mathrm{c}\,\phi & -\mathrm{s}\,\psi\mathrm{s}\,\phi+\mathrm{c}\,\psi\mathrm{c}\,\theta\mathrm{c}\,\phi & -\mathrm{s}\,\theta\mathrm{c}\,\phi \\ \mathrm{s}\,\psi\mathrm{s}\,\theta & \mathrm{c}\,\psi\mathrm{s}\,\theta & \mathrm{c}\,\theta \end{pmatrix} \tag{4.32}$$

となる．言うまでもないことだが，回転の方法はこれだけではない．回転軸のとり方や回転の順序により合計 12 通りの組み合わせが存在する．ここで示した方法は，z 軸，x 軸，z 軸の順で回転する方法で，3-1-3 系列とよばれ，古典力学で広く用いられている．

　ここで，第 2 の回転角 θ を 0 にとると，回転行列は

$$\boldsymbol{R}_E\big|_{\theta=0} = \begin{pmatrix} \mathrm{c}\psi\mathrm{c}\phi-\mathrm{s}\psi\mathrm{s}\phi & \mathrm{c}\psi\mathrm{s}\phi-\mathrm{s}\psi\mathrm{c}\phi & 0 \\ -\mathrm{s}\psi\mathrm{c}\phi-\mathrm{c}\psi\mathrm{s}\phi & -\mathrm{s}\psi\mathrm{s}\phi+\mathrm{c}\psi\mathrm{c}\phi & 0 \\ 0 & 0 & 1 \end{pmatrix}$$

$$= \begin{pmatrix} \cos(\psi+\phi) & \sin(\psi+\phi) & 0 \\ -\sin(\psi+\phi) & \cos(\psi+\phi) & 0 \\ 0 & 0 & 1 \end{pmatrix} = \boldsymbol{R}_3(\psi+\phi) \qquad (4.33)$$

となって，z 軸周りの 1 軸回転となる．三つの角を変数とする Euler 角は 3 自由度で
あるが，$\theta=0$ のときは 2 自由度になってしまう．この状態は gimbal lock（ジンバル
ロック）とよばれる．gimbal とは，図 **4.6** に示すジャイロスコープの部品の名称であ
る．航空機を例にすれば，機首を左右に動かすのは，機体の鉛直軸（yaw 軸）周りの
回転運動（偏揺れ）であり，機首を上下に動かすのは，yaw 軸に垂直で主翼が広がる
向きの水平軸（pitch 軸）周りの回転運動（縦揺れ）であり，機体を左右に傾けるのは，
yaw 軸と pitch 軸に垂直で機体胴体を長手方向に貫く水平軸（roll 軸）周りの回転運
動（横揺れ）である．ジャイロスコープは機体の姿勢の計測に使われるが，三つの
gimbal のうち二つが同一平面内にあると（たとえば，図中の inner gimbal が回転し
て yaw 軸と roll 軸が一致すると），同一平面の法線方向を軸とした回転が計測できな
くなり，制御不能の状態に陥る．この状態が gimbal lock であり，式 (4.33) に示した
Euler 角の特異点の存在に対応した現象である．

　先に述べた方向余弦行列にはこのような特異点は存在しないが，互いに独立ではな
い 9 個の変数を伴うので冗長である．独立した 3 変数で記述される方向余弦行列（第

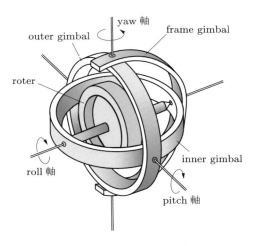

図 **4.6**　ジャイロスコープ

6 章 6.2.1 項参照）は，Euler 角と同様に特異点をもつ．特異点問題の解決の切り札は，次に述べるクォータニオンである．

(3) クォータニオン

クォータニオン（四元数）は，次のように四つの成分からなる．

$$\boldsymbol{q} \equiv \left(q_x,\ q_y,\ q_z,\ q_w\right)^T \tag{4.34}$$

クォータニオンはベクトル部とスカラー部からなるので，

$$\boldsymbol{q} \equiv \left(\begin{array}{c} \boldsymbol{q}_v \\ q_w \end{array}\right) \ ;\quad \boldsymbol{q}_v \equiv \left(q_x,\ q_y,\ q_z\right)^T \tag{4.35}$$

とも表せる．クォータニオンのノルム（ユークリッドノルム，すなわち「長さ」）は，各要素の平方の和の平方根で与えられる．

$$\|\boldsymbol{q}\| \equiv \sqrt{q_x^2 + q_y^2 + q_z^2 + q_w^2} \tag{4.36}$$

ノルムが 1 のとき，単位クォータニオンという．

単位クォータニオン

$$\boldsymbol{q} = \left(\begin{array}{c} \boldsymbol{n} \sin\phi \\ \cos\phi \end{array}\right) \tag{4.37}$$

（$\boldsymbol{n}$：単位ベクトル）と任意のベクトル $\boldsymbol{r}$ をベクトル部に有するクォータニオン $\boldsymbol{p}$ について，

$$\boldsymbol{p}' = \boldsymbol{q} \otimes \boldsymbol{p} \otimes \boldsymbol{q}^{-1} = \left(\begin{array}{c} \boldsymbol{r}' \\ 0 \end{array}\right) \ ;\quad \boldsymbol{p} = \left(\begin{array}{c} \boldsymbol{r} \\ 0 \end{array}\right) \tag{4.38}$$

とすれば，ベクトル $\boldsymbol{r}'$ はベクトル $\boldsymbol{r}$ を $\boldsymbol{n}$ 軸周りに 2ϕ 回転したものである（図 **4.7** 参照）という定理が成り立つ．

単位クォータニオンに関しては，逆クォータニオン $\boldsymbol{q}^{-1}$ が共役クォータニオン $\boldsymbol{q}^*$ と一致する．すなわち，

$$\boldsymbol{q}^{-1} = \boldsymbol{q}^* \ ;\quad \boldsymbol{q}^* \equiv \left(\begin{array}{c} -\boldsymbol{q}_v \\ q_w \end{array}\right) \tag{4.39}$$

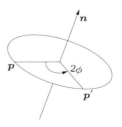

図 **4.7** クォータニオンによる回転変換

である．これを用いて，式 (4.38) の演算は，

$$p' = q \otimes p \otimes q^* \tag{4.40}$$

とも書ける．位置ベクトル r を r' に変換する操作を

$$r' = R_q \cdot r \tag{4.41}$$

と書けば，変換行列すなわち回転行列 R_q は，

$$R_q = \begin{pmatrix} 1 - 2q_y^2 - 2q_z^2 & 2q_x q_y - 2q_w q_z & 2q_x q_z + 2q_w q_y \\ 2q_x q_y + 2q_w q_z & 1 - 2q_z^2 - 2q_x^2 & 2q_y q_z - 2q_w q_x \\ 2q_x q_z - 2q_w q_y & 2q_y q_z + 2q_w q_x & 1 - 2q_x^2 - 2q_y^2 \end{pmatrix} \tag{4.42}$$

と記述される．剛体の回転運動を記述するには，

$$q = \begin{pmatrix} q_x \\ q_y \\ q_z \\ q_w \end{pmatrix} = \begin{pmatrix} n \sin \dfrac{\theta}{2} \\ \cos \dfrac{\theta}{2} \end{pmatrix} \tag{4.43}$$

$$n = \frac{\omega}{|\omega|} \quad ; \quad \theta = |\omega| \Delta t \tag{4.44}$$

として（ω：角速度ベクトル），回転行列 R_q に代入すればよい．クォータニオンは CG，ロケットや人工衛星の制御など広範囲な分野で用いられている．なお，ここではクォータニオンによる回転変換表記について結果のみを示したが，クォータニオンの代数演算や回転変換の導出等については，付録 B に記した．

(4) Euler–Rodrigues の回転公式

任意の回転軸周りの回転を表す行列は，次のようにも求められる．付録 B の図 B.1 のように，単位ベクトル n を軸として，ベクトル r が θ 回転してベクトル r' に重なる状態を考える（図 B.1 の 2ϕ を θ に置き換える）．付録 B の式 (B.28) を用いると，ベクトル r' は，

$$r' = (n \cdot r) n (1 - \cos\theta) + r \cos\theta + n \times r \sin\theta \tag{4.45}$$

と書ける．ここで，

$$(n \cdot r) n = (n \otimes n) r$$

であり，$n = (n_x, n_y, n_z)^T$ について，反対称テンソル

$$N = \begin{pmatrix} 0 & -n_z & n_y \\ n_z & 0 & -n_x \\ -n_y & n_x & 0 \end{pmatrix} \tag{4.46}$$

を用いると，

$$n \times r = N \cdot r$$

と書けることから，式 (4.45) は，

$$r' = \{n \otimes n (1 - \cos\theta) + I\cos\theta + N\sin\theta\} \cdot r \tag{4.47}$$

と書き換えられる．また，

$$n \otimes n = N \cdot N + I$$

であることから，

$$r' = \{I + N\sin\theta + N \cdot N (1 - \cos\theta)\} \cdot r \tag{4.48}$$

とも書ける．式 (4.47), (4.48) はベクトル r を r' に重ねる回転変換を表しており，Euler–Rodrigues の回転公式とよばれる．

式 (4.47), (4.48) から明らかなように，ベクトル r を r' に変換する回転行列は，

$$\begin{aligned} R_R &= n \otimes n (1 - \cos\theta) + I\cos\theta + N\sin\theta \\ &= I + N\sin\theta + N \cdot N (1 - \cos\theta) \end{aligned} \tag{4.49}$$

で与えられる．成分表示すれば，

$$R_R(n,\,\theta) =$$

$$\begin{pmatrix} n_x^2(1 - \mathrm{c}\theta) + \mathrm{c}\theta & n_x n_y(1 - \mathrm{c}\theta) - n_z\mathrm{s}\theta & n_x n_z(1 - \mathrm{c}\theta) + n_y\mathrm{s}\theta \\ n_x n_y(1 - \mathrm{c}\theta) + n_z\mathrm{s}\theta & n_y^2(1 - \mathrm{c}\theta) + \mathrm{c}\theta & n_y n_z(1 - \mathrm{c}\theta) - n_x\mathrm{s}\theta \\ n_x n_z(1 - \mathrm{c}\theta) - n_y\mathrm{s}\theta & n_y n_z(1 - \mathrm{c}\theta) + n_x\mathrm{s}\theta & n_z^2(1 - \mathrm{c}\theta) + \mathrm{c}\theta \end{pmatrix} \tag{4.50}$$

となる．ただし，式中の c, s は c $\equiv \cos$, s $\equiv \sin$ である．このようにして，回転軸と回転角を明示した回転行列が得られる．

4.2 弾性体の支配方程式

質量保存則（連続式），運動量保存則（運動方程式），角運動量保存則，力学的エネルギー保存則は，すべての連続体に共通して成立している．弾性体の連続式，運動方程式は，

$$\frac{\partial\rho}{\partial t} + \rho\nabla \cdot u = 0 \tag{4.51}$$

$$\rho\frac{Du}{Dt} = \nabla \cdot \sigma + \rho f \tag{4.52}$$

である．ここに，ρ：密度，t：時間，u：速度ベクトル，σ：応力テンソル，f：外力ベクトルである．

変形が温度に依存しないと仮定すると，弾性体の変形は，変位 s あるいは速度 u（3成分），ひずみテンソル ε（6成分），応力テンソル σ（6成分），密度 ρ（1成分）の

合計 16 個の変数によって記述される．支配方程式は，連続式（1 本），運動方程式（3 本），ひずみ－変位関係式（6 本）の計 10 本であり，さらに応力－ひずみ関係を記述する構成則（6 本）を加えて，方程式が完結する．一方，圧縮性流体の場合には，速度 $\boldsymbol{u}$（3 成分），ひずみ速度テンソル $\boldsymbol{D}$（6 成分），応力テンソル $\boldsymbol{\sigma}$（6 成分），圧力 p（1 成分），密度 ρ（1 成分）の合計 17 個の変数であり，連続式（1 本），運動方程式（3 本），ひずみ速度－速度関係式（6 本），応力－ひずみ速度関係式すなわち構成則（6 本）に圧力－密度関係式すなわち力学的状態方程式（1 本）を加えて方程式系が完結する．

変位 $\boldsymbol{s}$ は，速度 $\boldsymbol{u}$ の実質微分として，

$$\boldsymbol{u} = \frac{D\boldsymbol{s}}{Dt} \tag{4.53}$$

と記述される．弾性体のひずみ－変位関係式は，

$$\boldsymbol{\varepsilon} = \frac{\nabla\boldsymbol{s} + (\nabla\boldsymbol{s})^T}{2} \tag{4.54}$$

であり，線形弾性体の構成則は，Hooke（フック）の法則

$$\boldsymbol{\sigma} = \lambda\boldsymbol{I}\,\mathrm{tr}\,\boldsymbol{\varepsilon} + 2\mu\boldsymbol{\varepsilon} = \lambda\boldsymbol{I}\nabla\cdot\boldsymbol{s} + 2\mu\boldsymbol{\varepsilon} \tag{4.55}$$

で与えられる．式中の λ, μ は Lamé（ラメ）の定数

$$\lambda = \frac{E\nu}{(1+\nu)(1-2\nu)} \quad ; \quad \mu = \frac{E}{2(1+\nu)} \tag{4.56}$$

である．式中の定数 E：Young（ヤング）率あるいは縦弾性係数，ν：Poisson 比である．

運動方程式の応力項は，

$$\begin{aligned}
\nabla\cdot\boldsymbol{\sigma} &= \lambda\nabla\cdot\boldsymbol{I}\nabla\cdot\boldsymbol{s} + 2\mu\nabla\cdot\boldsymbol{\varepsilon} \\
\rightarrow \quad \nabla\cdot\boldsymbol{\sigma} &= \lambda\nabla(\nabla\cdot\boldsymbol{s}) + 2\mu\nabla\cdot\boldsymbol{\varepsilon}
\end{aligned} \tag{4.57}$$

あるいは，第 2 項に式 (4.54) を用いて，

$$\begin{aligned}
\nabla\cdot\boldsymbol{\sigma} &= \lambda\nabla(\nabla\cdot\boldsymbol{s}) + \mu\left\{\nabla\cdot\nabla\boldsymbol{s} + \nabla\cdot(\nabla\boldsymbol{s})^T\right\} \\
\rightarrow \quad \nabla\cdot\boldsymbol{\sigma} &= (\lambda + \mu)\nabla(\nabla\cdot\boldsymbol{s}) + \mu\nabla^2\boldsymbol{s}
\end{aligned} \tag{4.58}$$

と書ける．変形には，

$$\nabla\cdot\boldsymbol{I} = \nabla \quad ; \quad \nabla\cdot(\nabla\boldsymbol{s})^T = \nabla(\nabla\cdot\boldsymbol{s})$$

を用いた．線形弾性体では速度，変位ともに微小であるから，微小量の 2 次以上の項を無視すると，

$$\boldsymbol{u} = \frac{D\boldsymbol{s}}{Dt} = \frac{\partial\boldsymbol{s}}{\partial t} + \boldsymbol{u}\cdot\nabla\boldsymbol{s} \simeq \frac{\partial\boldsymbol{s}}{\partial t} \tag{4.59}$$

が得られ，速度の実質微分は，

$$\frac{D\boldsymbol{u}}{Dt} \simeq \frac{\partial}{\partial t}\left(\frac{\partial \boldsymbol{s}}{\partial t}\right) = \frac{\partial^2 \boldsymbol{s}}{\partial t^2} \tag{4.60}$$

となる. これを用いて運動方程式は,

$$\rho\frac{\partial^2 \boldsymbol{s}}{\partial t^2} = (\lambda + \mu)\nabla(\nabla \cdot \boldsymbol{s}) + \mu\nabla^2 \boldsymbol{s} + \rho\boldsymbol{f} \tag{4.61}$$

と書ける. この式は Navier の式とよばれ, 線形弾性体の微小変形問題の支配方程式である. この式を適切な境界条件の下に解けば, 弾性体の変位が得られる. さらに, 変形がきわめてゆっくり生じる場合には時間微分項が無視できて,

$$(\lambda + \mu)\nabla(\nabla \cdot \boldsymbol{s}) + \mu\nabla^2 \boldsymbol{s} + \rho\boldsymbol{f} = 0 \tag{4.62}$$

となる. この式は線形弾性体のつり合いの方程式であり, 平衡方程式とよばれる. この式を適切な境界条件の下に解くのが弾性静力学である. 以上の導出の過程から明らかなように, Navier の式は運動方程式に構成則を適用して導かれたものであるから, 問題の性質によっては運動方程式自体を用いた解析の方が便利なこともある. 粒子法を用いる場合には流体解析の技術的蓄積を活用するのが得策であるので, Navier の式自体を解く代わりに, 構成則 (4.55) を適用して運動方程式 (4.52) を解く方法がよく用いられる.

4.3 弾性体解析のアルゴリズム

4.3.1 MPS 法による弾性体解析

MPS 法による弾性体解析は, 粒子法の大変形問題に対する適用性の高さを生かして弾性体の動的解析を実施するために, 越塚ら (1999) によって提案され, 弾性構造体の衝突問題 (宋ら, 2005), 地震応答解析 (Takekawa et al., 2013) などに適用されている. MPS 法による弾性体解析では, 累積ひずみを基にした離散化が行われる (宋ら, 2005 ; 越塚, 2005 ; 越塚ら, 2008). 粒子 i の座標を $\boldsymbol{r}_i$, 速度を $\boldsymbol{u}_i$, 回転角を $\boldsymbol{\theta}_i$, 角速度を $\boldsymbol{\omega}_i$ とする. 各粒子は, 3 次元では 6 自由度 (並進 3 自由度, 回転 3 自由度), 2 次元では 3 自由度 (並進 2 自由度, 回転 1 自由度) の運動をする. 弾性体では, 力がゼロになれば変形もゼロとなり, 粒子は初期の位置に戻るので, 離散化においても初期の位置を基準とした扱いが必要となる.

(1) ひずみの算定

粒子 j の粒子 i に対する相対位置ベクトルは,

$$\boldsymbol{r}_{ij} = \boldsymbol{r}_j - \boldsymbol{r}_i \tag{4.63}$$

である. 初期位置では, 上付き添え字 0 を用いて表すこととして,

$$r_{ij}^0 = r_j^0 - r_i^0 \tag{4.64}$$

とする．剛体回転ではひずみを生じないが，相対位置ベクトルは剛体回転によっても
変化するので，相対変位 s_{ij} は，剛体回転成分を差し引いて，

$$s_{ij} = r_{ij} - R\left(\theta_{ij}\right)r_{ij}^0 \tag{4.65}$$

と定義する（図 4.8）．ここでは，記述を簡単にするために 2 次元を考えることとした．
式中の R は回転行列であり，2 次元については，

$$R\left(\theta_{ij}\right) = \begin{pmatrix} \cos\theta_{ij} & -\sin\theta_{ij} \\ \sin\theta_{ij} & \cos\theta_{ij} \end{pmatrix} \tag{4.66}$$

となる．粒子 $i,\,j$ について回転行列が等しくなるように，回転角を

$$\theta_{ij} = \frac{1}{2}\left(\theta_i + \theta_j\right) \tag{4.67}$$

とする．これにより，回転による粒子 j の粒子 i に対する相対変位ベクトルと粒子 i
の粒子 j に対する相対変位ベクトルとが反対称となる．

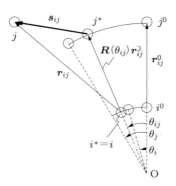

図 4.8 剛体回転の評価

3 次元の場合には，クォータニオンから回転行列を求める方法が便利である．この
とき，粒子 i と粒子 j のクォータニオンを平均するのではなく，粒子 i と粒子 j の
クォータニオンから求めた相対変位を平均する必要がある．

$$s_{ij} = \frac{1}{2}\left\{\left(r_{ij} - R\left(q_i\right)r_{ij}^0\right) + \left(r_{ij} - R\left(q_j\right)r_{ij}^0\right)\right\} \tag{4.68}$$

式中の回転行列は，クォータニオン $q_i = (q_{xi},\,q_{yi},\,q_{zi},\,q_{wi})^T$ について，

$$R(q_i) = \begin{pmatrix} 1 - 2q_{yi}^2 - 2q_{zi}^2 & 2q_{xi}q_{yi} - 2q_{wi}q_{zi} & 2q_{xi}q_{zi} + 2q_{wi}q_{yi} \\ 2q_{xi}q_{yi} + 2q_{wi}q_{zi} & 1 - 2q_{zi}^2 - 2q_{xi}^2 & 2q_{yi}q_{zi} - 2q_{wi}q_{xi} \\ 2q_{xi}q_{zi} - 2q_{wi}q_{yi} & 2q_{yi}q_{zi} + 2q_{wi}q_{xi} & 1 - 2q_{xi}^2 - 2q_{yi}^2 \end{pmatrix} \tag{4.69}$$

で与えられる.

(2) 応力項の離散化

運動方程式の応力項の離散化には,ひずみテンソル ε の発散モデルが必要となる.
MPS 法のベクトル $\boldsymbol{u}$ の発散モデルは,

$$\langle \nabla \cdot \boldsymbol{u} \rangle_i = \frac{D_s}{n_0} \sum_{j \neq i} \frac{\boldsymbol{u}_{ij} \cdot \boldsymbol{r}_{ij}}{\left| \boldsymbol{r}_{ij} \right|^2} w \left(\left| \boldsymbol{r}_{ij} \right| \right) \tag{4.70}$$

であるので(式 (2.112) 参照),ひずみが $\boldsymbol{r}_{ij}^0$ について定義されていることに注意して,
式 (4.70) をテンソル ε に用いれば,

$$\langle \nabla \cdot \varepsilon \rangle_i = \frac{D_s}{n_0} \sum_{j \neq i} \frac{\varepsilon_{ij} \cdot \boldsymbol{r}_{ij}}{\left| \boldsymbol{r}_{ij}^0 \right| \left| \boldsymbol{r}_{ij} \right|} w \left(\left| \boldsymbol{r}_{ij}^0 \right| \right) \tag{4.71}$$

となる.上式のように,弾性体解析では kernel の値を基準配置(変形前の初期位置)
で求める.つまり,第 3 章の 3.6.1 項で述べた Lagrangian kernel を用いている.こう
すると,弾性体の変形に伴って粒子の位置関係が変化しても,特定の 2 粒子間の
kernel の値は変化しない.弾性体の変形とともに kernel 影響域も変形し,kernel 影響
域内に初期にあった粒子は,kernel が変形しても一貫して kernel 内に留まっているこ
とになる.弾性体は荷重をゼロにすると初期の形状に戻るので,kernel 影響域内の粒
子に入れ替わりが生じることは,不都合である.それゆえに,Lagrangian kernel の
適用が適切といえる.

相対位置ベクトル $\boldsymbol{r}_{ij}$ 方向のひずみ ε_{ij}^n は,$\boldsymbol{r}_{ij}$ 方向の変位 $\boldsymbol{s}_{ij}^n$($\boldsymbol{s}_{ij}$ の $\boldsymbol{r}_{ij}$ への正射影)
を初期相対位置ベクトルの大きさで除して,

$$\varepsilon_{ij}^n = \frac{\boldsymbol{s}_{ij}^n}{\left| \boldsymbol{r}_{ij}^0 \right|} \quad ; \quad \boldsymbol{s}_{ij}^n = \frac{\left(\boldsymbol{s}_{ij} \cdot \boldsymbol{r}_{ij} \right) \boldsymbol{r}_{ij}}{\left| \boldsymbol{r}_{ij} \right|^2} \tag{4.72}$$

と記述される(**図 4.9**).また,$\boldsymbol{r}_{ij}$ に直交する方向のひずみ ε_{ij}^s は,

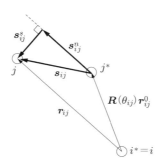

図 4.9 変位ベクトルの分割

$$\varepsilon_{ij}^s = \frac{\boldsymbol{s}_{ij}^s}{\left|\boldsymbol{r}_{ij}^0\right|} \quad ; \quad \boldsymbol{s}_{ij}^s = \boldsymbol{s}_{ij} - \boldsymbol{s}_{ij}^n \tag{4.73}$$

と書ける.

ひずみテンソルのベクトル $\boldsymbol{r}_{ij}$ 方向への射影（ベクトル）は，

$$\boldsymbol{\varepsilon}_{ij} \cdot \hat{\boldsymbol{r}}_{ij} = \boldsymbol{\varepsilon}_{ij}^n + \boldsymbol{\varepsilon}_{ij}^s \quad ; \quad \hat{\boldsymbol{r}}_{ij} = \frac{\boldsymbol{r}_{ij}}{\left|\boldsymbol{r}_{ij}\right|} \tag{4.74}$$

$$\left. \begin{array}{l} \boldsymbol{\varepsilon}_{ij}^n = \left\{(\hat{\boldsymbol{r}}_{ij} \otimes \hat{\boldsymbol{r}}_{ij}) : \boldsymbol{\varepsilon}_{ij}\right\} \hat{\boldsymbol{r}}_{ij} \quad ; \quad \boldsymbol{\varepsilon}_{ij}^s = \left\{(\hat{\boldsymbol{r}}_{ij} \otimes \hat{\boldsymbol{r}}_{ij\perp}) : \boldsymbol{\varepsilon}_{ij}\right\} \hat{\boldsymbol{r}}_{ij\perp} \\ \hat{\boldsymbol{r}}_{ij} \cdot \hat{\boldsymbol{r}}_{ij\perp} = 0 \quad ; \quad \left|\hat{\boldsymbol{r}}_{ij}\right| = \left|\hat{\boldsymbol{r}}_{ij\perp}\right| = 1 \end{array} \right\} \tag{4.75}$$

と表される. $\boldsymbol{\varepsilon}_{ij}^n$ は $\boldsymbol{r}_{ij}$ 方向のひずみ（ベクトル），$\boldsymbol{\varepsilon}_{ij}^s$ は $\boldsymbol{r}_{ij}$ を垂線とする平面内のひずみ（ベクトル）である. $\boldsymbol{\varepsilon}_{ij}^n$ については，単位ベクトル $\hat{\boldsymbol{r}}$ に平行な射影を与えるテンソルが $\hat{\boldsymbol{r}} \otimes \hat{\boldsymbol{r}}$ であること（第 5 章の式 (5.142) 参照）からも式 (4.75) の表式が裏付けられる. さらに，式 (4.74) の成立を具体的に確認しよう. 簡単のため，2 次元の場合について考える. $\hat{\boldsymbol{r}}_{ij} = \begin{pmatrix} x_{ij} & y_{ij} \end{pmatrix}^T$, $\hat{\boldsymbol{r}}_{ij\perp} = \begin{pmatrix} y_{ij} & -x_{ij} \end{pmatrix}^T$, $x_{ij}^2 + y_{ij}^2 = 1$ とすれば，

$$\hat{\boldsymbol{r}}_{ij} \otimes \hat{\boldsymbol{r}}_{ij} = \begin{pmatrix} x_{ij} \\ y_{ij} \end{pmatrix} \begin{pmatrix} x_{ij} & y_{ij} \end{pmatrix} = \begin{pmatrix} x_{ij}^2 & x_{ij}y_{ij} \\ x_{ij}y_{ij} & y_{ij}^2 \end{pmatrix} \quad ; \quad \hat{\boldsymbol{r}}_{ij} \otimes \hat{\boldsymbol{r}}_{ij\perp} = \begin{pmatrix} x_{ij} \\ y_{ij} \end{pmatrix} \begin{pmatrix} y_{ij} & -x_{ij} \end{pmatrix} = \begin{pmatrix} x_{ij}y_{ij} & -x_{ij}^2 \\ y_{ij}^2 & -x_{ij}y_{ij} \end{pmatrix}$$

であり，ひずみテンソルを

$$\boldsymbol{\varepsilon} = \begin{pmatrix} \varepsilon_{xx} & \varepsilon_{xy} \\ \varepsilon_{xy} & \varepsilon_{yy} \end{pmatrix}$$

と与えれば，テンソル積とひずみテンソルの複内積の部分は，

$$(\hat{\boldsymbol{r}}_{ij} \otimes \hat{\boldsymbol{r}}_{ij}) : \boldsymbol{\varepsilon}_{ij} = x_{ij}^2 \varepsilon_{xx} + 2x_{ij}y_{ij}\varepsilon_{xy} + y_{ij}^2 \varepsilon_{yy}$$

$$(\hat{\boldsymbol{r}}_{ij} \otimes \hat{\boldsymbol{r}}_{ij\perp}) : \boldsymbol{\varepsilon}_{ij} = x_{ij}y_{ij}\varepsilon_{xx} + \left(y_{ij}^2 - x_{ij}^2\right)\varepsilon_{xy} - x_{ij}y_{ij}\varepsilon_{yy}$$

と成分表示できる. これらを用いて，$\boldsymbol{\varepsilon}_{ij}^n + \boldsymbol{\varepsilon}_{ij}^s$ は，

$$\boldsymbol{\varepsilon}_{ij}^n + \boldsymbol{\varepsilon}_{ij}^s = \left(x_{ij}^2 \varepsilon_{xx} + 2x_{ij}y_{ij}\varepsilon_{xy} + y_{ij}^2 \varepsilon_{yy}\right)\begin{pmatrix} x_{ij} \\ y_{ij} \end{pmatrix} + \left\{x_{ij}y_{ij}\varepsilon_{xx} + \left(y_{ij}^2 - x_{ij}^2\right)\varepsilon_{xy} - x_{ij}y_{ij}\varepsilon_{yy}\right\}\begin{pmatrix} y_{ij} \\ -x_{ij} \end{pmatrix}$$

$$= \begin{pmatrix} x_{ij}\varepsilon_{xx} + y_{ij}\varepsilon_{xy} \\ x_{ij}\varepsilon_{xy} + y_{ij}\varepsilon_{yy} \end{pmatrix} = \begin{pmatrix} \varepsilon_{xx} & \varepsilon_{xy} \\ \varepsilon_{xy} & \varepsilon_{yy} \end{pmatrix}\begin{pmatrix} x_{ij} \\ y_{ij} \end{pmatrix} = \boldsymbol{\varepsilon} \cdot \hat{\boldsymbol{r}}_{ij}$$

と表されるので，$\boldsymbol{\varepsilon}_{ij}^n$ と $\boldsymbol{\varepsilon}_{ij}^s$ を式 (4.75) で与えれば，確かに式 (4.74) が成立している.

式 (4.74) を式 (4.71) に用いて，テンソルの発散は，

$$\langle \nabla \cdot \boldsymbol{\varepsilon} \rangle_i = \frac{D_s}{n_0} \sum_{j \neq i} \frac{\boldsymbol{\varepsilon}_{ij}^n + \boldsymbol{\varepsilon}_{ij}^s}{\left|\boldsymbol{r}_{ij}^0\right|} w\left(\left|\boldsymbol{r}_{ij}^0\right|\right) \tag{4.76}$$

と書ける. さらに，式 (4.72), (4.73) より，

$$\varepsilon_{ij}^n + \varepsilon_{ij}^s = \frac{s_{ij}^n + s_{ij}^s}{\left|\boldsymbol{r}_{ij}^0\right|} = \frac{s_{ij}}{\left|\boldsymbol{r}_{ij}^0\right|} \tag{4.77}$$

であるから，テンソル ε の発散モデル

$$\langle\nabla\cdot\boldsymbol{\varepsilon}\rangle_i = \frac{D_s}{n_0}\sum_{j\neq i}\frac{s_{ij}}{\left|\boldsymbol{r}_{ij}^0\right|^2}\,w\!\left(\left|\boldsymbol{r}_{ij}^0\right|\right) \tag{4.78}$$

が得られる．運動方程式の応力項 (4.57) の第 2 項は，

$$\langle 2\mu\nabla\cdot\boldsymbol{\varepsilon}\rangle_i = \frac{2\mu D_s}{n_0}\sum_{j\neq i}\frac{s_{ij}}{\left|\boldsymbol{r}_{ij}^0\right|^2}\,w\!\left(\left|\boldsymbol{r}_{ij}^0\right|\right) \tag{4.79}$$

と書ける．

次に，運動方程式の応力項 (4.57) の第 1 項を離散化する．まず，MPS 法の発散モデルを用いて，

$$\langle\nabla\cdot\boldsymbol{s}\rangle_i = \frac{D_s}{n_0}\sum_{j\neq i}\frac{\boldsymbol{s}_{ij}\cdot\boldsymbol{r}_{ij}}{\left|\boldsymbol{r}_{ij}^0\right|\left|\boldsymbol{r}_{ij}\right|}\,w\!\left(\left|\boldsymbol{r}_{ij}^0\right|\right) \tag{4.80}$$

とする．さらに，MPS 法の勾配モデルを用いると，

$$\langle\lambda\nabla(\nabla\cdot\boldsymbol{s})\rangle_i = \frac{\lambda D_s}{n_0}\sum_{j\neq i}\frac{(\nabla\cdot\boldsymbol{s})_{ij}\,\boldsymbol{r}_{ij}}{\left|\boldsymbol{r}_{ij}^0\right|\left|\boldsymbol{r}_{ij}\right|}\,w\!\left(\left|\boldsymbol{r}_{ij}^0\right|\right) \tag{4.81}$$

が得られる．ただし，粒子 $i,\,j$ について対称となるように，

$$(\nabla\cdot\boldsymbol{s})_{ij} = \frac{\langle\nabla\cdot\boldsymbol{s}\rangle_i + \langle\nabla\cdot\boldsymbol{s}\rangle_j}{2} \tag{4.82}$$

とおく．

一方，運動方程式の応力項を式 (4.58) に基づいて離散化するには，Laplacian モデルが必要となる．MPS 法の Laplacian モデル（式 (2.117) 参照）

$$\langle\nabla^2\phi\rangle_i = \frac{2D_s}{n_0}\sum_{j\neq i}\frac{\phi_{ij}}{\left|\boldsymbol{r}_{ij}\right|^2}\,w\!\left(\left|\boldsymbol{r}_{ij}\right|\right)$$

を用いると，

$$\langle\mu\nabla^2\boldsymbol{s}\rangle_i = \frac{2\mu D_s}{n_0}\sum_{j\neq i}\frac{\boldsymbol{s}_{ij}}{\left|\boldsymbol{r}_{ij}^0\right|^2}\,w\!\left(\left|\boldsymbol{r}_{ij}^0\right|\right) \tag{4.83}$$

が得られる．

運動方程式の応力項の表記より，2 種類の離散化が可能である．応力項を式 (4.57) に基づいて離散化すれば，

$$\langle\nabla\cdot\boldsymbol{\sigma}\rangle_i = \frac{D_s}{n_0}\left\{\lambda\sum_{j\neq i}\frac{(\nabla\cdot\boldsymbol{s})_{ij}\,\boldsymbol{r}_{ij}}{\left|\boldsymbol{r}_{ij}^0\right|\left|\boldsymbol{r}_{ij}\right|}\,w\!\left(\left|\boldsymbol{r}_{ij}^0\right|\right) + 2\mu\sum_{j\neq i}\frac{\boldsymbol{s}_{ij}}{\left|\boldsymbol{r}_{ij}^0\right|^2}\,w\!\left(\left|\boldsymbol{r}_{ij}^0\right|\right)\right\} \tag{4.84}$$

となり，式 (4.58) に基づいて離散化すれば，

$$\langle \nabla \cdot \boldsymbol{\sigma} \rangle_i = \frac{D_s}{n_0} \left\{ (\lambda + \mu) \sum_{j \neq i} \frac{(\nabla \cdot \boldsymbol{s})_{ij} \, \boldsymbol{r}_{ij}}{\left| \boldsymbol{r}_{ij}^0 \right| \left| \boldsymbol{r}_{ij} \right|} w \left(\left| \boldsymbol{r}_{ij}^0 \right| \right) + 2\mu \sum_{j \neq i} \frac{\boldsymbol{s}_{ij}}{\left| \boldsymbol{r}_{ij}^0 \right|^2} w \left(\left| \boldsymbol{r}_{ij}^0 \right| \right) \right\} \tag{4.85}$$

となる．この不一致は，MPS 法の微分演算子モデルが数学的一貫性の面で不完全なことに起因している．

(3)　人工トルク

　いずれの方法でも粒子 i, j に作用する力は反対称となるので，運動量は保存される．しかし，ひずみの定義から明らかであるが，図 4.10 に示すように，粒子 i, j には $\boldsymbol{r}_{ij}$ 方向だけでなく，$\boldsymbol{r}_{ij}$ に直交する方向にも力が作用する．つまり，垂直応力だけではなく，せん断応力が作用する．よって，粒子 i, j に作用する力は反対称ではあるが，共線性は有さず，角運動量は保存されない．そこで，粒子の回転の運動方程式において，せん断応力によるトルクを打ち消すように人工トルクを作用させる必要がある．人工トルクは，回転運動の方程式に導入されるので，並進運動には影響を与えない．

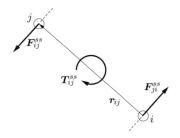

図 4.10　せん断応力によるトルク

　粒子 i に作用するせん断力は，

$$\left\langle 2\mu \left(\nabla \cdot \boldsymbol{\varepsilon} \right)^s \right\rangle_i = \frac{2\mu D_s}{n_0} \sum_{j \neq i} \frac{\boldsymbol{s}_{ij}^s}{\left| \boldsymbol{r}_{ij}^0 \right|^2} w \left(\left| \boldsymbol{r}_{ij}^0 \right| \right) \tag{4.86}$$

である．粒子 i の質量を m_i とすれば，粒子 i, j 間に作用する力は，

$$\boldsymbol{F}_{ij}^{ss} = \frac{m_i}{\rho_i} \frac{2\mu D_s}{n_0} \frac{\boldsymbol{s}_{ij}^s}{\left| \boldsymbol{r}_{ij}^0 \right|^2} w \left(\left| \boldsymbol{r}_{ij}^0 \right| \right) \tag{4.87}$$

となるが，粒子 i, j において反対称な力とするため，

$$\boldsymbol{F}_{ij}^{ss} = \frac{\mu D_s}{n_0} \left(\frac{m_i}{\rho_i} + \frac{m_j}{\rho_j} \right) \frac{\boldsymbol{s}_{ij}^s}{\left| \boldsymbol{r}_{ij}^0 \right|^2} w \left(\left| \boldsymbol{r}_{ij}^0 \right| \right) \tag{4.88}$$

と書き換える．粒子 i, j 間に作用するトルクは，

$$\boldsymbol{T}_{ij}^{ss} = -\boldsymbol{R}(\theta_{ij})\boldsymbol{r}_{ij}^0 \times \boldsymbol{F}_{ij}^{ss} \tag{4.89}$$

となる．これを打ち消すように粒子 i, j 間に人工トルク（偶力モーメント）を与えればよいから，粒子 i の回転の運動方程式は，

$$\boldsymbol{I}_i \frac{d\boldsymbol{\omega}_i}{dt} = -\frac{1}{2}\sum_{j\neq i}\boldsymbol{T}_{ij}^{ss} \tag{4.90}$$

となる．ここに，$\boldsymbol{I}_i$：粒子 i の慣性テンソルである．正方格子上の均等粒子配置については，粒子の質量および慣性モーメントは，2 次元では，

$$m_i = \rho_i l_0^2 \quad ; \quad I_i = \frac{1}{6}\rho_i l_0^4 \tag{4.91}$$

3 次元では，

$$m_i = \rho_i l_0^3 \quad ; \quad I_i = \frac{1}{6}\rho_i l_0^5 \quad ; \quad \boldsymbol{I}_i = I_i\,\boldsymbol{I} \tag{4.92}$$

である（$\boldsymbol{I}$：恒等テンソル）．

(4) 時間ステップの更新

時間ステップの更新には，陽解法を用いる．粒子 i の速度ベクトル，位置ベクトル，角速度ベクトル，クォータニオンは，1 次精度の Euler 法を用いると，

$$\boldsymbol{u}_i^{k+1} = \boldsymbol{u}_i^k + \left[\frac{D\boldsymbol{u}_i}{Dt}\right]^k \Delta t \tag{4.93}$$

$$\boldsymbol{r}_i^{k+1} = \boldsymbol{r}_i^k + \boldsymbol{u}_i^{k+1}\Delta t \tag{4.94}$$

$$\boldsymbol{\omega}_i^{k+1} = \boldsymbol{\omega}_i^k + \left[\frac{d\boldsymbol{\omega}_i}{dt}\right]^k \Delta t \tag{4.95}$$

$$\boldsymbol{q}_i^{k+1} = \Delta\boldsymbol{q}_i \otimes \boldsymbol{q}_i^k \tag{4.96}$$

と更新される．ここに，$\Delta\boldsymbol{q}$ はクォータニオンの時間 Δt 間の変化量であり，

$$\Delta\boldsymbol{q}_i = \begin{pmatrix} \dfrac{\boldsymbol{\omega}_i^{k+1}}{\left|\boldsymbol{\omega}_i^{k+1}\right|}\sin\dfrac{\left|\boldsymbol{\omega}_i^{k+1}\right|\Delta t}{2} \\[2ex] \cos\dfrac{\left|\boldsymbol{\omega}_i^{k+1}\right|\Delta t}{2} \end{pmatrix} \tag{4.97}$$

で与えられる．式 (4.96) のクォータニオンの積は，

$$\Delta\boldsymbol{q}_i \otimes \boldsymbol{q}_i^k = \begin{pmatrix} \Delta\boldsymbol{q}_{vi}\times\boldsymbol{q}_{vi}^k + \Delta q_{wi}\boldsymbol{q}_{vi}^k + q_{wi}^k\Delta\boldsymbol{q}_{vi} \\[1.5ex] \Delta q_{wi}q_{wi}^k - \Delta\boldsymbol{q}_{vi}\cdot\boldsymbol{q}_{vi}^k \end{pmatrix}$$

$$\text{where } \Delta\boldsymbol{q}_i = \begin{pmatrix} \Delta\boldsymbol{q}_{vi} \\ \Delta q_{wi} \end{pmatrix} \quad ; \quad \boldsymbol{q}_i^k = \begin{pmatrix} \boldsymbol{q}_{vi}^k \\ q_{wi}^k \end{pmatrix} \tag{4.98}$$

と記述される（付録 B の式 (B.8) 参照）．回転については，クォータニオンを更新し，式 (4.69) を用いて回転行列をクォータニオンから求めればよい．

あるいは，クォータニオンの時間微分と角速度ベクトル $\boldsymbol{\omega}$ の関係（式 (B.41)，(B.44)）

$$\frac{d\boldsymbol{q}}{dt} = \frac{1}{2}\begin{pmatrix} \boldsymbol{\omega} \\ 0 \end{pmatrix} \otimes \boldsymbol{q} \text{ or } \frac{d\boldsymbol{q}}{dt} = \frac{1}{2}\begin{pmatrix} [\boldsymbol{\omega}]_\times & \boldsymbol{\omega} \\ -\boldsymbol{\omega}^T & 0 \end{pmatrix} \cdot \boldsymbol{q} \tag{4.99}$$

によって $d\boldsymbol{q}/dt$ を求めて，式 (4.96) に代えて，

$$\boldsymbol{q}_i^{k+1} = \boldsymbol{q}_i^k + \left[\frac{d\boldsymbol{q}_i}{dt}\right]^k \Delta t \tag{4.100}$$

を用いてクォータニオンを更新してもよい．また，クォータニオンに代えて，Euler–Rodrigues 公式に基づく回転行列 $\boldsymbol{R}_R$（式 (4.50)）を更新してもよい．つまり，式 (4.96) に代えて，

$$\boldsymbol{R}_{R\_i}^{k+1} = \boldsymbol{R}_R\left(\frac{\boldsymbol{\omega}_i^{k+1}}{|\boldsymbol{\omega}_i^{k+1}|}, \left|\boldsymbol{\omega}_i^{k+1}\right|\Delta t\right)\boldsymbol{R}_{R\_i}^k \tag{4.101}$$

を用いればよい．なお，2 次元の場合には回転軸の方向が決まるので，角速度はスカラー量となり，回転角は

$$\theta_i^{k+1} = \theta_i^k + \omega_i^{k+1}\Delta t \tag{4.102}$$

を用いて簡単に更新できる．

陽解法では，誤差蓄積が問題となるが，計算時間刻み幅 Δt を小さくするほど時間ステップの更新に伴う誤差も小さくなる．Euler 法は 1 次精度であるから，誤差は Δt の 1 乗に比例する．精度を確保するためには，Adams–Bashforth 法や Runge–Kutta 法などの高次のスキームが望ましい．Euler 法では，時間ステップ $k+1$ の値を推定するのに時間ステップ k の値だけを用いるが，Adams–Bashforth 法では，時間ステップ k の値に加えて，時間ステップ $k-1$，$k-2$ と過去の時刻の値も用いて，時間ステップ $k+1$ の値を外挿する．Runge–Kutta 法は，常微分方程式の初期値問題の数値解法として最も一般的に用いられる．Runge–Kutta 法では，時間ステップ $k+1$ の値を推定するのに時間ステップ k の値だけを用いるが，Euler 法と異なり，多段階の計算が必要となる．Runge–Kutta 法は Taylor 級数展開に適合している．たとえば，4 次の Runge–Kutta 法は 4 次の Taylor 展開に基づいており，$d\boldsymbol{u}/dt$ の推定が 4 回必要となるが，4 次精度であり，安定性も高い．なお，Taylor 級数適合性の観点からは，Euler 法は 1 次の Runge–Kutta 法と見なすことができる．

(5) Euler 角による時間ステップの更新

Euler 角による時間ステップの更新には，角速度ベクトルと Euler 角の時間微分の関係が必要となる．角速度ベクトル $\boldsymbol{\omega}$ を三つの角速度ベクトルの和として，

$$\boldsymbol{\omega} = \boldsymbol{\omega}_\phi + \boldsymbol{\omega}_\theta + \boldsymbol{\omega}_\psi \tag{4.103}$$

と書く（図 4.11 参照）．ここに，$\boldsymbol{\omega}_\phi$：z 軸周りの角速度ベクトル，$\boldsymbol{\omega}_\theta$：$x'$ 軸周りの角速度ベクトル，$\boldsymbol{\omega}_\psi$：z'' 軸周りの角速度ベクトルである．ベクトル $\boldsymbol{\omega}_\phi, \boldsymbol{\omega}_\theta, \boldsymbol{\omega}_\psi$ はいずれも x-y-z 系（固定座標系）の角速度ベクトルである．

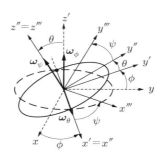

図 4.11　角速度ベクトルと Euler 角

ベクトル $\boldsymbol{\omega}_\phi$ は，

$$\boldsymbol{\omega}_\phi = \begin{pmatrix} 0 \\ 0 \\ \dot{\phi} \end{pmatrix} \tag{4.104}$$

と書ける．ベクトル $\boldsymbol{\omega}_\theta$ は x' 軸周りの回転によるから，$\boldsymbol{R}_3^{-1}(\phi)$ を作用させれば，x-y-z 座標系上の成分が得られる．

$$\boldsymbol{\omega}_\theta = \boldsymbol{R}_3^{-1}(\phi) \begin{pmatrix} \dot{\theta} \\ 0 \\ 0 \end{pmatrix} = \begin{pmatrix} \cos\phi & -\sin\phi & 0 \\ \sin\phi & \cos\phi & 0 \\ 0 & 0 & 1 \end{pmatrix} \begin{pmatrix} \dot{\theta} \\ 0 \\ 0 \end{pmatrix} = \begin{pmatrix} \dot{\theta}\cos\phi \\ \dot{\theta}\sin\phi \\ 0 \end{pmatrix} \tag{4.105}$$

ベクトル $\boldsymbol{\omega}_\psi$ は z'' 軸周りの回転によるから，$\boldsymbol{R}_3^{-1}(\phi)\,\boldsymbol{R}_1^{-1}(\theta)$ を作用させればよい．

$$\boldsymbol{\omega}_\psi = \boldsymbol{R}_3^{-1}(\phi)\boldsymbol{R}_1^{-1}(\theta) \begin{pmatrix} 0 \\ 0 \\ \dot{\psi} \end{pmatrix} = \begin{pmatrix} \cos\phi & -\cos\theta\sin\phi & \sin\theta\sin\phi \\ \sin\phi & \cos\theta\cos\phi & -\sin\theta\cos\phi \\ 0 & \sin\theta & \cos\theta \end{pmatrix} \begin{pmatrix} 0 \\ 0 \\ \dot{\psi} \end{pmatrix}$$

$$= \begin{pmatrix} \dot{\psi}\sin\theta\sin\phi \\ -\dot{\psi}\sin\theta\cos\phi \\ \dot{\psi}\cos\theta \end{pmatrix} \tag{4.106}$$

以上をまとめると，角速度ベクトルと Euler 角の時間微分の関係

$$
\boldsymbol{\omega} = \begin{pmatrix} \dot{\theta}\cos\phi + \dot{\psi}\sin\theta\sin\phi \\ \dot{\theta}\sin\phi - \dot{\psi}\sin\theta\cos\phi \\ \dot{\phi} + \dot{\psi}\cos\theta \end{pmatrix}
\tag{4.107}
$$

が得られる．これを行列形式で書くと，

$$
\boldsymbol{\omega} = \boldsymbol{\Pi} \begin{pmatrix} \dot{\psi} \\ \dot{\theta} \\ \dot{\phi} \end{pmatrix} \quad ; \quad \boldsymbol{\Pi} = \begin{pmatrix} \sin\theta\sin\phi & \cos\phi & 0 \\ -\sin\theta\cos\phi & \sin\phi & 0 \\ \cos\theta & 0 & 1 \end{pmatrix}
\tag{4.108}
$$

となる．この行列の行列式は，

$$
|\boldsymbol{\Pi}| = \sin\theta\sin^2\phi + \sin\theta\cos^2\phi = \sin\theta
\tag{4.109}
$$

であるから，$\sin\theta \neq 0$ のとき，逆行列

$$
\boldsymbol{\Pi}^{-1} = \frac{1}{\sin\theta} \begin{pmatrix} \sin\phi & -\cos\phi & 0 \\ \sin\theta\cos\phi & \sin\theta\sin\phi & 0 \\ -\cos\theta\sin\phi & \cos\theta\cos\phi & \sin\theta \end{pmatrix}
\tag{4.110}
$$

が得られる．逆行列が存在しない $\sin\theta = 0$ の条件では，式 (4.108) の行列の第 1 列と第 3 列が平行になることがわかるが，これは先に述べた gimbal lock に対応している．

角速度の成分を $\boldsymbol{\omega} = (\omega_x, \omega_y, \omega_z)^T$ とすれば，式 (4.108)，(4.110) より，

$$
\left.\begin{aligned}
\frac{d\psi}{dt} &= \omega_x \frac{\sin\phi}{\sin\theta} - \omega_y \frac{\cos\phi}{\sin\theta} \\
\frac{d\theta}{dt} &= \omega_x \cos\phi + \omega_y \sin\phi \\
\frac{d\phi}{dt} &= -\omega_x \frac{\sin\phi}{\tan\theta} + \omega_y \frac{\cos\phi}{\tan\theta} + \omega_z
\end{aligned}\right\}
\tag{4.111}
$$

が得られ，これを用いて Euler 角は，

$$
\left.\begin{aligned}
\psi^{k+1} &= \psi^k + \left[\frac{d\psi}{dt}\right]^k \Delta t \\
\theta^{k+1} &= \theta^k + \left[\frac{d\theta}{dt}\right]^k \Delta t \\
\phi^{k+1} &= \phi^k + \left[\frac{d\phi}{dt}\right]^k \Delta t
\end{aligned}\right\}
\tag{4.112}
$$

と時間更新される．2 次元の場合の回転角の時間更新の式 (4.102) は，式 (4.111) において，$\omega_x = \omega_y = 0$ とおき，ϕ を θ に，ω_z を ω に読み替えれば得られる．

以上のように，回転の時間更新には，クォータニオンによる方法，Euler 角による

方法，Euler–Rodrigues 公式に基づく方法がある．数値解析では各時間ステップでの微小回転量を計算して累積させ，回転変位を算出するが，クォータニオンによる方法ではクォータニオンの積を，Euler 角による方法では回転角の和を，Euler–Rodrigues 公式に基づく方法では行列の積を多数回計算する必要がある．この種の反復演算では誤差の蓄積が不可避であるが，クォータニオンは容易に規格化できるのに対し，Euler 角および Euler–Rodrigues 公式に基づく方法の回転行列は規格化することができない．したがって，誤差蓄積を抑制する観点からは，クォータニオンが有利である．さらに，先にも述べたように Euler 角には特異点（gimbal lock）が存在するが，クォータニオンには特異点はない．このようなことから，3 次元計算では，クォータニオンを更新して，クォータニオンから回転行列を求める方法が広く用いられている．

4.3.2　SPH 法による弾性体解析

　SPH 法による弾性体解析では，流体解析のフレームワークを援用する工夫がなされている．この種の解析の原型は Libersky et al. (1993) によって示されたが，計算の安定性を向上させる改良を加えた Gray et al. (2001) の解析法が標準的である．

(1)　支配方程式

　まず，運動方程式の応力項を書き換える．Hooke の法則（式 (4.55)）のトレースをとると，

$$\mathrm{tr}\,\boldsymbol{\sigma} = 3\lambda\,\mathrm{tr}\,\boldsymbol{\varepsilon} + 2\mu\,\mathrm{tr}\,\boldsymbol{\varepsilon} = (3\lambda + 2\mu)\,\mathrm{tr}\,\boldsymbol{\varepsilon} \tag{4.113}$$

となる．ここで，等方圧縮における圧力を $p\,(>0)$ とすれば，

$$\boldsymbol{\sigma}_{11} = \boldsymbol{\sigma}_{22} = \boldsymbol{\sigma}_{33} = -p \ \ \text{or} \ \ p = -\frac{1}{3}\mathrm{tr}\,\boldsymbol{\sigma} \tag{4.114}$$

となる．以上より，

$$p = -\left(\lambda + \frac{2}{3}\mu\right)\mathrm{tr}\,\boldsymbol{\varepsilon} \tag{4.115}$$

が得られるので，

$$-p\boldsymbol{I} = \left(\lambda + \frac{2}{3}\mu\right)\boldsymbol{I}\,\mathrm{tr}\,\boldsymbol{\varepsilon} \ \ \rightarrow \ \ \lambda\boldsymbol{I}\,\mathrm{tr}\,\boldsymbol{\varepsilon} = -p\boldsymbol{I} - \frac{2}{3}\mu\boldsymbol{I}\,\mathrm{tr}\,\boldsymbol{\varepsilon} \tag{4.116}$$

となり，これを Hooke の法則に用いると，

$$\boldsymbol{\sigma} = -p\boldsymbol{I} + \boldsymbol{S} \ \ ; \ \ \boldsymbol{S} = 2\mu\left(\boldsymbol{\varepsilon} - \frac{1}{3}\boldsymbol{I}\,\mathrm{tr}\,\boldsymbol{\varepsilon}\right) \tag{4.117}$$

となる．ここに，$\boldsymbol{S}$：偏差応力テンソルである．

　圧力 p については，流体の場合と同様に状態方程式

$$p = C_{s0}^2 (\rho - \rho_0) \tag{4.118}$$

を用いて算定する．弾性体中の音速は，

$$C_{s0} = \sqrt{\frac{K}{\rho_0}} \tag{4.119}$$

（K：体積弾性率）であり，Hooke の法則が成り立つとき，

$$K = \frac{-p}{\operatorname{tr}\boldsymbol{\varepsilon}} = \lambda + \frac{2}{3}\mu \tag{4.120}$$

と与えられる．つまり，圧力は密度を用いて，

$$p = \left(\lambda + \frac{2}{3}\mu\right)\frac{\rho - \rho_0}{\rho_0} \tag{4.121}$$

と書ける．

(2)　共回転微分

　ところで，構成則は物性を示す式であるが，物性はその物質固有のものであって，観測する座標には依存しない．このことを物質客観性という．しかし，応力の時間微分（応力速度）は客観性がなく，剛体回転によっても変化する．そこで，応力テンソルを時間微分する際には，局所的回転に従って回転する座標系から見た微分を用いる必要がある．

　空間に固定された直交座標系の基底ベクトルを $\boldsymbol{e}_i = (e_1,\ e_2,\ e_3)^T$ として，この座標系に対して角速度ベクトル $\boldsymbol{\omega}$ で回転する直交座標系の基底ベクトルを $\boldsymbol{e}_i^* = (e_1^*,\ e_2^*,\ e_3^*)^T$ とする．ベクトル $\boldsymbol{e}_i^*$ は時間の関数 $\boldsymbol{e}_i^*(t)$ である．剛体力学における速度と角速度の関係（式 (4.1) の第2式）を用いて，

$$\dot{\boldsymbol{e}}_i^* = \boldsymbol{\omega} \times \boldsymbol{e}_i^* \tag{4.122}$$

となる．角速度ベクトル $\boldsymbol{\omega}$ に随伴する反対称テンソル $\boldsymbol{\Omega}$ すなわちスピンテンソルを用いると，式 (4.122) は，

$$\dot{\boldsymbol{e}}_i^* = \boldsymbol{\Omega} \cdot \boldsymbol{e}_i^* \tag{4.123}$$

と書ける．ベクトル $\boldsymbol{u}$ をおのおのの座標系で

$$\boldsymbol{u} = u_i \boldsymbol{e}_i = u_i^* \boldsymbol{e}_i^* \tag{4.124}$$

と表すと，ベクトル $\boldsymbol{u}$ の時間微分は，固定座標系では，

$$\frac{d\boldsymbol{u}}{dt} = \dot{u}_i \boldsymbol{e}_i \tag{4.125}$$

となり，回転座標系では，式 (4.123) を用いて，

$$\frac{d\boldsymbol{u}}{dt} = \dot{u}_i^* \boldsymbol{e}_i^* + u_i^* \dot{\boldsymbol{e}}_i^* = \dot{u}_i^* \boldsymbol{e}_i^* + \boldsymbol{\Omega} \cdot \left(u_i^* \boldsymbol{e}_i^*\right) = \dot{u}_i^* \boldsymbol{e}_i^* + \boldsymbol{\Omega} \cdot \boldsymbol{u} \tag{4.126}$$

となる．回転座標系における時間微分を

$$\frac{d^* \boldsymbol{u}}{dt} = \frac{du_i^*}{dt}\,\boldsymbol{e}_i^*$$ (4.127)

と表すと，式 (4.126) は，

$$\frac{d\boldsymbol{u}}{dt} = \frac{d^* \boldsymbol{u}}{dt} + \boldsymbol{\Omega}\cdot\boldsymbol{u}$$ (4.128)

と書ける．

　次に，2 階のテンソル $\boldsymbol{S}$ について，

$$\boldsymbol{S} = S_{ij}\,\boldsymbol{e}_i\otimes\boldsymbol{e}_j = S_{ij}^*\,\boldsymbol{e}_i^*\otimes\boldsymbol{e}_j^*$$ (4.129)

と表すと，テンソル $\boldsymbol{S}$ の時間微分は，固定座標系では，

$$\frac{d\boldsymbol{S}}{dt} = \dot{S}_{ij}\,\boldsymbol{e}_i\otimes\boldsymbol{e}_j$$ (4.130)

で，回転座標系では，

$$\begin{aligned}\frac{d\boldsymbol{S}}{dt} &= \dot{S}_{ij}^*\,\boldsymbol{e}_i^*\otimes\boldsymbol{e}_j^* + S_{ij}^*\left(\dot{\boldsymbol{e}}_i^*\otimes\boldsymbol{e}_j^* + \boldsymbol{e}_i^*\otimes\dot{\boldsymbol{e}}_j^*\right)\\ &= \dot{S}_{ij}^*\,\boldsymbol{e}_i^*\otimes\boldsymbol{e}_j^* + S_{ij}^*\left(\boldsymbol{\Omega}\cdot\boldsymbol{e}_i^*\otimes\boldsymbol{e}_j^* + \boldsymbol{e}_i^*\otimes\boldsymbol{\Omega}\cdot\boldsymbol{e}_j^*\right)\end{aligned}$$ (4.131)

となる．ここで，式 (4.127) と同様に，

$$\frac{d^* \boldsymbol{S}}{dt} = \frac{dS_{ij}^*}{dt}\,\boldsymbol{e}_i^*\otimes\boldsymbol{e}_j^*$$ (4.132)

として，式 (4.129) を考慮すると，

$$\frac{d\boldsymbol{S}}{dt} = \frac{d^* \boldsymbol{S}}{dt} + \boldsymbol{\Omega}\cdot\boldsymbol{S} + \boldsymbol{S}\cdot\boldsymbol{\Omega}^T$$

となり，$\boldsymbol{\Omega}^T = -\boldsymbol{\Omega}$ であるから，

$$\frac{d\boldsymbol{S}}{dt} = \frac{d^* \boldsymbol{S}}{dt} + \boldsymbol{\Omega}\cdot\boldsymbol{S} - \boldsymbol{S}\cdot\boldsymbol{\Omega}$$ (4.133)

が得られる．回転座標系における微分 d^*/dt は，共回転微分または Jaumann（ヤウマン）微分とよばれる．弾性体における応力テンソルの時間微分については，式 (4.133) を用いれば，物質客観性が保証される．

　テンソル $\boldsymbol{S}$ の共回転微分は，

$$\frac{d^* \boldsymbol{S}}{dt} = 2\mu\left(\dot{\boldsymbol{\varepsilon}} - \frac{1}{3}\boldsymbol{I}\,\mathrm{tr}\,\dot{\boldsymbol{\varepsilon}}\right)$$ (4.134)

であるから，式 (4.133), (4.134) より，

$$\frac{d\boldsymbol{S}}{dt} = 2\mu\left(\dot{\boldsymbol{\varepsilon}} - \frac{1}{3}\boldsymbol{I}\,\mathrm{tr}\,\dot{\boldsymbol{\varepsilon}}\right) + \boldsymbol{\Omega}\cdot\boldsymbol{S} - \boldsymbol{S}\cdot\boldsymbol{\Omega}$$ (4.135)

となる．式 (4.117), (4.121), (4.135) によってテンソル $\boldsymbol{S}$ が更新される．

(3)　時間ステップの更新

　離散化された運動方程式は，流体の場合と類似の

$$\frac{D\boldsymbol{u}_i}{Dt} = \sum_j m_j \left[\frac{\boldsymbol{\sigma}_j}{\rho_j^2} + \frac{\boldsymbol{\sigma}_i}{\rho_i^2} - \Pi_{ij}\boldsymbol{I} + \left\{ \frac{w(|\boldsymbol{r}_{ij}|)}{w(l_0)} \right\}^n \boldsymbol{R}_{ij} \right] \cdot \nabla w(|\boldsymbol{r}_{ij}|) + \boldsymbol{g} \qquad (4.136)$$

である．ここに，Π_{ij}：人工粘性（式 (2.142) 参照），$\boldsymbol{R}_{ij}$：人工応力項である．弾性体は流体よりも引張不安定に敏感であるので，粒子の非物理的疎密が生じやすい．これを抑制するため，人工粘性に加えて，人工応力が導入される．連続式は，

$$\frac{D\rho_i}{Dt} = -\rho_i \sum_j \frac{m_j}{\rho_j} \boldsymbol{u}_{ij} \cdot \nabla w(|\boldsymbol{r}_{ij}|) \qquad (4.137)$$

と離散化される．なお，計算の安定性の観点からは，MPS 法の場合と同様に Lagrangian kernel を用いるのが効果的である（Rabczuk et al., 2004）．

　時間発展には，通常の SPH 法とは異なり，leapfrog 法を用いる．支配方程式を

$$\frac{D\boldsymbol{u}}{Dt} = \boldsymbol{F} \quad ; \quad \frac{D\boldsymbol{r}}{Dt} = \boldsymbol{u} \quad ; \quad \frac{D\rho}{Dt} = D \quad ; \quad \frac{D\boldsymbol{S}}{Dt} = \boldsymbol{T} \qquad (4.138)$$

と略記すると，$\boldsymbol{r}^{k+1}$, $\boldsymbol{u}$, ρ, $\boldsymbol{S}$ の予測子（添え字 p）は，

$$\left. \begin{aligned} \boldsymbol{r}^{k+1} &= \boldsymbol{r}^k + \boldsymbol{u}^k \Delta t + \frac{1}{2} \boldsymbol{F}^k \Delta t^2 \\ \boldsymbol{u}^p &= \boldsymbol{u}^k + \boldsymbol{F}^k \Delta t \\ \rho^p &= \rho^k + D^k \Delta t \\ \boldsymbol{S}^p &= \boldsymbol{S}^k + \boldsymbol{T}^k \Delta t \end{aligned} \right\} \qquad (4.139)$$

となる．予測子を用いて再度 $\boldsymbol{F}, D, \boldsymbol{T}$ を計算した値を $\boldsymbol{F}^p, D^p, \boldsymbol{T}^p$ として，$\boldsymbol{u}, \rho, \boldsymbol{S}$ を

$$\left. \begin{aligned} \boldsymbol{u}^{k+1} &= \boldsymbol{u}^p + \frac{1}{2}\left(\boldsymbol{F}^p - \boldsymbol{F}^k \right)\Delta t \\ \rho^{k+1} &= \rho^p + \frac{1}{2}\left(D^p - D^k \right)\Delta t \\ \boldsymbol{S}^{k+1} &= \boldsymbol{S}^p + \frac{1}{2}\left(\boldsymbol{T}^p - \boldsymbol{T}^k \right)\Delta t \end{aligned} \right\} \qquad (4.140)$$

と修正する．

　以上のように，SPH 法による弾性体解析では，人工粘性と人工応力が導入されており，特に人工応力については，便宜的な経験式が使われる（Gray et al., 2001）．非物理的な人工項が運動方程式に導入されないという観点からすると，MPS 法による解析が優れている．さらに，状態方程式を用いることも，既存の流体解析のフレームワークをそのまま弾性体に適用したものと見なせるので，累積ひずみに基づいた離散化を行う MPS 法が正統かつ適切なアプローチといえるだろう．

　MPS 法による弾性体解析の特長は，応力の発散を陽に解かないところにある．応力の発散項は引張不安定を誘起しやすく，計算の安定化には人工粘性や人工応力が不可欠である．このように MPS 法による弾性体解析は，引張不安定を巧妙に回避したモデルではあるが，応力の時間発展を陽に計算しないので，応力－ひずみ関係が複雑な場合（例えば後述する弾塑性体解析）への適用は難しい．

4.4 超弾性体解析

4.4.1 弾性体の有限変形

　超弾性体の示す有限変形の問題には，複数の応力定義が用いられる．ここでは，粒子法による超弾性体解析の準備として，各種応力の定義と相互関係について簡単にまとめる．図 **4.12** に示すように，弾性体の時刻 $t=0$ における位置（基準配置）を B_0 として，その座標を $\boldsymbol{X}$ とする．弾性体が時間の経過とともに変形し，時刻 t に位置 B_t（現在配置；座標 $\boldsymbol{x}$）にあるとする．このとき，

$$\boldsymbol{F} \equiv \frac{\partial \boldsymbol{x}}{\partial \boldsymbol{X}} \tag{4.141}$$

を変形勾配テンソルとよぶ．変形勾配テンソルは，位置 $\boldsymbol{X}$ 近傍の変形の様子を表している．現在配置 B_t，基準配置 B_0 の線要素ベクトル（$d\boldsymbol{x}, d\boldsymbol{X}$），面積要素ベクトル（$\boldsymbol{n}da, \boldsymbol{N}dA$），体積要素（$dv, dV$）の関係は，

$$d\boldsymbol{x} = \boldsymbol{F} \cdot d\boldsymbol{X} \tag{4.142}$$

$$\boldsymbol{n}da = J\boldsymbol{F}^{-T} \cdot \boldsymbol{N}dA \tag{4.143}$$

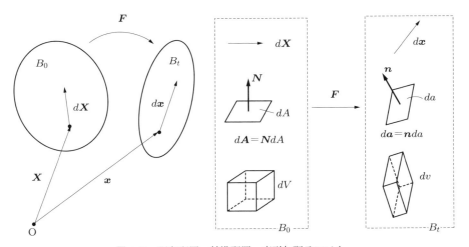

図 **4.12**　現在配置，基準配置，変形勾配テンソル

$$dv = JdV \tag{4.144}$$

で与えられる．式 (4.143) を Nanson（ナンソン）の公式という．ここに，n, N：現在配置，基準配置での面積要素を含む仮想表面の法線ベクトル，J：体積要素の変化率であり，Jacobi（ヤコビ）行列式，あるいは Jacobian とよばれ，変形勾配テンソル F の行列式で与えられる．

$$J \equiv |F| \tag{4.145}$$

現在配置 B_t における応力 σ（Cauchy（コーシー）応力）により微小体積ひずみ $d\varepsilon$ が生じるとき，微小仕事は，

$$dw = \sigma : d\varepsilon \tag{4.146}$$

と書ける．仕事が経路に依存しなければ，

$$W = \int_{\varepsilon_0}^{\varepsilon} dw = \int_{\varepsilon_0}^{\varepsilon} \sigma : d\varepsilon = \Psi(\varepsilon) - \Psi(\varepsilon_0) \tag{4.147}$$

と表せるスカラーポテンシャル Ψ が存在する．このスカラーポテンシャルを弾性ポテンシャルまたはひずみエネルギーとよび，応力による仕事が経路に依存しない性質を超弾性という．式 (4.147) から明らかなように，弾性ポテンシャルをひずみで偏微分すると応力が得られる．

$$\sigma = \frac{\partial \Psi}{\partial \varepsilon} \tag{4.148}$$

内積（複内積）が単位体積あたりの仕事を与える応力テンソル（力の変数）とひずみテンソル（運動学的変数）の関係を，仕事に関して共役という．

物理量の定義点が基準配置と現在配置の二つあるため，応力の定義も複数存在する．図 4.13 に示すように，弾性体内部に任意の仮想平面を考える．現在配置の仮想平面に作用する表面力を t とするとき，表面力ベクトル t に対する現在配置での応力が Cauchy 応力 σ である．

$$t = \sigma \cdot n \tag{4.149}$$

ここに，n：仮想平面（現在配置）の法線ベクトルである．

基準配置の面積 dA が現在配置の面積 da に変形することを考えると，単位面積あたりの表面力ベクトルが等しくなるように現在配置から基準配置へとベクトル t を移動させたベクトル T は，

$$TdA = tda \quad \rightarrow \quad T = t\frac{da}{dA} \tag{4.150}$$

と書ける．基準配置の法線ベクトル N を用いて，式 (4.149) と類似の

$$T = P \cdot N \tag{4.151}$$

と書くことができる応力 P を第 1 Piola–Kirchhoff（ピオラ－キルヒホッフ）応力という．第 1 Piola–Kirchhoff 応力は，現在配置の表面力ベクトルに対する基準配置の

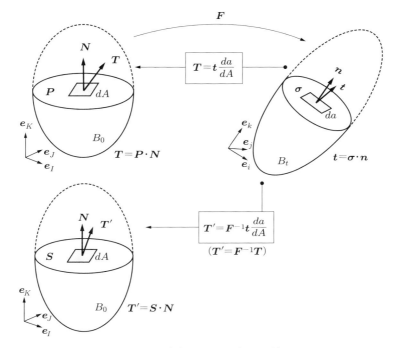

図 4.13 応力テンソルの相互関係

応力である.

$$\boldsymbol{T}dA = \boldsymbol{t}da = \boldsymbol{\sigma} \cdot \boldsymbol{n}da = \boldsymbol{\sigma} \cdot \left(J\boldsymbol{F}^{-T} \cdot \boldsymbol{N}dA \right)$$

$$= J\boldsymbol{\sigma} \cdot \boldsymbol{F}^{-T} \cdot \boldsymbol{N}dA = \boldsymbol{P} \cdot \boldsymbol{N}dA$$

であるから,

$$\boldsymbol{P} \equiv J\boldsymbol{\sigma} \cdot \boldsymbol{F}^{-T} = J\sigma_{ik}F_{Jk}^{-1} \left(\boldsymbol{e}_i \otimes \boldsymbol{e}_J \right) \tag{4.152}$$

と書ける. この表記からわかるように,第 1 Piola–Kirchhoff 応力は,基準配置と現在配置にまたがって定義される 2 点テンソルである.

次に,基準配置の表面力ベクトル $\boldsymbol{T}$ を変形勾配テンソル $\boldsymbol{F}$ によって基準配置に変換した表面力ベクトル $\boldsymbol{T}'$ を考える.

$$\boldsymbol{T}' = \boldsymbol{F}^{-1} \cdot \boldsymbol{T} \tag{4.153}$$

このベクトル $\boldsymbol{T}'$ について,

$$\boldsymbol{T}' = \boldsymbol{S} \cdot \boldsymbol{N} \tag{4.154}$$

と書くことができる応力 $\boldsymbol{S}$ を第 2 Piola–Kirchhoff 応力という.

$$\boldsymbol{T}' = \boldsymbol{F}^{-1} \cdot \boldsymbol{T} = \boldsymbol{F}^{-1} \cdot \boldsymbol{P} \cdot \boldsymbol{N} = \boldsymbol{S} \cdot \boldsymbol{N}$$

であるから,

$$S \equiv F^{-1} \cdot P = JF^{-1} \cdot \sigma \cdot F^{-T} = JF_{Ik}^{-1} \sigma_{kl} F_{lJ}^{-1} (e_I \otimes e_J) \tag{4.155}$$

である.つまり,第 1 Piola–Kirchhoff 応力と第 2 Piola–Kirchhoff 応力には,

$$P = F \cdot S \tag{4.156}$$

の関係がある.第 2 Piola–Kirchhoff 応力は,基準配置の表面力ベクトルに対する基準配置の応力である.

　応力テンソルとひずみテンソルを,基準配置と現在配置のいずれかまたは両方にまたがって定義できるため,仕事に関して共役な応力テンソルとひずみテンソルの組も複数存在する.第 1 Piola–Kirchhoff 応力 P と変形速度テンソル F は,仕事に対して共役である.また,第 2 Piola–Kirchhoff 応力 S と Lagrange–Green ひずみ E も,仕事に対して共役である.

$$dw = \sigma : d\varepsilon = P : dF = S : dE \tag{4.157}$$

$$E = \frac{1}{2}\left(F^T \cdot F - I\right) \tag{4.158}$$

第 1,第 2 Piola–Kirchhoff 応力も Cauchy 応力と同様に,対応する運動学的変数による弾性ポテンシャルの偏微分として,

$$P = \frac{\partial \Psi}{\partial F} \tag{4.159}$$

$$S = \frac{\partial \Psi}{\partial E} \tag{4.160}$$

と記述される.以上,弾性体の有限変形問題における応力の定義について,次の 4.4.2 項で必要となる点を中心に簡単に整理したが,導出過程を略して結果のみを表示した項目も少なくないので,必要に応じて,連続体力学,固体力学に関する書籍を参照してもらいたい.

4.4.2　Hamiltonian 粒子法

　弾性体は保存系であるので,Hamilton の最小作用の原理より,ポテンシャルエネルギー Ψ を用いて,運動方程式は,

$$\frac{Du}{Dt} = -\frac{1}{\rho}\frac{\partial \Psi}{\partial r} \tag{4.161}$$

で与えられる.このように力がポテンシャルの空間微分で記述された運動方程式を用いる粒子法は,Hamiltonian 粒子法とよばれるが,Hamilton の正準方程式の時間発展を計算する Hamiltonian Particle Dynamics（HPD）（田中, 2000 ; Tanaka, 2001 ; 越塚, 2005）とは異なることに注意を要する.

　微分の連鎖律により,

$$\frac{\partial \Psi}{\partial \boldsymbol{r}} = \frac{\partial \Psi}{\partial \boldsymbol{F}} : \frac{\partial \boldsymbol{F}}{\partial \boldsymbol{r}} = \boldsymbol{P} : \frac{\partial \boldsymbol{F}}{\partial \boldsymbol{r}} \tag{4.162}$$

だから，粒子 i の運動方程式は，次のようになる．

$$\frac{D\boldsymbol{u}_i}{Dt} = -\frac{1}{\rho_i}\sum_j \boldsymbol{P}_j : \frac{\partial \boldsymbol{F}_j}{\partial \boldsymbol{r}_i} \tag{4.163}$$

離散化においては，各粒子 i における変形勾配テンソル $\boldsymbol{F}_i$ を求める必要があるが，これには最小自乗法が用いられる（近藤ら, 2007）．重み関数を kernel w_{ij} で与え，kernel の影響域内で

$$e_i = \sum_j \left| \boldsymbol{F}_i \cdot \boldsymbol{r}_{ij}^0 - \boldsymbol{r}_{ij} \right|^2 w_{ij}^0 \tag{4.164}$$

を最小にするように $\boldsymbol{F}_i$ を推定する．

$$\frac{\partial e_i}{\partial \boldsymbol{F}_i} = 2\sum_j \left(\boldsymbol{F}_i \cdot \boldsymbol{r}_{ij}^0 - \boldsymbol{r}_{ij} \right) \otimes \boldsymbol{r}_{ij}^0 w_{ij}^0 = 0 \tag{4.165}$$

より，$\boldsymbol{F}_i$ は，

$$\boldsymbol{F}_i = \left(\sum_j \boldsymbol{r}_{ij} \otimes \boldsymbol{r}_{ij}^0 w_{ij}^0 \right) \cdot \boldsymbol{A}_i^{-1} \tag{4.166}$$

$$\boldsymbol{A}_i = \sum_j \boldsymbol{r}_{ij}^0 \otimes \boldsymbol{r}_{ij}^0 w_{ij}^0 \tag{4.167}$$

と書ける．

ここで，

$$\boldsymbol{F}_j = \left(\sum_k \boldsymbol{r}_{jk} \otimes \boldsymbol{r}_{jk}^0 w_{jk}^0 \right) \cdot \boldsymbol{A}_j^{-1} \tag{4.168}$$

と書いて，2 次元の場合について考える．$\boldsymbol{r}_{jk} = (x_{jk}, \ y_{jk})^T$, $\boldsymbol{r}_{jk}^0 = (x_{jk}^0, \ y_{jk}^0)^T$ とおくと，$j \neq i$ のとき，

$$\frac{\partial}{\partial \boldsymbol{r}_i}\left(\sum_k \boldsymbol{r}_{jk} \otimes \boldsymbol{r}_{jk}^0 w_{jk}^0 \right) = \left(\begin{array}{cc|cc} x_{ji}^0 w_{ji}^0 & y_{ji}^0 w_{ji}^0 & 0 & 0 \\ 0 & 0 & x_{ji}^0 w_{ji}^0 & y_{ji}^0 w_{ji}^0 \end{array} \right) \tag{4.169}$$

$j = i$ のとき，

$$\frac{\partial}{\partial \boldsymbol{r}_i}\left(\sum_k \boldsymbol{r}_{jk} \otimes \boldsymbol{r}_{jk}^0 w_{jk}^0 \right) = \left(\begin{array}{cc|cc} -\sum_{k\neq i} x_{ik}^0 w_{ik}^0 & -\sum_{k\neq i} y_{ik}^0 w_{ik}^0 & 0 & 0 \\ 0 & 0 & -\sum_{k\neq i} x_{ik}^0 w_{ik}^0 & -\sum_{k\neq i} y_{ik}^0 w_{ik}^0 \end{array} \right) \tag{4.170}$$

であることに注意すれば，

$$\boldsymbol{P}_j : \frac{\partial \boldsymbol{F}_j}{\partial \boldsymbol{r}_i} = \begin{cases} -\boldsymbol{P}_j \cdot \boldsymbol{A}_j^{-1} \cdot \boldsymbol{r}_{ij}^0 w_{ij}^0 & (j \neq i) \\ -\sum_{k\neq i} \boldsymbol{P}_i \cdot \boldsymbol{A}_i^{-1} \cdot \boldsymbol{r}_{ik}^0 w_{ik}^0 & (j = i) \end{cases} \tag{4.171}$$

を得る．この表式を式 (4.163) に用いて，運動方程式は，

$$\frac{D\boldsymbol{u}_i}{Dt} = \frac{1}{\rho_i}\left(\sum_j \boldsymbol{P}_i \cdot \boldsymbol{A}_i^{-1} \cdot \boldsymbol{r}_{ij}^0 w_{ij}^0 + \sum_j \boldsymbol{P}_j \cdot \boldsymbol{A}_j^{-1} \cdot \boldsymbol{r}_{ij}^0 w_{ij}^0\right)$$

$$\rightarrow \quad \frac{D\boldsymbol{u}_i}{Dt} = \frac{1}{\rho_i}\sum_j \left(\boldsymbol{P}_i \cdot \boldsymbol{A}_i^{-1} \cdot \boldsymbol{r}_{ij}^0 + \boldsymbol{P}_j \cdot \boldsymbol{A}_j^{-1} \cdot \boldsymbol{r}_{ij}^0\right) w_{ij}^0 \tag{4.172}$$

と書ける．式変形に際しては，$\boldsymbol{A}_j^{-1}$ が対称テンソルであることを用いた．

　次に，運動方程式中の応力 $\boldsymbol{P}$ を評価するために構成則が必要となる．先述の MPS 法による弾性体解析では，剛体回転の影響を差し引いたひずみを用いているので，微小変形だけでなく，微小ひずみの有限変形（有限回転）にも適用できる．弾性体の非線形性は，幾何学的非線形性と材料非線形性に分けられる．前者は変位－ひずみ関係における非線形性であり，後者は応力－ひずみ関係（構成則）における非線形性である．先述の MPS 法による弾性体解析では，線形の応力－ひずみ関係を前提としているので材料非線形性を扱うことはできないが，弾性ポテンシャルを用いる超弾性体解析では，ポテンシャル関数を適切に選べば材料非線形性も考慮することができる．鈴木・越塚 (2007) および Suzuki and Koshizuka (2007) は，非線形弾性体を対象として Lagrangian および Hamiltonian を定式化し，Mooney–Rivlin 則に従う非圧縮等方弾性体の解析を行った．

　超弾性体解析では，基準配置での応力を考える total Lagrange 法が適用されるので，応力－ひずみ関係としては，第 2 Piola–Kirchhoff 応力 $\boldsymbol{S}$ と Lagrange–Green ひずみ $\boldsymbol{E}$ を用いる．第 2 Piola–Kirchhoff 応力 $\boldsymbol{S}$ は弾性ポテンシャルの Lagrange–Green ひずみ $\boldsymbol{E}$ による偏微分（式 (4.160)）である．右 Cauchy–Green 変形テンソル $\boldsymbol{C}$ を用いて，Lagrange–Green ひずみは，

$$\boldsymbol{E} = \frac{1}{2}(\boldsymbol{C}-\boldsymbol{I}) \quad ; \quad \boldsymbol{C} \equiv \boldsymbol{F}^T \cdot \boldsymbol{F} \tag{4.173}$$

と書けるから，

$$\boldsymbol{S} = 2\frac{\partial \Psi}{\partial \boldsymbol{C}} \tag{4.174}$$

と表せる．ポテンシャル関数は多種提案されているが，その多くが右 Cauchy–Green 変形テンソル $\boldsymbol{C}$ の不変量

$$I_c = \mathrm{tr}\,\boldsymbol{C} \quad ; \quad I\!I_c = \frac{1}{2}\left\{(\mathrm{tr}\,\boldsymbol{C})^2 - \mathrm{tr}\,\boldsymbol{C}^2\right\} \quad ; \quad I\!I\!I_c = |\boldsymbol{C}| = J^2 \tag{4.175}$$

を用いて記述されるので，力の変数に $\boldsymbol{S}$ を，運動学的変数に $\boldsymbol{C}$ を用いると便利である．

　超弾性体解析は，微小ひずみの有限変形（幾何学的非線形性）にも適用できる．この場合に，最も単純な構成則は，Saint-Venant–Kirchhoff（サンブナン－キルヒホッフ）則

$$\boldsymbol{S} = \lambda \boldsymbol{I} \operatorname{tr} \boldsymbol{E} + 2\mu \boldsymbol{E} \tag{4.176}$$

である．Saint-Venant–Kirchhoff 則に従う弾性ポテンシャルは

$$\Psi = \frac{\lambda}{2}(\operatorname{tr} \boldsymbol{E})^2 + \mu \boldsymbol{E} : \boldsymbol{E} \tag{4.177}$$

で与えられる．

式 (4.156) より，運動方程式は

$$\frac{D\boldsymbol{u}_i}{Dt} = \frac{1}{\rho_i} \sum_j \left(\boldsymbol{F}_i \cdot \boldsymbol{S}_i \cdot \boldsymbol{A}_i^{-1} \cdot \boldsymbol{r}_{ij}^0 + \boldsymbol{F}_j \cdot \boldsymbol{S}_j \cdot \boldsymbol{A}_j^{-1} \cdot \boldsymbol{r}_{ij}^0 \right) w_{ij}^0 \tag{4.178}$$

と書ける．エネルギー保存性を高めるには，symplectic Euler スキームを用いて，

$$\left. \begin{aligned} \boldsymbol{u}_i^{k+1} &= \boldsymbol{u}_i^k + \left[\frac{D\boldsymbol{u}_i}{Dt} \right]^k \Delta t \\ \boldsymbol{r}_i^{k+1} &= \boldsymbol{r}_i^k + \boldsymbol{u}_i^{k+1} \Delta t \end{aligned} \right\} \tag{4.179}$$

と時間積分する．なお，超弾性体解析では応力の定義点が粒子上にあるとき，計算誤差による局所的な数値振動が発生することが知られている．数値振動の抑制のために，近藤ら (2007) および Kondo et al. (2010) は，粒子間に人工的ポテンシャル力を導入し，Takekawa et al. (2014) は，応力の計算点を追加する staggered particle technique を用いた．

粒子法による超弾性体解析の実施例としては，河島・酒井 (2005) によるゴムの大変形解析がある．その後，流体・構造連成計算のベンチマーク問題として，ゴム弾性板ゲートの裾を押し開けて流れる dam break 流への適用が多数行われた（たとえば，Antoci et al., 2007；陸田ら，2009；Rafiee et al., 2009）．さらに，Liao et al. (2014) はゴム弾性壁を越水する dam break 流を，Hwang et al. (2014) はゴム弾性壁のスロッシングによる変形を対象として解析を行った．また，陸田ら (2008) は，衝撃砕波圧による弾性壁の動的応答解析を行った．

図 **4.14** は，流体のソルバーに MPS-HS-HL-ECS-GC-DS 法（Wendland kernel）を導入した MPS 法超弾性体解析によって，ゴム弾性壁を越水する dam break 流の実験（Liao et al., 2014）をシミュレーションした結果（Gotoh and Khayyer, 2016）である．ゴム弾性壁の変形と越流水の挙動が良好に再現されている．

4.5 弾塑性体解析

弾塑性体の場合も，連続式 (4.51) と運動方程式 (4.52) が支配方程式である．MPS 法による弾性体解析では応力を陽に計算しないので，降伏状態（弾性域から塑性域への遷移）を判定するうえでは不都合である．したがって，弾塑性体解析では，SPH

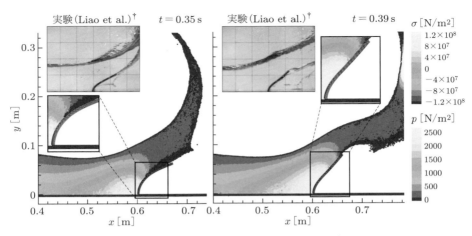

図 4.14　ゴム弾性壁を越水する dam break 流

法による弾性体解析で用いたのと同様の応力の時間発展を支配する方程式が必要である．応力 $\boldsymbol{\sigma}$ の時間微分は，Hooke の法則（式 (4.55)）において Lamé の定数を λ_e, μ_e として，

$$\dot{\boldsymbol{\sigma}} = \lambda_e \boldsymbol{I} \operatorname{tr} \dot{\boldsymbol{\varepsilon}}_e + 2\mu_e \dot{\boldsymbol{\varepsilon}}_e \tag{4.180}$$

となる．ここに，ε_e：弾性ひずみである．ひずみ増分（ひずみ速度）$\dot{\varepsilon}$ は，弾性ひずみ ε_e の増分と塑性ひずみ ε_p の増分の和であるとする．

$$\dot{\varepsilon} = \frac{\nabla \boldsymbol{u} + (\nabla \boldsymbol{u})^T}{2} \tag{4.181}$$

$$\dot{\varepsilon} = \dot{\varepsilon}_e + \dot{\varepsilon}_p \tag{4.182}$$

式 (4.180)，(4.182) より，

$$\dot{\boldsymbol{\sigma}} = \lambda_e \boldsymbol{I} \operatorname{tr} \dot{\varepsilon} + 2\mu_e \dot{\varepsilon} - \lambda_e \boldsymbol{I} \operatorname{tr} \dot{\varepsilon}_p - 2\mu_e \dot{\varepsilon}_p \tag{4.183}$$

となり，上式の塑性ひずみ増分は，流れ則

$$\dot{\varepsilon}_p = \dot{\lambda}_p \frac{\partial g_p}{\partial \boldsymbol{\sigma}} \tag{4.184}$$

により推定される．ここに，$\dot{\lambda}_p$：正の定数，g_p：塑性ポテンシャル関数である．

式 (4.183) に式 (4.184) を代入し，

$$\dot{\boldsymbol{\sigma}} = \lambda_e \boldsymbol{I} \operatorname{tr} \dot{\varepsilon} + 2\mu_e \dot{\varepsilon} - \dot{\lambda}_p \left\{ \lambda_e \boldsymbol{I} \operatorname{tr} \left(\frac{\partial g_p}{\partial \boldsymbol{\sigma}} \right) + 2\mu_e \frac{\partial g_p}{\partial \boldsymbol{\sigma}} \right\} \tag{4.185}$$

となる．弾性域から塑性域への遷移を支配する降伏関数を f_p とすると，降伏曲面

---

† Liao, K., Hu, C. and Sueyoshi, M. (2014). Numerical Simulation of Free Surface Flow Impacting on an Elastic Plate. *the 29th Int'l Workshop on Water Waves and Floating Bodies*, Osaka (Japan).

$f_p(\boldsymbol{\sigma}) = 0$ 上に応力があるとき，その状態が続くには f_p の時間導関数がゼロであることが必要となる．すなわち，微分の連鎖律を用いて，

$$\dot{f}_p = \frac{\partial f_p}{\partial \boldsymbol{\sigma}} : \dot{\boldsymbol{\sigma}} = 0 \tag{4.186}$$

である．式 (4.185) と $\partial f_p / \partial \boldsymbol{\sigma}$ の複内積をとって変形すると，

$$\dot{\lambda}_p = \frac{\lambda_e \mathrm{tr}\left(\dfrac{\partial f_p}{\partial \boldsymbol{\sigma}}\right) \mathrm{tr}\,\dot{\boldsymbol{\varepsilon}} + 2\mu_e \dfrac{\partial f_p}{\partial \boldsymbol{\sigma}} : \dot{\boldsymbol{\varepsilon}}}{\lambda_e \mathrm{tr}\left(\dfrac{\partial f_p}{\partial \boldsymbol{\sigma}}\right) \mathrm{tr}\left(\dfrac{\partial g_p}{\partial \boldsymbol{\sigma}}\right) + 2\mu_e \dfrac{\partial f_p}{\partial \boldsymbol{\sigma}} : \dfrac{\partial g_p}{\partial \boldsymbol{\sigma}}} \tag{4.187}$$

が得られる．$f_p(\boldsymbol{\sigma}) < 0$ は弾性域であるから，塑性変形の計算は不要である．

式 (4.185) によって応力 $\boldsymbol{\sigma}$ の時間発展が計算できるが，大変形の場合には，共回転（Jaumann）微分を導入し，式 (4.180) に代えて，

$$\dot{\boldsymbol{\sigma}} = \boldsymbol{\Omega} \cdot \boldsymbol{\sigma} - \boldsymbol{\sigma} \cdot \boldsymbol{\Omega} + \lambda_e \boldsymbol{I} \,\mathrm{tr}\,\dot{\boldsymbol{\varepsilon}}_e + 2\mu_e \dot{\boldsymbol{\varepsilon}}_e \tag{4.188}$$

とすればよい．

降伏関数および塑性ポテンシャルには，Mohr–Coulomb（モール‐クーロン）条件や Drucker–Prager（ドラッカー‐プラーガー）条件が一般的に使われる（Bui et al., 2008）．降伏状態では塑性変形（塑性ひずみ）が急増し，破壊に至る．たとえば，地滑りのシミュレーションでは，地盤に蓄積した塑性ひずみが一定のレベルを超えるとせん断破壊によって地盤に亀裂が生じ，地盤が流動し始める．そして，流動速度の増加とともに，分裂した岩塊・土塊群の運動を伴うようになる．この種の現象の解析では，地盤の変形を計算するための弾塑性体解析に岩塊・土塊群の運動を計算する粒状体モデルを組み込み，連続体から粒状体（離散粒子群）への遷移条件を加えたフレームワークが必要となる．粒状体への遷移に関しては，塑性ひずみの第 2 不変量を用いた判定（五十里ら, 2009）が提案されている．

地盤崩壊は，弾塑性体解析の主要な対象の一つであり，粒子法弾塑性体解析の適用事例も多い（たとえば，Bui et al., 2008；五十里・後藤, 2009；五十里ら, 2009；Nonoyama et al., 2015；Ikari and Gotoh, 2016）．一般に破壊過程では，脆性破壊を除けば，塑性域を介することなく破壊に至ることはないので，弾塑性体モデルは，破壊現象の解析には不可欠である．Randles and Libersky (1996) は，SPH 法により弾性体の高速衝突による破壊の動的解析を実施し，Ma et al. (2009) は，超高速衝突問題に SPH 法弾性体解析を適用し，飛翔体の金属板貫通時に発生するデブリクラウドの再現性を Material Point Method（MPM；Sulsky et al., 1994）と SPH 法とで比較した．超高速飛翔体の金属板への衝突解析は，スペースデブリ対策として宇宙船に導入されるデブリシールドの設計に必要となるが，SPH 法弾塑性体解析の有効性が示され

ている（Hayhurst et al., 2001 ; Kupchellaa et al., 2015 ; Stowe et al., 2015）．また，Eghtesad et al. (2012) は，高速液滴の衝突による金属プレートの変形を解析した．数値的安定性は，弾塑性体解析でも重要課題である．Randles and Libersky (2000) は，物理量の定義点と応力の定義点を分けるために，stress point を導入し，大変形弾塑性体解析の計算安定性を向上させた．Randles and Libersky (2005) は，stress point の導入に適合性の高い境界条件を提案した．

　図 4.15 は，MPS 法弾塑性体モデルを用いた崖地盤の崩壊過程のシミュレーションの結果である（五十里ら，2009）．DEM を併用することにより，滑り面の発生から崩壊後の岩塊・土塊の堆積までの一連の過程が計算できる．

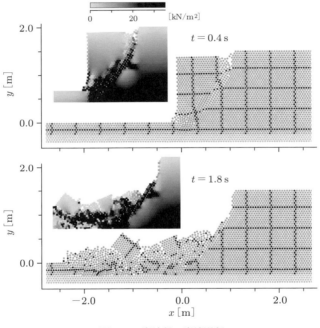

図 4.15　崖地盤の崩壊過程

気液混相流解析

　単相流の粒子法が自由表面流の解析に適用性が高いことは，これまでの章で述べてきたとおりであるが，自由表面の上部には気相が存在する．つまり，自由表面流解析では，気相から液相への影響が限定的に取り扱われていたといえる．気液二相流では2相間の密度差が大きいため，粒子法，格子法のいずれでも，固液二相流と比較すると計算が不安定になりやすく，取り扱いが難しい．同一体積を代表する液相粒子は気相粒子の約800倍強の質量となるので，液相粒子のわずかな圧力の擾乱が，近接する気相粒子を一瞬で高速に加速する程度の運動量を気相粒子に与えることになり，気液界面は圧力擾乱に対して特に不安定となる．

　5.1節では，気液混相流の支配方程式に関して詳述する．気液界面の境界条件の記述法，相関数を用いた一般的表式，一流体の混合体モデル，二流体モデル，相互作用項の記述など，一連の定式化についてまとめる．なお，支配方程式の記述は，連続体近似した二相流に共通であり，第6章で述べる固液二相流解析の基本事項でもある．5.2節では，界面の追跡計算の安定化のための界面近傍の密度の高精度推定に関して述べ，界面形状を十分に解像する場合の気液二相流解析に粒子法を導入し，表面張力の体積力表示が鍵となることを示す．5.3節では，表面張力の算定に必要な事項，すなわち曲率の定式化および表面張力の体積力表示のためのCSFモデルに関して詳述する．曲率に関しては，粒子法に適用可能な複数の方法を比較して，粒子分布から曲率推定するために最適な手法を明らかにする．さらに，表面張力を分子間力とのアナロジーで推定するポテンシャルモデルに関しても概要を述べる．

5.1　混相流の支配方程式

　気体・液体・固体が相互作用を伴いながら混在する流れを混相流という．具体的に相（気相・液相・固相）の組み合わせを明示して，気液二相流，固液二相流，固気二相流などとよばれるが，計算手法の研究の主軸は，工学的応用対象が多い気液二相流である．なお，気液二相流で，気相の運動の液相への影響が無視できるとき，自由表面として気液界面を扱うことができる．これまでの章で述べてきた単相の自由表面流が，この場合に相当する．

5.1.1　気液二相流の直接解法

　分子動力学は別として，連続体の範疇の解析で最も詳細といえるのは，界面の形状を時間発展的に追跡しつつ，界面での境界条件を考慮して個々の相において Navier–Stokes 式を解く方法である．ここでは，この方法を直接解法とよぶこととする．計算過程で界面自体が移動するので，界面をいかに捕らえるかが鍵となる．

　格子法の界面捕捉の方法には，界面を移動格子によって直接的に表現する界面追跡法と，固定格子上で界面を表す関数の移流を追跡する界面捕捉法がある．界面の複雑な変形には界面捕捉法が適用性に優れており，MAC 法，VOF 法，Level Set 法などは，いずれも界面捕捉法に属する．粒子法では界面とともに粒子が移動するので，粒子法は界面追跡法の範疇に入るが，格子法では界面形状を表現する格子の変形に制約が大きいのに対して，粒子法は界面の激しい変形にも柔軟に対応できるので，格子法の界面捕捉法と遜色なく機能する．

　等温の 2 流体について，質量・運動量の保存則（連続式，Navier–Stokes 式）は，

$$\frac{\partial \rho_k}{\partial t} + \nabla \cdot \rho_k \boldsymbol{u}_k = 0 \tag{5.1}$$

$$\frac{D\boldsymbol{u}_k}{Dt} = -\frac{\nabla p_k}{\rho_k} + \frac{1}{\rho_k}\nabla \cdot \boldsymbol{T}_k + \boldsymbol{g} \tag{5.2}$$

と表される．ここに，k：相（$k=1,2$），$\boldsymbol{u}_k$：流速，t：時間，ρ_k：密度，p_k：圧力，$\boldsymbol{g}$：重力加速度，$\boldsymbol{T}_k$：粘性応力テンソルである．相変化のない 2 相の界面では，以下の境界条件が成り立つ．

$$(\boldsymbol{u}_1 - \boldsymbol{u}_2)\cdot\hat{\boldsymbol{n}} = 0 \tag{5.3}$$

$$-(p_1 - p_2)\hat{\boldsymbol{n}} + (\boldsymbol{T}_1 - \boldsymbol{T}_2)\cdot\hat{\boldsymbol{n}} = \kappa\sigma\hat{\boldsymbol{n}} + \nabla_S\sigma \tag{5.4}$$

ここに，$\hat{\boldsymbol{n}}$：界面の単位法線ベクトル，κ：界面の曲率，σ：表面張力係数である．表面における勾配微分演算子 ∇_S は，法線方向の勾配微分演算子 ∇_N とともに，

$$\nabla_S \equiv \nabla - \nabla_N \quad ; \quad \nabla_N \equiv \hat{\boldsymbol{n}}(\hat{\boldsymbol{n}}\cdot\nabla) \tag{5.5}$$

と定義され，法線方向の単位ベクトルを用いて，

$$\nabla_S = \nabla - \nabla_N = (\boldsymbol{I} - \hat{\boldsymbol{n}}\otimes\hat{\boldsymbol{n}})\cdot\nabla \tag{5.6}$$

と書ける．式 (5.3) および式 (5.4) の境界条件を跳躍条件とよぶ．式 (5.3) が界面における運動学的境界条件，式 (5.4) が力学的境界条件である．

　両相が粘性流体ならば，界面で no-slip とするのが妥当であるから，式 (5.3) は，

$$\boldsymbol{u}_1 - \boldsymbol{u}_2 = \boldsymbol{0} \tag{5.7}$$

と書ける．簡単のため界面近傍で粘性応力が無視でき，表面張力係数が界面に沿って一定であると仮定すれば，式 (5.4) は，

$$p_2 - p_1 = \kappa\sigma \tag{5.8}$$

となり，両相からはたらく表面力の界面でのつり合いを意味する．つまり，界面の単位面積あたりで考えると，両相の圧力差と表面張力の界面法線方向成分が均衡している．

曲率は，主曲率（曲率の最大値と最小値）の和として

$$\kappa \equiv 2H \quad ; \quad H \equiv \frac{1}{2}\left(\frac{1}{R_1} + \frac{1}{R_2}\right) \tag{5.9}$$

と定義される．H：平均曲率，R_1, R_2：主曲率半径である．式 (5.9) の表式を用いると，式 (5.8) は

$$\Delta p = \frac{2\sigma}{R} \quad ; \quad \frac{1}{R} = H \tag{5.10}$$

となるが，これは表面張力の表式としてよく知られた Young–Laplace の式にほかならない．式中の Δp は界面の圧力差である．

ここで，跳躍条件に関して，もう少し詳しく見てみよう．式 (5.4) を法線ベクトル方向に射影すると，

$$-(p_1 - p_2)\hat{\boldsymbol{n}}\cdot\hat{\boldsymbol{n}} + \left\{(\boldsymbol{T}_1 - \boldsymbol{T}_2)\cdot\hat{\boldsymbol{n}}\right\}\cdot\hat{\boldsymbol{n}} = \kappa\sigma\hat{\boldsymbol{n}}\cdot\hat{\boldsymbol{n}} + (\nabla_S\sigma)\cdot\hat{\boldsymbol{n}}$$
$$\rightarrow \quad -(p_1 - p_2) + (\boldsymbol{T}_1 - \boldsymbol{T}_2):\hat{\boldsymbol{n}}\otimes\hat{\boldsymbol{n}} = \kappa\sigma \tag{5.11}$$

となり，接線ベクトル方向に射影すると，

$$-(p_1 - p_2)\hat{\boldsymbol{n}}\cdot\hat{\boldsymbol{t}} + \left\{(\boldsymbol{T}_1 - \boldsymbol{T}_2)\cdot\hat{\boldsymbol{n}}\right\}\cdot\hat{\boldsymbol{t}} = \kappa\sigma\hat{\boldsymbol{n}}\cdot\hat{\boldsymbol{t}} + (\nabla_S\sigma)\cdot\hat{\boldsymbol{t}}$$
$$\rightarrow \quad (\boldsymbol{T}_1 - \boldsymbol{T}_2):\hat{\boldsymbol{n}}\otimes\hat{\boldsymbol{t}} = (\nabla_S\sigma)\cdot\hat{\boldsymbol{t}} \tag{5.12}$$

となる（$\hat{\boldsymbol{t}}$：単位接線ベクトル）．なお，上式においては，

$$\hat{\boldsymbol{n}}\cdot\hat{\boldsymbol{t}} = 0 \quad ; \quad \hat{\boldsymbol{n}}\cdot\hat{\boldsymbol{n}} = |\hat{\boldsymbol{n}}|^2 = 1 \quad ; \quad (\nabla_S\sigma)\cdot\hat{\boldsymbol{n}} = 0 \quad (\because \nabla_S\sigma \perp \hat{\boldsymbol{n}}) \tag{5.13}$$

であること，および，テンソルの内積に関する公式

$$\boldsymbol{A}:(\boldsymbol{b}\otimes\boldsymbol{c}) = \boldsymbol{b}\cdot\boldsymbol{A}\cdot\boldsymbol{c} \quad ; \quad \boldsymbol{b}\cdot\boldsymbol{A} = \boldsymbol{A}^T\cdot\boldsymbol{b}$$

（$\boldsymbol{A}$：任意のテンソル，$\boldsymbol{b}$, $\boldsymbol{c}$：任意のベクトル）および，粘性応力テンソルの対称性から，

$$\boldsymbol{T}:(\hat{\boldsymbol{n}}\otimes\hat{\boldsymbol{t}}) = \hat{\boldsymbol{n}}\cdot\boldsymbol{T}\cdot\hat{\boldsymbol{t}} = \left(\boldsymbol{T}^T\cdot\hat{\boldsymbol{n}}\right)\cdot\hat{\boldsymbol{t}} = (\boldsymbol{T}\cdot\hat{\boldsymbol{n}})\cdot\hat{\boldsymbol{t}}$$

と書けることを用いた．

表面張力係数 σ は，単位長さあたりの表面張力の大きさであり，接触している二つの流体の分子間力の差に起因する．分子間力は流体の温度によって変わるから，表面張力係数も流体の温度に依存する（5.3.1 項参照）．しかし，流体の温度が一様のときには，接触している二つの流体が決まれば σ は一定値であり，式 (5.12) の右辺はゼロとなる．このことから，流体の温度が一様のとき，界面近傍では粘性応力もゼロであるといえる．式 (5.11) において粘性応力をゼロとおくと，圧力差と表面張力の

法線方向成分が均衡する式 (5.8) が得られる．以上のことから，界面近傍で粘性応力が無視できることと，表面張力係数が界面に沿って一定であることが一貫性のある仮定であるとわかる．

　非圧縮性流体については，式 (2.24)，(2.25) より，

$$\boldsymbol{T}_k = \mu_k \left\{ \nabla \boldsymbol{u}_k + (\nabla \boldsymbol{u}_k)^T \right\} = \mu_k \nabla^2 \boldsymbol{u}_k \tag{5.14}$$

であるから，式 (5.2) は，

$$\frac{D\boldsymbol{u}_k}{Dt} = -\frac{\nabla p_k}{\rho_k} + \nu_k \nabla^2 \boldsymbol{u}_k + \boldsymbol{g} \quad ; \quad \nu_k = \frac{\mu_k}{\rho_k} \tag{5.15}$$

となる．以上のように，混相流の支配方程式の解法は，偏微分方程式の境界値問題であるが，2 相の界面が時空間的に変化するため，境界条件式 (5.3)，(5.4) を課すべき界面の座標自体が未知量であり，精度のよい解を得るには，界面の位置と形状（各位置での曲率）を高い精度で追跡する必要がある．界面の追跡と表面張力の評価の具体的方法に関しては 5.2 節で詳述する．

5.1.2　気液二相流の二流体モデル

　気液二相流において，2 相の界面を時間発展的に追跡するのは必ずしも容易なことではない．計算領域が比較的狭い条件（たとえば，単一気泡の周囲の流れなど）では，計算点密度を十分に高くして，気泡の形状を精度よく追跡することは可能ではあるが，多数気泡の相互干渉を伴う場では，十分な空間解像度を確保しようとすれば計算点数が膨大となって，計算の実行が難しい．解像度を下げると，気泡径と計算点間隔が同程度のオーダーとなり，気泡界面を正確に捕らえることができなくなる．そこで，2 相を平均化して粗視化された支配方程式が必要となるが，以下では平均化のプロセスを示すことにする．

(1)　相の数学的定義と平均操作・微分操作

　はじめに，数式展開に必要な数学ツール（Ishii, 1975 ; Drew, 1983）を整理する．**図 5.1** に示すように，二つの相 Ω_1, Ω_2 からなる領域 Ω を考える．相関数 χ_k を

$$\chi_k(\boldsymbol{r}, t) = \begin{cases} 1 & (\boldsymbol{r} \in \Omega_k) \\ 0 & (\text{otherwise}) \end{cases} \tag{5.16}$$

と定義する（$\boldsymbol{r}$：位置，t：時間）．領域 Ω に属するいかなる位置でも，2 相の相関数のいずれか一方が 1，他方が 0 であるから，2 相の相関数の和は，

$$\chi_1 + \chi_2 = 1 \tag{5.17}$$

である．2 相の境界は，相関数の不連続点を連ねて記述できるから，境界において相関数の空間勾配は無限大となる．

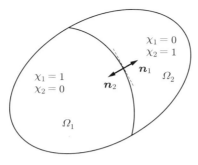

図 5.1 相関数

$$\nabla \chi_k = -\hat{\boldsymbol{n}}_k \delta_s \quad ; \quad \delta_s(\boldsymbol{r}-\boldsymbol{r}^{\mathrm{if}},t)=\begin{cases} +\infty & (\boldsymbol{r}=\boldsymbol{r}^{\mathrm{if}}) \\ 0 & (\boldsymbol{r}\neq\boldsymbol{r}^{\mathrm{if}}) \end{cases} \tag{5.18}$$

ここに，$\hat{\boldsymbol{n}}_k$：界面の法線ベクトル，δ_s：Dirac のデルタ関数，$\boldsymbol{r}^{\mathrm{if}}$：界面の位置ベクトルである．さらに，相関数は界面の運動学的条件式

$$\frac{\partial \chi_k}{\partial t} + \boldsymbol{u}^{\mathrm{if}}\cdot\nabla\chi_k = 0 \tag{5.19}$$

を満足する．ここに，$\boldsymbol{u}^{\mathrm{if}}$：界面の速度である．この式は，界面の単位時間の移動幅に応じた領域で相関数の変化が生じることを意味している．水面波の解析でいえば，自由表面の運動学的境界条件，すなわち，自由表面上にある水粒子が自由表面とともに動く（自由表面を飛び出さない）ことに対応する．

　領域 Ω の体積が V であるとして，相関数を用いた平均操作

$$\overline{\phi_k}^V \equiv \frac{1}{V}\int_V \phi_k(\boldsymbol{\xi},t)\,\chi_k(\boldsymbol{\xi},t)dV \tag{5.20}$$

を定義する．この平均操作は時間・空間微分と交換可能である．

$$\overline{\frac{\partial\phi}{\partial t}}^V = \frac{\partial}{\partial t}\overline{\phi_k}^V \quad ; \quad \overline{\nabla\phi}^V = \nabla\overline{\phi_k}^V \tag{5.21}$$

空間微分に関して，積の微分則と式 (5.18) より，

$$\nabla\overline{\chi_k\phi_k}^V = \overline{\chi_k\nabla\phi_k}^V + \overline{\phi_k\nabla\chi_k}^V \quad ; \quad \overline{\phi_k\nabla\chi_k}^V = \overline{\phi_k^{\mathrm{if}}\left(\nabla\chi_k\right)^{\mathrm{if}}}^V = -\overline{\phi_k^{\mathrm{if}}\,\hat{\boldsymbol{n}}_k}^V\delta_s \tag{5.22}$$

だから，微分則・Gauss rule

$$\overline{\chi_k\nabla\phi_k}^V = \nabla\overline{\chi_k\phi_k}^V - \overline{\phi_k^{\mathrm{if}}\left(\nabla\chi_k\right)^{\mathrm{if}}}^V$$
$$\mathrm{or}\ \ \overline{\chi_k\nabla\phi_k}^V = \nabla\overline{\chi_k\phi_k}^V + \overline{\phi_k^{\mathrm{if}}\,\hat{\boldsymbol{n}}_k}^V\delta_s \tag{5.23}$$

が成立する．一方，時間微分に関して，積の微分則と式 (5.18)，(5.19) より，

$$\frac{\partial}{\partial t}\overline{\chi_k\phi_k}^V = \overline{\frac{\partial \chi_k}{\partial t}\phi_k}^V + \overline{\chi_k\frac{\partial \phi_k}{\partial t}}^V \left.\vphantom{\begin{array}{c}1\\1\end{array}}\right\}$$

$$\overline{\frac{\partial \chi_k}{\partial t}\phi_k}^V = -\overline{\phi_k \boldsymbol{u}^{\mathrm{if}}\cdot\nabla\chi_k}^V = -\overline{\phi_k^{\mathrm{if}}\boldsymbol{u}^{\mathrm{if}}\cdot(\nabla\chi_k)^{\mathrm{if}}}^V = \overline{\phi_k^{\mathrm{if}}\boldsymbol{u}^{\mathrm{if}}\cdot\hat{\boldsymbol{n}}_k}^V\delta_s \tag{5.24}$$

だから，微分則・Leibniz（ライプニッツ）rule

$$\overline{\chi_k\frac{\partial \phi_k}{\partial t}}^V = \frac{\partial}{\partial t}\overline{\chi_k\phi_k}^V + \overline{\phi_k\boldsymbol{u}^{\mathrm{if}}\cdot(\nabla\chi_k)^{\mathrm{if}}}^V$$

$$\mathrm{or}\ \ \overline{\chi_k\frac{\partial \phi_k}{\partial t}}^V = \frac{\partial}{\partial t}\overline{\chi_k\phi_k}^V - \overline{\phi_k^{\mathrm{if}}\boldsymbol{u}^{\mathrm{if}}\cdot\hat{\boldsymbol{n}}_k}^V\delta_s \tag{5.25}$$

が成立する．

(2)　一流体モデル

各相個別の支配方程式は，

$$\frac{\partial \rho_k}{\partial t}+\nabla\cdot\rho_k\boldsymbol{u}_k=0 \tag{5.1 再掲}$$

$$\frac{\partial \rho_k\boldsymbol{u}_k}{\partial t}+\nabla\cdot(\rho_k\boldsymbol{u}_k\otimes\boldsymbol{u}_k)=\nabla\cdot\boldsymbol{T}_k+\rho_k\boldsymbol{g} \tag{5.26}$$

と書ける．ただし，ここでは，後述する導出過程の表記の簡略化のため，圧力を粘性応力と併せて，

$$\boldsymbol{T}_k=-p_k\boldsymbol{I}+\mu_k\left\{\nabla\boldsymbol{u}_k+(\nabla\boldsymbol{u}_k)^T\right\} \tag{5.27}$$

と記述している．保存則型で統一して書くと，

$$\frac{\partial \boldsymbol{P}_k}{\partial t}+\nabla\cdot\boldsymbol{Q}_k+\boldsymbol{R}_k=\boldsymbol{0} \tag{5.28}$$

$$\boldsymbol{P}_k=\begin{pmatrix} \rho_k \\ \rho_k\boldsymbol{u}_k \end{pmatrix}\ \ ;\ \ \boldsymbol{Q}_k=\begin{pmatrix} \rho_k\boldsymbol{u}_k \\ \rho_k\boldsymbol{u}_k\otimes\boldsymbol{u}_k-\boldsymbol{T}_k \end{pmatrix}\ \ ;\ \ \boldsymbol{R}_k=\begin{pmatrix} 0 \\ -\rho_k\boldsymbol{g} \end{pmatrix} \tag{5.29}$$

となる．支配方程式 (5.28) に χ_k を乗じて平均操作（Ishii, 1975 ; Drew, 1983）すると，

$$\overline{\chi_k\frac{\partial \boldsymbol{P}_k}{\partial t}}^V + \overline{\chi_k\nabla\cdot\boldsymbol{Q}_k}^V + \overline{\chi_k\boldsymbol{R}_k}^V = \boldsymbol{0} \tag{5.30}$$

となり，微分則 (5.23)，(5.25) を適用して整理すると，

$$\frac{\partial}{\partial t}\overline{\chi_k\boldsymbol{P}_k}^V - \overline{\boldsymbol{P}_k^{\mathrm{if}}\boldsymbol{u}^{\mathrm{if}}\cdot\hat{\boldsymbol{n}}_k}^V\delta_s + \nabla\cdot\overline{\chi_k\boldsymbol{Q}_k}^V + \overline{\boldsymbol{Q}_k^{\mathrm{if}}\cdot\hat{\boldsymbol{n}}_k}^V\delta_s + \overline{\chi_k\boldsymbol{R}_k}^V = \boldsymbol{0}$$

$$\rightarrow\ \ \frac{\partial}{\partial t}\overline{\chi_k\boldsymbol{P}_k}^V + \nabla\cdot\overline{\chi_k\boldsymbol{Q}_k}^V + \overline{\chi_k\boldsymbol{R}_k}^V = \overline{\left(\boldsymbol{P}_k^{\mathrm{if}}\boldsymbol{u}^{\mathrm{if}}-\boldsymbol{Q}_k^{\mathrm{if}}\right)\cdot\hat{\boldsymbol{n}}_k}^V\delta_s \tag{5.31}$$

が得られる．

これに式 (5.29) を代入すると，質量保存則は，

$$\frac{\partial}{\partial t}\overline{\chi_k\rho_k}^V + \nabla\cdot\overline{\chi_k\rho_k\boldsymbol{u}_k}^V = \Gamma_k \tag{5.32}$$

$$\Gamma_k = \overline{\rho_k^{\mathrm{if}}\left(\boldsymbol{u}^{\mathrm{if}} - \boldsymbol{u}_k^{\mathrm{if}}\right)\cdot\hat{\boldsymbol{n}}_k}^V\delta_s \tag{5.33}$$

となる. 式中の Γ_k は相変化量（2相の間の質量輸送）である. 同様の手順で, 運動量保存則は,

$$\frac{\partial}{\partial t}\overline{\chi_k\rho_k\boldsymbol{u}_k}^V + \nabla\cdot\overline{\left(\chi_k\rho_k\boldsymbol{u}_k\otimes\boldsymbol{u}_k - \chi_k\boldsymbol{T}_k\right)}^V - \overline{\chi_k\rho_k\boldsymbol{g}}^V = \boldsymbol{M}_k \tag{5.34}$$

$$\boldsymbol{M}_k = \overline{\left\{\boldsymbol{T}_k^{\mathrm{if}} + \rho_k^{\mathrm{if}}\boldsymbol{u}_k^{\mathrm{if}}\otimes\left(\boldsymbol{u}^{\mathrm{if}} - \boldsymbol{u}_k^{\mathrm{if}}\right)\right\}\cdot\hat{\boldsymbol{n}}_k}^V\delta_s \tag{5.35}$$

となる. 式中の $\boldsymbol{M}_k$ は界面運動量輸送を意味する.

相変化がなければ,

$$\Gamma_1 = \Gamma_2 = 0 \tag{5.36}$$

だから, 式 (5.33) より

$$\boldsymbol{u}_1^{\mathrm{if}} = \boldsymbol{u}_2^{\mathrm{if}} = \boldsymbol{u}^{\mathrm{if}} \tag{5.37}$$

となり, これを式 (5.35) に用いると, 界面運動量輸送は,

$$\boldsymbol{M}_k = \overline{\boldsymbol{T}_k^{\mathrm{if}}\cdot\hat{\boldsymbol{n}}_k}^V\delta_s \tag{5.38}$$

となる. 2相の界面運動量輸送の和は,

$$\boldsymbol{M}_1 + \boldsymbol{M}_2 = \left(\overline{\boldsymbol{T}_1^{\mathrm{if}}\cdot\hat{\boldsymbol{n}}_1}^V + \overline{\boldsymbol{T}_2^{\mathrm{if}}\cdot\hat{\boldsymbol{n}}_2}^V\right)\delta_s = \overline{\left(\boldsymbol{T}_1^{\mathrm{if}} - \boldsymbol{T}_2^{\mathrm{if}}\right)\cdot\hat{\boldsymbol{n}}_1}^V\delta_s \quad (\because \hat{\boldsymbol{n}}_2 = -\hat{\boldsymbol{n}}_1) \tag{5.39}$$

で, 式 (5.4) と式 (5.27) より,

$$\overline{\left(\boldsymbol{T}_1^{\mathrm{if}} - \boldsymbol{T}_2^{\mathrm{if}}\right)\cdot\hat{\boldsymbol{n}}_1}^V = \kappa\sigma\hat{\boldsymbol{n}} + \nabla_S\sigma \tag{5.40}$$

であるから, 界面の表面張力として,

$$\boldsymbol{M}_1 + \boldsymbol{M}_2 = (\kappa\sigma\hat{\boldsymbol{n}} + \nabla_S\sigma)\delta_s \tag{5.41}$$

と書ける. ここで,

$$\rho \equiv \overline{\chi_k\rho_k}^V \quad ; \quad \boldsymbol{u} \equiv \frac{\overline{\chi_k\rho_k\boldsymbol{u}_k}^V}{\rho} \quad ; \quad \boldsymbol{T} \equiv \overline{\chi_k\boldsymbol{T}_k}^V \quad ; \quad \boldsymbol{g} \equiv \frac{\overline{\chi_k\rho_k\boldsymbol{g}}^V}{\rho} \tag{5.42}$$

と定義すれば, 式 (5.32), (5.34) は,

$$\frac{\partial\rho}{\partial t} + \nabla\cdot\rho\boldsymbol{u} = 0 \tag{5.43}$$

$$\frac{\partial\rho\boldsymbol{u}}{\partial t} + \nabla\cdot(\rho\boldsymbol{u}\otimes\boldsymbol{u}) = \nabla\cdot\boldsymbol{T} + \rho\boldsymbol{g} + (\kappa\sigma\hat{\boldsymbol{n}} + \nabla_S\sigma)\delta_s \tag{5.44}$$

と書けて, 一流体モデルの支配方程式が得られる.

一流体モデルの支配方程式は, 見かけ上は単相流の支配方程式 (5.1), (5.2) に表面

張力項を付加した形式となっているが，この表式では，位置 r は 2 相のうちのいずれかの相に占有されており，式 (5.43) から明らかなように，各位置ではその位置を占有している相の物理量が選択される．単相流の支配方程式と比較すると，境界条件として扱われていた表面張力が形式的に支配方程式に組み込まれているが，界面の位置を厳密に決めないと表面張力を導入できない．つまり，一流体モデルは，計算セル（粒子法では kernel の影響域）に複数種の流体（相）が含まれない場合に適合したモデルである．

(3)   混合体モデル

次に，計算セルに複数種の流体が含まれる場合について，二つの相が充分に混合している状態を対象に，混合体を一つの流体とした混合体モデルの支配方程式を導出してみよう．はじめに，新たな平均操作，

$$\overline{\phi_k} \equiv \frac{1}{V_k} \int_V \phi_k(\boldsymbol{\xi},t)\chi_k(\boldsymbol{\xi},t)dV \quad ; \quad V_k \equiv \int_V \chi_k(\boldsymbol{\xi},t)dV \tag{5.45}$$

を導入し，体積率 α_k を

$$\alpha_k \equiv \frac{V_k}{V} = \frac{1}{V} \int_V \chi_k(\boldsymbol{\xi},t)dV \tag{5.46}$$

と定義する．新たな平均操作 (5.45) は，式 (5.20) の平均操作を用いて，

$$\overline{\phi_k}^V = \alpha_k \overline{\phi_k} \tag{5.47}$$

と書ける．

質量保存則・式 (5.32) において，

$$\overline{\chi_k\rho_k}^V \rightarrow \alpha_k\rho_k \quad ; \quad \overline{\chi_k\rho_k\boldsymbol{u_k}}^V \rightarrow \alpha_k\rho_k\overline{\boldsymbol{u_k}} \tag{5.48}$$

と置き換え，相変化がない（式 (5.36)）として，2 相の和をとると，

$$\sum_{k=1,2}\left\{\frac{\partial \alpha_k\rho_k}{\partial t} + \nabla\cdot\left(\alpha_k\rho_k\overline{\boldsymbol{u_k}}\right)\right\} = 0 \tag{5.49}$$

となる．ここで，混合体の密度と速度を

$$\rho_m = \alpha_1\rho_1 + \alpha_2\rho_2 \tag{5.50}$$

$$\boldsymbol{u}_m = \frac{\alpha_1\rho_1\overline{\boldsymbol{u_1}} + \alpha_2\rho_2\overline{\boldsymbol{u_2}}}{\rho_m} \tag{5.51}$$

と定義すると，混合体の質量保存則，

$$\frac{\partial \rho_m}{\partial t} + \nabla\cdot\rho_m\boldsymbol{u}_m = 0 \tag{5.52}$$

が得られる．

同様に，運動量保存則 (5.34) についても式 (5.48) の置き換えを行えば，

$$\frac{\partial \alpha_k \rho_k \overline{\boldsymbol{u_k}}}{\partial t} + \nabla \cdot \left(\alpha_k \rho_k \overline{\boldsymbol{u_k}} \otimes \overline{\boldsymbol{u_k}} \right) = \nabla \cdot \left(\alpha_k \overline{\boldsymbol{T_k}} \right) + \alpha_k \rho_k \boldsymbol{g} + \boldsymbol{M}_k \tag{5.53}$$

となり，これについても 2 相の和をとれば，

$$\frac{\partial \rho_m \boldsymbol{u}_m}{\partial t} + \nabla \cdot \left(\rho_m \boldsymbol{u}_m \otimes \boldsymbol{u}_m + \boldsymbol{D}^{\mathrm{if}} \right) = \nabla \cdot \left(\boldsymbol{T}_m + \boldsymbol{T}^{\mathrm{if}} \right) + \rho_m \boldsymbol{g} + (\kappa \sigma \hat{\boldsymbol{n}} + \nabla_S \sigma) \delta_s \tag{5.54}$$

$$\boldsymbol{D}^{\mathrm{if}} = \frac{\alpha_1 \alpha_2 \rho_1 \rho_2}{\rho_m} \boldsymbol{u}_r \otimes \boldsymbol{u}_r \tag{5.55}$$

$$\boldsymbol{T}^{\mathrm{if}} = \frac{\alpha_1 \alpha_2 \left(\rho_1 \mu_2 - \rho_2 \mu_1 \right)}{\rho_m} \left\{ \nabla \boldsymbol{u}_r + (\nabla \boldsymbol{u}_r)^T \right\} \tag{5.56}$$

$$\boldsymbol{u}_r \equiv \overline{\boldsymbol{u_2}} - \overline{\boldsymbol{u_1}} \tag{5.57}$$

が得られる．式中の $\boldsymbol{u}_r$ は 2 流体間の相対速度である．式中には二つの付加項 $\boldsymbol{D}^{\mathrm{if}}$，$\boldsymbol{T}^{\mathrm{if}}$ が出現している．付加項 $\boldsymbol{D}^{\mathrm{if}}$ は，2 流体間の相対速度による移流を意味しており，付加項 $\boldsymbol{T}^{\mathrm{if}}$ は 2 流体間の相対速度による界面近傍の粘性の増加を意味している．2 相間の相対流速 $\boldsymbol{u}_r$ は界面近傍以外ではゼロとしてよいから，これらの付加項は界面近傍においてのみ考慮が必要となる．

付加項の導出に関して詳しく見てみよう．混合物の流速および 2 流体間の相対速度のテンソル積

$$\rho_m \boldsymbol{u}_m \otimes \boldsymbol{u}_m = \frac{\alpha_1^2 \rho_1^2}{\rho_m} \overline{\boldsymbol{u_1}} \otimes \overline{\boldsymbol{u_1}} + \frac{\alpha_2^2 \rho_2^2}{\rho_m} \overline{\boldsymbol{u_2}} \otimes \overline{\boldsymbol{u_2}} + \frac{2\alpha_1 \alpha_2 \rho_1 \rho_2}{\rho_m} \overline{\boldsymbol{u_1}} \otimes \overline{\boldsymbol{u_2}}$$

$$\boldsymbol{u}_r \otimes \boldsymbol{u}_r = \overline{\boldsymbol{u_1}} \otimes \overline{\boldsymbol{u_1}} + \overline{\boldsymbol{u_2}} \otimes \overline{\boldsymbol{u_2}} - 2\overline{\boldsymbol{u_1}} \otimes \overline{\boldsymbol{u_2}}$$

から，$\overline{\boldsymbol{u_1}} \otimes \overline{\boldsymbol{u_2}}$ を消去すると，

$$\rho_m \boldsymbol{u}_m \otimes \boldsymbol{u}_m = \alpha_1 \rho_1 \overline{\boldsymbol{u_1}} \otimes \overline{\boldsymbol{u_1}} + \alpha_2 \rho_2 \overline{\boldsymbol{u_2}} \otimes \overline{\boldsymbol{u_2}} - \frac{\alpha_1 \alpha_2 \rho_1 \rho_2}{\rho_m} \boldsymbol{u}_r \otimes \boldsymbol{u}_r \tag{5.58}$$

となり，

$$\nabla \cdot \left(\sum_{k=1,2} \alpha_k \rho_k \overline{\boldsymbol{u_k}} \otimes \overline{\boldsymbol{u_k}} \right) = \nabla \cdot \left(\rho_m \boldsymbol{u}_m \otimes \boldsymbol{u}_m + \boldsymbol{D}^{\mathrm{if}} \right) \tag{5.59}$$

が得られる．一方，2 相の粘性項の和は

$$\boldsymbol{T} = \alpha_1 \mu_1 \left\{ \nabla \overline{\boldsymbol{u_1}} + \left(\nabla \overline{\boldsymbol{u_1}} \right)^T \right\} + \alpha_2 \mu_2 \left\{ \nabla \overline{\boldsymbol{u_2}} + \left(\nabla \overline{\boldsymbol{u_2}} \right)^T \right\} \tag{5.60}$$

であり，混合体の粘性項を

$$\boldsymbol{T}_m = \mu_m \left\{ \nabla \boldsymbol{u}_m + (\nabla \boldsymbol{u}_m)^T \right\} \quad ; \quad \mu_m = \alpha_1 \mu_1 + \alpha_2 \mu_2 \tag{5.61}$$

と書くと，

$$\boldsymbol{T}_m = (\alpha_1 \mu_1 + \alpha_2 \mu_2) \left[\frac{\alpha_1 \rho_1}{\rho_m} \left\{ \nabla \overline{\boldsymbol{u_1}} + \left(\nabla \overline{\boldsymbol{u_1}} \right)^T \right\} + \frac{\alpha_2 \rho_2}{\rho_m} \left\{ \nabla \overline{\boldsymbol{u_2}} + \left(\nabla \overline{\boldsymbol{u_2}} \right)^T \right\} \right]$$

$$= \left\{\alpha_1 \mu_1 + \frac{\alpha_1 \alpha_2}{\rho_m}(\rho_1 \mu_2 - \rho_2 \mu_1)\right\}\left\{\nabla \overline{\boldsymbol{u}_1} + \left(\nabla \overline{\boldsymbol{u}_1}\right)^T\right\}$$

$$+ \left\{\alpha_2 \mu_2 - \frac{\alpha_1 \alpha_2}{\rho_m}(\rho_1 \mu_2 - \rho_2 \mu_1)\right\}\left\{\nabla \overline{\boldsymbol{u}_2} + \left(\nabla \overline{\boldsymbol{u}_2}\right)^T\right\}$$

$$= \boldsymbol{T} - \boldsymbol{T}^{\mathrm{if}} \tag{5.62}$$

が得られる．以上のようにして，二つの付加項 $\boldsymbol{D}^{\mathrm{if}}$, $\boldsymbol{T}^{\mathrm{if}}$ が導出される．

(4) 二流体モデル

先に述べた一流体モデルでは，たとえ微細な気泡が多数存在する気液二相流においても，すべての気泡界面を解像する必要があり，特に実務上の問題には適用が難しいことも少なくない．そこで，個々の相を平均化して，粗視化した支配方程式に界面を通じての 2 相間の相互作用を導入する方法，すなわち二流体モデルが必要となる．

式 (5.49) を参照すると，各相の質量保存則は，

$$\frac{\partial \alpha_k \rho_k}{\partial t} + \nabla \cdot \left(\alpha_k \rho_k \overline{\boldsymbol{u}_k}\right) = 0 \tag{5.63}$$

と書ける．運動量保存則については，式 (5.53) において，応力項から圧力勾配力を分離して明示的に表示し，$\boldsymbol{T}_k$ を粘性応力テンソルとして定義して，応力項を

$$\nabla \cdot \left(\alpha_k \overline{\boldsymbol{T}_k}\right) \to -\nabla \left(\alpha_k \overline{p_k}\right) + \nabla \cdot \left(\alpha_k \overline{\boldsymbol{T}_k}\right) \tag{5.64}$$

と置き換え，界面相互作用から，界面の平均圧力（静圧）に関連する部分を分離して，

$$\boldsymbol{M}_k \to p_k^{\mathrm{if}} \nabla \alpha_k + \boldsymbol{M}_k \tag{5.65}$$

と置き換えると，運動量保存則は

$$\frac{\partial \alpha_k \rho_k \overline{\boldsymbol{u}_k}}{\partial t} + \nabla \cdot \left(\alpha_k \rho_k \overline{\boldsymbol{u}_k} \otimes \overline{\boldsymbol{u}_k}\right)$$

$$= -\alpha_k \nabla \overline{p_k} + \left(p_k^{\mathrm{if}} - \overline{p_k}\right)\nabla \alpha_k + \nabla \cdot \left(\alpha_k \overline{\boldsymbol{T}_k}\right) + \alpha_k \rho_k \boldsymbol{g} + \boldsymbol{M}_k \tag{5.66}$$

となる．なお，Archimedes（アルキメデス）の原理が示すとおり，閉じた界面に作用する静圧を表面積分すれば浮力が得られるから，式 (5.65) の書き換えで分離した静圧に関連する項は，浮力に相当する項と解釈できる．

気液二相流について書けば，

$$\frac{\partial \alpha_g \rho_g}{\partial t} + \nabla \cdot \left(\alpha_g \rho_g \boldsymbol{u}_g\right) = 0 \tag{5.67}$$

$$\frac{\partial \alpha_g \rho_g \boldsymbol{u}_g}{\partial t} + \nabla \cdot \left(\alpha_g \rho_g \boldsymbol{u}_g \otimes \boldsymbol{u}_g\right)$$

$$= -\alpha_g \nabla p_g + \left(p_g^{\mathrm{if}} - p_g\right)\nabla \alpha_g + \nabla \cdot \left(\alpha_g \boldsymbol{T}_g\right) + \alpha_g \rho_g \boldsymbol{g} - \boldsymbol{M}_{gl} \tag{5.68}$$

$$\frac{\partial \alpha_l \rho_l}{\partial t} + \nabla \cdot (\alpha_l \rho_l \boldsymbol{u}_l) = 0 \tag{5.69}$$

$$\frac{\partial \alpha_l \rho_l \boldsymbol{u}_l}{\partial t} + \nabla \cdot (\alpha_l \rho_l \boldsymbol{u}_l \otimes \boldsymbol{u}_l)$$

$$= -\alpha_l \nabla p_l + \left(p_l^{\mathrm{if}} - p_l \right) \nabla \alpha_l + \nabla \cdot (\alpha_l \boldsymbol{T}_l) + \alpha_l \rho_l \boldsymbol{g} + \boldsymbol{M}_{gl} \tag{5.70}$$

となる．ここに，$\boldsymbol{M}_{gl}$：界面を通しての運動量輸送（すなわち，気液間の相互作用）である．なお，表記の簡単化のため，平均操作を意味する ‾ は省略した（**図 5.2** 参照）．

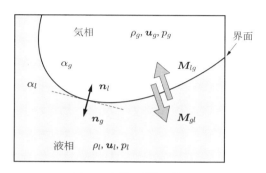

図 5.2 気液二相流の諸元

　支配方程式は，α_k, ρ_k, $\boldsymbol{u}_k$, p_k, p_k^{if}, $\boldsymbol{T}_k$, $\boldsymbol{M}_{gl}$ の合計 13 変数を含むが，$\boldsymbol{T}_k$ は式 (5.14) で定義したように $\boldsymbol{u}_k$ を用いて書ける（粘性係数 μ_k は物性値として与えられるとする）．したがって 11 変数となるが，$\boldsymbol{u}_k$, $\boldsymbol{M}_{gl}$ はベクトル量であるので，3 次元場を対象に成分で数えると，変数は 17 である．これに対して支配方程式数は，各相 4 方程式で合計 8 本であるから，9 本の補助方程式（構成式）を追加して方程式系を完結させる必要がある．まず，体積率に関しては自明の関係

$$\alpha_g + \alpha_l = 1 \tag{5.71}$$

がある．また，状態方程式を用いれば，密度は圧力の関数となる．

$$\rho_k = func(p_k) \tag{5.72}$$

非圧縮性流体については，密度は定数となる．圧力については，詳細なメカニズムが未解明なことから，すべての圧力を同一視し，

$$p_g = p_l = p_g^{\mathrm{if}} = p_l^{\mathrm{if}} \, (= p) \tag{5.73}$$

とするのが最も簡単な仮定である（一圧力の仮定）．以上で，6 本の補助方程式を導入したこととなる．さらに，$\boldsymbol{M}_{gl}$ の 3 成分を ρ_k, $\boldsymbol{u}_k$ 等の既存の変数で記述すると 3 本の方程式が導入され，補助方程式数の合計は 9 本となるので，方程式系は完結する．

　しかし，一圧力の仮定を導入すると，支配方程式系が微分方程式系の初期値問題として不適切となるので，わずかな初期条件の差によって計算結果が大きく異なるとい

う問題が生じる（Lyczkowski, 1978）．気泡内部の圧力は表面張力の分だけ外部の圧力より高いことを考えても，一圧力の仮定は明らかに非物理的である．しかし，初期値問題としての不適切性は数学としての問題であるので，一般にはきわめて高い解像度の計算でしか問題が顕在化しない．実際の計算では多くの場合，個々の気泡を解像するレベルの高解像度の計算ではなく，少なくとも気泡径の数倍程度の空間スケールで計算点を配置する粗視化が行われる．このような計算では，界面運動量輸送項のモデル化などを通じて，界面に数値拡散的な効果がもち込まれるため，初期値問題として不適切性が顕在化することは少ない（Stewart, 1979）．

　気相の場合，界面圧力 p_k^{if} と内部の圧力 p_k は，気泡が膨張も圧縮もしていなければ，各瞬間には平衡しているとしてもよいから，

$$p_k = p_k^{\text{if}} \tag{5.74}$$

である．この仮定は，非圧縮性流体に関しても妥当といえる．表面張力が作用する界面では，2 相の圧力は式 (5.8) の跳躍条件を満たしている．式 (5.46) より，

$$\alpha_k = \overline{\chi_k}^V \tag{5.75}$$

であるから，相関数の勾配の体積平均は，体積率の勾配に一致する．

$$\overline{\nabla \chi_k}^V = \nabla \alpha_k \tag{5.76}$$

式 (5.22) より，

$$\overline{(p_2 - p_1)\nabla \chi_1}^V = \overline{\left(p_2^{\text{if}} - p_1^{\text{if}}\right)\nabla \chi_1}^V \tag{5.77}$$

であることに留意しつつ，式 (5.8) の跳躍条件に相関数の勾配を乗じて平均すると，

$$\overline{(p_2 - p_1)\nabla \chi_1}^V = \overline{\kappa \sigma \nabla \chi_1}^V \quad \rightarrow \quad \left(p_2^{\text{if}} - p_1^{\text{if}}\right)\nabla \alpha_1 = \bar{\kappa}\sigma \nabla \alpha_1 \tag{5.78}$$

となって，2 相の界面圧力と表面張力の関係

$$p_2^{\text{if}} - p_1^{\text{if}} = \bar{\kappa}\sigma \tag{5.79}$$

が得られる（Drew, 1983）．ここに，$\bar{\kappa}$ は曲率の空間平均である．曲率の中心が気相側にあるときには，式 (5.79) は，次のようになる．

$$p_g^{\text{if}} - p_l^{\text{if}} = \bar{\kappa}\sigma \tag{5.80}$$

　さらに，気泡に着目し，簡単のため気泡が液相中を運動する固体球であるとすると，気泡表面応力の表面積分は，気泡球に作用する流体力として評価できる．流体力が抗力に代表されるとすれば，液相内部の圧力 p_l と気泡界面の液相圧力 p_l^{if} との差が流体力（すなわち抗力）と均衡すると考えられ，

$$p_l - p_l^{\text{if}} \propto \rho_l \left| \boldsymbol{u}_g - \boldsymbol{u}_l \right|^2 \tag{5.81}$$

が得られる（Stuhmiller, 1977）．一圧力の仮定を回避するには，式 (5.80), (5.81) などを新たな補助方程式として導入する必要がある．

5.2 粒子法による気液混相流解析

粒子法は Lagrange 型の記述に沿っているので，移動境界問題とは相性がよい．したがって原理的には，異なる相の相互作用や相の界面形状の変化を伴う流れでも良好に機能すると考えられる．さらに，単相流のモデル自体が近傍粒子を探索し，相互作用を計算するように構築されているので，2 流体の密度に数倍の差がある程度なら，単相流のコードで粒子の密度を 2 種に設定するだけで，一応の解を得ることはできる（この種の計算が物理的にどの程度妥当といえるかは別問題であるが）．しかし，適用の容易さが逆に徒となって，前節で示した支配方程式との関係についての検討はこれまで必ずしも充分に行われてこなかった．以下では，粒子法による混相流計算の現状を概観し，粒子法の kernel 積分と支配方程式との関係に関して考察する．

5.2.1 気液混相流計算における界面の密度勾配の評価

界面は数学的には密度の不連続面であり，それに伴い圧力も不連続となる．気液界面では，密度が大きく異なる（たとえば，20℃の空気と水の界面では密度比は 890 程度である）ので，わずかな圧力勾配の計算誤差が計算を不安定化させる．格子法・粒子法のいずれでも，界面での密度の不連続性をいかに処理するかが，気液混相流の計算実行の鍵といえる．

標準型の SPH 法は，kernel の勾配で密度の勾配を記述するので，密度比の小さい 2 流体にしか適用できない（Monaghan, 1994；Monaghan and Kocharyan, 1995）．Richie and Thomas (2001) は，状態方程式により圧力から密度を評価することで，急峻な圧力勾配を呈する界面での密度勾配を記述したが，この方法では質量保存性が損なわれる．界面での密度分布を平滑化すれば密度比の大きい 2 流体の計算が可能であるが，密度分布の平滑化は質量保存性を損なわせる．質量保存性を保持するには，密度分布の再初期化を併用する必要があるが（Colagrossi and Landrini, 2003），再初期化を実行しても質量の計算誤差は蓄積するので，長時間にわたる現象の再現は難しい．Hu and Adams (2006) は，SPH 法の密度を近傍粒子密度の kernel 積分ではなく，当該粒子の質量と粒子数密度（近傍粒子位置の kernel 積分）の積として再定義することにより，比較的密度比の大きい 2 流体の計算が実行できることを示した．同様の扱いは Tartakovsky et al. (2009) によっても行われており，粒子数密度を変数とする MPS 法が SPH 法と比べて混相流計算に有効であることを裏付けている．

粒子 i の密度は，標準 SPH 法では，

$$\rho_i = \sum_j m_j w_{ij} \simeq V_i \sum_j \rho_j w_{ij} = \frac{1}{\displaystyle\sum_j w_{ij}} \sum_j \rho_j w_{ij} \tag{5.82}$$

と定義される．Monaghan (1994)，Monaghan and Kocharyan (1995) はこの定義を用いたが，先述のとおり，計算対象は密度比の小さい 2 流体に限られていた．Grenier et al. (2009) は，式 (5.82) を同じ相の粒子に対してのみ適用することで，界面付近の密度の急変を記述する方法を提案したが，kernel の影響域が界面でほぼ二分されるような状況では，kernel の影響域内の粒子数が半減する．Hu and Adams (2006) は，先に述べたように MPS 法に準じ，密度に代えて粒子数密度を変数とすることで，

$$\rho_i = m_i \sum_j w_{ij} = m_i n_i \tag{5.83}$$

と密度を評価した．この方法では，粒子 i の密度は，近傍粒子の粒子数密度の関数ではあるが，周囲粒子 j の密度とは直接には結び付いていない．したがって，界面すなわち密度の不連続面においても，重い流体の影響が軽い流体に直接には伝わらない．このことは，粒子数密度を用いる MPS 法の混相流解析における利点の一つである．

　ところで，式 (5.82)，(5.83) の密度評価式は，0 次精度である．圧力勾配の高精度化の場合と同様に，Taylor 級数適合性を考えると，密度を 1 次精度で評価することは可能である．Khayyer and Gotoh (2013) は，粒子 i 周りでの Taylor 級数近似

$$\rho_j = \rho_i + (\nabla \rho)_i \cdot \boldsymbol{r}_{ij} + O(h^2) \tag{5.84}$$

に基づき，粒子 i の密度の 1 次精度評価式

$$\rho_i = \frac{1}{\displaystyle\sum_j w_{ij}} \sum_j \left\{ \rho_j - (\nabla \rho)_i \cdot \boldsymbol{r}_{ij} \right\} w_{ij} \tag{5.85}$$

を導入した．気泡上昇過程を対象に，0 次精度の式 (5.82) と 1 次精度の式 (5.85) とを用いた計算結果を比較すると，0 次精度の式では気泡の変形（伸張・湾曲の進行）に伴い界面で密度の数値拡散が活発化して密度界面が不鮮明化するのに対して，1 次精度の式を用いると鮮明な密度界面が維持される．なお，密度界面での計算の不安定化を抑制するには，密度評価式の選択に加えて，圧力の非物理的擾乱を抑制することも不可欠である．そのため，1 次精度の式 (5.85) は，高精度粒子法（第 3 章参照）と組み合わせて用いる必要がある．**図 5.3** は，矩形断面容器を用いたスロッシングの実験（Rognebakke et al., 2006）を MPS-HS-HL-ECS-GC 法に式 (5.85) の密度評価式を用いてシミュレーションした結果（Khayyer and Gotoh, 2013）である．図(a)，(b)，(c) は各瞬間における液相・気相粒子の区別を，(b-ρ)，(c-ρ) は各瞬間の密度分布を，(b-p) は圧力分布を示している．式 (5.85) によって，密度が 1000 倍程度異なる気液相間でも，シャープな密度界面が計算されていることがわかる．さらに，(c) では，気相中

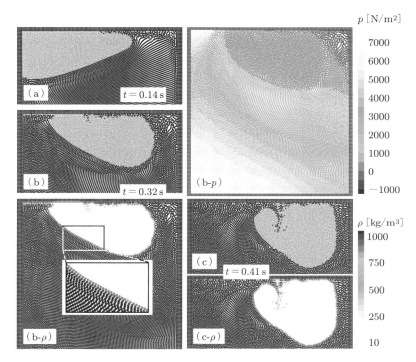

図 5.3 矩形断面容器を用いたスロッシング（MPS-HS-HL-ECS-GC 法と 1 次精度の密度評価式）

に孤立液相粒子が生じているが，孤立液相粒子周囲の気相粒子が跳ね飛ばされて空隙（粒子が存在しない領域）が生じることはなく，計算は安定している．なお，密度の不連続面による数値的不安定の改善には，stabilizer が有効なことは言うまでもない．3.6 節で述べた安定化手法の中でも，Particle Shifting 法（Xu et al., 2009）の適用（Lind et al., 2015）や，人工斥力の導入（Monaghan and Rafiee, 2013）などが行われている．

5.2.2 粒子法による気液二相流解析

先にも述べたように，Lagrange 型のモデルである粒子法は移動境界問題とは相性がよく，単相流のモデル自体が近傍粒子を探索して相互作用を計算するように構築されているので，密度差が小さい 2 流体については特別の工夫なしに単相流のコードで解を得ることができる．Hu and Adams (2006, 2007) は，SPH 法を密度差が大きい 2 流体に適用するため，先に述べたように MPS 法に準じた粒子数密度を導入し，圧力勾配項と粘性応力項を

$$\left\langle \frac{\nabla p}{\rho} \right\rangle_i^{\mathrm{HA}} = \frac{1}{m_i} \sum_j \left(\frac{m_i^2}{\rho_i^2} + \frac{m_j^2}{\rho_j^2} \right) \tilde{p}_{ij} \nabla w_{ij} \quad ; \quad \tilde{p}_{ij} = \frac{\rho_i p_j + \rho_j p_i}{\rho_i + \rho_j} \tag{5.86}$$

$$\left\langle \nu \nabla^2 \boldsymbol{u} \right\rangle_i^{\mathrm{HA}} = \frac{1}{m_i} \sum_j \left(\frac{m_i^2}{\rho_i^2} + \frac{m_j^2}{\rho_j^2} \right) \tilde{\mu}_{ij} \frac{\boldsymbol{u}_{ij}}{|\boldsymbol{r}_{ij}|} \frac{\partial w_{ij}}{\partial r_{ij}} \tag{5.87}$$

$$\tilde{\mu}_{ij} = \frac{2\mu_i \mu_j}{\mu_i + \mu_j} \quad ; \quad \frac{\partial w_{ij}}{\partial r_{ij}} = \frac{\boldsymbol{r}_{ij}}{|\boldsymbol{r}_{ij}|} \cdot \nabla w_{ij} \tag{5.88}$$

とモデル化した．これらの式の導出に際しては，界面では密度は不連続であるが，その他の物理量は連続であるとの条件が課された．Hu and Adams の式は，粒子 i, j の中間に界面が存在するとき，界面での圧力値と圧力勾配の連続性を保証する圧力勾配項，界面における流速値とせん断応力値の連続性を保証する粘性応力項である．

　ところで，式 (5.86) の圧力の表式は，2 相の密度差が大きいときに，密度の小さい方の流体の圧力に偏った値を与える．気液相界面で考えると，

$$\tilde{p}^{gl} = \frac{\rho^g p^l + \rho^l p^g}{\rho^g + \rho^l} = \frac{p^g + \dfrac{\rho^g}{\rho^l} p^l}{1 + \dfrac{\rho^g}{\rho^l}} \simeq p^g \tag{5.89}$$

となり，界面の圧力は気相の圧力で近似される．言い換えると，重い流体が軽い流体に与える影響が小さくなるようにモデル化されている．このモデル化は，密度差に起因する界面不安定を抑制するには好都合である．なぜなら，粒子間相互作用の特別のモデル化を行わない状態では，重い流体粒子の速度のわずかな揺らぎが，隣接する軽い流体粒子を一瞬で高速に加速する運動量を軽い流体粒子に与えてしまうからである．確かに，式 (5.86) の界面圧力の表式は，stabilizer としては有効ではあるが，界面圧力の取り扱いとしては正確性を欠く．Chen et al. (2015) は，この問題への対応策として，界面をまたぐ kernel の影響域を有する粒子に関しては，kernel の影響域内の他相の粒子を同相の粒子と見なして，それらの粒子の位置，速度，圧力を kernel 補間に用いる方法を提案し，圧力勾配項と粘性応力項を

$$\left\langle \frac{\nabla p}{\rho} \right\rangle_i^{\mathrm{Ch}} = \frac{1}{\rho_i} \sum_j \frac{m_j}{\rho_j} p_j \nabla w_{ij} \tag{5.90}$$

$$\left\langle \nu \nabla^2 \boldsymbol{u} \right\rangle_i^{\mathrm{Ch}} = 2 \sum_j \frac{m_j}{\rho_j} \frac{\mu_j}{\rho_j} \frac{\boldsymbol{r}_{ij} \cdot \nabla w_{ij}}{|\boldsymbol{r}_{ij}|^2} \boldsymbol{u}_{ij} \tag{5.91}$$

と与えた．このように，kernel の影響域での粒子の置き換えを実行することによる気相への運動量の付加量は，

$$\boldsymbol{M}_i^{gl} = \left(\overline{\rho^l} - \overline{\rho^g} \right) \sum_{j \in l} \nabla \cdot \left(\boldsymbol{u}_j \otimes \boldsymbol{u}_j \right) \tag{5.92}$$

液相への運動量の付加量は，

$$M_i^{lg} = \left(\overline{\rho^g} - \overline{\rho^l}\right)\sum_{j\in g}\nabla\cdot\left(\boldsymbol{u}_j \otimes \boldsymbol{u}_j\right)$$ (5.93)

と書ける．界面近傍の全粒子について付加量を加算すればほぼ相殺されるので，粒子の置き換えを行っても 2 相全体の運動量は保存されると考えてよいだろう．しかし，式 (5.92), (5.93) から明らかなように，個々の kernel の影響域で局所的には，運動量は保存されない．

5.2.1 項では，界面密度の高精度評価によって，密度差の大きい二相流の解析が可能となると述べたが，この場合には，Hu and Adams (2006, 2007) や Chen et al. (2015) のような安定化は不要である．以下では，単相流を対象とした粒子法解析を二相流に用いた場合に，2 相間の相互作用がどのように扱われるのかを明らかにするため，二流体モデルの支配方程式との関係を整理する．界面粒子の kernel の影響域の概念図を図 **5.4** に示す．

MPS 法の勾配モデル（式 (2.111)）を用いると，粒子 i が気相に属するときの圧力勾配は，

$$\langle\nabla p\rangle_i^g = \frac{D_s}{n_0}\left(\sum_{j\in g}\frac{p_j - p_i}{|\boldsymbol{r}_{ij}|}\frac{\boldsymbol{r}_{ij}}{|\boldsymbol{r}_{ij}|}w_{ij} + \sum_{j\in l}\frac{p_j - p_i}{|\boldsymbol{r}_{ij}|}\frac{\boldsymbol{r}_{ij}}{|\boldsymbol{r}_{ij}|}w_{ij}\right)$$ (5.94)

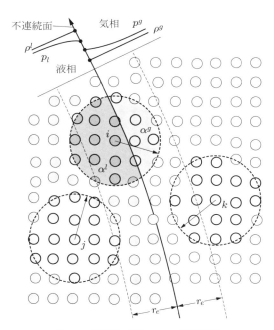

図 **5.4** 界面粒子の kernel の影響域

$$n_0 = \sum_{j \in g \text{ or } l} w_{ij} \tag{5.95}$$

と書ける．式中の g, l は気相，液相を示している．ここで，気液両相の体積率を

$$\alpha_i^g = \frac{\displaystyle\sum_{j \in g} w_{ij}}{\displaystyle\sum_{j \in g \text{ or } l} w_{ij}} = \frac{1}{n_0}\sum_{j \in g} w_{ij} \quad ; \quad \alpha_i^l = \frac{\displaystyle\sum_{j \in l} w_{ij}}{\displaystyle\sum_{j \in g \text{ or } l} w_{ij}} = \frac{1}{n_0}\sum_{j \in l} w_{ij} \tag{5.96}$$

と定義すると，粒子 i の kernel の影響域 Ω_i における気相粒子間の圧力勾配は，

$$\langle \nabla p \rangle_i^{gg} = \frac{D_s}{\displaystyle\sum_{j \in g} w_{ij}} \sum_{j \in g} \frac{p_j - p_i}{|\boldsymbol{r}_{ij}|}\frac{\boldsymbol{r}_{ij}}{|\boldsymbol{r}_{ij}|} w_{ij} = \frac{D_s}{\alpha_i^g n_0}\sum_{j \in g} \frac{p_j - p_i}{|\boldsymbol{r}_{ij}|}\frac{\boldsymbol{r}_{ij}}{|\boldsymbol{r}_{ij}|} w_{ij} \tag{5.97}$$

気液粒子間の圧力勾配は，

$$\langle \nabla p \rangle_i^{gl} = \frac{D_s}{\displaystyle\sum_{j \in l} w_{ij}} \sum_{j \in l} \frac{p_j - p_i}{|\boldsymbol{r}_{ij}|}\frac{\boldsymbol{r}_{ij}}{|\boldsymbol{r}_{ij}|} w_{ij} = \frac{D_s}{\alpha_i^l n_0}\sum_{j \in l} \frac{p_j - p_i}{|\boldsymbol{r}_{ij}|}\frac{\boldsymbol{r}_{ij}}{|\boldsymbol{r}_{ij}|} w_{ij} \tag{5.98}$$

であり，体積率を考慮して，気相粒子 i の圧力勾配は，

$$\langle \nabla p \rangle_i^g = \alpha_i^g \langle \nabla p \rangle_i^{gg} + \alpha_i^l \langle \nabla p \rangle_i^{gl} \tag{5.99}$$

と書ける．式 (5.96) の体積率は，top hat 型の kernel

$$w_{ij} = \begin{cases} 1 & (j \in \Omega_i) \\ 0 & (\text{otherwise}) \end{cases} \tag{5.100}$$

を用いると，体積率の一般的な定義に一致するが，粒子法の標準的な kernel では粒子 i との距離によって重み付けされた体積率となる．

MPS 法の Laplacian モデル（式 (2.117)）より，粒子 i における物理量 ϕ の Laplacian は，

$$\left\langle \nabla^2 \phi \right\rangle_i^{\mathrm{MPS0}} = \frac{2D_s}{n_0}\sum_{j \neq i} \frac{\phi_{ij}}{|\boldsymbol{r}_{ij}|^2} w_{ij} \tag{5.101}$$

であるから，気相に属する粒子 i の粘性項は，

$$\left\langle \mu \nabla^2 \boldsymbol{u} \right\rangle_i^g = \frac{2D_s}{n_0}\left(\sum_{j \in g} \mu_{ij} \frac{\boldsymbol{u}_{ij}}{|\boldsymbol{r}_{ij}|^2} w_{ij} + \sum_{j \in l} \mu_{ij} \frac{\boldsymbol{u}_{ij}}{|\boldsymbol{r}_{ij}|^2} w_{ij} \right) \tag{5.102}$$

$$\mu_{ij} = \frac{\mu_i + \mu_j}{2} \ \text{ or } \ \mu_{ij} = \frac{2\mu_i \mu_j}{\mu_i + \mu_j} \tag{5.103}$$

と書ける．粒子 i の kernel の影響域 Ω_i における気相粒子間の粘性項は，

$$\left\langle \mu \nabla^2 \boldsymbol{u} \right\rangle_i^{gg} = \frac{2D_s}{\displaystyle\sum_{j \in g} w_{ij}}\sum_{j \in g} \mu_{ij} \frac{\boldsymbol{u}_{ij}}{|\boldsymbol{r}_{ij}|^2} w_{ij} = \frac{2D_s}{\alpha_i^g n_0}\sum_{j \in g} \mu_{ij} \frac{\boldsymbol{u}_{ij}}{|\boldsymbol{r}_{ij}|^2} w_{ij} \tag{5.104}$$

気液粒子間の粘性項は，

$$\left\langle \mu \nabla^2 \boldsymbol{u} \right\rangle_i^{gl} = \frac{2D_s}{\displaystyle\sum_{j \in l} w_{ij}} \sum_{j \in l} \mu_{ij} \frac{\boldsymbol{u}_{ij}}{\left| \boldsymbol{r}_{ij} \right|^2} w_{ij} = \frac{2D_s}{\alpha_i^l n_0} \sum_{j \in l} \mu_{ij} \frac{\boldsymbol{u}_{ij}}{\left| \boldsymbol{r}_{ij} \right|^2} w_{ij} \tag{5.105}$$

であり，体積率を考慮して気相粒子 i の粘性項は，

$$\left\langle \mu \nabla^2 \boldsymbol{u} \right\rangle_i^g = \alpha_i^g \left\langle \mu \nabla^2 \boldsymbol{u} \right\rangle_i^{gg} + \alpha_i^l \left\langle \mu \nabla^2 \boldsymbol{u} \right\rangle_i^{gl} \tag{5.106}$$

と書ける．

領域 Ω において気相が占める体積率が α^g であることに注意しつつ，気液相間の相互作用が圧力勾配力と粘性応力によって担われるとの前提で，単一流体の運動方程式 (5.15) を適用すれば，

$$\alpha^g \frac{D\boldsymbol{u}^g}{Dt} = -\frac{(\nabla p)^g}{\rho^g} + \frac{1}{\rho^g} \left(\mu \nabla^2 \boldsymbol{u} \right)^g + \alpha^g \boldsymbol{g} \tag{5.107}$$

となる．ここで，式 (5.99)，(5.106) のように，気気・気液・液液を明示しつつ，圧力勾配力と粘性応力を書けば，気相については，

$$(\nabla p)^g = \alpha^g (\nabla p)^{gg} + \alpha^l (\nabla p)^{gl} \tag{5.108}$$

$$\left(\mu \nabla^2 \boldsymbol{u} \right)^g = \alpha^g \left(\mu \nabla^2 \boldsymbol{u} \right)^{gg} + \alpha^l \left(\mu \nabla^2 \boldsymbol{u} \right)^{gl} \tag{5.109}$$

となる．これらを式 (5.107) に代入すると，気相の運動方程式は，

$$\alpha^g \frac{D\boldsymbol{u}^g}{Dt} = \frac{\alpha^g}{\rho^g} \left\{ -(\nabla p)^{gg} + \left(\mu \nabla^2 \boldsymbol{u} \right)^{gg} \right\} + \alpha^g \boldsymbol{g} + \frac{\alpha^l}{\rho^g} \left\{ -(\nabla p)^{gl} + \left(\mu \nabla^2 \boldsymbol{u} \right)^{gl} \right\} \tag{5.110}$$

となる．液相に関しても同様にして，運動方程式は，

$$\alpha^l \frac{D\boldsymbol{u}^l}{Dt} = \frac{\alpha^l}{\rho^l} \left\{ -(\nabla p)^{ll} + \left(\mu \nabla^2 \boldsymbol{u} \right)^{ll} \right\} + \alpha^l \boldsymbol{g} + \frac{\alpha^g}{\rho^l} \left\{ -(\nabla p)^{lg} + \left(\mu \nabla^2 \boldsymbol{u} \right)^{lg} \right\} \tag{5.111}$$

と書ける．

さらに，二流体モデルの運動方程式 (5.66) より，

$$\alpha_k \rho_k \frac{D\boldsymbol{u}_k}{Dt} = -\nabla (\alpha_k p_k) + \nabla \cdot (\alpha_k \boldsymbol{T}_k) + \alpha_k \rho_k \boldsymbol{g} + \boldsymbol{M}_k \tag{5.112}$$

となるが，気液界面近傍を除いて体積率が一定，すなわち体積率の勾配がゼロであることから，

$$\nabla \alpha_k \simeq 0 \quad \to \quad \nabla (\alpha_k p_k) = \alpha_k \nabla p_k \quad ; \quad \nabla \cdot (\alpha_k \boldsymbol{T}_k) = \alpha_k \nabla \cdot \boldsymbol{T}_k \tag{5.113}$$

であることを式 (5.112) に用いると，

$$\frac{D\boldsymbol{u}_k}{Dt} = -\frac{\nabla p_k}{\rho_k} + \frac{1}{\rho_k} \nabla \cdot \boldsymbol{T}_k + \boldsymbol{g} + \frac{\boldsymbol{M}_k}{\alpha_k \rho_k} \tag{5.114}$$

が得られる．さらに，非圧縮性流体に関しては，粘性応力項は，

$$\nabla \cdot \boldsymbol{T}_k = \mu_k \nabla^2 \boldsymbol{u}_k \tag{5.115}$$

と書けるので，気相・液相の運動方程式は，

$$\alpha^g \frac{D\boldsymbol{u}^g}{Dt} = \frac{\alpha^g}{\rho^g}\left\{-(\nabla p)^{gg} + \left(\mu\nabla^2\boldsymbol{u}\right)^{gg}\right\} + \alpha^g\boldsymbol{g} + \frac{\boldsymbol{M}_{gl}}{\rho^g} \tag{5.116}$$

$$\alpha^l \frac{D\boldsymbol{u}^l}{Dt} = \frac{\alpha^l}{\rho^l}\left\{-(\nabla p)^{ll} + \left(\mu\nabla^2\boldsymbol{u}\right)^{ll}\right\} + \alpha^l\boldsymbol{g} + \frac{\boldsymbol{M}_{lg}}{\rho^l} \tag{5.117}$$

となる．両式を，式 (5.110)，(5.111) とおのおの比較すると，気液間相互作用項は，

$$\boldsymbol{M}_{gl} = \alpha^l\left\{-(\nabla p)^{gl} + \left(\mu\nabla^2\boldsymbol{u}\right)^{gl}\right\} \quad ; \quad \boldsymbol{M}_{lg} = \alpha^g\left\{-(\nabla p)^{lg} + \left(\mu\nabla^2\boldsymbol{u}\right)^{lg}\right\} \tag{5.118}$$

となって，近傍の他相との圧力勾配項と粘性応力項を通じての相互作用が明示される．

　運動量保存性の観点から，反対称な圧力勾配モデルと Laplacian モデルを用いると，近傍粒子 i, j 間の圧力勾配力と粘性応力は，

$$\boldsymbol{T}_{ij}^{\mathrm{MPS}p-gl} = -\boldsymbol{T}_{ji}^{\mathrm{MPS}p-lg} \quad ; \quad \boldsymbol{T}_{ij}^{\mathrm{MPS}vis-gl} = -\boldsymbol{T}_{ji}^{\mathrm{MPS}vis-lg} \tag{5.119}$$

の関係にあるから，気液相間の圧力勾配力と粘性応力についても，

$$(\nabla p)^{gl} = -(\nabla p)^{lg} \quad ; \quad \left(\mu\nabla^2\boldsymbol{u}\right)^{gl} = -\left(\mu\nabla^2\boldsymbol{u}\right)^{lg} \tag{5.120}$$

の関係が成立し，領域 Ω における気液相間相互作用力の合計は，

$$\alpha^g\boldsymbol{M}_{gl} + \alpha^l\boldsymbol{M}_{lg} = 0 \tag{5.121}$$

となる．

　以上のように，粒子法の kernel 積分を 2 流体に適用することは，二流体モデルの支配方程式において相互作用項として 2 相間をまたぐ圧力勾配力と粘性応力を導入したことに相当する．ここでは，式 (5.113) のとおり，体積率の勾配がゼロであると仮定したが，界面の極近傍ではこの仮定は適切とはいえない．気液両相の体積率の関係式 (5.71) は，両相の相関数の関係式 (5.17) と類似していることからわかるように，体積率の勾配は界面でのみゼロではない．つまり，体積率の勾配がゼロではない領域は界面に限定され，式 (5.113) の仮定で無視された項は，界面の跳躍条件に相当する項と見なすことができる．具体的には表面張力を体積力化して相互作用項に取り込めばよいのだが，これに関しては次節で詳述する．

5.3　表面張力モデル

　前節で述べたとおり，表面張力の体積力表示は気液混相流解析の主要な要素の一つであり，特に界面形状を正確に解像することが必要な気泡の変形過程の解析では，計算精度に与える影響は大きい．この節では，はじめに表面張力の表式について基本的な事項を整理し，Brackbillet et al. (1992) の Continuum Surface Force（CSF）モデルを軸とした表面張力の体積力表示について解説する．さらに，表面張力の推定精度

に影響が大きい界面曲率の計算法に関しても詳述する.

5.3.1　表面張力の表式

(1)　Young–Laplace の式

　分子は互いに分子間力で引き合っているので，液体内部の分子は周囲の分子から均質な分子間力を受けて運動を拘束されており，安定した状態，すなわちエネルギーの低い状態にある．一方，表面の分子は周囲の分子から受ける分子間力が均質ではなく，液体内部の分子よりもエネルギーが高い状態，すなわち不安定な状態にある．分子は全体として安定な状態をとろうとする傾向にあるので，液滴は分子の状態が不安定な表面をできるだけ小さくするような形（無重力なら球形）をとろうとする．熱力学では，表面張力は単位面積あたりの表面自由エネルギーとして定義される．より正確に定義すると，表面張力は単位表面積あたりの Helmholtz の自由エネルギーである．内部エネルギーには，エントロピーに比例する無秩序なエネルギーが含まれるが，このエネルギーは外部に仕事として取り出すことができない．これに対して，Helmholtz の自由エネルギーとは，等温過程で仕事として外部に取り出すことができるエネルギーをいう．したがって，表面張力は表面を構成する液体の分子運動によって決まり，液体および接触気体の温度の関数となる．単位面積あたりの表面自由エネルギーを表面張力係数とよぶが，飽和水蒸気を接触気体とする水（20℃）の場合には，$72.88\,\mathrm{mN/m}$ である.

　表面張力係数が与えられるとき，**図 5.5** に示す界面上の微小曲面に作用する力について考える．表面積 $R_1\theta_1 R_2\theta_2$ の微小曲面（長方形）の辺に作用する力は，$\sigma R_2\theta_2$,

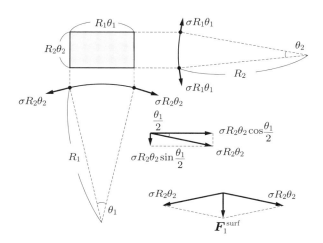

図 5.5　界面上の微小曲面に作用する力

$\sigma R_1 \theta_1$（σ：表面張力係数）であるから，微小曲面の法線方向には，

$$\left| \boldsymbol{F}_1^{\text{surf}} \right| = 2\sigma R_2 \theta_2 \sin \frac{\theta_1}{2} \simeq \sigma R_2 \theta_2 \theta_1 \quad ; \quad \left| \boldsymbol{F}_2^{\text{surf}} \right| \simeq \sigma R_1 \theta_1 \theta_2 \tag{5.122}$$

が作用する．単位面積あたりに作用する法線方向の力は，

$$\left| \boldsymbol{F}^{\text{surf}} \right| = \frac{\left| \boldsymbol{F}_1^{\text{surf}} \right| + \left| \boldsymbol{F}_2^{\text{surf}} \right|}{R_1 \theta_1 R_2 \theta_2} = \frac{\sigma R_2 \theta_2 \theta_1 + \sigma R_1 \theta_1 \theta_2}{R_1 \theta_1 R_2 \theta_2} = \sigma \left(\frac{1}{R_1} + \frac{1}{R_2} \right) \tag{5.123}$$

となる．この式を Young–Laplace の式という．

曲率を

$$\kappa \equiv 2H \quad ; \quad H \equiv \frac{1}{2} \left(\frac{1}{R_1} + \frac{1}{R_2} \right) \tag{5.9 再掲}$$

と定義すると，表面張力は，

$$\boldsymbol{F}^{\text{surf}} = \sigma \kappa \hat{\boldsymbol{n}} \delta_s \tag{5.124}$$

と表される（$\hat{\boldsymbol{n}}$：曲面の単位法線ベクトル）．式中の δ_s は Dirac のデルタ関数

$$\delta_s(r) = \begin{cases} \infty & (r=0) \\ 0 & (r \neq 0) \end{cases} \quad ; \quad r = (\boldsymbol{r} - \boldsymbol{r}_s) \cdot \hat{\boldsymbol{n}}(\boldsymbol{r}_s) \tag{5.125}$$

であり，$\boldsymbol{r}_s$ は表面の位置ベクトルである．δ_s は界面上においてのみ表面張力が作用することを明示するために導入されている．式 (5.124) から明らかなように，表面張力は曲率が大きい位置で大きくなり，界面の凹凸を均して界面の面積を小さくするように作用する．

(2) 曲　率

式 (5.124) からわかるように，表面張力を算定するには法線ベクトルと曲率が必要となる．曲率は，（後述する曲面の近似円の中心に向かう）単位法線ベクトルの発散として

$$\kappa = -\nabla \cdot \hat{\boldsymbol{n}} \tag{5.126}$$

と記述されるが，この式の導出に関して以下に述べる．図 **5.6** に示すように，曲面（曲線）の微小部分を円で近似すると，素辺 ds を弧とする扇形について

$$ds = R d\theta \tag{5.127}$$

であるから，近似円の半径 R の逆数として曲率 κ が求められる．

$$\kappa = \frac{1}{R} = \frac{d\theta}{ds} \tag{5.128}$$

3 次元空間であれば，近似円ではなく近似球ではないのかと直感的には考えるかもしれないが，曲率は曲面が最大曲率もしくは最小曲率を与える方向について算定されるので，最大曲率もしくは最小曲率を与える素辺を含むように切断した断面では，図 5.6

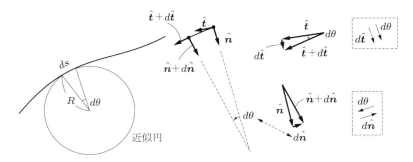

図 5.6 曲率の定式化

に示すとおり，近似円で曲面の素辺が近似される．

単位法線ベクトル $\hat{\boldsymbol{n}}$ と単位接線ベクトル $\hat{\boldsymbol{t}}$ について，

$$|\hat{\boldsymbol{n}}| = |\hat{\boldsymbol{n}} + d\hat{\boldsymbol{n}}| = |\hat{\boldsymbol{t}}| = |\hat{\boldsymbol{t}} + d\hat{\boldsymbol{t}}| = 1 \tag{5.129}$$

であるから，幾何的考察から

$$|d\hat{\boldsymbol{n}}| = |d\hat{\boldsymbol{t}}| = |d\theta| \tag{5.130}$$

となる．さらに，ベクトルの向きを考えると，微小角 $d\theta$ と単位法線ベクトル，単位接線ベクトルの間には，

$$d\hat{\boldsymbol{t}} = d\theta \quad ; \quad d\hat{\boldsymbol{n}} = -d\theta \tag{5.131}$$

の関係が成り立つ（θ は反時計回りが正）．これを式 (5.128) に用いると，曲率の表式として，

$$\kappa = \frac{d\theta}{ds} = -\frac{d\hat{\boldsymbol{n}}}{ds} = -\nabla_S \cdot \hat{\boldsymbol{n}} \tag{5.132}$$

が得られる．すなわち，曲率は近似円の単位弧長あたりの中心角の変化である．式中の ∇_S は，表面方向の勾配演算子である．表面の法線方向の勾配演算子は，∇ の法線方向への射影として，

$$\nabla_N \equiv \hat{\boldsymbol{n}}(\hat{\boldsymbol{n}} \cdot \nabla) = (\hat{\boldsymbol{n}} \otimes \hat{\boldsymbol{n}}) \cdot \nabla \tag{5.133}$$

と定義される．表面方向と表面の法線方向の勾配演算子はベクトルであり，両者の和が ∇ であるから，表面方向の勾配演算子は，

$$\nabla_S = \nabla - \nabla_N = (\boldsymbol{I} - \hat{\boldsymbol{n}} \otimes \hat{\boldsymbol{n}}) \cdot \nabla \tag{5.6 再掲}$$

となる．さらに，表面の法線方向の勾配演算子について，

$$\nabla_N \cdot \hat{\boldsymbol{n}} = \hat{\boldsymbol{n}}(\hat{\boldsymbol{n}} \cdot \nabla) \cdot \hat{\boldsymbol{n}} = \frac{1}{2}(\hat{\boldsymbol{n}} \cdot \nabla)(\hat{\boldsymbol{n}} \cdot \hat{\boldsymbol{n}}) = 0 \quad (\because \hat{\boldsymbol{n}} \cdot \hat{\boldsymbol{n}} = 1) \tag{5.134}$$

であることを用いると，

$$\nabla_S \cdot \hat{\boldsymbol{n}} = \nabla \cdot \hat{\boldsymbol{n}} - \nabla_N \cdot \hat{\boldsymbol{n}} \quad \rightarrow \quad \nabla_S \cdot \hat{\boldsymbol{n}} = \nabla \cdot \hat{\boldsymbol{n}} \tag{5.135}$$

であり，これを式 (5.132) に用いると，曲率の表式 (5.126) が得られる．

　法線ベクトル $\boldsymbol{n}$ について，

$$\hat{\boldsymbol{n}} = \frac{\boldsymbol{n}}{|\boldsymbol{n}|} \tag{5.136}$$

だから，式 (5.126) より，曲率の表式

$$\kappa = -\nabla \cdot \left(\frac{\boldsymbol{n}}{|\boldsymbol{n}|} \right) = -\frac{|\boldsymbol{n}| \nabla \cdot \boldsymbol{n} - \boldsymbol{n} \cdot \nabla(|\boldsymbol{n}|)}{|\boldsymbol{n}|^2} = -\frac{\nabla \cdot \boldsymbol{n}}{|\boldsymbol{n}|} + \frac{\boldsymbol{n} \cdot \nabla(|\boldsymbol{n}|)}{|\boldsymbol{n}|^2} \tag{5.137}$$

が得られる．また，曲率は

$$\kappa = -\frac{\nabla \cdot \boldsymbol{n}}{|\boldsymbol{n}|} + \frac{(\nabla \otimes \boldsymbol{n}) : (\hat{\boldsymbol{n}} \otimes \hat{\boldsymbol{n}})}{|\boldsymbol{n}|} \tag{5.138}$$

とも表せる．両表式の第 1 項は同じであるから，第 2 項が等価であることを確認しよう．式 (5.138) の第 2 項は，

$$\frac{(\nabla \otimes \boldsymbol{n}) : (\hat{\boldsymbol{n}} \otimes \hat{\boldsymbol{n}})}{|\boldsymbol{n}|} = \frac{\hat{\boldsymbol{n}} \cdot (\nabla \otimes \boldsymbol{n}) \cdot \hat{\boldsymbol{n}}}{|\boldsymbol{n}|} = \hat{\boldsymbol{n}} \cdot \frac{1}{|\boldsymbol{n}|} \nabla(\boldsymbol{n} \cdot \hat{\boldsymbol{n}})$$

$$= \frac{\boldsymbol{n}}{|\boldsymbol{n}|} \cdot \frac{\nabla(|\boldsymbol{n}|)}{|\boldsymbol{n}|} = \frac{\boldsymbol{n} \cdot \nabla(|\boldsymbol{n}|)}{|\boldsymbol{n}|^2} \quad \left(\because \boldsymbol{n} \cdot \hat{\boldsymbol{n}} = \boldsymbol{n} \cdot \boldsymbol{n} \frac{1}{|\boldsymbol{n}|} = |\boldsymbol{n}| \right) \tag{5.139}$$

のように式 (5.137) の第 2 項に書き換えることができるので，両表式は確かに等価である．なお，上記の変形では，テンソル積の複内積について

$$\boldsymbol{A} : (\boldsymbol{c} \otimes \boldsymbol{d}) = \boldsymbol{c} \cdot \boldsymbol{A} \cdot \boldsymbol{d} \ \text{ and } \ \boldsymbol{A} = \boldsymbol{a} \otimes \boldsymbol{b}$$

$$\rightarrow \ (\boldsymbol{a} \otimes \boldsymbol{b}) : (\boldsymbol{c} \otimes \boldsymbol{d}) = \boldsymbol{c} \cdot (\boldsymbol{a} \otimes \boldsymbol{b}) \cdot \boldsymbol{d}$$

であることから，

$$(\nabla \otimes \boldsymbol{n}) : (\hat{\boldsymbol{n}} \otimes \hat{\boldsymbol{n}}) = \hat{\boldsymbol{n}} \cdot (\nabla \otimes \boldsymbol{n}) \cdot \hat{\boldsymbol{n}}$$

と書き換えられることを用いた．

(3)　表面応力テンソル

　Young–Laplace の式から得られる表面張力の表式では，曲率の算定が必要となるが，後述するように数値解析では，曲率を精度よく算定することが必ずしも容易ではない．そこで，曲率を介さない表面張力の表式に関してあらかじめ検討しておく．任意のベクトル $\boldsymbol{a}$ は，法線ベクトル $\boldsymbol{n}$ に平行なベクトルと垂直なベクトルの和として，

$$\boldsymbol{a} = \boldsymbol{a}_{\|\hat{n}} + \boldsymbol{a}_{\perp\hat{n}} \tag{5.140}$$

と書ける．法線ベクトル $\boldsymbol{n}$ に平行なベクトルは，

$$\boldsymbol{a}_{\|\hat{n}} = \hat{\boldsymbol{n}}(\hat{\boldsymbol{n}} \cdot \boldsymbol{a}) = (\hat{\boldsymbol{n}} \otimes \hat{\boldsymbol{n}}) \cdot \boldsymbol{a} \tag{5.141}$$

であるから，法線ベクトル $\boldsymbol{n}$ に平行な射影を行うテンソルとして，

$$\boldsymbol{P}_{\|\hat{n}} = \hat{\boldsymbol{n}} \otimes \hat{\boldsymbol{n}} \tag{5.142}$$

が得られる．また，法線ベクトル $\boldsymbol{n}$ に垂直な射影を行うテンソルは，

$$\boldsymbol{P}_{\perp\hat{n}} = \boldsymbol{I} - \boldsymbol{P}_{\|\hat{n}} = \boldsymbol{I} - \hat{\boldsymbol{n}} \otimes \hat{\boldsymbol{n}} \tag{5.143}$$

で与えられる．

　　表面応力は単位面積あたり σ であるので，表面応力テンソルは，

$$\boldsymbol{T}^{\mathrm{surf}} = \sigma(\boldsymbol{I} - \hat{\boldsymbol{n}} \otimes \hat{\boldsymbol{n}})\delta_s \tag{5.144}$$

と書ける．Lafaurie et al. (1994) は，この表式を毛細管圧力テンソルと称した．表面張力は表面応力の発散として，

$$\boldsymbol{F}^{\mathrm{surf}} = \nabla \cdot \boldsymbol{T}^{\mathrm{surf}} = \sigma \ \nabla \cdot \{(\boldsymbol{I} - \hat{\boldsymbol{n}} \otimes \hat{\boldsymbol{n}})\delta_s\} \tag{5.145}$$

と書けて，さらに，

$$\nabla \cdot (\hat{\boldsymbol{n}} \otimes \hat{\boldsymbol{n}}) = (\nabla \cdot \hat{\boldsymbol{n}})\hat{\boldsymbol{n}} = -\kappa\hat{\boldsymbol{n}}$$

であるから，表面張力は

$$\begin{aligned} \boldsymbol{F}^{\mathrm{surf}} &= \sigma\{(\boldsymbol{I} - \hat{\boldsymbol{n}} \otimes \hat{\boldsymbol{n}}) \cdot \nabla\delta_s - \nabla \cdot (\hat{\boldsymbol{n}} \otimes \hat{\boldsymbol{n}})\delta_s\} \\ &= \sigma\{(\boldsymbol{I} - \hat{\boldsymbol{n}} \otimes \hat{\boldsymbol{n}}) \cdot \nabla\delta_s + \kappa\hat{\boldsymbol{n}}\delta_s\} \end{aligned} \tag{5.146}$$

と表せる．界面の厚さが一定であれば，

$$(\boldsymbol{I} - \hat{\boldsymbol{n}} \otimes \hat{\boldsymbol{n}}) \cdot \nabla\delta_s = \nabla_S\delta_s \simeq 0 \tag{5.147}$$

だから，式 (5.146) は表面張力の表式 (5.124) に一致する．数値解析を行う際に表式 (5.145) によって表面張力を算定すれば，曲率を求めることなく表面張力が評価できる．

5.3.2　Continuum Surface Force（CSF）モデル

　　前節で述べたように，数値解析を実施するには，表面張力の体積力表示が不可欠であるが，これを実現するのが Brackbill et al. (1992) の Continuum Surface Force（CSF）モデルである．

(1)　表面張力の体積力表示

　　界面上の点 $\boldsymbol{r}_s$ における表面張力は，

$$\boldsymbol{f}^{\mathrm{surf}}(\boldsymbol{r}_s) = \sigma\kappa(\boldsymbol{r}_s)\hat{\boldsymbol{n}}(\boldsymbol{r}_s) \tag{5.148}$$

と書ける．この表面張力 $\boldsymbol{f}^{\mathrm{surf}}$ と等価な体積力 $\boldsymbol{F}^{\mathrm{surf}}$ は，

$$\lim_{\Delta_s \to 0} \int_V \boldsymbol{F}^{\mathrm{surf}}(\boldsymbol{r})dV = \int_A \boldsymbol{f}^{\mathrm{surf}}(\boldsymbol{r}_s)dA \tag{5.149}$$

と表せる．ここに，A：$\boldsymbol{r}_s$ 近傍の界面上の面積要素（微小面積），V：面積要素 A を含み，かつ界面をまたぐ厚さ Δ_s の体積要素である．表面張力 $\boldsymbol{f}^{\mathrm{surf}}$ を体積積分で書けば，

$$\int_A \boldsymbol{f}^{\mathrm{surf}}(\boldsymbol{r}_s)\,dA = \int_V \boldsymbol{f}^{\mathrm{surf}}(\boldsymbol{r})\,\delta_s\big((\boldsymbol{r}-\boldsymbol{r}_s)\cdot\hat{\boldsymbol{n}}(\boldsymbol{r}_s)\big)\,dV \tag{5.150}$$

となる. 式中の δ_s は式 (5.125) の Dirac のデルタ関数である. 式 (5.149), (5.150) より,

$$\lim_{\Delta_s \to 0} \boldsymbol{F}^{\mathrm{surf}}(\boldsymbol{r}) = \boldsymbol{f}^{\mathrm{surf}}(\boldsymbol{r})\,\delta_s\big((\boldsymbol{r}-\boldsymbol{r}_s)\cdot\hat{\boldsymbol{n}}(\boldsymbol{r}_s)\big) \tag{5.151}$$

が得られる.

　以下では, 記述の簡単化のために, $\boldsymbol{r}_s$ を原点とする界面の法線方向の座標

$$\xi = (\boldsymbol{r}-\boldsymbol{r}_s)\cdot\hat{\boldsymbol{n}}(\boldsymbol{r}_s) \tag{5.152}$$

を導入する. 式 (5.151) の体積力表示は, $\Delta_s = 0$ すなわち体積要素の厚さがゼロの極限で与えられているが, 実際の計算では有限厚さの体積要素を扱う必要がある. Dirac のデルタ関数を ξ 軸に沿って積分すると,

$$\int_{-\infty}^{\infty} \delta_s(\xi)\,d\xi = 1 \tag{5.153}$$

となるため, この条件を満たす有限幅で非ゼロ値の関数を Dirac のデルタ関数に代えて用いれば, 有限厚さの体積要素を扱うことになる.

　まず, 図 **5.7** に模式的に示す関数 c を考える. 関数 c は界面を挟んで値が 0 から 1 に急峻に変化する関数で, カラー関数とよばれる. 数式上で厳密に記述すれば, カラー関数としては階段関数すなわち式 (5.16) の相関数が想定されるが, この場合, 界面の位置は関数値の不連続点をつないだ面となり, 体積要素の厚さはゼロとなる. 実際の計算では有限厚さの体積要素を扱うから, カラー関数としても空間解像度の数倍程度の幅で 0 から 1 に変化する関数を用いることになる. カラー関数の関数形には特に制限はないが, 計算の安定性の面からは連続関数が望ましい. 格子法の界面捕捉では, 近似 Heaviside（ヘビサイド）関数

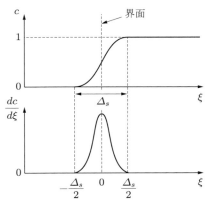

図 **5.7**　カラー関数

$$H_a(\xi) \equiv \begin{cases} 1 & \left(\xi > \dfrac{\Delta_s}{2}\right) \\[2ex] \dfrac{1}{2}\left(\dfrac{2\xi + \Delta_s}{\Delta_s} + \dfrac{1}{\pi}\sin\dfrac{2\pi\xi}{\Delta_s}\right) & \left(|\xi| \le \dfrac{\Delta_s}{2}\right) \\[2ex] 0 & \left(\xi < -\dfrac{\Delta_s}{2}\right) \end{cases} \tag{5.154}$$

がカラー関数として一般に用いられる.

$$c(\xi) = H_a(\xi) \tag{5.155}$$

デルタ関数はカラー関数の ξ 軸方向の変化率として定義されるので,近似 Heaviside 関数 (5.155) に対応した近似デルタ関数は,

$$\delta_s(\xi) = \frac{dc}{d\xi} = \begin{cases} \dfrac{1}{\Delta_s}\left(1 + \cos\dfrac{2\pi\xi}{\Delta_s}\right) & \left(|\xi| \le \dfrac{\Delta_s}{2}\right) \\[2ex] 0 & (\text{otherwise}) \end{cases} \tag{5.156}$$

と書けて,図 5.7 に示すように界面でピークをもち,有限幅 Δ_s で非ゼロとなる関数である.

粒子法では,たとえば気液界面では,kernel の影響域内の個々の相の粒子の占有体積をカラー関数とする.気相の占有体積として定義すると,

$$\langle c \rangle_i = \sum_{j \in g} \frac{m_j}{\rho_j} w_{ij} = \sum_{j \in g} V_j w_{ij} \tag{5.157}$$

であり,

$$\langle c \rangle_i \simeq V_i \sum_{j \in g} w_{ij} = \frac{\displaystyle\sum_{j \in g} w_{ij}}{\displaystyle\sum_{j \in g \text{ or } l} w_{ij}} = \frac{\displaystyle\sum_{j \in g} w_{ij}}{n_0} = \alpha_i^g \tag{5.158}$$

と近似できるから,カラー関数は,式 (5.96) の体積率の定義と一致する.

正規化したカラー関数の勾配を近似デルタ関数として用いると,

$$\delta_s(\xi) \approx \left|\frac{\nabla c(\xi)}{c(\xi_\infty) - c(\xi_{-\infty})}\right| = |\nabla c(\xi)| \quad (\because c(\xi_\infty) - c(\xi_{-\infty}) = 1 - 0 = 1) \tag{5.159}$$

となる.この表式は,

$$\int_{-\infty}^{\infty} |\nabla c(\xi)| d\xi = \int_{-\infty}^{\infty} \frac{dc}{d\xi} d\xi = \int_{-\infty}^{\infty} dc = c(\xi_\infty) - c(\xi_{-\infty}) = 1$$

だから,式 (5.153) の条件を満足する.式 (5.154) に代表される連続で滑らかなカラー関数は式 (5.153) の条件を満足し,粒子法のカラー関数 (5.158) も式 (5.153) の条件に適合する近似を与える.

(2)　微分演算による曲率と法線ベクトルの推定法

界面の法線ベクトルは，カラー関数の勾配として定義される.

$$\boldsymbol{n} = \nabla c \tag{5.160}$$

単位法線ベクトルは，

$$\hat{n} = \frac{\boldsymbol{n}}{|\boldsymbol{n}|} = \frac{\nabla c}{|\nabla c|} \tag{5.161}$$

と書けるので，これを曲率の表式 (5.137)，(5.138) に用いると，曲率をカラー関数で記述できる.

$$\kappa = -\nabla \cdot \left(\frac{\nabla c}{|\nabla c|}\right) = -\frac{\nabla^2 c}{|\nabla c|} + \frac{\nabla c \cdot \nabla(|\nabla c|)}{|\nabla c|^2} \tag{5.162}$$

$$\kappa = -\frac{\nabla^2 c}{|\nabla c|} + \frac{1}{|\nabla c|}\left\{(\nabla \otimes \nabla c) : \left(\frac{\nabla c}{|\nabla c|} \otimes \frac{\nabla c}{|\nabla c|}\right)\right\} \tag{5.163}$$

これらの表式からわかるように，曲率の評価にはカラー関数の勾配と Laplacian の算定が必要となる. デルタ関数は，式 (5.159) に従って，

$$\delta_s = |\nabla c| \tag{5.164}$$

で与える. 粒子法については，SPH 法の標準モデルを対象とすると，法線ベクトル，曲率，デルタ関数は，

$$\langle \boldsymbol{n} \rangle_i = \langle \nabla c \rangle_i = \sum_{j \in g} \frac{m_j}{\rho_j} c_j \nabla w_{ij} = \sum_{j \in g} V_j c_j \nabla w_{ij} \tag{5.165}$$

$$\langle \kappa \rangle_i = -\langle \nabla \cdot \hat{\boldsymbol{n}} \rangle_i = -\sum_{j \in g} V_j \hat{\boldsymbol{n}}_j \cdot \nabla w_{ij} = -\sum_{j \in g} V_j \frac{(\nabla c)_j \cdot \nabla w_{ij}}{|\nabla c|_j} \tag{5.166}$$

$$\langle \delta_s \rangle_i = \left|\sum_{j \in g} V_j c_j \nabla w_{ij}\right| \tag{5.167}$$

となり，これらを用いて表面張力は，

$$\left\langle \boldsymbol{F}^{\mathrm{surf}} \right\rangle_i = \sigma \langle \kappa \hat{\boldsymbol{n}} \delta_s \rangle_i \tag{5.168}$$

と記述される.

(3)　円弧近似による曲率と法線ベクトルの推定法

カラー関数を通じて評価する方法とは別に，kernel の影響域の粒子数に基づき曲率と法線ベクトルを求めることも可能である. Nomura et al. (2001) は，図 **5.8** に示すように粒子 i を要とする扇形の粒子分布を想定し，扇形の中心角を通じて曲率を求めた. 以下では記述の簡潔性の観点から，2 次元の場合を対象に述べる. 扇形の粒子分布では，粒子の存在域の面積と扇形の中心角は比例する. 粒子が均等に分布している

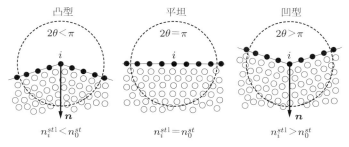

図 **5.8** 円弧近似の概念

とすると，粒子の分布域の面積は粒子数密度

$$n_i^{st1} = \sum_{j \neq i} w^{st1}\left(\left|\boldsymbol{r}_{ij}\right|\right) \tag{5.169}$$

$$w^{st1}(r) = \begin{cases} 1 & \left(0 \leq r < r_e^{st}\right) \\ 0 & \left(r_e^{st} \leq r\right) \end{cases} \tag{5.170}$$

（r_e^{st}：kernel の影響域の半径で，基準粒子数密度 n_0 を求めるための均等粒子配列における粒子間距離 l_0 の 3.1 倍を推奨）に比例するので，中心角は，

$$2\theta = \frac{n_i^{st1}}{n_0^{st}}\pi \tag{5.171}$$

と書ける（n_0^{st}：基準粒子数密度 n_0 を求めるための均等粒子配列において界面が平坦なときの式 (5.169) の粒子数密度の値）．

　ところで，実際の計算では界面に凹凸が生じる．特に標準 MPS 法では界面粒子の擾乱が大きいので，粒子 i を要とする扇形の半径のラインより外側にも界面粒子（**図 5.9**(a) に示す想定した界面のラインより上に飛び出した粒子）が存在する．式 (5.169) の粒子数密度では，このような粒子もカウントされるので，粒子の存在域の面積が過大に評価され，中心角も過大評価される．この影響を除去するため，kernel

$$w^{st2}(r) = \begin{cases} 1 & \left(0 \leq r < r_e^{st} \text{ and } n_j^{st1} > n_i^{st1}\right) \\ 0 & (\text{otherwise}) \end{cases} \tag{5.172}$$

を新たに定義し，粒子数密度を

$$n_i^{st2} = \sum_{j \neq i} w^{st2}\left(\left|\boldsymbol{r}_{ij}\right|\right) \tag{5.173}$$

で与えると，中心角は，

$$2\theta = \frac{n_i^{st2}}{n_0^{st}}\pi \tag{5.174}$$

と書ける．図 5.9(b) に示す幾何的関係（△ AOB と△ COD の相似）より，

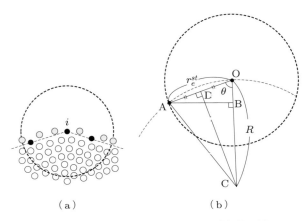

図 5.9　表面粒子の補正・円弧近似の幾何的関係

$$\frac{r_e^{st}}{r_e^{st}\cos\theta} = \frac{R}{r_e^{st}/2} \quad \rightarrow \quad \frac{1}{R} = \frac{2\cos\theta}{r_e^{st}}$$

であるから（R：近似円の半径，すなわち曲率半径），曲率は，

$$\kappa = \frac{1}{R} = \frac{2\cos\theta}{r_e^{st}} \tag{5.175}$$

と表せる．結局

$$\langle\kappa\rangle_i = \frac{2}{r_e^{st}}\cos\left(\frac{\pi}{2n_0^{st}}\sum_{j\neq i} w^{st2}\left(|\boldsymbol{r}_{ij}|\right)\right) \tag{5.176}$$

によって，曲率が推定できる．

　法線ベクトルを評価するには，**図 5.10** に示すように，粒子 i の上下左右に粒子数密度の補助評価点を 4 点導入する．各点は，x 方向および y 方向にそれぞれ $\pm l_0$ だけ粒子 i と離れている．補助評価点の粒子数密度は，

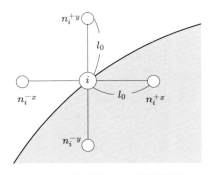

図 5.10　粒子数密度の補助評価点

$$n_i^{\pm x} = n^{st1}\left(\boldsymbol{r}_i \pm l_0 \boldsymbol{e}_x\right) \quad ; \quad n_i^{\pm y} = n^{st1}\left(\boldsymbol{r}_i \pm l_0 \boldsymbol{e}_y\right) \tag{5.177}$$

$$n^{st1}\left(\boldsymbol{r}\right) = \sum_j w^{st1}\left(\left|\boldsymbol{r}_j - \boldsymbol{r}\right|\right) \tag{5.178}$$

と書ける．ここに，$\boldsymbol{e}_x, \boldsymbol{e}_y$：$x, y$ 方向の単位ベクトルである．単相流の自由表面を想定すると，粒子数密度は流体の存在域で n_0，流体が存在しない領域でゼロをとることから，先述のカラー関数と同様の分布傾向を示す．そこで，粒子数密度勾配として法線ベクトルを推定することが可能となる．

$$\boldsymbol{n} = \frac{\partial n}{\partial x}\boldsymbol{e}_x + \frac{\partial n}{\partial y}\boldsymbol{e}_y \tag{5.179}$$

補助評価点における粒子数密度を用いて書くと，

$$\langle \boldsymbol{n} \rangle_i = \frac{n_i^{+x} - n_i^{-x}}{2l_0}\boldsymbol{e}_x + \frac{n_i^{+y} - n_i^{-y}}{2l_0}\boldsymbol{e}_y \tag{5.180}$$

となり，粒子 i の法線ベクトルが推定できる．

　ところで，円弧近似による曲率と法線ベクトルの推定は，微分演算による推定法と比較して，推定誤差が大きくなる傾向がある（Khayyer et al., 2014）．隣接する界面粒子間で法線ベクトルを緩やかに変化させるには，平滑化

$$\langle \bar{\boldsymbol{n}} \rangle_i = \frac{1}{2}\left\{ \langle \boldsymbol{n} \rangle_i + \frac{1}{n_0}\sum_{j \neq i}\langle \boldsymbol{n} \rangle_j\, w\left(\left|\boldsymbol{r}_{ij}\right|\right) \right\} \tag{5.181}$$

を導入する必要がある．曲率に関しても同様の平滑化，

$$\langle \bar{\kappa} \rangle_i = \frac{1}{2}\left\{ \langle \kappa \rangle_i + \frac{1}{n_0}\sum_{j \neq i}\langle \kappa \rangle_j\, w\left(\left|\boldsymbol{r}_{ij}\right|\right) \right\} \tag{5.182}$$

を適用する．また，法線ベクトルの推定精度を上げるには，対象粒子 i 周囲の粒子数密度の補助評価点の数を増やす方法もある．Rong and Chen (2010) は，式 (5.177) の 4 点に以下の 4 点

$$n_i^{\pm 2x} = n_i^{st}\left(\boldsymbol{r}_i \pm 2l_0 \boldsymbol{e}_x\right) \quad ; \quad n_i^{\pm 2y} = n_i^{st}\left(\boldsymbol{r}_i \pm 2l_0 \boldsymbol{e}_y\right) \tag{5.183}$$

を加えて，合計 8 点の補助評価点を使った法線ベクトルの評価式

$$\langle \boldsymbol{n} \rangle_i = \frac{n_i^{-2x} - 8n_i^{-x} + 8n_i^{+x} - n_i^{+2x}}{12l_0}\boldsymbol{e}_x + \frac{n_i^{-2y} - 8n_i^{-y} + 8n_i^{+y} - n_i^{+2y}}{12l_0}\boldsymbol{e}_y \tag{5.184}$$

を示した．

(4)　粒子法における表面張力モデルの適用

　Morris (2000) は，SPH 法に CSF モデルを導入した．CSF モデルでは，界面の法線ベクトルと曲率を算定するが，先述のとおり，算定方法には，円弧近似による方法とカラー関数の微分演算による方法がある．カラー関数の微分演算による方法では，(i)

はじめにカラー関数の勾配を計算して式 (5.161) によって法線ベクトルを算定した後，式 (5.162) により単位法線ベクトルの発散として曲率を算定する方法と，(ii) カラー関数の勾配と Laplacian を算定して，式 (5.162) の最右辺ないしは式 (5.163) により曲率を算定する方法とがある．

Shirakawa et al. (2001) をはじめとして，Liu et al. (2005)，Zhang et al. (2007) など一連の CSF モデルの MPS 法への適用においては，標準 MPS 法の勾配モデルで法線ベクトルを算定し，標準 MPS 法の発散モデルで法線ベクトルの発散を算定して曲率を求めている．また，Ichikawa and Labrosse (2010) は，SPH 法の勾配モデルと標準 MPS 法の発散モデルを用いて曲率を求めている．これらは，いずれも上記の (i) の方法に属するが，(i) の方法ではカラー関数の 2 階の微分を求めるために微分演算子モデルを 2 度使うことになり，このことが曲率の推定精度の低下につながると指摘されている．精度低下を抑制するには，上記 (ii) の方法が有効である．Khayyer et al. (2014) は，式 (3.97) の高精度 Laplacian を用いて，カラー関数の Laplacian を算定した．

$$\left\langle \nabla^2 c \right\rangle_i = \frac{1}{n_0} \sum_{j \neq i} \left\{ \frac{\partial c_{ij}}{\partial r_{ij}} \frac{\partial w_{ij}}{\partial r_{ij}} + c_{ij} \left(\frac{\partial^2 w_{ij}}{\partial r_{ij}^2} + \frac{D_s - 1}{r_{ij}} \frac{\partial w_{ij}}{\partial r_{ij}} \right) \right\} + \Theta^{bi} \qquad (5.185)$$

ところで，高精度 Laplacian は SPH 法の勾配モデルに基づくため，界面近傍では式 (2.82) の表面積分項がゼロとならない．式中の Θ^{bi} は表面積分項であり，Souto-Iglesias et al. (2013) の表式を用いて

$$\Theta^{bi} = \int_{\partial \Omega} \nabla c \cdot \boldsymbol{n} \, w_{ij} \, dS \simeq \frac{1}{n_0} \sum_{j \in \partial \Omega} \frac{c_{ij} \, \boldsymbol{r}_{ij} \cdot \boldsymbol{n}_j}{\left| \boldsymbol{r}_{ij} \right|^2} w_{ij} S_j \qquad (5.186)$$

と表せる．式中の S_j は面積要素（2 次元では粒子径）である．図 **5.11** は，(a) 高精度 Laplacian モデルを使う方法（上記 (ii)），(b) 勾配モデルと発散モデルを 2 段階で使う方法（上記 (i)），(c) 円弧近似法を用いて，正方均等配置された粒子で構成した円の外縁で算定された曲率を示している．縦軸は円の半径 R と曲率の積であるから，厳密には 1.0 となるはずであるが，粒子が正方均等配置されているので，図中にも示したように外縁には粒子径程度の凹凸が生じ，曲率の値が擾乱される．図から明らかなように，ほかの二つの方法と比較して，高精度 Laplacian モデルを使う方法は擾乱の少ない曲率算定値を与える（Khayyer et al., 2014）．

Hu and Adams (2006) は，曲率の推定過程が精度低下の原因であるとして，Jacqmin (1999, 2000) が表面自由エネルギーから導いた表面応力の表式（前項の式 (5.144)）を用いて，表面曲率を介さずに表面張力を評価する方法を Continuous Surface Stress（CSS）モデルと称して，SPH 法に適用している．

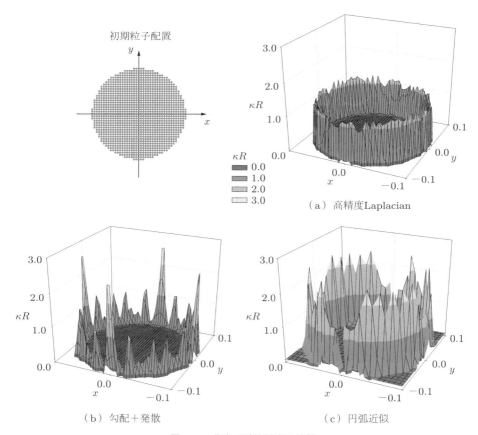

図 5.11 曲率の計算精度の比較

5.3.3 ポテンシャルモデル

この節の冒頭に述べたように,表面張力はミクロ視点では分子間力に起因するので,粒子間にも van der Waals(ファンデルワールス)力と類似の相互作用力を導入して表面張力をモデル化したのが,ポテンシャルモデルである.

分子間力ポテンシャルの経験式として広く用いられる Lennard-Jones ポテンシャルは,

$$U^{L\text{-}J}(r) = 4\varepsilon_{L\text{-}J}\left\{\left(\frac{\sigma_{L\text{-}J}}{r}\right)^{12} - \left(\frac{\sigma_{L\text{-}J}}{r}\right)^{6}\right\} \tag{5.187}$$

である($\varepsilon_{L\text{-}J}$, $\sigma_{L\text{-}J}$:モデル定数,r:分子間距離).このポテンシャルが与える分子間力は,

$$F^{L-J}(r) = -\frac{\partial U^{L-J}}{\partial r} = \frac{24\varepsilon_{L-J}}{r}\left(\frac{\sigma_{L-J}}{r}\right)^6 \left\{2\left(\frac{\sigma_{L-J}}{r}\right)^6 - 1\right\} \tag{5.188}$$

であり，分子間力がゼロとなる平衡距離は

$$r_0 = 2^{1/6}\sigma_{L-J} \tag{5.189}$$

である．$r < r_0$ のときには，$F^{L-J}(r) > 0$ であるから斥力が作用し，$r > r_0$ のときには，$F^{L-J}(r) < 0$ であるから引力が作用する．

このような分子間力ポテンシャルの特性にならって，分子間力とのアナロジーに基づくポテンシャルモデルでは，粒子の近傍で斥力，その外側で引力を与えるポテンシャルが採用される．表面張力を

$$\left\langle \boldsymbol{F}^{\mathrm{surf}} \right\rangle_i = C_{stp}\sum_j f^{ip}\left(|\boldsymbol{r}_{ij}|\right)\frac{\boldsymbol{r}_{ij}}{|\boldsymbol{r}_{ij}|} \quad ; \quad f^{ip} = -\frac{\partial \Phi^{ip}}{\partial r} \tag{5.190}$$

と記述する．ここに，f^{ip}：粒子間力，Φ^{ip}：粒子間力ポテンシャル，C_{stp}：モデル定数である．Tartakovsky and Meakin (2005) は，粒子間力

$$f^{ip}(r) = \begin{cases} \cos\dfrac{3\pi r}{2r_e^{st}} & (r \leq r_e^{st}) \\[2mm] 0 & (r > r_e^{st}) \end{cases} \tag{5.191}$$

を想定して，粒子間力ポテンシャルを

$$\Phi^{ip}(r) = \begin{cases} -\dfrac{2r_e^{st}}{3\pi}\sin\dfrac{3\pi r}{2r_e^{st}} & (r \leq r_e^{st}) \\[2mm] 0 & (r > r_e^{st}) \end{cases} \tag{5.192}$$

で与えた．また，Kondo et al. (2007) は，粒子間力

$$f^{ip}(r) = \begin{cases} (r - l_0)\left(r - r_e^{st}\right) & (r \leq r_e^{st}) \\[2mm] 0 & (r > r_e^{st}) \end{cases} \tag{5.193}$$

を想定して，粒子間力ポテンシャルを

$$\Phi^{ip}(r) = \begin{cases} \dfrac{1}{3}\left(\dfrac{3}{2}l_0 - \dfrac{1}{2}r_e^{st} - r\right)\left(r - r_e^{st}\right)^2 & (r \leq r_e^{st}) \\[2mm] 0 & (r > r_e^{st}) \end{cases} \tag{5.194}$$

で与えた．ここに，l_0：基準粒子数密度 n_0 を求めるための均等粒子配列における粒子間距離である．式 (5.191)，(5.193) の粒子間力の概形を図 5.12 に示す．

先に述べたように，表面張力は，単位表面積あたりの Helmholtz の自由エネルギーであり，等温過程で仕事として外部に取り出すことができるエネルギーを意味するから，接触した二つの流体を引き離す際に必要な仕事として記述できる．Kondo et

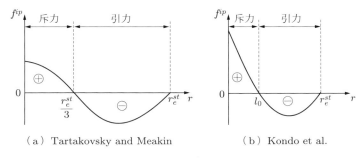

（a）Tartakovsky and Meakin （b）Kondo et al.

図 5.12 ポテンシャルモデルの粒子間力の概形

al. (2007) は，二つの流体を引き離す操作を考えた．二つの流体はいずれも，粒子が均等間隔 l_0 で配置された状態であるとすると，接触面で一つの粒子が分担している接触面積は l_0^2 である．接触面で 1 組の粒子の接触を解除して引き離すと，新たに面積 $2l_0^2$ の表面が生じる．ただし，接触面の直上の粒子だけでなく，その真上にある粒子で影響半径より近い距離にある数個の粒子も同時に引き離す必要がある．この面積を作るために必要な仕事は，ポテンシャルを用いて，

$$2\sigma l_0^2 = C_{stp} \sum_{i \in I} \sum_j \Phi^{ip}\left(|\boldsymbol{r}_{ij}|\right) \quad ; \quad I = \left\{ i : (\boldsymbol{r}_i - \boldsymbol{r}_s) \| \hat{\boldsymbol{n}} \text{ and } (\boldsymbol{r}_i - \boldsymbol{r}_s) \cdot \hat{\boldsymbol{n}} \le r_c \right\} \quad (5.195)$$

と書けるので（$\boldsymbol{r}_s$：粒子の接触点の位置ベクトル），これよりモデル定数 C_{stp} が推定できる．

　ポテンシャルモデルの利点は，固体・液体界面への適用の容易さにある．固体と液体の接触しやすさ（濡れやすさ）を濡れ性というが，固体表面の粗度（幾何組成）や化学組成の違いによって濡れ性にも差が生じる．濡れ性は図 5.13 に示す接触角 θ_c の大きさによって表される．気液間，固気間，固液間の表面張力係数 σ_{lg}, σ_{sg}, σ_{sl} には以下の関係が成立する（Young の式）．

$$\sigma_{sg} - \sigma_{sl} = \sigma_{lg} \cos\theta_c \quad (5.196)$$

固体・液体粒子間にも式 (5.190) と同様のポテンシャルを考える．面積 S の広さで液体を引き離して $2S$ の液体界面を生成するのに必要な仕事 W^{ll}，液体と固体を引き離

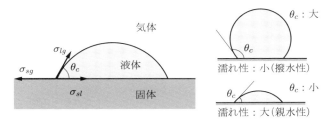

図 5.13 濡れ性のモデル化

して面積 S の液体界面と面積 S の固体界面を生成するのに必要な仕事 W^{sl} は，

$$W^{ll} = 2\sigma_{lg}S \tag{5.197}$$

$$W^{sl} = \left(\sigma_{lg} + \sigma_{sg} - \sigma_{sl}\right)S \tag{5.198}$$

となる．さらに，二つの仕事の比は，ポテンシャルの定数の比である．

$$\frac{W^{ll}}{W^{sl}} = \frac{C_{stp}^{ll}}{C_{stp}^{sl}} \tag{5.199}$$

式 (5.196)，(5.198) より

$$W^{sl} = \sigma_{lg}\left(1 + \cos\theta_c\right)S \tag{5.200}$$

であり，これを式 (5.199) に用いると，ポテンシャルの定数間の関係式

$$C_{stp}^{sl} = \frac{1 + \cos\theta_c}{2} C_{stp}^{ll} \tag{5.201}$$

が得られる．

　ポテンシャルモデルは，計算が簡単で，法線ベクトルや曲率の計算が不要であることから，適用例も多い．Nugent and Posch (2000) は，van der Waals 型の粒子間力を導入して，液滴の運動を計算した．Shirakawa et al. (2001) は，MPS 法の表面張力モデルとしてポテンシャルモデルを用いて，管路内気泡流の計算を行った．Tartakovsky and Panchenko (2016) は，SPH 法に分子間力と類似の 2 粒子間に反対称に作用する粒子間力を導入し，Pairwise Force-SPH 法と名付けた．導入された粒子間力は van der Waals 力のように粒子間距離ゼロで無限大とはならないので，粒子の過剰な反発を抑制できる．しかし，ポテンシャルモデルでは，モデル定数は解像度に依存し（Adami et al., 2010），粒子配置が不規則なときには数値的不安定を生じやすい（Zhang et al., 2008）．液体中の気泡上昇など，固体壁での濡れ性の評価が不要な現象では，CSF モデルを選択するのが望ましい．

6 固液混相流解析

　河川や海浜で見られる移動床，工業プラントにおける流動床は，固相と接する流体運動によって固相粒子が駆動された状態を指し，固相粒子が細粒径であれば流体中に懸濁浮遊する．固相粒子の粒径は，粗粒径から細粒径まで幅広く，特に粗粒径の場合，固相を連続体ではなく離散的な粒子の集合体，すなわち粒状体として記述することも可能となる．この場合，第5章で述べた2相をともに連続体近似する混相流モデルとは異なるので，2相間のカップリングに関しても別手法が必要となる．

　6.1節では，高濃度懸濁状態のモデルとして広く用いられる非Newton流体モデル，すなわち固相と液相の混合体を扱う一流体モデルについて解説する．非Newton流体の構成則について概観し，Bingham流体の構成則を連続形で記述するCrossモデルを用いた粒子法計算に関して詳細に述べる．6.2節では，固相を離散的な粒子の集合体として記述するために不可欠な個別要素法（DEM）について，支配方程式とモデル定数の適正な推定法に関して述べる．6.3節では，液相を連続体，固相を離散的な粒子の集合体として記述するDEM-MPS法について詳細に述べる．粒子法のkernel積分では近傍粒子との相互作用が計算されるので，密度の異なる2種類の粒子を単相流の計算コードに導入すれば，固液混相状態を簡易に計算できる．DEM-MPS法の原型はこの種の簡易計算であったが，その後，固相・液相の相互投影法へと発展し，2相間で質量・運動量を保存する投影法が考案されて，種々の固液混相流への粒子法の適用性が顕著に向上した．DEM-MPS法のこれらの展開に関して詳述する．

6.1 非Newton流体モデル

　高分子流体（化学組成が複雑な高分子からなる流体，たとえば，懸濁液，血液など）では，Newtonの粘性法則（応力と変形速度の線形関係）が成立しないので，非Newton流体とよばれる．粘性は流体の流動性を支配する．すなわち，低粘性の流体は「さらさら」としていて流れやすく，高粘性の流体は「べとべと」していて流れにくい．物質の変形と流動を扱う学問分野をrheology（レオロジー）といい，応力と変形速度の関係を構成則という．以下では，非Newton流体の構成則に関して述べ，構成則に基づく粘性応力項の粒子法による離散化に関して解説する．

6.1.1　非 Newton 流体の構成則

単純せん断におけるせん断応力 τ とせん断速度 $\dot\gamma$ の関係を

$$\tau = \mu\dot\gamma \tag{6.1}$$

と記述する．式中の μ は粘性係数であり，Newton 流体の場合には定数となるが，非 Newton 流体では，次のようにせん断速度の関数となる．

$$\mu = func\left(|\dot\gamma|\right) \tag{6.2}$$

したがって，せん断応力は，

$$\tau = \mu\left(|\dot\gamma|\right)\dot\gamma \tag{6.3}$$

粘性応力テンソルは，

$$\boldsymbol{\Pi} = 2\mu\left(|\dot\gamma|\right)\boldsymbol{D} \quad ; \quad \boldsymbol{D} = \frac{\nabla\boldsymbol{u} + (\nabla\boldsymbol{u})^T}{2} \tag{6.4}$$

応力テンソルは，

$$\boldsymbol{T} = -p\boldsymbol{I} + \boldsymbol{\Pi} = -p\boldsymbol{I} + 2\mu\left(|\dot\gamma|\right)\boldsymbol{D} \tag{6.5}$$

と書ける．ここに，$\boldsymbol{D}$ は式 (2.25) の変形速度テンソルである．

　非 Newton 流体の rheology 特性は複雑であるが，端的に特徴を表す分類として，図 **6.1** に示すように，せん断応力とせん断速度の関係（流動曲線）が用いられる．時間依存性のない非 Newton 流体は，流動曲線が原点を通る純粘性流体と，流動曲線がせん断応力軸の切片 τ_B（降伏応力）を通る粘塑性流体に分類される．純粘性流体には，せん断速度の増加に伴って粘性が減少し（せん断流動化），せん断速度が大きいほど流動しやすい擬塑性流体と，せん断速度の増加に伴って粘性が増加し（せん断粘稠化），せん断速度が大きいほど流動しにくいダイラタント流体がある．一方，粘塑性流体のうち，流動化後の応力とせん断速度に線形性が見られるものを Bingham（ビンガム）流体，応力とせん断速度が非線形であるものを非 Bingham 流体という．

　純粘性流体の構成則は，

$$\mu = \mu_0|\dot\gamma|^{n-1} \tag{6.6}$$

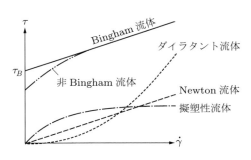

図 **6.1**　流動曲線

と書ける．この表式を Ostwald–de Waele（オストワルド‐デワール）のべき乗則と
よび，この表式に従う流体をべき乗則流体という．べき乗則流体の粘性応力テンソル
は，

$$\boldsymbol{\Pi} = 2\mu_0 |\dot{\gamma}|^{n-1} \boldsymbol{D} \tag{6.7}$$

と書ける．式中の定数 $n=1$ のときが Newton 流体，$n<1$ のときが擬塑性流体，
$n>1$ のときがダイラタント流体である．また，せん断速度は，変形速度テンソルの
大きさとして，

$$|\dot{\gamma}| \equiv |2\boldsymbol{D}| \equiv \sqrt{\frac{1}{2}(2\boldsymbol{D}) \colon (2\boldsymbol{D})} = \sqrt{2\boldsymbol{D} \colon \boldsymbol{D}} \tag{6.8}$$

と定義される．変形速度テンソルの第 1 不変量は，

$$I_{\boldsymbol{D}} \equiv \operatorname{tr} \boldsymbol{D} = \nabla \cdot \boldsymbol{u} = 0 \tag{6.9}$$

である．また，第 2 不変量は，式 (6.9) を用いると，

$$I\!I_{\boldsymbol{D}} \equiv \frac{1}{2}\left\{ (\operatorname{tr} \boldsymbol{D})^2 - \operatorname{tr} \boldsymbol{D}^2 \right\} = -\frac{1}{2}\operatorname{tr} \boldsymbol{D}^2 \tag{6.10}$$

であり，変形速度テンソルは対称テンソルであるから，

$$\operatorname{tr} \boldsymbol{D}^2 = \boldsymbol{D} \colon \boldsymbol{D} \tag{6.11}$$

となる．したがって，変形速度テンソルの複内積は，

$$\boldsymbol{D} \colon \boldsymbol{D} = 2|I\!I_{\boldsymbol{D}}| \tag{6.12}$$

と書ける．このことから，せん断速度は，

$$|\dot{\gamma}| = 2\sqrt{|I\!I_{\boldsymbol{D}}|} \tag{6.13}$$

とも表せる．

Bingham 流体の構成則は，

$$\mu = \mu_B + \frac{\tau_B}{|\dot{\gamma}|} \tag{6.14}$$

であり（μ_B：降伏後の粘性係数，τ_B：降伏応力），粘性応力テンソルは，

$$\boldsymbol{\Pi} = \begin{cases} 2\left(\mu_B + \dfrac{\tau_B}{|\dot{\gamma}|}\right)\boldsymbol{D} & (|\boldsymbol{\Pi}| > \tau_B) \\[2mm] 0 & (|\boldsymbol{\Pi}| \le \tau_B) \end{cases} \quad ; \quad |\boldsymbol{\Pi}| \equiv \sqrt{\frac{1}{2}\boldsymbol{\Pi} \colon \boldsymbol{\Pi}} \tag{6.15}$$

となる．つまり，粘性応力が τ_B 以下では流動が生じず，応力が τ_B を超えると
Newton 流体のように流動する．この式は，$|\boldsymbol{\Pi}| = \tau_B$ で不連続となるので，数値的に
不安定である．Cross (1965) は，不連続を回避するための粘性係数の表式

$$\mu = \mu_\infty + \frac{\mu_0 - \mu_\infty}{1 + \alpha|\dot{\gamma}|^m} = \frac{\mu_0 + \alpha\mu_\infty|\dot{\gamma}|^m}{1 + \alpha|\dot{\gamma}|^m} \tag{6.16}$$

を提案した（$\alpha,\ \mu_0$：モデル定数）．この式で，$m=1$ (Shao and Lo, 2003) とすると，

$$\mu = \frac{\mu_0 + \alpha\mu_\infty|\dot{\gamma}|}{1+\alpha|\dot{\gamma}|} \simeq \begin{cases} \mu_\infty + \dfrac{\mu_0}{\alpha|\dot{\gamma}|} & (\alpha|\dot{\gamma}| \gg 1) \\[2mm] \mu_0 & (\alpha|\dot{\gamma}| \ll 1) \end{cases} \tag{6.17}$$

となる．ここで，

$$\mu_\infty = \mu_B \quad ; \quad \alpha = \frac{\mu_0}{\tau_B} \tag{6.18}$$

とおくと，粘性係数はせん断速度の 0 および ∞ の極限で，

$$\mu = \begin{cases} \mu_B + \dfrac{\tau_B}{|\dot{\gamma}|} & (|\dot{\gamma}| \to \infty) \\[3mm] \mu_0 & (|\dot{\gamma}| \to 0) \end{cases} \tag{6.19}$$

となり，せん断応力は，

$$\tau = \mu\dot{\gamma} = \begin{cases} \tau_B + \mu_B\dot{\gamma} & (|\dot{\gamma}| \to \infty) \\[2mm] \mu_0\dot{\gamma} & (|\dot{\gamma}| \to 0) \end{cases} \tag{6.20}$$

となる．図 **6.2** に示すように，Cross モデルは，原点を通る傾き μ_0 の直線，および τ 軸切片が τ_B で傾き μ_B の直線に漸近する．原点を通る直線の傾き μ_0 を大きくとる方がよい近似とはなるが，傾きが大きくなるほどに数値的不安定が生じやすくなる．Bingham 流体の流動特性を損なわず，数値的にも安定な傾き μ_0 としては，

$$\mu_0 = 10^3\mu_\infty \tag{6.21}$$

程度とするのがよい (Hammad and Vradis, 1994)．以上のことから，Cross モデルの粘性係数は，

$$\mu(|\dot{\gamma}|) = \frac{\dfrac{10^3\mu_B}{\tau_B}\left(\tau_B + \mu_B|\dot{\gamma}|\right)}{1 + \dfrac{10^3\mu_B}{\tau_B}|\dot{\gamma}|} \tag{6.22}$$

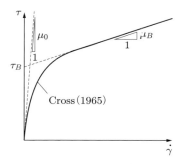

図 **6.2**　Cross モデル

と表せる.

6.1.2　粘性応力項の離散化

　ここでは，粒子法によって非 Newton 流体の粘性応力項を離散化する方法を具体的に述べる．はじめに，せん断速度の評価に関して考える．変形速度テンソルは，

$$\boldsymbol{D} = \frac{1}{2}\left(\frac{\partial u_i}{\partial x_j} + \frac{\partial u_j}{\partial x_i}\right) \tag{6.23}$$

だから，せん断速度は，

$$|\dot{\gamma}| = \sqrt{2\boldsymbol{D}:\boldsymbol{D}} = \sqrt{\frac{1}{2}\left\{\left(\frac{\partial u_i}{\partial x_j}\right)^2 + \left(\frac{\partial u_j}{\partial x_i}\right)^2 + 2\frac{\partial u_i}{\partial x_j}\frac{\partial u_j}{\partial x_i}\right\}} \tag{6.24}$$

と書ける．つまり，流速の各成分の偏導関数の離散化ができれば，せん断速度が評価できる．物理量 ϕ の x による偏微分は，粒子 i を原点とする動径方向座標軸 r を用いて，

$$\frac{\partial \phi}{\partial x} = \frac{\partial \phi}{\partial r}\frac{\partial r}{\partial x} = \frac{\partial \phi}{\partial r}\frac{x}{r}$$

$$\because r = \sqrt{x^2 + y^2 + z^2} \quad \rightarrow \quad \frac{\partial r}{\partial x} = \frac{1}{2}\frac{2x}{\sqrt{x^2 + y^2 + z^2}} = \frac{x}{r}$$

と表せる．よって，物理量 ϕ の x による偏導関数は，MPS 法では，

$$\left\langle\frac{\partial \phi}{\partial x}\right\rangle_i^{\mathrm{MPS}} = \sum_{j\neq i}V_j\frac{\phi_{ij}}{|\boldsymbol{r}_{ij}|}\frac{x_{ij}}{|\boldsymbol{r}_{ij}|}w_{ij} \simeq \frac{D_s}{n_0}\sum_{j\neq i}\frac{\phi_{ij}}{|\boldsymbol{r}_{ij}|}\frac{x_{ij}}{|\boldsymbol{r}_{ij}|}w_{ij} \tag{6.25}$$

SPH 法では，

$$\left\langle\frac{\partial \phi}{\partial x}\right\rangle_i^{\mathrm{SPH}} = \sum_j V_j\phi_j\left(\frac{\partial}{\partial x}\right)_i w_{ij} = -\sum_j V_j\phi_j\left(\frac{\partial w}{\partial r}\right)_j\frac{x_{ij}}{|\boldsymbol{r}_{ij}|} \tag{6.26}$$

と表示される．この表式を用いて個々の粒子における流速の 1 階の偏導関数を算定し，式 (6.24) によってせん断速度を求めれば，式 (6.22) によって粘性係数が算定できる．粒子法の勾配モデルを用いると変形速度テンソルが評価できるので，式 (6.4) によって，個々の粒子における粘性応力テンソルが求められる．

　粘性応力項は粘性応力テンソルの発散として与えられるので，粒子法の発散モデルを用いて評価できる．標準 MPS 法では，

$$\left\langle\frac{1}{\rho}\nabla\cdot\boldsymbol{\Pi}\right\rangle_i^{\mathrm{sMPS}} = \frac{D_s}{n_0}\sum_{j\neq i}\frac{1}{\overline{\rho}_{ij}}\frac{\boldsymbol{\Pi}_{ij}\cdot\boldsymbol{r}_{ij}}{|\boldsymbol{r}_{ij}|^2}w_{ij} \quad ; \quad \boldsymbol{\Pi}_{ij} = 2\overline{\mu}_{ij}\left(|\dot{\gamma}|\right)\boldsymbol{D}_{ij} \quad ; \quad \overline{\rho}_{ij} = \frac{\rho_i + \rho_j}{2} \tag{6.27}$$

と記述できる．式中の粘性係数は，拡散項の離散化における汎用的な方法（Patanker,

1980）に従い，粒子 i, j に対する調和平均で

$$\overline{\mu}_{ij} = \frac{2\mu_i \mu_j}{\mu_i + \mu_j} \tag{6.28}$$

と与える．一方，SPH 法では，粘性応力項は，

$$\left\langle \frac{1}{\rho} \nabla \cdot \boldsymbol{\Pi} \right\rangle_i^{\mathrm{SPH}} = \sum_j m_j \left(\frac{\boldsymbol{\Pi}_j}{\rho_j^2} + \frac{\boldsymbol{\Pi}_i}{\rho_i^2} \right) \cdot \nabla w_{ij} \quad ; \quad \nabla w_{ij} = -\left(\frac{\partial w}{\partial r} \right)_j \frac{\boldsymbol{r}_{ij}}{|\boldsymbol{r}_{ij}|} \tag{6.29}$$

と表せる．

　非 Newton 流体では，一般に粘性応力テンソルは式 (6.4) で与えられ，非圧縮性流体に関しては，

$$2\nabla \cdot \boldsymbol{D} = \nabla^2 \boldsymbol{u} \tag{6.30}$$

と書けるから，粘性応力項は，

$$\frac{1}{\rho} \nabla \cdot \boldsymbol{\Pi} = \frac{\mu}{\rho} \nabla^2 \boldsymbol{u} + \frac{2}{\rho} \nabla \mu \cdot \boldsymbol{D} = \frac{\mu}{\rho} \nabla^2 \boldsymbol{u} + \frac{1}{\rho} \nabla \mu \cdot \left\{ \nabla \boldsymbol{u} + (\nabla \boldsymbol{u})^T \right\} \tag{6.31}$$

となり，Laplacian モデルと勾配モデルを用いて離散化できる．式 (6.31) に基づき，MPS 法で離散化すると，

$$\left\langle \frac{1}{\rho} \nabla \cdot \boldsymbol{\Pi} \right\rangle_i^{\mathrm{sMPS}} = \left\langle \frac{\mu}{\rho} \nabla^2 \boldsymbol{u} \right\rangle_i^{\mathrm{sMPS}} + \left\langle \frac{1}{\rho} \nabla \mu \right\rangle_i^{\mathrm{sMPS}} \cdot \left\{ \langle \nabla \boldsymbol{u} \rangle_i^{\mathrm{sMPS}} + \left\langle (\nabla \boldsymbol{u})^T \right\rangle_i^{\mathrm{sMPS}} \right\} \tag{6.32}$$

$$\left\langle \frac{\mu}{\rho} \nabla^2 \boldsymbol{u} \right\rangle_i^{\mathrm{sMPS}} = \frac{2D_s}{\lambda n_0} \sum_{j \neq i} \frac{\overline{\mu}_{ij}}{\overline{\rho}_{ij}} \frac{\boldsymbol{u}_{ij}}{|\boldsymbol{r}_{ij}|^2} w_{ij} \tag{6.33}$$

$$\left\langle \frac{1}{\rho} \nabla \mu \right\rangle_i^{\mathrm{sMPS}} = \frac{D_s}{n_0} \sum_{j \neq i} \frac{1}{\overline{\rho}_{ij}} \frac{\mu_{ij}}{|\boldsymbol{r}_{ij}|} \frac{\boldsymbol{r}_{ij}}{|\boldsymbol{r}_{ij}|} w_{ij} \tag{6.34}$$

$$\langle \nabla \boldsymbol{u} \rangle_i^{\mathrm{sMPS}} = \frac{D_s}{n_0} \sum_{j \neq i} \frac{\boldsymbol{u}_{ij} \otimes \boldsymbol{r}_{ij}}{|\boldsymbol{r}_{ij}|^2} w_{ij} \quad ; \quad \left\langle (\nabla \boldsymbol{u})^T \right\rangle_i^{\mathrm{sMPS}} = \frac{D_s}{n_0} \sum_{j \neq i} \frac{\boldsymbol{r}_{ij} \otimes \boldsymbol{u}_{ij}}{|\boldsymbol{r}_{ij}|^2} w_{ij} \tag{6.35}$$

となる．粒子法による Bingham 流体を対象とした計算例としては，高濃度土砂流 (Shao and Lo, 2003；五十里ら, 2012)，雪崩（大塚ら, 2009），高粘性液滴の壁面衝突 (Xu et al., 2013) などがあり，純粘性流体を対象とした例には，平板間の高粘性流体の流動（福澤ら, 2014）がある．

6.2　個別要素法

　粒子間の接触や衝突を扱う粒状体の数理モデルとしては，剛体球モデルと軟体球モデルがある．剛体球モデルは，2 体衝突問題の解を繰り返し用いて，連鎖的衝突による粒子の運動の変化を計算するモデルであるため，多体同時衝突の場合には，計算時

間刻み幅を細かくして同時衝突を回避することが必要となり，計算効率が低下する．さらに，粒子間の継続的な接触状態を扱うことができないので，静止した粒子堆積層の再現が困難である．一方，軟体球モデルは，接触状態にある球の間に Voigt（フォークト）系（ばね‐ダッシュポット系）を配置して接触力をモデル化するので，多体の同時衝突・同時接触についても適用できる．

　軟体球モデルとして広く用いられているのが，個別要素法（Distinct Element Method, DEM）である．個別要素法の原型は Cundall (1971) によって DBM (Discrete Block Method) として提案された．DBM は，亀裂性岩盤の崩壊解析を対象に 2 次元多角形要素を扱うモデルであったが，後に接触判定の容易な円形要素が導入され，粒状体解析に適用されて Distinct Element Method の呼称が付与された（Cundall and Strack, 1979）．

6.2.1　粒子の運動方程式

　粒状体を粒子（球）の集合体として表すとき，個々の粒子の並進・回転の運動方程式は，

$$m_p \frac{d\boldsymbol{u}_p}{dt} = \boldsymbol{F}_{\mathrm{pint}} \tag{6.36}$$

$$\boldsymbol{I}_p \frac{d\boldsymbol{\omega}_p}{dt} = \boldsymbol{T}_{\mathrm{pint}} \tag{6.37}$$

と書ける．ここに，m_p：粒子の質量，$\boldsymbol{u}_p$：粒子の速度ベクトル，$\boldsymbol{F}_{\mathrm{pint}}$：粒子間相互作用力ベクトル，$\boldsymbol{I}_p$：粒子の慣性テンソル，$\boldsymbol{\omega}_p$：粒子の角速度ベクトル，$\boldsymbol{T}_{\mathrm{pint}}$：粒子間相互作用力によるトルクである．慣性テンソルは，粒子の形状と回転軸に依存するが，均質の球形粒子で回転軸が重心を通るときには慣性乗積がすべてゼロとなり，

$$\boldsymbol{I}_p = \frac{1}{60} \pi \rho d^5 \boldsymbol{I} \tag{6.38}$$

となる．ここに，$\boldsymbol{I}$：2 階の恒等テンソル（単位行列）である．

　粒子間相互作用力は二つの粒子 i, j が接触状態にあるとき，すなわち，

$$|\boldsymbol{r}_{ij}| \le \frac{d_i + d_j}{2} \tag{6.39}$$

のときに発現する．ここに，$\boldsymbol{r}_{ij}$：粒子 j の粒子 i に対する相対位置ベクトル，d_i：粒子 i の直径である．

　粒子間の接触力に関しては，接触点における接平面の法線方向と接線方向に Voigt モデルを配置するのが一般的である（**図 6.3**）．Voigt モデルが与える接触力を求めるには，固定座標系から粒子 i, j 上の局所座標系（**図 6.4**）への変換が必要となる．固定座標系上での粒子 i, j の時間 Δt の相対接触増分 $\Delta \boldsymbol{r}_{ij}$ は，

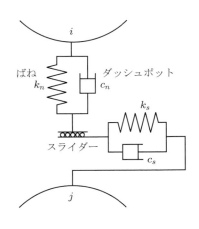

図 **6.3** Voigt モデル

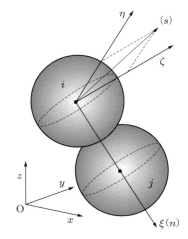

図 **6.4** 粒子 i, j 上の局所座標系

$$\Delta \boldsymbol{r}_{ij} = \left(\boldsymbol{u}_p + \boldsymbol{\omega}_p \times \boldsymbol{r}\right)_{ij} \Delta t = \left\{\left(\boldsymbol{u}_{p\_j} + \frac{d_j}{2}\boldsymbol{\omega}_{p\_j} \times \frac{\boldsymbol{r}_{ji}}{|\boldsymbol{r}_{ji}|}\right) - \left(\boldsymbol{u}_{p\_i} + \frac{d_i}{2}\boldsymbol{\omega}_{p\_i} \times \frac{\boldsymbol{r}_{ij}}{|\boldsymbol{r}_{ij}|}\right)\right\}\Delta t \quad (6.40)$$

であり，粒子 i, j 上の局所座標系での相対接触増分 $\Delta \boldsymbol{\xi}_{ij}$ は，

$$\Delta \boldsymbol{\xi}_{ij} = \boldsymbol{T}_{\mathrm{GL}} \cdot \Delta \boldsymbol{r}_{ij} \quad (6.41)$$

と書ける．ここに，$\boldsymbol{T}_{\mathrm{GL}}$ は固定座標系から局所座標系への変換（回転変換）テンソルである．第4章で述べたようにクォータニオンを用いて計算すればよいが，ここでは，既往の DEM の計算で頻用されてきた方向余弦行列を用いた表現を示すこととする．

第4章の 4.1.2 項で述べたように，方向余弦行列は単純であるが，9個の変数を伴うので冗長である．使いやすい形の3変数の方向余弦行列として，

$$\boldsymbol{R}^{\mathrm{DC1}} = \begin{pmatrix} l & m & n \\ \dfrac{-m}{\sqrt{l^2+m^2}} & \dfrac{l}{\sqrt{l^2+m^2}} & 0 \\ \dfrac{-ln}{\sqrt{l^2+m^2}} & \dfrac{-mn}{\sqrt{l^2+m^2}} & \sqrt{l^2+m^2} \end{pmatrix} \quad (6.42)$$

あるいは

$$\boldsymbol{R}^{\mathrm{DC2}} = \begin{pmatrix} l & m & n \\ \dfrac{m}{\sqrt{l^2+m^2}} & \dfrac{-l}{\sqrt{l^2+m^2}} & 0 \\ \dfrac{ln}{\sqrt{l^2+m^2}} & \dfrac{mn}{\sqrt{l^2+m^2}} & -\sqrt{l^2+m^2} \end{pmatrix} \quad (6.43)$$

が知られている．行列 $\boldsymbol{R}^{\mathrm{DC1}}$ について，第2行と第3行をベクトルと見れば，おのおのの大きさは1である．たとえば，第3行については，

$$l_3^2 + m_3^2 + n_3^2 = \frac{\left(l^2 + m^2\right) n^2}{l^2 + m^2} + l^2 + m^2 = 1$$

となる．また，第2行と第3行をベクトルと見て，外積をとると，

$$\begin{pmatrix} l_2 \\ m_2 \\ n_2 \end{pmatrix} \times \begin{pmatrix} l_3 \\ m_3 \\ n_3 \end{pmatrix} = \begin{pmatrix} \dfrac{-m}{\sqrt{l^2 + m^2}} \\ \dfrac{l}{\sqrt{l^2 + m^2}} \\ 0 \end{pmatrix} \times \begin{pmatrix} \dfrac{-ln}{\sqrt{l^2 + m^2}} \\ \dfrac{-mn}{\sqrt{l^2 + m^2}} \\ \sqrt{l^2 + m^2} \end{pmatrix} = \begin{pmatrix} l \\ m \\ n \end{pmatrix} = \begin{pmatrix} l_1 \\ m_1 \\ n_1 \end{pmatrix}$$

であり，第2行と第3行をベクトルと見て，内積をとると0である．つまり，第1行，第2行，第3行は互いに直交している．以上のことから，$\boldsymbol{R}^{\mathrm{DC1}}$ は方向余弦行列が満たすべき条件式 (4.22), (4.23) を確かに満たしている．$\boldsymbol{R}^{\mathrm{DC2}}$ についても同様である．まとめると，

$$\boldsymbol{T}_{\mathrm{GL}} = \begin{pmatrix} l & m & n \\ \dfrac{-m}{\pm\sqrt{l^2 + m^2}} & \dfrac{l}{\pm\sqrt{l^2 + m^2}} & 0 \\ \dfrac{-ln}{\pm\sqrt{l^2 + m^2}} & \dfrac{-mn}{\pm\sqrt{l^2 + m^2}} & \pm\sqrt{l^2 + m^2} \end{pmatrix} \tag{6.44}$$

$$l = \frac{x_j - x_i}{|\boldsymbol{r}_j - \boldsymbol{r}_i|} \quad ; \quad m = \frac{y_j - y_i}{|\boldsymbol{r}_j - \boldsymbol{r}_i|} \quad ; \quad n = \frac{z_j - z_i}{|\boldsymbol{r}_j - \boldsymbol{r}_i|} \tag{6.45}$$

となる．この表式では，$x_i = x_j$ かつ $y_i = y_j$ のとき，$l = m = 0$ となるので，$\boldsymbol{T}_{\mathrm{GL}}$ には特異点が存在する．これは，Euler角で二つの回転軸（z 軸と z'' 軸）が重なる状態（gimbal lock）に対応し，この場合のみ式 (6.44) に代えて，

$$\boldsymbol{T}_{\mathrm{GL}} = \begin{pmatrix} 0 & 0 & \pm 1 \\ 0 & 1 & 0 \\ \mp 1 & 0 & 0 \end{pmatrix} \tag{6.46}$$

を用いる（後藤, 2004）．

　Voigt モデルはばねとダッシュポットを並列したモデルで，粘弾性的特性をもっている．ダッシュポットによる力は変位の時間微分（速度）に依存するが，ばねによる力は累積した変位によって決まる．相対変位増分 $\Delta\boldsymbol{\xi}_{ij}$ について Voigt モデルが与える力は，

$$\left.\begin{array}{l} \boldsymbol{F}^t_{\text{pint}\_ij} = \boldsymbol{e}^t_{p\_ij} + \boldsymbol{d}^t_{p\_ij} \\[2mm] \boldsymbol{e}^t_{p\_ij} = \boldsymbol{e}^{t-\Delta t}_{p\_ij} + k\Delta\boldsymbol{\xi}_{ij} \\[2mm] \boldsymbol{d}^t_{p\_ij} = c\dfrac{d\boldsymbol{\xi}_{ij}}{dt} = c\dfrac{d}{dt}\big(\Delta\boldsymbol{\xi}_{ij}\big) \end{array}\right\} \tag{6.47}$$

である．ここに，$\boldsymbol{e}_p$, $\boldsymbol{d}_p$：ばねとダッシュポットによる接触力，k：ばね定数，c：粘性定数である．非粘着性材料を表すには，法線方向には引張に抵抗しないジョイントを，接線方向には摩擦効果を表すスライダーを配置し，式 (6.47) に

$$\boldsymbol{F}^t_{\text{pint}\_ij} = \boldsymbol{0} \quad \big(\text{if } \boldsymbol{e}^t_{p\_ij} \cdot \boldsymbol{r}_{ij} < 0\big) \tag{6.48}$$

$$\left.\begin{array}{l} \boldsymbol{F}^t_{\text{pint}\_ij\|} = \mu\dfrac{\boldsymbol{e}_\|}{|\boldsymbol{e}_\||}|\boldsymbol{e}_\perp| \quad \big(\text{if } |\boldsymbol{e}_\|| > \mu|\boldsymbol{e}_\perp|\big) \\[3mm] \boldsymbol{e}_\perp = \bigg(\boldsymbol{e}^t_{p\_ij} \cdot \dfrac{\boldsymbol{r}_{ij}}{|\boldsymbol{r}_{ij}|}\bigg)\dfrac{\boldsymbol{r}_{ij}}{|\boldsymbol{r}_{ij}|} \quad ; \quad \boldsymbol{e}_\| = \boldsymbol{e}^t_{p\_ij} - \boldsymbol{e}_\perp \end{array}\right\} \tag{6.49}$$

の条件を加えて，粒子間相互作用力を計算する．以上のプロセスで，粒子 i, j 間の相互作用が計算される．これを接触状態にあるすべての周囲粒子について適用し，粒子 i の並進および回転の運動方程式は，

$$m_{p\_i}\frac{d\boldsymbol{u}_{p\_i}}{dt} = -\sum_j \boldsymbol{T}^{-1}_{\text{GL}\_ij} \cdot \boldsymbol{F}_{\text{pint}\_ij} \tag{6.50}$$

$$\boldsymbol{I}_{p\_i}\frac{d\boldsymbol{\omega}_{p\_i}}{dt} = -\sum_j \boldsymbol{T}^{-1}_{\text{GL}\_ij} \cdot \boldsymbol{r}_{ij} \times \boldsymbol{F}_{\text{pint}\_ij} \tag{6.51}$$

と記述される．

6.2.2　モデル定数の設定

　モデル定数は，接平面の法線方向と接線方向の Voigt 系のばね定数 k_n, k_s と粘性係数 c_n, c_s，計算時間刻み幅 Δt である．五つの定数は任意に設定できるのではなく，おのおのの間に満たすべき関係がある（後藤, 2004）．接線方向のばね定数 k_s については，逓減率 s_0 を横弾性係数 G と縦弾性係数（Young 率）E との比で与えて，

$$s_0 = \frac{k_s}{k_n} = \frac{G}{E} = \frac{1}{2(1+\nu)} \tag{6.52}$$

とすれば，k_s は k_n と Poisson 比 ν で関係付けられる．

　ダッシュポットは衝突に起因する力学的エネルギーの減衰を表現しているので，擾乱のない速やかな減衰を想定して，Voigt モデルの臨界減衰条件を適用すると，

$$c_n = 2\sqrt{m_p k_n} \quad ; \quad c_s = c_n\sqrt{s_0} \tag{6.53}$$

と書ける. 川口ら (1992) は, 1 自由度の Voigt 系で減衰振動を想定し, 反発係数 e_{rep} が,

$$e_{\mathrm{rep}} = \exp \frac{\pi \gamma}{\sqrt{1-\gamma^2}} \quad ; \quad \gamma = \frac{c_n}{2\sqrt{m_p k_n}} \tag{6.54}$$

と与えられることを示した. この関係から

$$c_n = -2 \bigl(\ln e_{\mathrm{rep}} \bigr) \sqrt{\frac{m_p k_n}{\pi^2 + \bigl(\ln e_{\mathrm{rep}} \bigr)^2}} \tag{6.55}$$

が得られ, 実験で測定された e_{rep} と k_n から c_n を求めることができる.

　また, 計算時間刻み幅 Δt は, 解の収束性と安定性の条件から,

$$\Delta t \leq 2 \sqrt{\frac{m_p}{k_n}} \tag{6.56}$$

を満たすように与える必要がある. これを満足する条件として, 吉田ら (1988) は, 二つのばねに挟まれた質点の 1 自由度振動の固有周期の 1/20 の時間で計算時間刻み幅を与えた.

$$\Delta t = \frac{\pi}{10} \sqrt{\frac{m_p}{2k_n}} \tag{6.57}$$

この式から, Δt を与えたときの k_n を逆算すると,

$$k_n = \frac{\pi^2}{200} \frac{m_p}{\Delta t^2} \tag{6.58}$$

となる. 実際の計算では, 10^{-5} s オーダーで Δt を与えて k_n を求め, 式 (6.52) により k_s を, 式 $(6.53)_1$ あるいは式 (6.55) によって c_n を, 式 $(6.53)_2$ によって c_s を推定する.

　ばね定数 k_n を物性（Young 率 E, Poisson 比 ν）と直接結び付ける方法としては, Hertz（ヘルツ）の弾性接触理論に基づく方法がある. しかし, Hertz の理論は接触状態にある弾性体に作用する圧縮力と接点の接近量（重なり幅）を与える理論であるので, k_n の値はばねの圧縮力 e_n^t に依存する. たとえば, 弾性球に関しては,

$$k_n = \left\{ \frac{2}{9} \frac{d_i d_j}{d_i + d_j} \left(\frac{E}{1-\nu^2} \right)^2 \bigl| e_{\perp}^{t-\Delta t} \bigr| \right\}^{1/3} \tag{6.59}$$

と与えられる. d_i は粒子 i の直径である. この式を用いると k_n は定数とはならないので, Δt も変化し, 使用性が低い. また, 伯野 (1997) も述べているように, Hertz の理論を用いて Young 率を物性値と一致させたとしても, 粒状体の流動は必ずしも良好に再現されない. モデル定数の設定に際しては, 粒状体の平均流動速度等のバルクの量を再現するように Δt と k_n の組を決めるのが合理的といえる.

6.3 粒子法による固液混相流解析

　気液混相流解析では気相と液相の解像度（粒子サイズ）は同一とするのが原則である．気相も液相もともに連続体であり，目視できるサイズの離散的な気相粒子や液相粒子は存在しない．液滴分裂では離散的液相粒子が発生するが，物理現象の再現には個々の液滴の表面に作用する表面張力を評価できる程度の高解像度が必要となり，液滴周囲の気相粒子と液滴構成粒子のサイズは同程度となる．しかし，固相の場合，とりわけ粒状体が液相とともに流動する場合には，粒子サイズが比較的大きく，実現象の画像解析でも個々の粒子の運動を直接捕捉することが可能である．つまり，視覚的な面あるいは直感的把握の観点からすれば，液相は連続体，固相は離散粒子群として考えることに妥当性があるといえる．固相を離散粒子群（粒子分散相）として記述する方法を粒子追跡法とよぶ．以下では，固液二相流の支配方程式の粒子法による離散化および粒子追跡法による固液2相のカップリングの考え方について述べ，さらに，液相粒子と比較して固相粒子が大きい（直径比で数倍から10倍程度）の場合を対象として，固相粒子を離散的粒子群として取り扱う方法に関して解説する．

6.3.1 固液二相流の支配方程式

　固液二相流に関する二流体モデルの支配方程式は気液二相流と同じである．気液二相流において，界面形状を詳細に捕捉しない（表面張力項を陽に表示しない）ときの運動方程式を参照し，固液二相流の連続式と運動方程式は，

$$\frac{D\rho_l}{Dt} + \rho_l \nabla \cdot \boldsymbol{u}_l = 0 \tag{6.60}$$

$$\frac{D\rho_s}{Dt} + \rho_s \nabla \cdot \boldsymbol{u}_s = 0 \tag{6.61}$$

$$\rho_l \frac{D\boldsymbol{u}_l}{Dt} = -\nabla p_l + \mu_l \nabla^2 \boldsymbol{u}_l + \rho_l \boldsymbol{g} + \boldsymbol{F}_{ls\_l} \tag{6.62}$$

$$\rho_s \frac{D\boldsymbol{u}_s}{Dt} = -\nabla p_s + \mu_s \nabla^2 \boldsymbol{u}_s + \rho_s \boldsymbol{g} + \boldsymbol{F}_{ls\_s} + \boldsymbol{F}_{pcol} \tag{6.63}$$

$$\boldsymbol{F}_{ls\_l} = -\left(-\nabla p_l + \mu_l \nabla^2 \boldsymbol{u}_l\right)_s \tag{6.64}$$

$$\boldsymbol{F}_{ls\_s} = -\left(-\nabla p_s + \mu_s \nabla^2 \boldsymbol{u}_s\right)_l \tag{6.65}$$

と記述される．ここに，$\boldsymbol{u}$：速度ベクトル，ρ：密度，μ：粘性係数，$\boldsymbol{g}$：重力加速度ベクトル，$\boldsymbol{F}_{ls}$：固相・液相間の相互作用力ベクトル，$\boldsymbol{F}_{pcol}$：固相粒子間の衝突力ベクトルであり，添え字 l, s は液相，固相を表す．

　ここで想定しているのは，図 **6.5** に模式的に示す状態である．すなわち，液相粒子

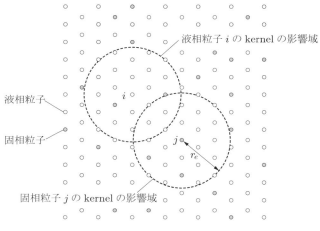

液相粒子 i の kernel の影響域

液相粒子

固相粒子

j

r_e

固相粒子 j の kernel の影響域

図 6.5 粒子法の二流体モデルの粒子配置

と固相粒子がランダムに混在しつつ，ほぼ一様な数密度で分布しており，液相粒子・固相粒子の kernel の影響域は同じ大きさとする．粒子法の離散化では，kernel の影響域内にある全粒子について相の区別を行わずに相互作用力を計算して積分すれば，体積率 α が組み込まれた計算が実行できる．このため，式 (6.60) 〜 (6.65) では表示を簡略化して，各相の体積率を 1 とした表式とした．式 (6.62)，(6.63) を各相粒子の運動方程式と見て，単相流の場合を参照しつつ，式中の各項を離散化すると考えれば直感的には理解しやすい．

　二流体モデルの支配方程式であるから，式 (6.60) 〜 (6.63) は，密度差のある 2 流体の運動を記述している．先にも述べたように，粒子法では体積率が kernel 積分を通じて計算されるので，単相流計算で粒子の密度だけを 2 種類に設定すれば，密度差のある 2 流体の運動が計算できる．ただし，この種の簡易な対応で計算が可能なのは，密度比が小さい場合に限られる．気液混相のように大きな密度差がある場合には界面不安定を生じるので，界面における表面張力の評価も含めて，詳細なモデル化が必須である．後藤・Fredsøe (1999) は，混合体の粘性係数の変化のみを考慮して単相流型の MPS 法に固液 2 種の密度の粒子（密度比 2.65）を導入した簡易混相流計算を行った．この計算では，固相粒子間衝突力は考慮されていない．

　密度差の小さい 2 流体の運動が単相流モデルで計算できることに関して，さらに詳しく考えてみる．気液二相流の二流体モデルの運動方程式 (5.68)，(5.70) を参考に固液二相流の運動方程式を書くと，

$$\alpha_l \rho_l \frac{D\boldsymbol{u}_l}{Dt} = -\alpha_l \nabla p_l + \alpha_l \mu_l \nabla^2 \boldsymbol{u}_l + \alpha_l \rho_l \boldsymbol{g} + \boldsymbol{F}_{ls} \tag{6.66}$$

$$\alpha_s \rho_s \frac{D\boldsymbol{u}_s}{Dt} = -\alpha_s \nabla p_s + \alpha_s \mu_s \nabla^2 \boldsymbol{u}_s + \alpha_s \rho_s \boldsymbol{g} - \boldsymbol{F}_{ls} \tag{6.67}$$

$$\alpha_l + \alpha_s = 1 \tag{6.68}$$

となる．ここに，$\boldsymbol{F}_{ls}$ は固液相間の相互作用力，α_l, α_s は液相，固相の体積率である．

液相について考えると，速度更新は，

$$\boldsymbol{u}_l^{k+1} = \boldsymbol{u}_l^k + \delta \boldsymbol{u}_l^p + \delta \boldsymbol{u}_l^c \tag{6.69}$$

だから，第1段階および第2段階の更新による速度変化は，

$$\delta \boldsymbol{u}_l = \delta \boldsymbol{u}_l^p + \delta \boldsymbol{u}_l^c \tag{6.70}$$

である．これを運動方程式 (6.66) に適用し，単相流と同様に式 (6.66) の右辺を2分割して書くと，

$$\alpha_l \rho_l \delta \boldsymbol{u}_l^p = \left[\alpha_l \left\{ \left(\mu_l \nabla^2 \boldsymbol{u}_l \right)^k + \rho_l \boldsymbol{g} \right\} + \boldsymbol{F}_{ls} \right] \Delta t \tag{6.71}$$

$$\alpha_l \rho_l \delta \boldsymbol{u}_l^c = -\alpha_l \nabla p_l^{k+1} \Delta t \tag{6.72}$$

となる．固相に関しても同様にして，

$$\alpha_s \rho_s \delta \boldsymbol{u}_s^p = \left[\alpha_s \left\{ \left(\mu_s \nabla^2 \boldsymbol{u}_s \right)^k + \rho_s \boldsymbol{g} \right\} - \boldsymbol{F}_{ls} \right] \Delta t \tag{6.73}$$

$$\alpha_s \rho_s \delta \boldsymbol{u}_s^c = -\alpha_s \nabla p_s^{k+1} \Delta t \tag{6.74}$$

となる．以上より，第1段階の速度更新は，液相，固相で，

$$\delta \boldsymbol{u}_l^p = \left(\nu_l \nabla^2 \boldsymbol{u}_l \right)^k \Delta t + \left(\boldsymbol{g} + \frac{\boldsymbol{F}_{ls}}{\alpha_l \rho_l} \right) \Delta t \tag{6.75}$$

$$\delta \boldsymbol{u}_s^p = \left(\nu_s \nabla^2 \boldsymbol{u}_s \right)^k \Delta t + \left(\boldsymbol{g} - \frac{\boldsymbol{F}_{ls}}{\alpha_s \rho_s} \right) \Delta t \tag{6.76}$$

となる．

固液二相の連続式（気液二相流の式 (5.49) 参照）は，

$$\frac{\partial}{\partial t} (\alpha_l \rho_l + \alpha_s \rho_s) + \nabla \cdot (\alpha_l \rho_l \boldsymbol{u}_l + \alpha_s \rho_s \boldsymbol{u}_s) = 0 \tag{6.77}$$

であり，固液混合体の密度と速度を気液二相の場合（式 (5.50), (5.51)）に準じて，

$$\rho_m = \alpha_l \rho_l + \alpha_s \rho_s \tag{6.78}$$

$$\boldsymbol{u}_m = \frac{\alpha_l \rho_l \boldsymbol{u}_l + \alpha_s \rho_s \boldsymbol{u}_s}{\rho_m} \tag{6.79}$$

と記述すれば，式 (6.77) は

$$\frac{\partial \rho_m}{\partial t} + \nabla \cdot (\rho_m \boldsymbol{u}_m) = 0 \tag{6.80}$$

と書ける．

ここで，式 (6.72) と式 (6.74) の和をとると，

$$\alpha_l \rho_l \delta \boldsymbol{u}_l^c + \alpha_s \rho_s \delta \boldsymbol{u}_s^c = -\left(\alpha_l \nabla p_l^{k+1} + \alpha_s \nabla p_s^{k+1} \right) \Delta t \tag{6.81}$$

となり，圧力について

$$p = \alpha_l p_l + \alpha_s p_s \tag{6.82}$$

とおけば，式 (6.81) は，

$$\rho_m \delta \boldsymbol{u}_m^c = \rho_m \left(\boldsymbol{u}_m^{k+1} - \boldsymbol{u}_m^* \right) = -\nabla p^{k+1} \Delta t \tag{6.83}$$

となる．単相流のときと同様に，式 (6.83) の発散をとって，

$$\nabla \cdot \boldsymbol{u}_m^{k+1} - \nabla \cdot \boldsymbol{u}_m^* = -\frac{1}{\rho_m} \nabla^2 p^{k+1} \Delta t \tag{6.84}$$

とし，粒子数密度を用いた連続式を第 2 段階の更新について書くと，

$$\nabla \cdot \boldsymbol{u}_m^* = -\frac{1}{\Delta t} \frac{n^* - n_0}{n_0} \tag{6.85}$$

となる．$\boldsymbol{u}_m^{k+1}$ は solenoidal だから，式 (6.84) と式 (6.85) より，圧力の Poisson 方程式は，

$$\nabla^2 p^{k+1} = -\frac{\rho_m}{\Delta t^2} \frac{n^* - n_0}{n_0} \tag{6.86}$$

となる．式中の密度に関しては，気液の場合の式 (5.82) と同様に，

$$\rho_{m\_i} = \frac{\sum_j \rho_j w_{ij}}{\sum_j w_{ij}} \simeq \frac{1}{n_0} \sum_j \rho_j w_{ij} \tag{6.87}$$

とすればよい．

　以上のようにして導かれた Poisson 方程式は，右辺の密度が ρ_m であることを除けば，単相流の場合の式 (2.182) と同じ形をしている．密度 ρ_m 以外の物理量は kernel 積分されるので，個々の粒子における圧力・流速は混合体の圧力・流速を示すこととなる．つまり，式 (6.86) で ρ_m を固相・液相の粒子密度で代用することが近似的に許容されれば，先に述べたとおり，単相流モデルを変更することなしに，固液二相流が計算できる．

6.3.2 　粒子追跡法

　連続体として記述される液相中で，離散粒子群の運動を追跡するのが，粒子追跡法である．粒子追跡には，単一の粒子と液相との相互作用と粒子間の相互作用（すなわち，粒子間衝突）の記述が必要となる．後者については，固相モデルとして DEM を用いればよいが，前者については，固相・液相間の運動量収支をモデル化すること（すなわち，固相・液相のカップリング）が必要となる．固相粒子は，固相・液相の速度差の 2 乗に比例する抗力

$$\boldsymbol{F}_D = \frac{1}{2}\rho_l A_p C_D |\boldsymbol{u}_l - \boldsymbol{u}_s|(\boldsymbol{u}_l - \boldsymbol{u}_s) \tag{6.88}$$

によって駆動される．ここに，A_p：粒子の投影面積であって，球については，$A_p = (\pi/4)d_p^{\,2}$（d_p：粒子径）である．式中の抗力係数 C_D については，Schiller–Naumann の式

$$C_D = \begin{cases} \dfrac{24}{Re_p}\left(1 + 0.15Re_p^{0.687}\right) & (Re_p \leq 1000) \\ 0.44 & (Re_p > 1000) \end{cases} \tag{6.89}$$

$$Re_p \equiv \frac{|\boldsymbol{u}_l - \boldsymbol{u}_s|\rho_l\, d_p}{\mu_l} \tag{6.90}$$

が，実験結果のよい近似を与えることが知られている（Schiller and Naumann, 1933）．ここに，Re_p：粒子 Reynolds 数である．

　固相粒子の速度が，周囲の液相の速度より小さいときは，正の抗力が固相粒子に作用して（液相から固相粒子に運動量が供給されて），固相粒子が加速される．一方，固相粒子が，周囲の液相よりも高速で運動しているときは，抗力は負となり，固相粒子から液相に運動量が供給されて，固相粒子が減速される．この相互作用をモデル化するのが，固相・液相のカップリングである．固相粒子の数密度（単位体積あたりの数）が小さいときには，固相への液相からの運動量の供給も小さく，液相の運動量損失も小さいため，液相の流速は，固相を含まない単相のときと大きくは違わない．このような場合には，液相から固相への運動量供給のみをモデル化して固相粒子を駆動し，追跡する方法が簡便かつ有効である．このようなカップリングを one-way coupling という．

　固相粒子の数密度が高くなると，固相粒子間で相互に干渉するため，単一粒子のときとは運動が変化し，固相粒子に作用する抗力の記述に粒子群としての影響を考慮する必要が生じる．これに関しては，工業プラントの流動層装置の固気混相流を対象とした研究の蓄積がなされており，固相粒子に作用する抗力の表式も多数提案されている．固気混相流で用いられる表式を固液混相流に援用して書くと（川口ら，2012），固相粒子に作用する抗力は，

$$\boldsymbol{F}_D = \frac{\beta V_p}{1 - \alpha_l}(\boldsymbol{u}_l - \boldsymbol{u}_s) \tag{6.91}$$

で与えられる．ここに，V_p：粒子の体積であって，球については，$V_p = (\pi/6)d_p^3$ である．式中の β は 2 相間の運動量交換係数，α_l は液相の体積率であるが，固相から見ると空隙率である．

　運動量交換係数 β の表式は，高濃度固相の存在下での固相粒子に作用する抗力の

推定の鍵であることから，実験が重ねられてきた（たとえば，Ergun, 1952；Wen and Yu, 1966）．さらに，格子 Boltzmann（ボルツマン）法（Lattice Boltzmann Method, LBM）による数値シミュレーションも行われている（Koch and Hill, 2001；van der Hoef et al., 2004）．一連の成果に基づく抗力の表式の中で，粉体工学の分野で一般的に用いられるのは，空隙率の低い場合に充填層に対する Ergun の式（Ergun, 1952）を，空隙率の高い場合に Wen and Yu (1966) による空隙率補正を用いた Ergun–Wen–Yu モデル

$$\beta = \begin{cases} 150 \dfrac{(1-\alpha_l)^2}{\alpha_l} \dfrac{\mu_l}{d_p^2} + 1.75(1-\alpha_l) \dfrac{\rho_l}{d_p} |\boldsymbol{u}_l - \boldsymbol{u}_s| & (\alpha_l \le 0.8) \\[2mm] \dfrac{3}{4} C_D (1-\alpha_l) \alpha_l^{-1.65} \dfrac{\rho_l}{d_p} |\boldsymbol{u}_l - \boldsymbol{u}_s| & (\alpha_l > 0.8) \end{cases} \tag{6.92}$$

である．式中の抗力係数 C_D の推定には，Schiller–Naumann 式 (6.89) を用いるが，その際の粒子 Reynolds 数は，空隙率（液相の体積率）を考慮して，

$$Re_p \equiv \frac{|\boldsymbol{u}_l - \boldsymbol{u}_s| \rho_l \, \alpha_l \, d_p}{\mu_l} \tag{6.93}$$

で与える（三好ら, 2001；Ye et al., 2005；太田ら, 2015）．Wen–Yu の β を式 (6.91) に用い，粒子を球とすると，抗力は，

$$\boldsymbol{F}_{D\_WenYu} = \frac{\pi d_p^2}{8} C_D \alpha_l^{-1.65} \rho_l |\boldsymbol{u}_l - \boldsymbol{u}_s| (\boldsymbol{u}_l - \boldsymbol{u}_s)$$

と書ける．また，単一球の場合の抗力は，式 (6.88) で，$A_p = (\pi/4)d_p^2$ として

$$\boldsymbol{F}_D = \frac{\pi d_p^2}{8} C_D \rho_l |\boldsymbol{u}_l - \boldsymbol{u}_s| (\boldsymbol{u}_l - \boldsymbol{u}_s)$$

となる．つまり，Wen–Yu の空隙率補正とは，単一球の場合の抗力に空隙率の -1.65 乗を乗じることを意味する（空隙率が 0.8 であれば，$\boldsymbol{F}_{D\_WenYu}=1.445\boldsymbol{F}_D$ となる）．Wen–Yu の空隙率補正が，空隙率が小さくなると粒子間の干渉効果で個々の粒子に作用する抗力が大きくなることを表すための補正であることがわかる．

　固相粒子の数密度が高くなると，固液両相の相互作用を考慮した two-way coupling が必要となる．つまり，液相の計算点の積分域 $\varOmega$ で，

$$S_p = \frac{1}{V_\varOmega} \iiint_\varOmega \sum_{i \in \varOmega} \boldsymbol{F}_{D\_i} \, \delta(\boldsymbol{r} - \boldsymbol{r}_i) dV \tag{6.94}$$

と記述される運動量生成項を液相の運動方程式に導入する必要がある．ここに，$V_\varOmega$：領域 $\varOmega$ の体積，$\boldsymbol{F}_{D\_i}$：領域 $\varOmega$ 内の固相粒子 i に作用する抗力，$\delta(\boldsymbol{r})$：Dirac のデルタ関数である．実際のコーディングでは，式 (6.94) の操作を液相の計算に組み込めばよい．はじめに，積分域 $\varOmega$ が固定されている格子法の場合を例に示す．**図 6.6** に示

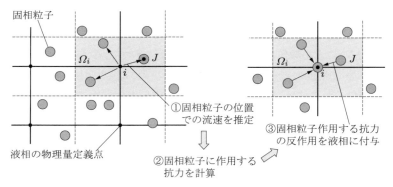

固相粒子

Ω_i

J

i

①固相粒子の位置
での流速を推定

液相の物理量定義点

②固相粒子に作用する
抗力を計算

Ω_i

J

i

③固相粒子作用する抗力
の反作用を液相に付与

図 **6.6** 液相格子点と固相粒子の運動量交換

すように，液相の格子点 i の近傍 Ω_i 内の固相粒子について，固相粒子の位置における流速を推定する．それには，固相粒子近傍の液相格子点から内挿すればよいが，簡単のため，領域 Ω_i 内では流速が一様であるとすると，格子点 i における流速をそのまま固相粒子における流速として用いて，式 (6.88) によって固相粒子に作用する抗力を求めればよい．領域 Ω_i 内のすべての固相粒子について同様にして抗力を求め，求めた抗力の反作用を液相の格子点における運動量生成項（式 (6.94)）として液相の運動方程式を解けば，固相・液相間の運動量交換を考慮した two-way coupling が行える．

　液相が粒子法で記述されているときには，液相の計算点は固定されていないので，工夫が必要となる．粒子法では，固相・液相を個別の解空間で扱い，相互作用項を互いの空間に投影する方法でカップリングを行う．**図 6.7** は，固相粒子の粒径が，液相粒子と同程度，あるいは液相粒子より小さい状況を模式的に示している．固相粒子 I を中心とする kernel を設定し，固相粒子 I と kernel の影響域内の液相粒子 j との間で運動量交換の操作を行う．はじめに，固相粒子 I の位置での液相流速を，kernel 内の液相粒子についての kernel の重み平均によって，

$$u_{l\_I} = \frac{\displaystyle\sum_{j\in\Omega_l} u_{l\_j} w_{Ij}}{\displaystyle\sum_{j\in\Omega_l} w_{Ij}} \tag{6.95}$$

と求める．この流速を用いて，固相粒子に作用する抗力を式 (6.88) あるいは式 (6.91) から求める．

$$\boldsymbol{F}_{D\_I} = \frac{1}{2}\rho_l A_p C_D \big| \boldsymbol{u}_{l\_I} - \boldsymbol{u}_{s\_I} \big| (\boldsymbol{u}_{l\_I} - \boldsymbol{u}_{s\_I}) \tag{6.96}$$

ここに，$\boldsymbol{u}_{s\_I}$：固相粒子 I の速度である．そして，抗力 $\boldsymbol{F}_{D\_I}$ の反作用を kernel の影響域内の液相粒子に分配する．液相粒子 j に分配される反作用は，

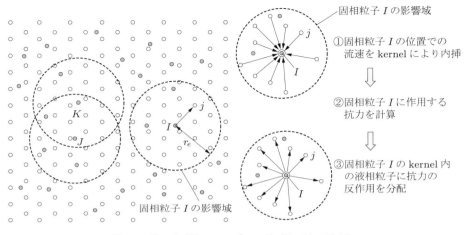

図 6.7　粒子追跡法のカップリング（粒子法の場合）

$$\boldsymbol{f}_{sl\_j} = -\boldsymbol{F}_{D\_I} \frac{w_{Ij}}{\displaystyle\sum_{j\in\Omega_I} w_{Ij}} \tag{6.97}$$

で与えられる．この表式では，

$$\sum_{j\in\Omega_I} \boldsymbol{f}_{sl\_j} = -\boldsymbol{F}_{D\_I}$$

となるので，この操作は固相・液相間で収支がとれた運動量交換となっている（つまり，運動量が保存される）．図からわかるように，この場合，固相粒子 J, K のように kernel の影響域に重なりが生じることがあり，液相粒子は近傍の複数の固相粒子と運動量交換する．固相粒径の大小と粒子間衝突の発生の有無には関連はなく，粒径が小さい場合でも粒子間衝突は発生する．しかし，粒径が小さい場合には，大粒径の場合と異なり，個々の固相粒子の衝突による運動量の変化は，混相流全体の運動量と比較して相当に小さいと考えられる．固相粒子径が小さい場合で，特に比較的多数の粒子を同時に追跡するときには，粒子間衝突を無視して，粒子追跡計算の負荷を小さくすることもある．

　次に，**図 6.8** に示すように，固相粒子の粒径が液相粒子より大きいときには，固相粒子の運動量が混相流全体の運動量に占める割合が大きいことから，固相粒子の粒子間衝突も考慮する必要がある．それには，固相粒子は離散粒子群として扱い，粒子間衝突を DEM で記述すればよい．固相粒子の解空間では二つの粒子の中心間距離が粒径に一致すると衝突し（図の粒子 J, K），それ以上は接近しない．このとき，固相粒子 J, K の影響域直径を固相粒子径と一致させるように設定すれば，個々の瞬間では液相粒子が複数の固相粒子の kernel の影響域に入ることはなく，液相粒子が運動量

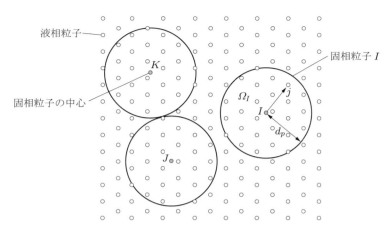

図 6.8　粒子追跡法のカップリング（大粒径固相粒子の場合）

交換する固相粒子は特定される．固相粒子を DEM で扱うと，粒子は並進運動と回転運動を伴うので，液相粒子（実際には固・液両相の密度を考慮した混合体粒子）の位置での固相の速度は，当該固相粒子の重心の速度と重心周りの回転による速度の和となる．この場合の具体的な計算過程は，次項で詳しく述べる．

6.3.3 DEM-MPS 法

(1) 簡易型 DEM-MPS 法

　離散粒子群（固相）には DEM を，連続体（液相）には MPS 法を適用し，カップリングを行うのが，DEM-MPS 法である．最も簡易なカップリングとしては，2 相で同一粒径の粒子を用いて，後藤・Fredsøe (1999) と同じ方法で式 (6.60) ～ (6.63) を計算し，その後に固相粒子（大粒子）を構成する MPS 法固相粒子に，Passively Moving Solid モデル（Koshizuka et al., 1998）を適用して剛体補正する方法がある（図 **6.9** 参照）．剛体連結する MPS 法固相粒子（小粒子）の速度と位置の補正の後に，固相粒子（大粒子）の衝突を DEM で計算する．衝突は固相粒子（大粒子）の外縁に位置する小粒子の間で発生し，式 (6.63) の $\boldsymbol{F}_{pcol}$ が算定される．なお，DEM には陽解

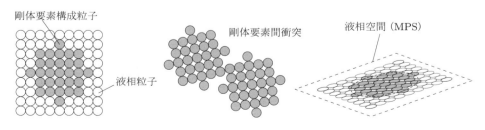

図 6.9　簡易型 DEM-MPS 法

法を用いるので，時間積分に際しては計算時間刻み幅を MPS 法より十分に細かく（1/100 程度に）設定する必要がある（後藤ら, 2003）.

　この方法では，MPS 法の固相粒子（小粒子；流体粒子と同一径）は，第 1 段階では剛体連結されていないから，単に密度が大きい流体粒子として運動する．それに剛体補正を施すと，固相粒子（大粒子）と周囲の流体粒子との間に隙間や重なりが生じ，固相粒子周辺で粒子数密度が擾乱を受ける．このために計算が不安定化するので，特に violent flow の計算への適用は難しい.

(2) 運動量投影型 DEM-MPS 法

　簡易型の DEM-MPS 法では，剛体補正による固相構成粒子の速度・位置修正に伴う運動量の変化が液相粒子にフィードバックされない．また，固相粒子が近接するとき，固相粒子間の狭い隙間を液相粒子が通過することが難しく，粒子が通過できないと流量がゼロとなり，固相粒子が密集状態になる領域の内部の流れが再現できない.

　これらの点を改善するには，固相と液相を個別の離散化空間に置いて解き，固相・液相粒子の位置が重なるときに他相からの影響を投影する方法が有効である．液相から固相への相互作用力の投影には，前節で述べた抗力を用いたモデルが一般的であるが，格子法における PSI-Cell モデル（Crowe et al., 1977）のように固相粒子が流体計算セルの界面を通過する際の運動量差（セルに入るときセルから出るときの差）を多数粒子について加算して，流体の運動方程式の相互作用項を評価することも可能である．PSI-Cell モデルは，固相粒子が液相格子サイズより十分に小さいときを想定したモデルであるので，本節で扱う大粒径固相粒子には適用できない（後藤, 2004）.しかし，2 相の粒子間の運動量差を用いて固液 2 相を接続することは，大粒径固相粒子についても可能である．以下ではこの方法（後藤ら, 2012 ; Tsuruta, 2013）について詳細に述べる.

　液相の離散化空間は，液相粒子に満たされている（**図 6.10** 参照）．つまり，単相流であり，連続式と運動方程式は，式 (6.60) および

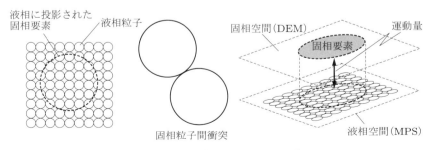

図 6.10　運動量投影型 DEM-MPS 法

$$\rho_l \frac{D\boldsymbol{u}_l}{Dt} = -\nabla p + \mu_l \nabla^2 \boldsymbol{u}_l + \rho_l \boldsymbol{g} + \boldsymbol{F}_{\text{pint}} \tag{6.98}$$

と表せる．ここに，$\boldsymbol{F}_{\text{pint}}$：固相・液相間の相互作用力ベクトルである．言うまでもなく，式 (6.98) は式 (6.62) と同じ式であるが，これ以降の表記の都合上，相互作用力項の表示を変更し，圧力の添え字を削除している．

固相粒子の投影域が液相粒子で満たされているとき，固相粒子の並進および回転の運動方程式は，

$$m_s \frac{d\boldsymbol{u}_s}{dt} = \int_V \left\{ \rho_l \frac{D\boldsymbol{u}_l}{Dt} - \boldsymbol{F}_{\text{pint}} + (\rho_s - \rho_l)\boldsymbol{g} \right\} dV + \boldsymbol{F}_{\text{pcol}} \tag{6.99}$$

$$\boldsymbol{I}_s \frac{d\boldsymbol{\omega}_s}{dt} = \int_V \boldsymbol{r}_{sl} \times \left(\rho_l \frac{D\boldsymbol{u}_l}{Dt} - \boldsymbol{F}_{\text{pint}} \right) dV + \boldsymbol{T}_{\text{pcol}} \tag{6.100}$$

$$m_s = \int_V \rho_s \, dV \tag{6.101}$$

$$\boldsymbol{I}_s = \boldsymbol{I} \int_V \rho_s |\boldsymbol{r}_{sl}|^2 \, dV \tag{6.102}$$

と記述される．ここに，m_s：固相粒子（大粒子）の質量，V：固相粒子の占める領域，$\boldsymbol{I}_s$：固相粒子の慣性テンソル，$\boldsymbol{I}$：2階の恒等テンソル，$\boldsymbol{\omega}_s$：固相粒子の角速度ベクトル，$\boldsymbol{r}_{sl}$：液相粒子の固相粒子に対する相対位置ベクトル，$\boldsymbol{T}_{\text{pcol}}$：固相粒子間の衝突に伴うトルクである．固相粒子に作用する流体力は，固相粒子と重複する液相粒子の運動量を体積積分して算出される（液相の運動量を固相に投影することに相当）．

固相・液相間の相互作用力ベクトル $\boldsymbol{F}_{\text{pint}}$ は，両相の重複した粒子について両相の運動量差（運動量生成項）を算出して，

$$\boldsymbol{F}_{\text{pint}} = \frac{\rho_s \boldsymbol{u}_s' - \rho_l \boldsymbol{u}_l}{\Delta t} \tag{6.103}$$

$$\boldsymbol{u}_s' = \boldsymbol{u}_s + \boldsymbol{\omega}_s \times \boldsymbol{r}_{sl} \tag{6.104}$$

と与える．ここに，$\boldsymbol{u}_s'$：回転を考慮した固相粒子の局所速度（図 **6.11** 参照）である．

計算は，はじめに $\boldsymbol{F}_{\text{pint}} = \boldsymbol{0}$ として，液相の運動方程式 (6.98) を解き，得られた流れ

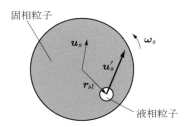

固相粒子

$\boldsymbol{u}_s$　$\boldsymbol{\omega}_s$

$\boldsymbol{u}_s'$

$\boldsymbol{r}_{sl}$

液相粒子

図 **6.11**　回転を考慮した固相粒子の局所速度

場の解に基づき式 (6.99), (6.100) の流体力項を与えて, 固相粒子の運動を DEM を用いて計算する. そして, 両相間の運動量差を式 (6.103) により算定し, $\boldsymbol{F}_\text{pint}$ を含む液相の計算を再度行う. これで, 固相粒子の運動による周囲の液相粒子への影響(運動量輸送)が考慮される.

固相粒子 I について, 運動方程式 (6.99), (6.100) を離散化すると,

$$\left[\frac{d\boldsymbol{u}_s}{dt}\right]_I^k = \frac{1}{m_{s\_I}^k}\sum_{j\in V}\left\{\rho_l\frac{\left(\delta\boldsymbol{u}_l^p\right)_j^k + \left(\delta\boldsymbol{u}_l^c\right)_j^k}{\Delta t} - \boldsymbol{f}_{\text{pint}\_j}^k + (\rho_s - \rho_l)\boldsymbol{g}\right\}V_l\varphi_{Ij}^k + \frac{1}{m_{s\_I}^0}\sum_J\boldsymbol{F}_{\text{pcol}\_IJ}$$

(6.105)

$$\left[\frac{d\boldsymbol{\omega}_s}{dt}\right]_I^k = \frac{1}{I_{s\_I}^k}\sum_{j\in V}\boldsymbol{r}_{Ij}^k\times\left\{\rho_l\frac{\left(\delta\boldsymbol{u}_l^p\right)_j^k + \left(\delta\boldsymbol{u}_l^c\right)_j^k}{\Delta t} - \boldsymbol{f}_{\text{pint}\_j}^k\right\}V_l\varphi_{Ij}^k + \frac{1}{I_{s\_I}^0}\sum_J\boldsymbol{T}_{\text{pcol}\_IJ}$$
(6.106)

$$m_{s\_I}^k = \rho_s V_l\sum_{j\in V}\varphi_{Ij}^k \quad ; \quad m_{s\_I}^0 = \rho_s V$$
(6.107)

$$\boldsymbol{I}_{s\_I}^k = I_{s\_I}^k\,\boldsymbol{I} \quad ; \quad I_{s\_I}^k = \rho_s V_l\sum_{j\in V}\left|\boldsymbol{r}_{Ij}^k\right|^2\varphi_{Ij}^k \quad ; \quad I_{s\_I}^0 = \rho_s\int_V|\boldsymbol{r}|^2\,dV$$
(6.108)

となる. ここに, V_l:液相粒子 1 個の体積であり, φ_{sl} は固相粒子の体積率(**図 6.12** 参照),

$$\varphi_{sl} = \frac{V_{sl}}{V_l} \quad \left(\text{or } \varphi_{sl\_j} = \frac{V_{ij}}{V_j}\right)$$
(6.109)

である(V_{sl}:液相粒子と固相粒子の重複部分の体積). 式 (6.105) ～ (6.109) 中の添え字 I, J は固相(大粒径)粒子を, j は液相粒子を示している. 固相・液相間の相互作用力ベクトルは, 粒子 j が固相粒子 I と重なっているとき,

$$\boldsymbol{f}_{\text{pint}\_j}^k = \frac{\rho_s\left(\boldsymbol{u}_{s\_I}^k + \boldsymbol{\omega}_{s\_I}^k\times\boldsymbol{r}_{Ij}^k\right) - \rho_l\boldsymbol{u}_{l\_j}^k}{\Delta t}\varphi_{Ij}^k$$
(6.110)

と離散化される. 以上を用いて, 固相粒子の速度・角速度は,

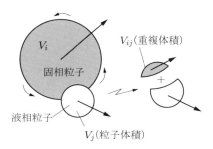

図 **6.12** 体積率の算定

$$\boldsymbol{u}_{s\_I}^{k+1} = \boldsymbol{u}_{s\_I}^{k} + \left[\frac{d\boldsymbol{u}_s}{dt}\right]_I^k \Delta t \tag{6.111}$$

$$\boldsymbol{\omega}_{s\_I}^{k+1} = \boldsymbol{\omega}_{s\_I}^{k} + \left[\frac{d\boldsymbol{\omega}_s}{dt}\right]_I^k \Delta t \tag{6.112}$$

と更新される．液相については，液相粒子 i が固相粒子 I と重複するとき，固液相の相互作用ベクトル

$$\boldsymbol{F}_{ls\_i} = \frac{\rho_s \left(\boldsymbol{u}_{s\_I}^k + \boldsymbol{\omega}_{s\_I}^k \times \boldsymbol{r}_{Ii}^k\right) - \rho_l \boldsymbol{u}_{l\_i}^k}{\Delta t} \varphi_{Ii}^k \tag{6.113}$$

を第 1 段階の液相の速度更新に導入する．つまり，式 (6.75) に代えて，

$$\delta\boldsymbol{u}_{l\_i}^p = \left(\nu_l \nabla^2 \boldsymbol{u}_{l\_i}\right)^k \Delta t + \left(\boldsymbol{g} + \frac{\boldsymbol{F}_{ls\_i}}{\rho_l}\right)\Delta t \tag{6.114}$$

とすればよい．

　以上のように，運動量投影型の DEM-MPS 法では，2 相間の運動量収支の計算精度は改善されるが，固相粒子と重なった液相粒子の個々の質量は，液相粒子のままであることに注意を要する．液相では固相との間で生じる運動量輸送を真密度（液相粒子が均一粒径であるので，単一粒子の質量と読み替えてもよい）を一定にして実現することとなり，固相粒子と重なる液相粒子が運動量を得るときも失うときも，液相粒子の速度の変化が過大になってしまう．この問題を解決するには，運動量輸送を評価する際に，速度と密度の両方を 2 相間で投影する必要がある．

(3)　密度非一様下の HL

　固相粒子と液相粒子が混合状態で存在すると，混合体の密度は一様ではない．3.3 節で述べた高精度 Laplacian（HL）は，密度一様状態を前提として定式化されているので，密度非一様下では，式 (3.97) および式 (3.102) を修正する必要がある．はじめに，

$$\nabla \cdot \left(\frac{\nabla\phi}{\rho}\right) = \frac{1}{\rho}\nabla \cdot (\nabla\phi) + \nabla\left(\frac{1}{\rho}\right) \cdot \nabla\phi \tag{6.115}$$

であるから，上式の右辺第 2 項の離散化を行えば，密度非一様下の HL が得られる．勾配は，

$$\langle \nabla\phi \rangle_i = \frac{1}{n_0} \sum_{j\neq i} \phi_{ij} \nabla w_{ij} \tag{6.116}$$

と書けるので，

$$\left\{\nabla\left(\frac{1}{\rho}\right)\right\}_i \cdot \langle \nabla\phi \rangle_i = \frac{1}{n_0} \sum_{j\neq i} \phi_{ij} \left\{\nabla\left(\frac{1}{\rho}\right)\right\}_i \cdot \nabla w_{ij} \tag{6.117}$$

となる．ここで，

$$\nabla\left(\frac{1}{\rho}\right) = \frac{\partial}{\partial r}\left(\frac{1}{\rho}\right)\nabla r = \frac{\partial}{\partial r}\left(\frac{1}{\rho}\right)\frac{\boldsymbol{r}}{r}$$

$$\nabla w = \frac{\partial w}{\partial r}\nabla r = \frac{\partial w}{\partial r}\frac{\boldsymbol{r}}{r}$$

だから，

$$\nabla\left(\frac{1}{\rho}\right)\cdot\nabla w = \frac{\partial}{\partial r}\left(\frac{1}{\rho}\right)\frac{\partial w}{\partial r}\frac{\boldsymbol{r}\cdot\boldsymbol{r}}{r^2} = \frac{\partial}{\partial r}\left(\frac{1}{\rho}\right)\frac{\partial w}{\partial r}$$

となり，密度の逆数の勾配を

$$\left\{\frac{\partial}{\partial r}\left(\frac{1}{\rho}\right)\right\}_i = \frac{1}{r_{ij}}\left(\frac{1}{\rho_j} - \frac{1}{\rho_i}\right) \tag{6.118}$$

と書けば，

$$\phi_{ij}\left\{\nabla\left(\frac{1}{\rho}\right)\right\}_i\cdot\nabla w_{ij} = \left(\frac{1}{\rho_j} - \frac{1}{\rho_i}\right)\frac{\phi_{ij}}{r_{ij}}\frac{\partial w_{ij}}{\partial r_{ij}} \tag{6.119}$$

が得られる．式 (6.115) の右辺第 1 項は式 (3.97) で，右辺第 2 項は式 (6.119) で与えると，HL は，

$$\left\langle\nabla\cdot\left(\frac{\nabla\phi}{\rho}\right)\right\rangle_i = \frac{1}{n_0}\sum_{j\neq i}\left\{\frac{1}{\rho_i}\frac{\partial\phi_{ij}}{\partial r_{ij}}\frac{\partial w_{ij}}{\partial r_{ij}} + \frac{\phi_{ij}}{\rho_i}\frac{\partial^2 w_{ij}}{\partial r_{ij}^2} + \left(\frac{D_s-2}{\rho_i} + \frac{1}{\rho_j}\right)\frac{\phi_{ij}}{r_{ij}}\frac{\partial w_{ij}}{\partial r_{ij}}\right\} \tag{6.120}$$

と書ける．密度非一様下では，式 (3.97) の代わりにこの式を用いればよい．さらに，MPS 法の kernel を用いると，式 (3.102) に代えて，

$$\left\langle\nabla\cdot\left(\frac{\nabla\phi}{\rho}\right)\right\rangle_i = \frac{1}{n_0}\sum_{j\neq i}\left(\frac{6-D_s}{\rho_i} - \frac{1}{\rho_j}\right)\frac{r_e}{r_{ij}^3}\phi_{ij} \tag{6.121}$$

が得られる．

　この場合，圧力の Poisson 方程式の係数行列が非対称となるので，粒子法で Poisson 方程式の陰的解法に標準的に用いられる ICCG 法に替えて，BiCGStab (BiCG Stabilization) 法（双共役勾配安定化法；van der Vorst, 1992）に代表される非 Hermite（エルミート）行列を対象とした反復法を用いる必要がある．

(4) 質量・運動量保存型 DEM-MPS 法

　図 **6.13** に模式的に示すように，速度と密度の両方を 2 相間で投影するためには，先の気液の扱いに代えて，固相・液相の混合体を連続体として離散化する必要がある（後藤ら, 2012 ; Tsuruta, 2013）．混合体の連続式と運動方程式を，

$$\frac{D\bar{\rho}}{Dt} + \bar{\rho}\ \nabla\cdot\bar{\boldsymbol{u}} = 0 \tag{6.122}$$

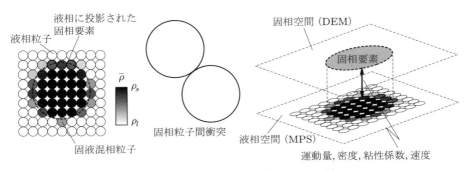

図 **6.13**　質量・運動量保存型 DEM-MPS 法

$$\overline{\rho}\,\frac{D\overline{\boldsymbol{u}}}{Dt} = -\nabla p + \overline{\mu}\,\nabla^2 \overline{\boldsymbol{u}} + \overline{\rho}\boldsymbol{g} + \boldsymbol{F}_{\text{pint}} \tag{6.123}$$

と書く．混合体の密度，粘性係数，速度は，体積率 φ_{sl} を用いて，

$$\overline{\rho} = \rho_l \left(1 - \int_V \varphi_{sl}\,dV\right) + \rho_s \int_V \varphi_{sl}\,dV \tag{6.124}$$

$$\overline{\mu} = \mu_l \left(1 - \int_V \varphi_{sl}\,dV\right) + \mu_s \int_V \varphi_{sl}\,dV \tag{6.125}$$

$$\overline{\boldsymbol{u}} = \boldsymbol{u}_l \left(1 - \int_V \varphi_{sl}\,dV\right) + \left(\boldsymbol{u}_s + \boldsymbol{\omega}_s \times \boldsymbol{r}_{sl}\right)\int_V \varphi_{sl}\,dV \tag{6.126}$$

と表される（**図 6.14** 参照）．

　固相の運動方程式は並進，回転について，

$$m_s \frac{d\boldsymbol{u}_s}{dt} = \int_V \left(\overline{\rho}\,\frac{D\overline{\boldsymbol{u}}}{Dt} - \boldsymbol{F}_{\text{pint}}\right)dV + \boldsymbol{F}_{\text{pcol}} \tag{6.127}$$

$$\boldsymbol{I}_s \frac{d\boldsymbol{\omega}_s}{dt} = \int_V \boldsymbol{r}_{sl} \times \left(\overline{\rho}\,\frac{D\overline{\boldsymbol{u}}}{Dt} - \boldsymbol{F}_{\text{pint}}\right)dV + \boldsymbol{T}_{\text{pcol}} \tag{6.128}$$

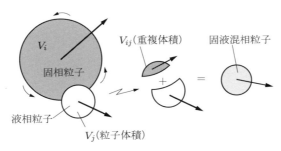

図 **6.14**　固液混相（混合体）粒子

であり，固相粒子・混合体（液相）間の相互作用力ベクトル $\boldsymbol{F}_{pint}$ は

$$\boldsymbol{F}_{pint} = \frac{\rho_s \boldsymbol{u}_s' - \bar{\rho}\,\bar{\boldsymbol{u}}}{\Delta t} \tag{6.129}$$

で与えられる．

　方程式系を見てわかるように，このモデルは液相速度 $\boldsymbol{u}_l$ を陽には解かない．液相の速度が必要なときには，混合体の速度と固相の速度から式 (6.126) によって算定すればよい．計算のフローは先のモデルと同じである．はじめに $\boldsymbol{F}_{pint}=\boldsymbol{0}$ として，混合体の支配方程式 (6.122)，(6.123) を解き，得られた流れ場の解で固相粒子に作用する流体力を評価して，固相粒子の運動を式 (6.127)，(6.128) で計算する．このとき，粒子間衝突項 $\boldsymbol{F}_{pcol}$, $\boldsymbol{T}_{pcol}$ は DEM を用いて計算する．その後，$\boldsymbol{F}_{pint}$ を含めて混合体の流れ場を再計算して更新する．

　ここで示した 3 種の DEM-MPS 法で，Zhang et al. (2009) による水没シリンダー群を伴う dam break 流の水理実験の再現を試みたのが図 **6.15** である（後藤ら，2012）．先に述べたように，運動量投影型 DEM-MPS 法では，シリンダーと重なった水粒子の速度が過大に計算されるため，シリンダー群に作用する流体力の評価も過大となり，左側のシリンダーの堆積部分が早く崩壊して，多数のシリンダーが右側に移動する．

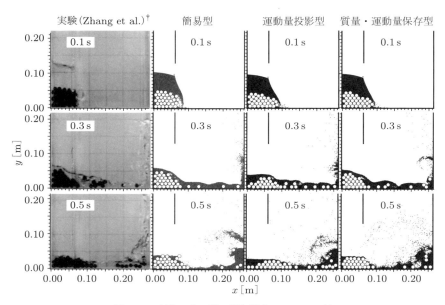

図 **6.15**　水没シリンダー群を伴う dam break 流

† Zhang, S., Kuwabara, S., Suzuki, T., Kawano, Y., Morita, K. and Fukuda, K. (2009): Simulation of solid-fluid mixture flow using moving particle methods. *J. Comp. Phys.* **228**: 2552–2565.

全般的な実験との一致は，質量・運動量保存型 DEM-MPS 法が最も優れている．

　結びとして，粒子法による固液二相流解析の実施例を紹介しておく．先に述べたように，後藤・Fredsøe (1999) による二流体モデルに基づく固液二相流 MPS 法は，粘性係数のみ混相状態を対象に評価して単相流モデルで密度の異なる 2 相を計算する簡便法であった．その後，後藤ら (2003) は，二流体モデルに基づく固液二相流 MPS 法に Passively Moving Solid model による剛体補正と DEM による剛体粒子衝突の計算を導入し，DEM-MPS 法と名付けた（このとき，DEM-MPS 法の呼称が初めて使われた）．その後，酒井ら (2008) は，DEM による固相モデルを抗力による運動量交換（本章 6.3.2 項参照）によって MPS 法とカップリングし，これも DEM-MPS 法と称した．

　簡易型の DEM-MPS 法では，剛体補正による固相構成粒子の運動量の変化が液相粒子にフィードバックされない．また，固相粒子間の狭い隙間を液相粒子が通過することが難しく，密集状態の固相粒子群の内部の流れが再現できない．後藤ら (2012) は，解空間を固相と液相で分離し，2 相間の運動量輸送を互いの解空間に投影する方法で，これらの問題を改善した．鶴田ら (2012) は，運動量投影型の DEM-MPS 法を 3 次元に拡張し，沈降粒子群の誘起する流れの解析を行った．一方，Yamada and Sakai (2013), Sun et al. (2014) は，2 相間の相互作用を抗力項で記述する DEM-MPS 法により，ビーズミルやボールミル内の粉体流のシミュレーションを実施した．また，Sun et al. (2013) は，液相のソルバーに SPH 法を用いて，DEM-SPH 法（抗力項によるカップリング）によって 3 次元固液混相流解析を行った．さらに，鶴田ら (2013) は，DEM-MPS 法の液相ソルバーに高精度粒子法を導入することで流速の非物理的擾乱が低減され，沈降粒子群が誘起する循環流が良好に計算されることを示した．

テンソル

A.1 テンソルの代数演算

　テンソルの演算は，連続体力学では必須であるため，以下に基本事項を整理しておく．

(1) テンソル積

　二つのベクトル（1階のテンソル）から行列（2階のテンソル）を作る演算

$$\boldsymbol{a} \otimes \boldsymbol{b} = \begin{pmatrix} a_1 \\ a_2 \\ a_3 \end{pmatrix} \begin{pmatrix} b_1 & b_2 & b_3 \end{pmatrix} = \begin{pmatrix} a_1 b_1 & a_1 b_2 & a_1 b_3 \\ a_2 b_1 & a_2 b_2 & a_2 b_3 \\ a_3 b_1 & a_3 b_2 & a_3 b_3 \end{pmatrix} \tag{A.1}$$

をテンソル積という．このテンソル積にベクトル $\boldsymbol{c}$ を乗じると，

$$(\boldsymbol{a} \otimes \boldsymbol{b}) \cdot \boldsymbol{c} = \begin{pmatrix} a_1 \\ a_2 \\ a_3 \end{pmatrix} \begin{pmatrix} b_1 & b_2 & b_3 \end{pmatrix} \begin{pmatrix} c_1 \\ c_2 \\ c_3 \end{pmatrix} = \begin{pmatrix} a_1 b_1 & a_1 b_2 & a_1 b_3 \\ a_2 b_1 & a_2 b_2 & a_2 b_3 \\ a_3 b_1 & a_3 b_2 & a_3 b_3 \end{pmatrix} \begin{pmatrix} c_1 \\ c_2 \\ c_3 \end{pmatrix}$$

$$= \begin{pmatrix} a_1 b_1 c_1 + a_1 b_2 c_2 + a_1 b_3 c_3 \\ a_2 b_1 c_1 + a_2 b_2 c_2 + a_2 b_3 c_3 \\ a_3 b_1 c_1 + a_3 b_2 c_2 + a_3 b_3 c_3 \end{pmatrix} = (b_1 c_1 + b_2 c_2 + b_3 c_3) \begin{pmatrix} a_1 \\ a_2 \\ a_3 \end{pmatrix} = (\boldsymbol{b} \cdot \boldsymbol{c}) \boldsymbol{a}$$

となる．このことから，演算則

$$\left. \begin{array}{l} (\boldsymbol{a} \otimes \boldsymbol{b}) \cdot \boldsymbol{c} = (\boldsymbol{b} \cdot \boldsymbol{c}) \boldsymbol{a} \\ \boldsymbol{b} \cdot (\boldsymbol{a} \otimes \boldsymbol{c}) = (\boldsymbol{b} \cdot \boldsymbol{a}) \boldsymbol{c} \end{array} \right\} \tag{A.2}$$

を満たすことが，テンソル積の定義でもある．

(2) テンソルの基底

　x, y, z 方向の基本ベクトル $\boldsymbol{e}_1, \boldsymbol{e}_2, \boldsymbol{e}_3$ のテンソル積は，たとえば，

$$\boldsymbol{e}_1 \otimes \boldsymbol{e}_1 = \begin{pmatrix} 1 \\ 0 \\ 0 \end{pmatrix} \begin{pmatrix} 1 & 0 & 0 \end{pmatrix} = \begin{pmatrix} 1 & 0 & 0 \\ 0 & 0 & 0 \\ 0 & 0 & 0 \end{pmatrix}$$

$$\boldsymbol{e}_1 \otimes \boldsymbol{e}_2 = \begin{pmatrix} 1 \\ 0 \\ 0 \end{pmatrix} \begin{pmatrix} 0 & 1 & 0 \end{pmatrix} = \begin{pmatrix} 0 & 1 & 0 \\ 0 & 0 & 0 \\ 0 & 0 & 0 \end{pmatrix}$$

のように計算されるから，合計 9 個のテンソル積

$$\boldsymbol{e}_1 \otimes \boldsymbol{e}_1 = \begin{pmatrix} 1 & 0 & 0 \\ 0 & 0 & 0 \\ 0 & 0 & 0 \end{pmatrix}, \quad \boldsymbol{e}_1 \otimes \boldsymbol{e}_2 = \begin{pmatrix} 0 & 1 & 0 \\ 0 & 0 & 0 \\ 0 & 0 & 0 \end{pmatrix}, \quad \boldsymbol{e}_1 \otimes \boldsymbol{e}_3 = \begin{pmatrix} 0 & 0 & 1 \\ 0 & 0 & 0 \\ 0 & 0 & 0 \end{pmatrix}$$

$$\boldsymbol{e}_2 \otimes \boldsymbol{e}_1 = \begin{pmatrix} 0 & 0 & 0 \\ 1 & 0 & 0 \\ 0 & 0 & 0 \end{pmatrix}, \quad \boldsymbol{e}_2 \otimes \boldsymbol{e}_2 = \begin{pmatrix} 0 & 0 & 0 \\ 0 & 1 & 0 \\ 0 & 0 & 0 \end{pmatrix}, \quad \boldsymbol{e}_2 \otimes \boldsymbol{e}_3 = \begin{pmatrix} 0 & 0 & 0 \\ 0 & 0 & 1 \\ 0 & 0 & 0 \end{pmatrix} \Bigg\} \quad (A.3)$$

$$\boldsymbol{e}_3 \otimes \boldsymbol{e}_1 = \begin{pmatrix} 0 & 0 & 0 \\ 0 & 0 & 0 \\ 1 & 0 & 0 \end{pmatrix}, \quad \boldsymbol{e}_3 \otimes \boldsymbol{e}_2 = \begin{pmatrix} 0 & 0 & 0 \\ 0 & 0 & 0 \\ 0 & 1 & 0 \end{pmatrix}, \quad \boldsymbol{e}_3 \otimes \boldsymbol{e}_3 = \begin{pmatrix} 0 & 0 & 0 \\ 0 & 0 & 0 \\ 0 & 0 & 1 \end{pmatrix}$$

が出現する．この 9 個のテンソル積を 2 階テンソルの基底という．テンソル $\boldsymbol{A}$ は，基底を用いて，

$$
\begin{aligned}
\boldsymbol{A} &= \begin{pmatrix} A_{11} & A_{12} & A_{13} \\ A_{21} & A_{22} & A_{23} \\ A_{31} & A_{32} & A_{33} \end{pmatrix} \\
&= A_{11}\boldsymbol{e}_1 \otimes \boldsymbol{e}_1 + A_{12}\boldsymbol{e}_1 \otimes \boldsymbol{e}_2 + A_{13}\boldsymbol{e}_1 \otimes \boldsymbol{e}_3 \\
&\quad + A_{21}\boldsymbol{e}_2 \otimes \boldsymbol{e}_1 + A_{22}\boldsymbol{e}_2 \otimes \boldsymbol{e}_2 + A_{23}\boldsymbol{e}_2 \otimes \boldsymbol{e}_3 \\
&\quad + A_{31}\boldsymbol{e}_3 \otimes \boldsymbol{e}_1 + A_{32}\boldsymbol{e}_3 \otimes \boldsymbol{e}_2 + A_{33}\boldsymbol{e}_3 \otimes \boldsymbol{e}_3
\end{aligned} \quad (A.4)
$$

あるいは

$$\boldsymbol{A} = \sum_{i=1}^{3} \sum_{j=1}^{3} A_{ij}\boldsymbol{e}_i \otimes \boldsymbol{e}_j \quad (A.5)$$

と書ける．さらに，Einstein の総和規約では，Σ 記号を省略し，

$$\boldsymbol{A} = A_{ij}\boldsymbol{e}_i \otimes \boldsymbol{e}_j \quad (A.6)$$

と書き，一つの項に同じ添え字が 2 度あれば，その添え字で総和をとると約束する．一つの項に 2 度現れる添え字を dummy index（擬指標）とよび，1 度しか現れない添え字を free index（自由指標）とよぶ．dummy index にはどの文字を用いてもよいが，文字の変更をする場合にはペアを崩してはならない．また，一つの項に同じ添え字は 3 度以上現れてはならない．多項式の場合には，一つの項に 2 度現れるのが dummy index であり，すべての項に 1 度現れるのが free index である．このような表記法を指標表記あるいはテンソル表記という．指標表記と対比させる意味で，添え字なしの太文字のベクトルを用いた表記をシンボリック表記あるいはベクトル表記という．

　これに従うと，ベクトル $\boldsymbol{a}, \boldsymbol{b}$ のテンソル積は，

$$
\begin{aligned}
\boldsymbol{a} \otimes \boldsymbol{b} &= (a_1\boldsymbol{e}_1 + a_2\boldsymbol{e}_2 + a_3\boldsymbol{e}_3) \otimes (b_1\boldsymbol{e}_1 + b_2\boldsymbol{e}_2 + b_3\boldsymbol{e}_3) \\
&= a_1 b_1 \boldsymbol{e}_1 \otimes \boldsymbol{e}_1 + a_1 b_2 \boldsymbol{e}_1 \otimes \boldsymbol{e}_2 + a_1 b_3 \boldsymbol{e}_1 \otimes \boldsymbol{e}_3 \\
&\quad + a_2 b_1 \boldsymbol{e}_2 \otimes \boldsymbol{e}_1 + a_2 b_2 \boldsymbol{e}_2 \otimes \boldsymbol{e}_2 + a_2 b_3 \boldsymbol{e}_2 \otimes \boldsymbol{e}_3 \\
&\quad + a_3 b_1 \boldsymbol{e}_3 \otimes \boldsymbol{e}_1 + a_3 b_2 \boldsymbol{e}_3 \otimes \boldsymbol{e}_2 + a_3 b_3 \boldsymbol{e}_3 \otimes \boldsymbol{e}_3
\end{aligned} \quad (A.7)
$$

だから，

$$\boldsymbol{a} \otimes \boldsymbol{b} = a_i b_j \boldsymbol{e}_i \otimes \boldsymbol{e}_j \tag{A.8}$$

と書ける.

(3) ベクトルの内積

基本ベクトル $\boldsymbol{e}_1$, $\boldsymbol{e}_2$, $\boldsymbol{e}_3$ の内積は,

$$\left.\begin{array}{lll} \boldsymbol{e}_1 \cdot \boldsymbol{e}_1 = 1, & \boldsymbol{e}_1 \cdot \boldsymbol{e}_2 = 0, & \boldsymbol{e}_1 \cdot \boldsymbol{e}_3 = 0 \\ \boldsymbol{e}_2 \cdot \boldsymbol{e}_1 = 0, & \boldsymbol{e}_2 \cdot \boldsymbol{e}_2 = 1, & \boldsymbol{e}_2 \cdot \boldsymbol{e}_3 = 0 \\ \boldsymbol{e}_3 \cdot \boldsymbol{e}_1 = 0, & \boldsymbol{e}_3 \cdot \boldsymbol{e}_2 = 0, & \boldsymbol{e}_3 \cdot \boldsymbol{e}_3 = 1 \end{array}\right\} \tag{A.9}$$

だから,ベクトル $\boldsymbol{a}$, $\boldsymbol{b}$ の内積は,

$$\boldsymbol{a} \cdot \boldsymbol{b} = (a_1 \boldsymbol{e}_1 + a_2 \boldsymbol{e}_2 + a_3 \boldsymbol{e}_3) \cdot (b_1 \boldsymbol{e}_1 + b_2 \boldsymbol{e}_2 + b_3 \boldsymbol{e}_3) = a_1 b_1 + a_2 b_2 + a_3 b_3 \tag{A.10}$$

つまり,

$$\boldsymbol{a} \cdot \boldsymbol{b} = a_i b_i \tag{A.11}$$

と書ける.

(4) ベクトルの外積

基本ベクトル $\boldsymbol{e}_1$, $\boldsymbol{e}_2$, $\boldsymbol{e}_3$ の外積は,

$$\left.\begin{array}{lll} \boldsymbol{e}_1 \times \boldsymbol{e}_1 = 0, & \boldsymbol{e}_1 \times \boldsymbol{e}_2 = \boldsymbol{e}_3, & \boldsymbol{e}_1 \times \boldsymbol{e}_3 = -\boldsymbol{e}_2 \\ \boldsymbol{e}_2 \times \boldsymbol{e}_1 = -\boldsymbol{e}_3, & \boldsymbol{e}_2 \times \boldsymbol{e}_2 = 0, & \boldsymbol{e}_2 \times \boldsymbol{e}_3 = \boldsymbol{e}_1 \\ \boldsymbol{e}_3 \times \boldsymbol{e}_1 = \boldsymbol{e}_2, & \boldsymbol{e}_3 \times \boldsymbol{e}_2 = -\boldsymbol{e}_1, & \boldsymbol{e}_3 \times \boldsymbol{e}_3 = 0 \end{array}\right\} \tag{A.12}$$

だから,ベクトル $\boldsymbol{a}$, $\boldsymbol{b}$ の外積は,

$$\begin{aligned} \boldsymbol{a} \times \boldsymbol{b} &= (a_1 \boldsymbol{e}_1 + a_2 \boldsymbol{e}_2 + a_3 \boldsymbol{e}_3) \times (b_1 \boldsymbol{e}_1 + b_2 \boldsymbol{e}_2 + b_3 \boldsymbol{e}_3) \\ &= (a_2 b_3 - a_3 b_2) \boldsymbol{e}_1 + (a_3 b_1 - a_1 b_3) \boldsymbol{e}_2 + (a_1 b_2 - a_2 b_1) \boldsymbol{e}_3 \end{aligned} \tag{A.13}$$

である.これをまとめて,

$$\boldsymbol{a} \times \boldsymbol{b} = \varepsilon_{ijk} \boldsymbol{e}_i a_j b_k \tag{A.14}$$

と書く.ここに,ε_{ijk} は完全反対称テンソル

$$\varepsilon_{ijk} = \begin{cases} 1 & \left((i,j,k) = (1,2,3),(2,3,1),(3,1,2)\right) \\ -1 & \left((i,j,k) = (1,3,2),(3,2,1),(2,1,3)\right) \\ 0 & (\text{otherwise}) \end{cases} \tag{A.15}$$

であり,Eddington のイプシロンあるいは,Levi–Civita 記号とよばれる.式 (A.12) の基本ベクトルの添え字の左からの並び順と右辺の符号の関係が,式 (A.15) の i, j, k の並び順と対応関係にあることがわかる.

(5) Kronecker のデルタ

Kronecker のデルタは,

$$\delta_{ij} = \begin{cases} 1 & (i = j) \\ 0 & (i \neq j) \end{cases} \tag{A.16}$$

と定義され,

$$\delta_{ij} = \delta_{ji} \tag{A.17}$$

の関係が成り立つ．式 (A.9) の基本ベクトルの内積は Kronecker のデルタを用いて，

$$\boldsymbol{e}_i \cdot \boldsymbol{e}_j = \delta_{ij} \tag{A.18}$$

と書ける．さらに，Kronecker のデルタをベクトルの成分に乗じると，

$$\delta_{ij} a_j = a_i \quad ; \quad a_i \delta_{ij} = a_j \tag{A.19}$$

が得られる．この式は，ベクトルに単位行列（恒等行列）を掛けても不変であることを意味している．内積の指標表記は，Kronecker のデルタを用いて

$$\boldsymbol{a} \cdot \boldsymbol{b} = (a_i \boldsymbol{e}_i) \cdot (b_j \boldsymbol{e}_j) = a_i b_j \boldsymbol{e}_i \cdot \boldsymbol{e}_j = a_i b_j \delta_{ij} = a_i (\delta_{ij} b_j) = a_i b_i \tag{A.20}$$

となる．$i = j$ のときの Kronecker のデルタは，

$$\delta_{ii} = 3 \quad (\because \delta_{ii} = \delta_{11} + \delta_{22} + \delta_{33} = 3) \tag{A.21}$$

である．Kronecker のデルタの積は，

$$\delta_{ik} \delta_{kj} = \delta_{ij} \tag{A.22}$$

と書ける．つまり，上式の左辺が 1 となるのは，$i = k = j$ のときだけであるから，単独の Kronecker のデルタに置き換えることができる．この式は，単位行列の積は単位行列であることに対応している．これらから派生する関係式として，

$$\delta_{ij} \delta_{ij} = 3 \quad (\because \delta_{ij} \delta_{ij} = \delta_{ii} = 3) \tag{A.23}$$

$$\delta_{ij} \delta_{jk} \delta_{ki} = \delta_{ik} \delta_{ki} = \delta_{ii} = 3 \tag{A.24}$$

などがある．

(6) Eddington のイプシロン

Eddington のイプシロンは，

$$\varepsilon_{ijk} = \begin{cases} 1 & ((i,j,k) = (1,2,3),(2,3,1),(3,1,2)) \\ -1 & ((i,j,k) = (1,3,2),(3,2,1),(2,1,3)) \\ 0 & (\text{otherwise}) \end{cases} \tag{A.15 再掲}$$

と定義される．Eddington のイプシロンは $3 \times 3 \times 3 = 27$ 個の要素からなるが，そのうちでゼロでないのは 6 個のみである．$i = 1, 2, 3$ のそれぞれに関して行列表記すると，

$$\left.\begin{aligned} \boldsymbol{\varepsilon}_{1jk} &= \begin{pmatrix} \varepsilon_{111} & \varepsilon_{112} & \varepsilon_{113} \\ \varepsilon_{121} & \varepsilon_{122} & \varepsilon_{123} \\ \varepsilon_{131} & \varepsilon_{132} & \varepsilon_{133} \end{pmatrix} = \begin{pmatrix} 0 & 0 & 0 \\ 0 & 0 & 1 \\ 0 & -1 & 0 \end{pmatrix} \\[2em] \boldsymbol{\varepsilon}_{2jk} &= \begin{pmatrix} \varepsilon_{211} & \varepsilon_{212} & \varepsilon_{213} \\ \varepsilon_{221} & \varepsilon_{222} & \varepsilon_{223} \\ \varepsilon_{231} & \varepsilon_{232} & \varepsilon_{233} \end{pmatrix} = \begin{pmatrix} 0 & 0 & -1 \\ 0 & 0 & 0 \\ 1 & 0 & 0 \end{pmatrix} \\[2em] \boldsymbol{\varepsilon}_{3jk} &= \begin{pmatrix} \varepsilon_{311} & \varepsilon_{312} & \varepsilon_{313} \\ \varepsilon_{321} & \varepsilon_{322} & \varepsilon_{323} \\ \varepsilon_{331} & \varepsilon_{332} & \varepsilon_{333} \end{pmatrix} = \begin{pmatrix} 0 & 1 & 0 \\ -1 & 0 & 0 \\ 0 & 0 & 0 \end{pmatrix} \end{aligned}\right\} \tag{A.25}$$

となる．

添え字の cyclic な置換に関しては，

$$\varepsilon_{ijk} = \varepsilon_{jki} = \varepsilon_{kij} \tag{A.26}$$

であり，三つの添え字のうち，二つを入れ替えると符号が反転する．このときの添え字の並びを anticyclic という（図 **A.1** 参照）．

$$\varepsilon_{ikj} = -\varepsilon_{ijk} \quad ; \quad \varepsilon_{kji} = -\varepsilon_{ijk} \quad ; \quad \varepsilon_{jik} = -\varepsilon_{ijk} \tag{A.27}$$

これを用いると，外積について，

$$\boldsymbol{a} \times \boldsymbol{b} = \varepsilon_{ijk} \boldsymbol{e}_i a_j b_k = -\varepsilon_{ikj} \boldsymbol{e}_i a_j b_k = -\varepsilon_{ikj} \boldsymbol{e}_i b_k a_j = -\boldsymbol{b} \times \boldsymbol{a} \tag{A.28}$$

の関係が示される．また，Kronecker のデルタと Eddington のイプシロンの積は，

$$\delta_{ij} \varepsilon_{ijk} = 0 \quad \left(\because \delta_{ij} \varepsilon_{ijk} = \varepsilon_{iik} = 0 \right) \tag{A.29}$$

となる．

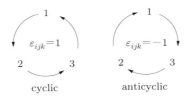

図 A.1 添え字の並びと ε_{ijk} の符号

二つの Eddington のイプシロンの積は，Kronecker のデルタを用いて，

$$\varepsilon_{ijk} \varepsilon_{lmk} = \delta_{il} \delta_{jm} - \delta_{im} \delta_{jl} \tag{A.30}$$

$$\varepsilon_{ijk} \varepsilon_{ljk} = 2\delta_{il} \tag{A.31}$$

$$\varepsilon_{ijk} \varepsilon_{ijk} = 6 \tag{A.32}$$

と表せる．式 (A.30) はベクトル 3 重積の計算に有用な式であり，物理学でもよく用いられる．この式の記憶の助けとなる方法を記しておく．図 **A.2** のように添え字を左から順に並べて，共通の添え字 k 以外の四つの添え字に関して二つの数字の組を作る．二つの数字の組は図のように，[first], [second], [outer], [inner] の四つである．右辺の Kronecker のデルタの添え字は，

$$[\text{first}]\,[\text{second}] - [\text{outer}]\,[\text{inner}]$$

のとおりになっている．なお，式 (A.30) は，

$$\varepsilon_{kij} \varepsilon_{klm} = \delta_{il} \delta_{jm} - \delta_{im} \delta_{jl} \quad \left(\because \varepsilon_{ijk} = \varepsilon_{kij} \right) \tag{A.33}$$

と書かれることもあるが，Eddington のイプシロンが添え字の cyclic な置換について不変で

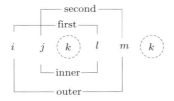

図 A.2 Eddington のイプシロンの積の公式の添え字順序

あることを考えると，共通の添え字 k が右にあっても左にあっても同じである.

次に，式 (A.30), (A.31), (A.32) が成立することを確かめる．3×3 の正方行列の行列式は，Sarrus（サラス）の規則で左辺を展開すれば明らかなように，Eddington のイプシロンを用いて，

$$\begin{vmatrix} a_1 & a_2 & a_3 \\ b_1 & b_2 & b_3 \\ c_1 & c_2 & c_3 \end{vmatrix} = \varepsilon_{ijk} a_i b_j c_k \tag{A.34}$$

と書ける．この式の左辺は，

$$\begin{vmatrix} a_1 & a_2 & a_3 \\ b_1 & b_2 & b_3 \\ c_1 & c_2 & c_3 \end{vmatrix} = a_i \begin{vmatrix} \delta_{i1} & \delta_{i2} & \delta_{i3} \\ b_1 & b_2 & b_3 \\ c_1 & c_2 & c_3 \end{vmatrix} = a_i b_j \begin{vmatrix} \delta_{i1} & \delta_{i2} & \delta_{i3} \\ \delta_{j1} & \delta_{j2} & \delta_{j3} \\ c_1 & c_2 & c_3 \end{vmatrix} = a_i b_j c_k \begin{vmatrix} \delta_{i1} & \delta_{i2} & \delta_{i3} \\ \delta_{j1} & \delta_{j2} & \delta_{j3} \\ \delta_{k1} & \delta_{k2} & \delta_{k3} \end{vmatrix} \tag{A.35}$$

と書き換えることができるので，Eddington のイプシロンは

$$\varepsilon_{ijk} = \begin{vmatrix} \delta_{i1} & \delta_{i2} & \delta_{i3} \\ \delta_{j1} & \delta_{j2} & \delta_{j3} \\ \delta_{k1} & \delta_{k2} & \delta_{k3} \end{vmatrix} \tag{A.36}$$

と書ける.

この表示を用いると，Eddington のイプシロンの積は，

$$\varepsilon_{ijk} \varepsilon_{lmn} = \begin{vmatrix} \delta_{i1} & \delta_{i2} & \delta_{i3} \\ \delta_{j1} & \delta_{j2} & \delta_{j3} \\ \delta_{k1} & \delta_{k2} & \delta_{k3} \end{vmatrix} \begin{vmatrix} \delta_{l1} & \delta_{l2} & \delta_{l3} \\ \delta_{m1} & \delta_{m2} & \delta_{m3} \\ \delta_{n1} & \delta_{n2} & \delta_{n3} \end{vmatrix} \tag{A.37}$$

と書ける．転置行列の行列式は，もとの行列の行列式に等しい．すなわち，

$$\left| \boldsymbol{A}^T \right| = \left| \boldsymbol{A} \right|$$

であり，正方行列に関しては，行列の積の行列式は，個々の行列の行列式の積である．すなわち，

$$|\boldsymbol{AB}| = |\boldsymbol{A}||\boldsymbol{B}|$$

だから，式 (A.37) は，

$$\varepsilon_{ijk} \varepsilon_{lmn} = \begin{vmatrix} \delta_{i1} & \delta_{i2} & \delta_{i3} \\ \delta_{j1} & \delta_{j2} & \delta_{j3} \\ \delta_{k1} & \delta_{k2} & \delta_{k3} \end{vmatrix} \begin{vmatrix} \delta_{l1} & \delta_{m1} & \delta_{n1} \\ \delta_{l2} & \delta_{m2} & \delta_{n2} \\ \delta_{l3} & \delta_{m3} & \delta_{n3} \end{vmatrix} = \begin{vmatrix} \delta_{iu}\delta_{lu} & \delta_{iu}\delta_{mu} & \delta_{iu}\delta_{nu} \\ \delta_{ju}\delta_{lu} & \delta_{ju}\delta_{mu} & \delta_{ju}\delta_{nu} \\ \delta_{ku}\delta_{lu} & \delta_{ku}\delta_{mu} & \delta_{ku}\delta_{nu} \end{vmatrix} \tag{A.38}$$

と書き換えられて，式 (A.22) の Kronecker のデルタの積の性質を用いると，

$$\varepsilon_{ijk} \varepsilon_{lmn} = \begin{vmatrix} \delta_{il} & \delta_{im} & \delta_{in} \\ \delta_{jl} & \delta_{jm} & \delta_{jn} \\ \delta_{kl} & \delta_{km} & \delta_{kn} \end{vmatrix} \tag{A.39}$$

が得られる．これが，Eddington のイプシロンの積の一般的表式である.

式 (A.39) において，$n = k$ として余因子展開すると，

$$\varepsilon_{ijk}\varepsilon_{lmk} = \begin{vmatrix} \delta_{il} & \delta_{im} & \delta_{ik} \\ \delta_{jl} & \delta_{jm} & \delta_{jk} \\ \delta_{kl} & \delta_{km} & \delta_{kk} \end{vmatrix} = \delta_{kk} \begin{vmatrix} \delta_{il} & \delta_{im} \\ \delta_{jl} & \delta_{jm} \end{vmatrix} - \delta_{jk} \begin{vmatrix} \delta_{il} & \delta_{im} \\ \delta_{kl} & \delta_{km} \end{vmatrix} + \delta_{ik} \begin{vmatrix} \delta_{jl} & \delta_{jm} \\ \delta_{kl} & \delta_{km} \end{vmatrix}$$

$$= 3 \begin{vmatrix} \delta_{il} & \delta_{im} \\ \delta_{jl} & \delta_{jm} \end{vmatrix} - \begin{vmatrix} \delta_{il} & \delta_{im} \\ \delta_{jk}\delta_{kl} & \delta_{jk}\delta_{km} \end{vmatrix} + \begin{vmatrix} \delta_{jl} & \delta_{jm} \\ \delta_{ik}\delta_{kl} & \delta_{ik}\delta_{km} \end{vmatrix}$$

$$= 3 \begin{vmatrix} \delta_{il} & \delta_{im} \\ \delta_{jl} & \delta_{jm} \end{vmatrix} - \begin{vmatrix} \delta_{il} & \delta_{im} \\ \delta_{jl} & \delta_{jm} \end{vmatrix} + \begin{vmatrix} \delta_{jl} & \delta_{jm} \\ \delta_{il} & \delta_{im} \end{vmatrix}$$

$$= 3 \begin{vmatrix} \delta_{il} & \delta_{im} \\ \delta_{jl} & \delta_{jm} \end{vmatrix} - \begin{vmatrix} \delta_{il} & \delta_{im} \\ \delta_{jl} & \delta_{jm} \end{vmatrix} - \begin{vmatrix} \delta_{il} & \delta_{im} \\ \delta_{jl} & \delta_{jm} \end{vmatrix} = \begin{vmatrix} \delta_{il} & \delta_{im} \\ \delta_{jl} & \delta_{jm} \end{vmatrix} = \delta_{il}\delta_{jm} - \delta_{im}\delta_{jl}$$

となり，式 (A.30) が導出される．上記の変形に際しては，行列式の定数倍が特定の行ベクトルを定数倍した行列式に等しいこと，および行列式の行の入れ替えを行うと符号が変わることを用いて，

$$\delta_{jk} \begin{vmatrix} \delta_{il} & \delta_{im} \\ \delta_{kl} & \delta_{km} \end{vmatrix} = \begin{vmatrix} \delta_{il} & \delta_{im} \\ \delta_{jk}\delta_{kl} & \delta_{jk}\delta_{km} \end{vmatrix} \quad ; \quad \begin{vmatrix} \delta_{jl} & \delta_{jm} \\ \delta_{il} & \delta_{im} \end{vmatrix} = - \begin{vmatrix} \delta_{il} & \delta_{im} \\ \delta_{jl} & \delta_{jm} \end{vmatrix}$$

などとした．式 (A.30) を用いれば，

$$\varepsilon_{ijk}\varepsilon_{ljk} = \delta_{il}\delta_{jj} - \delta_{ij}\delta_{jl} = 3\delta_{il} - \delta_{il} = 2\delta_{il}$$

$$\varepsilon_{ijk}\varepsilon_{ijk} = 2\delta_{ii} = 6$$

のように，式 (A.31)，(A.32) は容易に導くことができる．

式 (A.30) を用いると，ベクトル 3 重積は，

$$\left[\boldsymbol{a} \times (\boldsymbol{b} \times \boldsymbol{c})\right]_i = \varepsilon_{ijk}a_j\left(\varepsilon_{klm}b_lc_m\right) = \varepsilon_{ijk}\varepsilon_{klm}a_jb_lc_m$$

$$= \left(\delta_{il}\delta_{jm} - \delta_{im}\delta_{jl}\right)a_jb_lc_m = \delta_{il}\delta_{jm}a_jb_lc_m - \delta_{im}\delta_{jl}a_jb_lc_m$$

$$= \delta_{il}b_l\delta_{jm}a_jc_m - \delta_{im}c_m\delta_{jl}a_jb_l = b_ia_jc_j - c_ia_jb_j$$

$$= b_i(\boldsymbol{a} \cdot \boldsymbol{c}) - c_i(\boldsymbol{a} \cdot \boldsymbol{b}) = \left[\boldsymbol{b}(\boldsymbol{a} \cdot \boldsymbol{c}) - \boldsymbol{c}(\boldsymbol{a} \cdot \boldsymbol{b})\right]_i$$

と書けて，よく知られた bac-cab（バックキャブ）公式

$$\boldsymbol{a} \times (\boldsymbol{b} \times \boldsymbol{c}) = \boldsymbol{b}(\boldsymbol{a} \cdot \boldsymbol{c}) - \boldsymbol{c}(\boldsymbol{a} \cdot \boldsymbol{b}) \tag{A.40}$$

が導かれる．一方，スカラー 3 重積については，

$$\boldsymbol{a} \cdot (\boldsymbol{b} \times \boldsymbol{c}) = a_i\left(\varepsilon_{ijk}b_jc_k\right) = \varepsilon_{ijk}a_ib_jc_k$$

と書けるから，式 (A.26) に注意して ε の添え字を並べ替えると，

$$\varepsilon_{ijk}a_ib_jc_k = \varepsilon_{jki}b_ja_ic_k = b_j\left(\varepsilon_{jki}c_ka_i\right) = \boldsymbol{b} \cdot (\boldsymbol{c} \times \boldsymbol{a})$$

$$\varepsilon_{ijk}a_ib_jc_k = \varepsilon_{kij}c_ka_ib_j = c_k\left(\varepsilon_{kij}a_ib_j\right) = \boldsymbol{c} \cdot (\boldsymbol{a} \times \boldsymbol{b})$$

であり，

$$\boldsymbol{a} \cdot (\boldsymbol{b} \times \boldsymbol{c}) = \boldsymbol{b} \cdot (\boldsymbol{c} \times \boldsymbol{a}) = \boldsymbol{c} \cdot (\boldsymbol{a} \times \boldsymbol{b}) \tag{A.41}$$

の関係が導出される．

(7)　テンソルの縮約

テンソル $\boldsymbol{A}$ とベクトル $\boldsymbol{b}$ の積（内積）は，

$$\boldsymbol{A}\cdot\boldsymbol{b}=A_{ij}b_j\boldsymbol{e}_i \tag{A.42}$$

$$\because \boldsymbol{A}\cdot\boldsymbol{b}=A_{ij}\left(\boldsymbol{e}_i\otimes\boldsymbol{e}_j\right)\cdot b_k\boldsymbol{e}_k=A_{ij}b_k\left(\boldsymbol{e}_i\otimes\boldsymbol{e}_j\right)\cdot\boldsymbol{e}_k$$
$$=A_{ij}b_k\delta_{jk}\boldsymbol{e}_i=A_{ij}b_j\boldsymbol{e}_i$$

となる．つまり，2階のテンソルとベクトル（1階のテンソル）の積はベクトル（1階のテンソル）である．演算に伴って階数は，$2\to1(=2+1-2)$ となっており，dot 1個が階数2減に対応している．これは，内積が二つのテンソルの指標（添え字）の一つを同じにする（その指標で和をとる）操作であることによるが，この操作を縮約という．2階のテンソル $\boldsymbol{A}$，$\boldsymbol{B}$ の内積は，

$$\boldsymbol{A}\cdot\boldsymbol{B}=A_{ik}B_{kj}\boldsymbol{e}_i\otimes\boldsymbol{e}_j \tag{A.43}$$

$$\because \boldsymbol{A}\cdot\boldsymbol{B}=A_{ij}\left(\boldsymbol{e}_i\otimes\boldsymbol{e}_j\right)\cdot B_{kl}\left(\boldsymbol{e}_k\otimes\boldsymbol{e}_l\right)=A_{ij}B_{kl}\left(\boldsymbol{e}_i\otimes\boldsymbol{e}_j\right)\cdot\left(\boldsymbol{e}_k\otimes\boldsymbol{e}_l\right)$$
$$=A_{ij}B_{kl}\delta_{jk}\boldsymbol{e}_i\otimes\boldsymbol{e}_l=A_{ij}B_{jl}\boldsymbol{e}_i\otimes\boldsymbol{e}_l=A_{ik}B_{kj}\boldsymbol{e}_i\otimes\boldsymbol{e}_j$$

であり，階数は $2\to2(=2+2-2)$ であり，やはり dot 1個が階数2減に対応している．なお，行列表記との対応から dot を略して，

$$\boldsymbol{A}\cdot\boldsymbol{b}\to\boldsymbol{A}\boldsymbol{b} \quad ; \quad \boldsymbol{A}\cdot\boldsymbol{B}\to\boldsymbol{A}\boldsymbol{B}$$

と表示されることもある．

2階のテンソルは行列表記すれば具体的に捉えやすい．行列 $\boldsymbol{A}$ の指標表記 A_{ij} は，行列 A の i 行 j 列成分を表し，正方行列 $\boldsymbol{A}$，$\boldsymbol{B}$ の積の指標表記（すなわち $\boldsymbol{A}$, $\boldsymbol{B}$ の積の i 行 j 列成分）は

$$(AB)_{ij}=A_{ik}B_{kj} \tag{A.44}$$

と表される．行列の積の順序は交換できず，

$$\boldsymbol{A}\boldsymbol{B}\neq\boldsymbol{B}\boldsymbol{A}$$

であるが，指標表記は行列の個々の成分の積を表しているので，順序を交換してもかまわない．

$$A_{ik}B_{kj}=B_{kj}A_{ik} \tag{A.45}$$

ただし，添え字の順序は自由に変更することはできない．

ベクトルとテンソル，テンソルとテンソルの積に関してシンボリック表記と指標表記でまとめると，次のようになる．

$$\boldsymbol{c}=\boldsymbol{A}\cdot\boldsymbol{b} \quad (\boldsymbol{c}=\boldsymbol{A}\boldsymbol{b}) \quad ; \quad c_i=A_{ij}b_j$$
$$\boldsymbol{C}=\boldsymbol{A}\cdot\boldsymbol{B} \quad (\boldsymbol{C}=\boldsymbol{A}\boldsymbol{B}) \quad ; \quad C_{ij}=A_{ik}B_{kj} \tag{A.46}$$

テンソル積とベクトルあるいは二つのテンソル積の内積では，隣り合う二つの（基底）ベクトルについて内積をとり，この部分が縮約する．

$$\left.\begin{array}{l}(\boldsymbol{a}\otimes\boldsymbol{b})\cdot\boldsymbol{c}=(\boldsymbol{b}\cdot\boldsymbol{c})\boldsymbol{a}\\[4pt](\boldsymbol{a}\otimes\boldsymbol{b})\cdot(\boldsymbol{c}\otimes\boldsymbol{d})=(\boldsymbol{b}\cdot\boldsymbol{c})(\boldsymbol{a}\otimes\boldsymbol{d})\\[4pt](\boldsymbol{a}\otimes\boldsymbol{b}\otimes\boldsymbol{c})\cdot(\boldsymbol{d}\otimes\boldsymbol{e}\otimes\boldsymbol{f})=(\boldsymbol{c}\cdot\boldsymbol{d})(\boldsymbol{a}\otimes\boldsymbol{b}\otimes\boldsymbol{e}\otimes\boldsymbol{f})\end{array}\right\} \tag{A.47}$$

たとえば，4階のテンソルと2階のテンソルの内積ならば，

$$\mathbb{A} \cdot \boldsymbol{B} = A_{ijkl} B_{mn} \left(\boldsymbol{e}_i \otimes \boldsymbol{e}_j \otimes \boldsymbol{e}_k \otimes \boldsymbol{e}_l \right) \cdot \left(\boldsymbol{e}_m \otimes \boldsymbol{e}_n \right)$$

$$= A_{ijkl} B_{mn} \left(\boldsymbol{e}_l \cdot \boldsymbol{e}_m \right) \left(\boldsymbol{e}_i \otimes \boldsymbol{e}_j \otimes \boldsymbol{e}_k \otimes \boldsymbol{e}_n \right)$$

$$= A_{ijkl} B_{mn} \delta_{lm} \left(\boldsymbol{e}_i \otimes \boldsymbol{e}_j \otimes \boldsymbol{e}_k \otimes \boldsymbol{e}_n \right)$$

$$= A_{ijkl} B_{ln} \left(\boldsymbol{e}_i \otimes \boldsymbol{e}_j \otimes \boldsymbol{e}_k \otimes \boldsymbol{e}_n \right)$$

となる．テンソルの累乗を求めるには内積を使う．

$$\boldsymbol{A}^2 = \boldsymbol{A} \cdot \boldsymbol{A} \quad ; \quad \boldsymbol{A}^3 = \boldsymbol{A}^2 \cdot \boldsymbol{A} = \boldsymbol{A} \cdot \boldsymbol{A} \cdot \boldsymbol{A} \quad ; \quad \dots \tag{A.48}$$

ただし，テンソルの 0 乗は恒等テンソル（単位テンソル）である．

$$\boldsymbol{A}^0 = \boldsymbol{I} \tag{A.49}$$

二つのテンソルの複内積をとれば，2 重縮約が生じる．

$$(\boldsymbol{a} \otimes \boldsymbol{b}) : (\boldsymbol{c} \otimes \boldsymbol{d}) = (\boldsymbol{a} \cdot \boldsymbol{c})(\boldsymbol{b} \cdot \boldsymbol{d}) \tag{A.50}$$

このとき内積をとるペアには規則があり，複内積記号（：）を挟んで並ぶ四つのベクトルについて，左と左，右と右の内積をとる．

2 階のテンソルの複内積は，

$$\boldsymbol{A} : \boldsymbol{B} = A_{ij} B_{ij} \tag{A.51}$$

$$\because \boldsymbol{A} : \boldsymbol{B} = A_{ij} \left(\boldsymbol{e}_i \otimes \boldsymbol{e}_j \right) : B_{kl} \left(\boldsymbol{e}_k \otimes \boldsymbol{e}_l \right) = A_{ij} B_{kl} \left(\boldsymbol{e}_i \otimes \boldsymbol{e}_j \right) : \left(\boldsymbol{e}_k \otimes \boldsymbol{e}_l \right)$$

$$= A_{ij} B_{kl} \left(\boldsymbol{e}_i \cdot \boldsymbol{e}_k \right) \left(\boldsymbol{e}_j \cdot \boldsymbol{e}_l \right) = A_{ij} B_{kl} \delta_{ik} \delta_{jl} = A_{ij} B_{ij}$$

となる．2 階のテンソルの複内積は可換である．

$$\boldsymbol{A} : \boldsymbol{B} = \boldsymbol{B} : \boldsymbol{A} \quad \because \boldsymbol{A} : \boldsymbol{B} = A_{ij} B_{ij} = B_{ij} A_{ij} = \boldsymbol{B} : \boldsymbol{A} \tag{A.52}$$

2 階のテンソルの複内積の転置について，以下の恒等式がある．

$$\boldsymbol{A} : \boldsymbol{B}^T = \boldsymbol{A}^T : \boldsymbol{B} \quad \because \boldsymbol{A} : \boldsymbol{B}^T = A_{ij} B_{ji} = A_{ji} B_{ij} = \boldsymbol{A}^T : \boldsymbol{B} \tag{A.53}$$

$$\left(\boldsymbol{A} \cdot \boldsymbol{B}^T \right) : \boldsymbol{I} = \left(\boldsymbol{B} \cdot \boldsymbol{A}^T \right) : \boldsymbol{I} = \boldsymbol{A} : \boldsymbol{B} \tag{A.54}$$

$$\because \left(\boldsymbol{A} \cdot \boldsymbol{B}^T \right) : \boldsymbol{I} = A_{ij} B_{lk} \delta_{mn} \left\{ \left(\boldsymbol{e}_i \otimes \boldsymbol{e}_j \right) \cdot \left(\boldsymbol{e}_k \otimes \boldsymbol{e}_l \right) \right\} : \left(\boldsymbol{e}_m \otimes \boldsymbol{e}_n \right)$$

$$= A_{ij} B_{lk} \delta_{mn} \delta_{jk} \left(\boldsymbol{e}_i \otimes \boldsymbol{e}_l \right) : \left(\boldsymbol{e}_m \otimes \boldsymbol{e}_n \right) = A_{ij} B_{lk} \delta_{mn} \delta_{jk} \delta_{im} \delta_{ln}$$

$$= A_{ij} B_{lk} \left(\delta_{mn} \delta_{im} \delta_{ln} \right) \delta_{jk} = A_{ij} B_{lk} \delta_{il} \delta_{jk} = A_{ij} B_{ij} = \boldsymbol{A} : \boldsymbol{B}$$

また，2 階のテンソル $\boldsymbol{A}, \boldsymbol{B}, \boldsymbol{C}$ について，

$$(\boldsymbol{A} \otimes \boldsymbol{B}) : \boldsymbol{C} = \boldsymbol{A}(\boldsymbol{B} : \boldsymbol{C}) = (\boldsymbol{B} : \boldsymbol{C}) \boldsymbol{A} \tag{A.55}$$

$$(\boldsymbol{A} \otimes \boldsymbol{B}) : (\boldsymbol{C} \otimes \boldsymbol{D}) = (\boldsymbol{B} : \boldsymbol{C})(\boldsymbol{A} \otimes \boldsymbol{D}) \tag{A.56}$$

が成り立つ．

A.2　2 階のテンソルの特記事項

流体力学で頻繁に登場する 2 階のテンソルに関して，重要事項を整理しておく．

(1)　転　置
2 階のテンソル $\boldsymbol{A}$ の転置 $\boldsymbol{A}^T$ は，

$$A = A_{ij} \boldsymbol{e}_i \otimes \boldsymbol{e}_j \ \text{のとき} \quad A^T = A_{ji} \boldsymbol{e}_i \otimes \boldsymbol{e}_j \tag{A.57}$$

と記述される．行列表示すると，

$$\boldsymbol{A} = \begin{pmatrix} A_{11} & A_{12} & A_{13} \\ A_{21} & A_{22} & A_{23} \\ A_{31} & A_{32} & A_{33} \end{pmatrix} \ ; \quad \boldsymbol{A}^T = \begin{pmatrix} A_{11} & A_{21} & A_{31} \\ A_{12} & A_{22} & A_{32} \\ A_{13} & A_{23} & A_{33} \end{pmatrix} \tag{A.58}$$

となる．

転置に関する主要な公式は，以下のとおりである．

$$\left(\boldsymbol{A}^T \right)^T = \boldsymbol{A} \tag{A.59}$$

$$(\boldsymbol{a} \otimes \boldsymbol{b})^T = \boldsymbol{b} \otimes \boldsymbol{a} \tag{A.60}$$

$$\because (\boldsymbol{a} \otimes \boldsymbol{b})^T = (a_i b_j \boldsymbol{e}_i \otimes \boldsymbol{e}_j)^T = a_j b_i \boldsymbol{e}_i \otimes \boldsymbol{e}_j = \boldsymbol{b} \otimes \boldsymbol{a}$$

$$\boldsymbol{A} \cdot \boldsymbol{b} = \left(\boldsymbol{b}^T \cdot \boldsymbol{A}^T \right)^T \tag{A.61}$$

$$\because \boldsymbol{A} \cdot \boldsymbol{b} = A_{ij} b_k (\boldsymbol{e}_i \otimes \boldsymbol{e}_j) \cdot \boldsymbol{e}_k = A_{ij} b_k \delta_{jk} \boldsymbol{e}_i$$

$$= A_{ij} b_j \boldsymbol{e}_i = A_{ji} b_i \boldsymbol{e}_j = \left(\boldsymbol{b}^T \cdot \boldsymbol{A}^T \right)^T$$

$$(\boldsymbol{A} \cdot \boldsymbol{B})^T = \boldsymbol{B}^T \cdot \boldsymbol{A}^T \tag{A.62}$$

$$\because (\boldsymbol{A} \cdot \boldsymbol{B})^T = \left(A_{ik} B_{kj} \, \boldsymbol{e}_i \otimes \boldsymbol{e}_j \right)^T = B_{jk} A_{ki} \boldsymbol{e}_i \otimes \boldsymbol{e}_j$$

$$= B_{jk} A_{li} \delta_{kl} \, \boldsymbol{e}_i \otimes \boldsymbol{e}_j = B_{jk} \, A_{li} (\boldsymbol{e}_i \otimes \boldsymbol{e}_l) \cdot (\boldsymbol{e}_k \otimes \boldsymbol{e}_j)$$

$$= \left(B_{jk} \boldsymbol{e}_k \otimes \boldsymbol{e}_j \right) \cdot (A_{li} \boldsymbol{e}_i \otimes \boldsymbol{e}_l) = \boldsymbol{B}^T \cdot \boldsymbol{A}^T$$

$$\boldsymbol{A} : \boldsymbol{B} = \boldsymbol{B}^T : \boldsymbol{A}^T \tag{A.63}$$

$$\because \boldsymbol{B}^T : \boldsymbol{A}^T = B_{ji} A_{lk} (\boldsymbol{e}_i \otimes \boldsymbol{e}_j) : (\boldsymbol{e}_k \otimes \boldsymbol{e}_l)$$

$$= B_{ji} A_{lk} \delta_{ik} \delta_{jl} = B_{ji} A_{ji} = \boldsymbol{A} : \boldsymbol{B}$$

(2)　トレース

2階のテンソル $\boldsymbol{A}$ のトレース（対角和，跡）は，指標表記では，

$$\text{tr} \, \boldsymbol{A} = A_{ii} \tag{A.64}$$

シンボリック表記では，

$$\text{tr} \, \boldsymbol{A} = \boldsymbol{A} : \boldsymbol{I} \tag{A.65}$$

である．ベクトル $\boldsymbol{a}, \boldsymbol{b}$ のテンソル積のトレースは，

$$\text{tr}(\boldsymbol{a} \otimes \boldsymbol{b}) = \boldsymbol{a} \cdot \boldsymbol{b} \quad \because \text{tr}(\boldsymbol{a} \otimes \boldsymbol{b}) = \text{tr}(a_i b_j \boldsymbol{e}_i \otimes \boldsymbol{e}_j) = a_i b_i = \boldsymbol{a} \cdot \boldsymbol{b} \tag{A.66}$$

となる．テンソルの累乗のトレースあるいはテンソルのトレースの累乗を指標表記すると，

$$\left. \begin{aligned} \text{tr} \, \boldsymbol{A}^2 = A_{ij} A_{ji} \quad \because \text{tr} \, \boldsymbol{A}^2 = \text{tr}(\boldsymbol{A} \cdot \boldsymbol{A}) = \text{tr}(A_{ij} A_{jk} \boldsymbol{e}_i \otimes \boldsymbol{e}_k) = A_{ij} A_{ji} \\ \text{tr} \, \boldsymbol{A}^3 = A_{ij} A_{jk} A_{ki} \quad \because \text{tr} \, \boldsymbol{A}^3 = \text{tr}(A_{ij} A_{jk} A_{kl} \boldsymbol{e}_i \otimes \boldsymbol{e}_l) = A_{ij} A_{jk} A_{ki} \end{aligned} \right\} \tag{A.67}$$

$$\left. \begin{aligned} (\text{tr} \, \boldsymbol{A})^2 = A_{ii} A_{jj} \quad \because (\text{tr} \, \boldsymbol{A})^2 = (A_{11} + A_{22} + A_{33})^2 = A_{ii} A_{jj} \\ (\text{tr} \, \boldsymbol{A})^3 = A_{ii} A_{jj} A_{kk} \end{aligned} \right\} \tag{A.68}$$

となる．転置はトレースに影響しないので，

$$\mathrm{tr}\,\boldsymbol{A}^T = \mathrm{tr}\,\boldsymbol{A} \tag{A.69}$$

である．テンソルの内積のトレースについて，

$$\mathrm{tr}(\boldsymbol{A}\cdot\boldsymbol{B}) = \mathrm{tr}(\boldsymbol{B}\cdot\boldsymbol{A}) \tag{A.70}$$

$$\because \mathrm{tr}(\boldsymbol{A}\cdot\boldsymbol{B}) = \mathrm{tr}(A_{ik}B_{kj}\,\boldsymbol{e}_i\otimes\boldsymbol{e}_j) = A_{ik}B_{ki} = B_{ki}A_{ik} = \mathrm{tr}(\boldsymbol{B}\cdot\boldsymbol{A})$$

が，テンソルの複内積とテンソルの内積のトレースについて，

$$\boldsymbol{A}:\boldsymbol{B} = \mathrm{tr}(\boldsymbol{A}^T\cdot\boldsymbol{B}) = \mathrm{tr}(\boldsymbol{A}\cdot\boldsymbol{B}^T) \tag{A.71}$$

$$\because \mathrm{tr}(\boldsymbol{A}^T\cdot\boldsymbol{B}) = \mathrm{tr}(A_{ji}B_{jk}\boldsymbol{e}_i\otimes\boldsymbol{e}_k) = A_{ji}B_{ji} = \boldsymbol{A}:\boldsymbol{B}$$

が成り立つ．

(3) 行列式

2階のテンソル $\boldsymbol{A}$ の行列式は，

$$|\boldsymbol{A}| = \begin{vmatrix} A_{11} & A_{12} & A_{13} \\ A_{21} & A_{22} & A_{23} \\ A_{31} & A_{32} & A_{33} \end{vmatrix} = \varepsilon_{ijk}A_{i1}A_{j2}A_{k3} \tag{A.72}$$

あるいは，

$$|\boldsymbol{A}| = \frac{1}{6}\varepsilon_{ijk}\varepsilon_{lmn}A_{il}A_{jm}A_{kn} \tag{A.73}$$

$$\because \varepsilon_{ijk}A_{i1}A_{j2}A_{k3} = \varepsilon_{ijk}A_{il}A_{jm}A_{kn}\delta_{l1}\delta_{m2}\delta_{n3}$$

$$= \varepsilon_{ijk}A_{il}A_{jm}A_{kn}\frac{\varepsilon_{lmn}\varepsilon_{lmn}}{6}\delta_{l1}\delta_{m2}\delta_{n3}$$

$$= \frac{1}{6}\varepsilon_{ijk}\varepsilon_{lmn}A_{il}A_{jm}A_{kn}(\varepsilon_{lmn}\delta_{l1}\delta_{m2}\delta_{n3}) = \frac{1}{6}\varepsilon_{ijk}\varepsilon_{lmn}A_{il}A_{jm}A_{kn}$$

$$(\because \varepsilon_{lmn}\varepsilon_{lmn} = 6, \quad \varepsilon_{lmn}\delta_{l1}\delta_{m2}\delta_{n3} = \varepsilon_{123} = 1)$$

と指標表記される．

二つのテンソルの内積の行列式は，個々のテンソルの行列式の積と等しい．すなわち，

$$|\boldsymbol{A}\cdot\boldsymbol{B}| = |\boldsymbol{A}||\boldsymbol{B}| \tag{A.74}$$

$$\because |\boldsymbol{A}\cdot\boldsymbol{B}| = \varepsilon_{ijk}A_{il}B_{l1}A_{jm}B_{m2}A_{kn}B_{n3}$$

$$= \frac{1}{6}\varepsilon_{ijk}\varepsilon_{lmn}A_{il}A_{jm}A_{kn}\varepsilon_{lmn}B_{l1}B_{m2}B_{n3} = |\boldsymbol{A}||\boldsymbol{B}|$$

である．また，式 (A.73) から明らかなように，転置テンソルの行列式はもとのテンソルの行列式と等しい．

$$|\boldsymbol{A}^T| = |\boldsymbol{A}| \tag{A.75}$$

さらに，テンソルの行列式に関して以下の関係式がある．式 (A.72) あるいは式 (A.73) から明らかなように，

$$|\alpha\boldsymbol{A}| = \alpha^3|\boldsymbol{A}| \tag{A.76}$$

である．また，テンソル積の行列式は常にゼロである．

$$|\boldsymbol{a} \otimes \boldsymbol{b}| = \varepsilon_{ijk} a_i b_1 a_j b_2 a_k b_3 = b_1 b_2 b_3 \varepsilon_{ijk} a_i a_j a_k = 0 \tag{A.77}$$

$$\therefore \varepsilon_{ijk} a_i a_j a_k = \varepsilon_{jik} a_j a_i a_k \quad (\because i \leftrightarrow j)$$

$$= \varepsilon_{jik} a_i a_j a_k \quad (\because a_j a_i = a_i a_j)$$

$$= -\varepsilon_{ijk} a_i a_j a_k \quad (\because \varepsilon_{jik} = -\varepsilon_{ijk})$$

$$\rightarrow \quad \varepsilon_{ijk} a_i a_j a_k = 0$$

(4)　逆テンソル

2 階のテンソル $\boldsymbol{A}$ の逆テンソル $\boldsymbol{A}^{-1}$ は，

$$\boldsymbol{A} \cdot \boldsymbol{A}^{-1} = \boldsymbol{A}^{-1} \cdot \boldsymbol{A} = \boldsymbol{I} \quad ; \quad A_{ik} A_{kj}^{-1} = \delta_{ij} \tag{A.78}$$

を満たす．逆テンソルが存在するには，

$$|\boldsymbol{A}| \neq 0 \tag{A.79}$$

でなければならない．逆テンソルについて，以下の関係式が成立する．

$$\left(\boldsymbol{A}^{-1}\right)^{-1} = \boldsymbol{A} \tag{A.80}$$

$$(\boldsymbol{A} \cdot \boldsymbol{B})^{-1} = \boldsymbol{B}^{-1} \cdot \boldsymbol{A}^{-1} \tag{A.81}$$

また，逆テンソルをとることと転置とは可換であり，以下のように一括して表記されることがある．

$$\boldsymbol{A}^{-T} = \left(\boldsymbol{A}^{-1}\right)^T = \left(\boldsymbol{A}^T\right)^{-1} \tag{A.82}$$

(5)　対称テンソル・反対称テンソル

2 階のテンソル $\boldsymbol{A}$ が

$$\boldsymbol{A}^T = \boldsymbol{A} \quad ; \quad A_{ji} = A_{ij} \tag{A.83}$$

を満たすとき，対称テンソルといい，

$$-\boldsymbol{A}^T = \boldsymbol{A} \quad ; \quad -A_{ji} = A_{ij} \tag{A.84}$$

を満たすとき，反対称テンソルあるいは交代テンソルという．

すべてのテンソル $\boldsymbol{A}$ は，対称テンソル $\boldsymbol{A}^S$ と反対称テンソル $\boldsymbol{A}^A$ に分解できる．

$$\begin{aligned} \boldsymbol{A} &= \boldsymbol{A}^S + \boldsymbol{A}^A \quad ; \quad A_{ij} = A_{ij}^S + A_{ij}^A \\ \boldsymbol{A}^S &= \frac{1}{2}\left(\boldsymbol{A} + \boldsymbol{A}^T\right) \quad ; \quad A_{ij}^S = \frac{1}{2}\left(A_{ij} + A_{ji}\right) \\ \boldsymbol{A}^A &= \frac{1}{2}\left(\boldsymbol{A} - \boldsymbol{A}^T\right) \quad ; \quad A_{ij}^A = \frac{1}{2}\left(A_{ij} - A_{ji}\right) \end{aligned} \tag{A.85}$$

上記に関して，確かに，

$$\left(\boldsymbol{A}^S\right)^T = \boldsymbol{A}^S \quad ; \quad -\left(\boldsymbol{A}^A\right)^T = \boldsymbol{A}^A \tag{A.86}$$

である．対称テンソル・反対称テンソルを行列表示すると，

$$\boldsymbol{A}^S = \begin{pmatrix} A^S_{11} & A^S_{12} & A^S_{13} \\ A^S_{12} & A^S_{22} & A^S_{23} \\ A^S_{13} & A^S_{23} & A^S_{33} \end{pmatrix} \;;\; \boldsymbol{A}^A = \begin{pmatrix} 0 & A^A_{12} & A^A_{13} \\ -A^A_{12} & 0 & A^A_{23} \\ -A^A_{13} & -A^A_{23} & 0 \end{pmatrix} \tag{A.87}$$

となる.

　定義から明らかなように，対称テンソル・反対称テンソルについて，以下の関係式がある.

$$\boldsymbol{A}^S : \boldsymbol{B} = \boldsymbol{A}^S : \boldsymbol{B}^T = \boldsymbol{A}^S : \frac{1}{2}\left(\boldsymbol{B} + \boldsymbol{B}^T\right) \tag{A.88}$$

$$\boldsymbol{A}^A : \boldsymbol{B} = -\boldsymbol{A}^A : \boldsymbol{B}^T \tag{A.89}$$

また，対称テンソルと反対称テンソルの複内積はゼロである.

$$\boldsymbol{A}^S : \boldsymbol{A}^A = 0 \tag{A.90}$$

$$\because \boldsymbol{A}^S : \boldsymbol{A}^A = A^S_{ij} A^A_{ij} = A^S_{ji} A^A_{ji} = A^S_{ij}\left(-A^A_{ij}\right)$$

$$\rightarrow \quad A^S_{ij} A^A_{ij} = -A^S_{ij} A^A_{ij} \quad \rightarrow \quad A^S_{ij} A^A_{ij} = 0$$

対称テンソルと反対称テンソルの内積のトレースもゼロである.

$$\mathrm{tr}\left(\boldsymbol{A}^S \cdot \boldsymbol{A}^A\right) = 0 \tag{A.91}$$

$$\because \mathrm{tr}\left(\boldsymbol{A}^S \cdot \boldsymbol{A}^A\right) = \mathrm{tr}\left(A^S_{ik} A^A_{kj} \boldsymbol{e}_i \otimes \boldsymbol{e}_j\right) = A^S_{ik} A^A_{ki} = -A^S_{ik} A^A_{ik} = -\boldsymbol{A}^S : \boldsymbol{A}^A = 0$$

反対称テンソルの行列式はゼロである.

$$\left|\boldsymbol{A}^A\right| = 0 \tag{A.92}$$

$$\because \left|\boldsymbol{A}^A\right| = \left|\left(\boldsymbol{A}^A\right)^T\right| = \left|-\boldsymbol{A}^A\right| = (-1)^3 \left|\boldsymbol{A}^A\right| \quad \rightarrow \quad \left|\boldsymbol{A}^A\right| = 0$$

(6)　テンソル不変量

　2階のテンソル $\boldsymbol{A}$ について，

$$\boldsymbol{A} \cdot \boldsymbol{b} = \lambda \boldsymbol{b} \;\; \text{or} \;\; A_{ij} b_k \left(\boldsymbol{e}_i \otimes \boldsymbol{e}_j\right) \cdot \boldsymbol{e}_k = \lambda b_i \boldsymbol{e}_i \tag{A.93}$$

を満たすベクトル $\boldsymbol{b}$ を固有ベクトル，λ を固有値という．ベクトル $\boldsymbol{b}$ の項を移項して，

$$\left(\boldsymbol{A} - \lambda \boldsymbol{I}\right) \cdot \boldsymbol{b} = \boldsymbol{0} \;\; \text{or} \;\; \left(A_{ij} - \lambda \delta_{ij}\right) b_j = 0 \tag{A.94}$$

だから，$\boldsymbol{b} = \boldsymbol{0}$ 以外の解が存在するための必要十分条件は，

$$\left|\boldsymbol{A} - \lambda \boldsymbol{I}\right| = 0$$

$$\text{or} \;\; \left|\left(A_{ij} - \lambda \delta_{ij}\right) \boldsymbol{e}_i \otimes \boldsymbol{e}_j\right| = \begin{vmatrix} A_{11} - \lambda & A_{12} & A_{13} \\ A_{21} & A_{22} - \lambda & A_{23} \\ A_{31} & A_{32} & A_{33} - \lambda \end{vmatrix} = 0 \tag{A.95}$$

である．この式を固有方程式あるいは特性方程式といい，左辺を固有多項式あるいは特性多項式という.

　行列式を展開して整理すると，

$$\lambda^3 - I_A \lambda^2 + II_A \lambda - III_A = 0 \tag{A.96}$$

$$
\left.
\begin{aligned}
I_A &= \operatorname{tr} \boldsymbol{A} = A_{ii} \\
II_A &= \frac{1}{2}\left\{(\operatorname{tr} \boldsymbol{A})^2 - \operatorname{tr} \boldsymbol{A}^2\right\} = \frac{1}{2}\left(A_{ii}A_{jj} - A_{ij}A_{ji}\right) \\
III_A &= |\boldsymbol{A}| = \varepsilon_{ijk}A_{i1}A_{j2}A_{k3}
\end{aligned}
\right\}
\tag{A.97}
$$

と書ける．式中の I_A, II_A, III_A は座標系に依存しない量であり，それぞれ第1，第2，第3不変量，三つをまとめて主不変量という．2階のテンソルの固有方程式 (A.96) は3実根をもつ．3実根を λ_1, λ_2, λ_3 とすれば，

$$
(\lambda - \lambda_1)(\lambda - \lambda_2)(\lambda - \lambda_3) = 0
\tag{A.98}
$$

だから，主不変量は3実根を用いて，

$$
\left.
\begin{aligned}
I_A &= \lambda_1 + \lambda_2 + \lambda_3 \\
II_A &= \lambda_1\lambda_2 + \lambda_2\lambda_3 + \lambda_3\lambda_1 \\
III_A &= \lambda_1\lambda_2\lambda_3
\end{aligned}
\right\}
\tag{A.99}
$$

と書ける．

テンソル $\boldsymbol{A}$ は，自身の固有方程式を満足する．すなわち，

$$
\boldsymbol{A}^3 - I_A\boldsymbol{A}^2 + II_A\boldsymbol{A} - III_A\boldsymbol{I} = \boldsymbol{0}
\tag{A.100}
$$

である．これを，Cayley–Hamilton（ケーリー–ハミルトン）の定理という．式 (A.93) を繰り返し用いると，

$$
\boldsymbol{A}^n \cdot \boldsymbol{b} = \lambda^n \boldsymbol{b}
\tag{A.101}
$$

である．式 (A.96) に $\boldsymbol{b}$ を乗じると，

$$
\lambda^3\boldsymbol{b} - I_A\lambda^2\boldsymbol{b} + II_A\lambda\boldsymbol{b} - III_A\boldsymbol{b} = \boldsymbol{0}
$$

となり，

$$
\left(\boldsymbol{A}^3 - I_A\boldsymbol{A}^2 + II_A\boldsymbol{A} - III_A\boldsymbol{I}\right) \cdot \boldsymbol{b} = \boldsymbol{0}
$$

だから，任意のベクトル $\boldsymbol{b}$ についてこの式が成立するには，式 (A.100) の成立が必要となる．式 (A.100) と2階の恒等テンソルの複内積をとると，

$$
\boldsymbol{A}^3 : \boldsymbol{I} - I_A\boldsymbol{A}^2 : \boldsymbol{I} + II_A\boldsymbol{A} : \boldsymbol{I} - III_A\boldsymbol{I} : \boldsymbol{I} = 0
$$
$$
\rightarrow \quad \operatorname{tr}\boldsymbol{A}^3 - I_A\operatorname{tr}\boldsymbol{A}^2 + II_A\operatorname{tr}\boldsymbol{A} - 3III_A = 0
$$

となる．これを整理して，式 (A.97) を用いて I_A, II_A を消去すると，III_A の表式

$$
III_A = \frac{1}{3}\left\{\operatorname{tr}\boldsymbol{A}^3 - \frac{3}{2}\operatorname{tr}\boldsymbol{A}\operatorname{tr}\boldsymbol{A}^2 + \frac{1}{2}(\operatorname{tr}\boldsymbol{A})^3\right\}
\tag{A.102}
$$

が得られる．

A.3 ベクトルの空間微分公式

流体力学では，勾配・発散・回転の3種のベクトル微分演算に基づくベクトルの空間微分演算が頻繁に使われるが，使用頻度の高いものは微分演算公式として整理し，その都度導出に言及せずに使うのが便利である．以下に，主要なベクトルの空間微分演算公式と指標表記

を用いた諸公式の導出について整理する.

(1)　勾配・発散・回転

∇ 演算子は，指標表記で，

$$\nabla = \boldsymbol{e}_i \frac{\partial}{\partial x_i} \tag{A.103}$$

と記述されるが，冗長な表現を避けるため，基底ベクトルを省略して，

$$\partial_i \equiv \frac{\partial}{\partial x_i} \tag{A.104}$$

と書くことも多い. この表式を用いると，勾配，発散，回転の各演算は，

$$\operatorname{grad}\phi = \nabla\phi = \boldsymbol{e}_i \frac{\partial \phi}{\partial x_i} = \boldsymbol{e}_i\, \partial_i \phi \tag{A.105}$$

$$\operatorname{div}\boldsymbol{u} = \nabla\cdot\boldsymbol{u} = \frac{\partial u_i}{\partial x_i} = \partial_i u_i \tag{A.106}$$

$$\operatorname{rot}\boldsymbol{u} = \nabla\times\boldsymbol{u} = \varepsilon_{ijk}\boldsymbol{e}_i \frac{\partial u_k}{\partial x_j} = \varepsilon_{ijk}\boldsymbol{e}_i\, \partial_j u_k \tag{A.107}$$

と表される.

(2)　1 階の空間微分公式

1 階の空間微分公式には，以下のものがある. 以下では，ϕ はスカラー関数，$\boldsymbol{u},\ \boldsymbol{v}$ はベクトルとする.

$$\nabla\cdot(\phi\boldsymbol{u}) = \nabla\phi\cdot\boldsymbol{u} + \phi\nabla\cdot\boldsymbol{u}$$
$$\text{or}\ \operatorname{div}(\phi\boldsymbol{u}) = \operatorname{grad}\phi\cdot\boldsymbol{u} + \phi\operatorname{div}\boldsymbol{u} \tag{A.108}$$

$$\nabla\times(\phi\boldsymbol{u}) = \nabla\phi\times\boldsymbol{u} + \phi\nabla\times\boldsymbol{u}$$
$$\text{or}\ \operatorname{rot}(\phi\boldsymbol{u}) = \operatorname{grad}\phi\times\boldsymbol{u} + \phi\operatorname{rot}\boldsymbol{u} \tag{A.109}$$

$$\nabla\cdot(\boldsymbol{u}\times\boldsymbol{v}) = \boldsymbol{v}\cdot(\nabla\times\boldsymbol{u}) - \boldsymbol{u}\cdot(\nabla\times\boldsymbol{v})$$
$$\text{or}\ \operatorname{div}(\boldsymbol{u}\times\boldsymbol{v}) = \boldsymbol{v}\cdot\operatorname{rot}\boldsymbol{u} - \boldsymbol{u}\cdot\operatorname{rot}\boldsymbol{v} \tag{A.110}$$

$$\nabla\times(\boldsymbol{u}\times\boldsymbol{v}) = (\boldsymbol{v}\cdot\nabla)\boldsymbol{u} - (\boldsymbol{u}\cdot\nabla)\boldsymbol{v} + \boldsymbol{u}(\nabla\cdot\boldsymbol{v}) - \boldsymbol{v}(\nabla\cdot\boldsymbol{u})$$
$$\text{or}\ \operatorname{rot}(\boldsymbol{u}\times\boldsymbol{v}) = (\boldsymbol{v}\cdot\operatorname{grad})\boldsymbol{u} - (\boldsymbol{u}\cdot\operatorname{grad})\boldsymbol{v} + \boldsymbol{u}\operatorname{div}\boldsymbol{v} - \boldsymbol{v}\operatorname{div}\boldsymbol{u} \tag{A.111}$$

$$(\boldsymbol{u}\cdot\nabla)\phi = \boldsymbol{u}\cdot(\nabla\phi)\ \text{or}\ (\boldsymbol{u}\cdot\operatorname{grad})\phi = \boldsymbol{u}\cdot(\operatorname{grad}\phi) \tag{A.112}$$

$$\nabla(\boldsymbol{u}\cdot\boldsymbol{v}) = (\boldsymbol{u}\cdot\nabla)\boldsymbol{v} + (\boldsymbol{v}\cdot\nabla)\boldsymbol{u} + \boldsymbol{u}\times(\nabla\times\boldsymbol{v}) + \boldsymbol{v}\times(\nabla\times\boldsymbol{u})$$
$$\text{or}\ \operatorname{grad}(\boldsymbol{u}\cdot\boldsymbol{v}) = (\boldsymbol{u}\cdot\operatorname{grad})\boldsymbol{v} + (\boldsymbol{v}\cdot\operatorname{grad})\boldsymbol{u} + \boldsymbol{u}\times\operatorname{rot}\boldsymbol{v} + \boldsymbol{v}\times\operatorname{rot}\boldsymbol{u} \tag{A.113}$$

$$\boldsymbol{u}\times(\nabla\times\boldsymbol{u}) = \frac{1}{2}\nabla(\boldsymbol{u}\cdot\boldsymbol{u}) - (\boldsymbol{u}\cdot\nabla)\boldsymbol{u}$$
$$\text{or}\ \boldsymbol{u}\times\operatorname{rot}\boldsymbol{u} = \frac{1}{2}\operatorname{grad}(\boldsymbol{u}\cdot\boldsymbol{u}) - (\boldsymbol{u}\cdot\operatorname{grad})\boldsymbol{u} \tag{A.114}$$

以下では，指標表記を用いた公式の導出過程について具体的に示す. まず，式 (A.108) および (A.109) について，式 (A.105), (A.106), (A.107) の勾配，発散，回転の表記を参照し

つつ指標表記すると,

$$\nabla \cdot (\phi \boldsymbol{u}) = \partial_i(\phi u_i) = (\partial_i \phi) u_i + \phi \partial_i u_i = \nabla \phi \cdot \boldsymbol{u} + \phi \nabla \cdot \boldsymbol{u}$$

$$\left[\nabla \times (\phi \boldsymbol{u})\right]_i = \varepsilon_{ijk} \partial_j(\phi u_k) = \varepsilon_{ijk}\left(\partial_j \phi\right) u_k + \phi \varepsilon_{ijk} \partial_j u_k$$

$$= \left[\nabla \phi \times \boldsymbol{u} + \phi \nabla \times \boldsymbol{u}\right]_i$$

となる.シンボリック表記から指標表記にすると,意味する内容はベクトルやテンソルそのものではなく,ベクトルやテンソルの成分となるので,個々の記号の並び順の入れ替えが自由にできる.ただし,指標表記から再びシンボリック表記に戻す際には,添え字の順序を含めて定義との対応が厳格に守られている必要がある.たとえば,上記の式の ε_{ijk} を含む項では,記号の添え字の順は j, k となっている.仮に記号の添え字の順を k, j としたいならば,Eddington のイプシロンも ε_{ikj} と変更する必要がある($\varepsilon_{ikj} = -\varepsilon_{ijk}$ に注意).

次に,式 (A.110),(A.111) について指標表記すると,

$$\nabla \cdot (\boldsymbol{u} \times \boldsymbol{v}) = \partial_i\left(\varepsilon_{ijk} u_j v_k\right) = \left(\varepsilon_{ijk} \partial_i u_j\right) v_k + \left(\varepsilon_{ijk} \partial_i v_k\right) u_j$$

$$= \left(\varepsilon_{kij} \partial_i u_j\right) v_k - \left(\varepsilon_{jik} \partial_i v_k\right) u_j = (\nabla \times \boldsymbol{u})_k \, v_k - (\nabla \times \boldsymbol{v})_j \, u_j$$

$$= \boldsymbol{v} \cdot (\nabla \times \boldsymbol{u}) - \boldsymbol{u} \cdot (\nabla \times \boldsymbol{v})$$

$$\left[\nabla \times (\boldsymbol{u} \times \boldsymbol{v})\right]_i = \varepsilon_{ijk} \partial_j(\varepsilon_{klm} u_l v_m) = \varepsilon_{ijk}\varepsilon_{lmk} \partial_j u_l v_m$$

$$= (\delta_{il}\delta_{jm} - \delta_{im}\delta_{jl})\partial_j u_l v_m$$

$$= \partial_j \delta_{il} u_l \delta_{jm} v_m - \partial_j \delta_{jl} u_l \delta_{im} v_m = \partial_j\left(u_i v_j\right) - \partial_j\left(u_j v_i\right)$$

$$= v_j \partial_j u_i + u_i \partial_j v_j - v_i \partial_j u_j - u_j \partial_j v_i$$

$$= \left(v_j \partial_j\right) u_i - \left(u_j \partial_j\right) v_i + u_i\left(\partial_j v_j\right) - v_i\left(\partial_j u_j\right)$$

$$= \left[(\boldsymbol{v} \cdot \nabla)\boldsymbol{u} - (\boldsymbol{u} \cdot \nabla)\boldsymbol{v} + \boldsymbol{u}(\nabla \cdot \boldsymbol{v}) - \boldsymbol{v}(\nabla \cdot \boldsymbol{u})\right]_i$$

となる.式 (A.112) については,指標表記を用いて簡単に成立を示すことができる.

$$(\boldsymbol{u} \cdot \nabla)\phi = (u_i \partial_i)\phi = u_i\left(\partial_i \phi\right) = \boldsymbol{u} \cdot (\nabla \phi)$$

(3) 2 階の空間微分公式

2 階の空間微分公式には,以下のものがある.

$$\operatorname{div} \operatorname{grad} \phi = \nabla \cdot \nabla \phi = \nabla^2 \phi \tag{A.115}$$

$$\operatorname{rot} \operatorname{grad} \phi = \nabla \times \nabla \phi = \boldsymbol{0} \tag{A.116}$$

$$\operatorname{div} \operatorname{rot} \boldsymbol{u} = \nabla \cdot (\nabla \times \boldsymbol{u}) = (\nabla \times \nabla) \cdot \boldsymbol{u} = 0 \tag{A.117}$$

$$\operatorname{rot} \operatorname{rot} \boldsymbol{u} = \nabla \times (\nabla \times \boldsymbol{u}) = \nabla(\nabla \cdot \boldsymbol{u}) - \nabla^2 \boldsymbol{u} = \operatorname{grad} \operatorname{div} \boldsymbol{u} - \nabla^2 \boldsymbol{u} \tag{A.118}$$

$$\operatorname{grad} \operatorname{div} \boldsymbol{u} = \nabla(\nabla \cdot \boldsymbol{u}) = \nabla \times (\nabla \times \boldsymbol{u}) + \nabla^2 \boldsymbol{u} = \operatorname{rot} \operatorname{rot} \boldsymbol{u} + \nabla^2 \boldsymbol{u} \tag{A.119}$$

以下では,指標表記を使って諸公式を導く過程を示す.まず,式 (A.115) については,

$$\operatorname{div} \operatorname{grad} \phi = \nabla \cdot \nabla \phi = \partial_i \partial_i \phi = \partial_i^2 \phi = \nabla^2 \phi$$

である.次に,式 (A.116) については,偏微分が積について可換であるから,

$$\text{rot grad}\,\phi = \nabla \times \nabla \phi = \boldsymbol{e}_i\left(\varepsilon_{ijk}\,\partial_j\partial_k\right)\phi$$

$$= \left\{\boldsymbol{e}_1\left(\partial_2\partial_3 - \partial_3\partial_2\right) + \boldsymbol{e}_2\left(\partial_3\partial_1 - \partial_1\partial_3\right) + \boldsymbol{e}_3\left(\partial_1\partial_2 - \partial_2\partial_1\right)\right\}\phi$$

$$= \boldsymbol{0}\quad\left(\because \partial_i\partial_j = \partial_j\partial_i\right)$$

となる．あるいは，多少技巧的な表記ではあるが，半分に分割して第2項を書き換えると，

$$\left[\text{rot grad}\,\phi\right]_i = \left[\nabla \times \nabla\phi\right]_i = \varepsilon_{ijk}\,\partial_j\partial_k\phi$$

$$= \frac{1}{2}\varepsilon_{ijk}\,\partial_j\partial_k\phi + \frac{1}{2}\varepsilon_{ijk}\,\partial_j\partial_k\phi$$

$$= \frac{1}{2}\varepsilon_{ijk}\,\partial_j\partial_k\phi - \frac{1}{2}\varepsilon_{ikj}\,\partial_k\partial_j\phi\quad\left(\because \partial_j\partial_k = \partial_k\partial_j,\ \varepsilon_{ikj} = -\varepsilon_{ijk}\right)$$

$$= \frac{1}{2}\varepsilon_{ijk}\,\partial_j\partial_k\phi - \frac{1}{2}\varepsilon_{ijk}\,\partial_j\partial_k\phi\quad(\because \text{exchanging } j \text{ and } k)$$

$$= 0$$

と示すこともできる．式 (A.117) については，

$$\text{div rot}\,\boldsymbol{u} = \nabla\cdot(\nabla \times \boldsymbol{u}) = \partial_i\left(\varepsilon_{ijk}\,\partial_j u_k\right) = \varepsilon_{ijk}\,\partial_i\partial_j u_k$$

$$= \left(\varepsilon_{kij}\,\partial_i\partial_j\right)u_k = (\nabla \times \nabla)\cdot\boldsymbol{u} = 0$$

あるいは，

$$\text{div rot}\,\boldsymbol{u} = \frac{1}{2}\varepsilon_{ijk}\,\partial_i\partial_j u_k + \frac{1}{2}\varepsilon_{ijk}\,\partial_i\partial_j u_k$$

$$= \frac{1}{2}\varepsilon_{ijk}\,\partial_i\partial_j u_k - \frac{1}{2}\varepsilon_{jik}\,\partial_j\partial_i u_k\quad\left(\because \partial_i\partial_j = \partial_j\partial_i,\ \varepsilon_{ijk} = -\varepsilon_{jik}\right)$$

$$= \frac{1}{2}\varepsilon_{ijk}\,\partial_i\partial_j u_k - \frac{1}{2}\varepsilon_{ijk}\,\partial_i\partial_j u_k\quad(\because \text{exchanging } i \text{ and } j)$$

$$= 0$$

である．式 (A.118) については，

$$\left[\text{rot rot}\,\boldsymbol{u}\right]_i = \left[\nabla \times (\nabla \times \boldsymbol{u})\right]_i = \varepsilon_{ijk}\,\partial_j\left(\varepsilon_{klm}\,\partial_l u_m\right) = \varepsilon_{ijk}\varepsilon_{lmk}\,\partial_j\partial_l u_m$$

$$= \left(\delta_{il}\delta_{jm} - \delta_{im}\delta_{jl}\right)\partial_j\partial_l u_m = \partial_j\delta_{il}\,\partial_l\delta_{jm}u_m - \partial_j\delta_{jl}\,\partial_l\delta_{im}u_m$$

$$= \partial_j\partial_i u_j - \partial_j\partial_j u_i = \partial_i\left(\partial_j u_j\right) - \partial_j^{\,2}u_i$$

$$= \left[\nabla(\nabla\cdot\boldsymbol{u}) - \nabla^2\boldsymbol{u}\right]_i = \left[\text{grad div}\,\boldsymbol{u} - \nabla^2\boldsymbol{u}\right]_i$$

と示すことができる．式 (A.119) は式 (A.118) からただちに導ける．

(4)　位置ベクトルの空間微分公式

位置ベクトルの空間微分は，頻繁に必要となるので，整理しておく．位置ベクトル

$$\boldsymbol{r} = \begin{pmatrix} x_1 & x_2 & x_3 \end{pmatrix}^T\ ;\quad r = |\boldsymbol{r}| = \sqrt{\boldsymbol{r}\cdot\boldsymbol{r}} = \sqrt{x_1^2 + x_2^2 + x_3^2}\tag{A.120}$$

の大きさ r の勾配は，

$$\text{grad}\,r = \nabla r = \frac{\boldsymbol{r}}{r}\tag{A.121}$$

位置ベクトル $\boldsymbol{r}$ の発散と回転は，

$$\operatorname{div} \boldsymbol{r} = \nabla \cdot \boldsymbol{r} = 3 \qquad (A.122)$$

$$\operatorname{rot} \boldsymbol{r} = \nabla \times \boldsymbol{r} = \boldsymbol{0} \qquad (A.123)$$

である.

位置ベクトルの成分の偏微分が,

$$\partial_i x_j = \frac{\partial x_j}{\partial x_i} = \delta_{ij} \qquad (A.124)$$

であることに注意すると,式 (A.121), (A.122), (A.123) は,以下のように示すことができる.

$$[\operatorname{grad} r]_i = [\nabla r]_i = \partial_i r = \frac{x_i}{r} \quad \rightarrow \quad \operatorname{grad} r = \frac{\boldsymbol{r}}{r}$$

$$\operatorname{div} \boldsymbol{r} = \nabla \cdot \boldsymbol{r} = \partial_i x_i = \delta_{ii} = 3$$

$$[\operatorname{rot} \boldsymbol{r}]_i = [\nabla \times \boldsymbol{r}]_i = \varepsilon_{ijk} \partial_j x_k = \varepsilon_{ijk} \delta_{jk} = 0$$

A.4   テンソルの微分

ここでは,テンソルの微分に関して,重要事項を整理しておく.

(1)   テンソル値関数

テンソル $\boldsymbol{A}$ がスカラー t の関数であるとき,テンソル $\boldsymbol{A}$ のスカラー t による微分は,テンソルの各成分の t による微分を成分とするテンソルである.

$$\frac{d\boldsymbol{A}}{dt} = \frac{dA_{ij}}{dt} \boldsymbol{e}_i \otimes \boldsymbol{e}_j \qquad (A.125)$$

(2)   ベクトルの勾配

ベクトル $\boldsymbol{a}$ の勾配は 2 階のテンソルであり,

$$\operatorname{grad} \boldsymbol{a} = \nabla \boldsymbol{a} \equiv \frac{\partial a_i}{\partial x_j} \boldsymbol{e}_i \otimes \boldsymbol{e}_j \qquad (A.126)$$

となる.行列表記すれば,

$$\operatorname{grad} \boldsymbol{a} = \begin{pmatrix} \dfrac{\partial a_1}{\partial x_1} & \dfrac{\partial a_1}{\partial x_2} & \dfrac{\partial a_1}{\partial x_3} \\[2mm] \dfrac{\partial a_2}{\partial x_1} & \dfrac{\partial a_2}{\partial x_2} & \dfrac{\partial a_2}{\partial x_3} \\[2mm] \dfrac{\partial a_3}{\partial x_1} & \dfrac{\partial a_3}{\partial x_2} & \dfrac{\partial a_3}{\partial x_3} \end{pmatrix} \qquad (A.127)$$

である.通常の定義に従うと,

$$\nabla \otimes \boldsymbol{a} \equiv \frac{\partial}{\partial x_i} \boldsymbol{e}_i \otimes a_j \boldsymbol{e}_j = \frac{\partial a_j}{\partial x_i} \boldsymbol{e}_i \otimes \boldsymbol{e}_j \qquad (A.128)$$

であるから,ベクトル $\boldsymbol{a}$ の勾配は,

$$\operatorname{grad} \boldsymbol{a} = (\nabla \otimes \boldsymbol{a})^T \qquad (A.129)$$

であるが,

$$\mathrm{grad}\,\boldsymbol{a} = \nabla \otimes \boldsymbol{a} \tag{A.130}$$

とするため，あえて，

$$\nabla \otimes \boldsymbol{a} \equiv \frac{\partial a_i}{\partial x_j}\boldsymbol{e}_i \otimes \boldsymbol{e}_j \tag{A.131}$$

と定義することもある．

ベクトル $\boldsymbol{a}$ の発散は，ベクトル $\boldsymbol{a}$ の勾配のトレースとしても定義できる．

$$\mathrm{div}\,\boldsymbol{a} \equiv \mathrm{tr}(\mathrm{grad}\,\boldsymbol{a}) = \mathrm{grad}\,\boldsymbol{a} : \boldsymbol{I} \tag{A.132}$$

この定義によると，

$$\mathrm{div}\,\boldsymbol{a} = \mathrm{grad}\,\boldsymbol{a} : \boldsymbol{I} = \frac{\partial a_i}{\partial x_j}\delta_{kl}\left(\boldsymbol{e}_i \otimes \boldsymbol{e}_j\right):\left(\boldsymbol{e}_k \otimes \boldsymbol{e}_l\right)$$

$$= \frac{\partial a_i}{\partial x_j}\delta_{kl}\delta_{ik}\delta_{jl} = \frac{\partial a_i}{\partial x_j}\delta_{ij} = \frac{\partial a_i}{\partial x_i} = \nabla \cdot \boldsymbol{a}$$

であるから，確かに発散の定義に一致する．

(3) テンソルの勾配と発散

2 階のテンソル $\boldsymbol{A}$ の勾配は 3 階のテンソルであり，

$$\mathrm{grad}\,\boldsymbol{A} = \nabla\boldsymbol{A} \equiv \frac{\partial A_{ij}}{\partial x_k}\boldsymbol{e}_i \otimes \boldsymbol{e}_j \otimes \boldsymbol{e}_k \tag{A.133}$$

となる．ベクトルの勾配と同様に，

$$\nabla \otimes \boldsymbol{A} \equiv \frac{\partial A_{ij}}{\partial x_k}\boldsymbol{e}_i \otimes \boldsymbol{e}_j \otimes \boldsymbol{e}_k \tag{A.134}$$

と定義すれば，

$$\mathrm{grad}\,\boldsymbol{A} = \nabla \otimes \boldsymbol{A} \tag{A.135}$$

と書ける．

2 階のテンソル $\boldsymbol{A}$ の発散は，ベクトルの場合と同様にテンソル $\boldsymbol{A}$ の勾配のトレースとして，

$$\mathrm{div}\,\boldsymbol{A} \equiv \mathrm{grad}\,\boldsymbol{A} : \boldsymbol{I} = \frac{\partial A_{ij}}{\partial x_k}\delta_{lm}\left(\boldsymbol{e}_i \otimes \boldsymbol{e}_j \otimes \boldsymbol{e}_k\right):\left(\boldsymbol{e}_l \otimes \boldsymbol{e}_m\right)$$

$$= \frac{\partial A_{ij}}{\partial x_k}\delta_{lm}\delta_{jl}\delta_{km}\boldsymbol{e}_i = \frac{\partial A_{ij}}{\partial x_k}\delta_{jk}\boldsymbol{e}_i = \frac{\partial A_{ij}}{\partial x_j}\boldsymbol{e}_i \tag{A.136}$$

と定義される．∇ との内積は，

$$\nabla \cdot \boldsymbol{A} \equiv \left(\frac{\partial}{\partial x_i}\boldsymbol{e}_i\right)\cdot\left(A_{jk}\boldsymbol{e}_j \otimes \boldsymbol{e}_k\right) = \frac{\partial A_{jk}}{\partial x_i}\delta_{ij}\boldsymbol{e}_k = \frac{\partial A_{ji}}{\partial x_j}\boldsymbol{e}_i \tag{A.137}$$

だから，一般には，

$$\mathrm{div}\,\boldsymbol{A}(\equiv \mathrm{grad}\,\boldsymbol{A} : \boldsymbol{I}) \neq \nabla \cdot \boldsymbol{A} \tag{A.138}$$

であるが，対称テンソルに関しては，

$$\mathrm{div}\,\boldsymbol{A} \equiv \mathrm{grad}\,\boldsymbol{A} : \boldsymbol{I} = \nabla \cdot \boldsymbol{A} \tag{A.139}$$

となり，ベクトル同様に，発散を 2 様に定義できる．

2 階の偏微分からなる正方行列を Hesse 行列（Hessian）といい，

$$\nabla \otimes \nabla \equiv \nabla_i \nabla_j \, \boldsymbol{e}_i \otimes \boldsymbol{e}_j = \frac{\partial^2}{\partial x_i \, \partial x_j} \boldsymbol{e}_i \otimes \boldsymbol{e}_j \tag{A.140}$$

と定義する．Hessian は多変数関数の Taylor 級数展開のベクトル表示に用いられる．

(4)　ベクトルを変数とする関数

ベクトル $\boldsymbol{b}$ を変数とするベクトル関数 $\boldsymbol{a}(\boldsymbol{b})$ のベクトル $\boldsymbol{b}$ による微分は，2 階のテンソルとして，

$$\frac{\partial \boldsymbol{a}(\boldsymbol{b})}{\partial \boldsymbol{b}} = \frac{\partial a_i}{\partial b_j} \boldsymbol{e}_i \otimes \boldsymbol{e}_j \tag{A.141}$$

と定義される．

(5)　テンソルを変数とする関数

テンソル $\boldsymbol{A}$ を変数とするスカラー関数 $\phi(\boldsymbol{A})$ のテンソル $\boldsymbol{A}$ による微分は，2 階のテンソルとして，

$$\frac{\partial \phi}{\partial \boldsymbol{A}} = \frac{\partial \phi}{\partial A_{ij}} \boldsymbol{e}_i \otimes \boldsymbol{e}_j \tag{A.142}$$

と定義される．スカラー関数 $\phi(\boldsymbol{A})$ のテンソル $\boldsymbol{A}$ による 2 階の微分は，

$$\frac{\partial^2 \phi}{\partial \boldsymbol{A} \partial \boldsymbol{A}} = \frac{\partial^2 \phi}{\partial A_{ij} \, \partial A_{kl}} \boldsymbol{e}_i \otimes \boldsymbol{e}_j \otimes \boldsymbol{e}_k \otimes \boldsymbol{e}_l \tag{A.143}$$

すなわち 4 階のテンソルである．

スカラー関数 $\phi(\boldsymbol{A})$ の時間微分は，連鎖律により，

$$\frac{d\phi}{dt} = \frac{\partial \phi}{\partial A_{ij}} \frac{dA_{ij}}{dt} \tag{A.144}$$

と書ける．これをシンボリック表記すると，

$$\frac{d\phi}{dt} = \frac{\partial \phi}{\partial \boldsymbol{A}} : \frac{d\boldsymbol{A}}{dt} = \operatorname{tr}\left\{ \left(\frac{\partial \phi}{\partial \boldsymbol{A}} \right)^T \cdot \frac{d\boldsymbol{A}}{dt} \right\} \tag{A.145}$$

となる．2 階のテンソル $\boldsymbol{A}$ のトレースをテンソル $\boldsymbol{A}$ で微分すると，2 階の恒等テンソルとなる．

$$\frac{\partial \operatorname{tr} \boldsymbol{A}}{\partial \boldsymbol{A}} = \boldsymbol{I} \tag{A.146}$$

$$\begin{aligned} \therefore \frac{\partial \operatorname{tr} \boldsymbol{A}}{\partial \boldsymbol{A}} &= \left(\frac{\partial A_{11}}{\partial A_{ij}} + \frac{\partial A_{22}}{\partial A_{ij}} + \frac{\partial A_{33}}{\partial A_{ij}} \right) \boldsymbol{e}_i \otimes \boldsymbol{e}_j \\ &= \boldsymbol{e}_1 \otimes \boldsymbol{e}_1 + \boldsymbol{e}_2 \otimes \boldsymbol{e}_2 + \boldsymbol{e}_3 \otimes \boldsymbol{e}_3 = \boldsymbol{I} \end{aligned}$$

2 階のテンソル $\boldsymbol{A}$, $\boldsymbol{B}$ の内積のトレースをテンソル $\boldsymbol{A}$ で微分すると，テンソル $\boldsymbol{B}$ の転置が得られる．

$$\frac{\partial \operatorname{tr}(\boldsymbol{A} \cdot \boldsymbol{B})}{\partial \boldsymbol{A}} = \boldsymbol{B}^T \quad \therefore \frac{\partial \operatorname{tr}(\boldsymbol{A} \cdot \boldsymbol{B})}{\partial \boldsymbol{A}} = \frac{\partial (A_{kl} B_{lk})}{\partial A_{ij}} \boldsymbol{e}_i \otimes \boldsymbol{e}_j = B_{ji} \boldsymbol{e}_i \otimes \boldsymbol{e}_j = \boldsymbol{B}^T \tag{A.147}$$

これを用いると，以下のようなトレースの微分関係が得られる．

$$\frac{\partial \operatorname{tr} \boldsymbol{A}^2}{\partial \boldsymbol{A}} = 2\boldsymbol{A}^T \quad ; \quad \frac{\partial \operatorname{tr} \boldsymbol{A}^3}{\partial \boldsymbol{A}} = \frac{\partial \operatorname{tr}(\boldsymbol{A}^2 \cdot \boldsymbol{A})}{\partial \boldsymbol{A}} = 3(\boldsymbol{A}^T)^2 \tag{A.148}$$

$$\frac{\partial (\operatorname{tr} \boldsymbol{A})^2}{\partial \boldsymbol{A}} = 2(\operatorname{tr} \boldsymbol{A})\frac{\partial \operatorname{tr} \boldsymbol{A}}{\partial \boldsymbol{A}} = 2(\operatorname{tr} \boldsymbol{A})\boldsymbol{I} \quad ; \quad \frac{\partial (\operatorname{tr} \boldsymbol{A})^3}{\partial \boldsymbol{A}} = 3(\operatorname{tr} \boldsymbol{A})^2 \boldsymbol{I} \tag{A.149}$$

テンソル $\boldsymbol{A}$ の不変量をテンソル $\boldsymbol{A}$ で微分すると，

$$\frac{\partial I_A}{\partial \boldsymbol{A}} = \frac{\partial \operatorname{tr} \boldsymbol{A}}{\partial \boldsymbol{A}} = \boldsymbol{I} \tag{A.150}$$

$$\frac{\partial II_A}{\partial \boldsymbol{A}} = \frac{1}{2}\left\{\frac{\partial (\operatorname{tr} \boldsymbol{A})^2}{\partial \boldsymbol{A}} - \frac{\partial \operatorname{tr} \boldsymbol{A}^2}{\partial \boldsymbol{A}}\right\} = (\operatorname{tr} \boldsymbol{A})\boldsymbol{I} - \boldsymbol{A}^T = I_A \boldsymbol{I} - \boldsymbol{A}^T \tag{A.151}$$

$$\frac{\partial III_A}{\partial \boldsymbol{A}} = \frac{1}{3}\left\{\frac{\partial \operatorname{tr} \boldsymbol{A}^3}{\partial \boldsymbol{A}} - \frac{3}{2}\left(\frac{\partial \operatorname{tr} \boldsymbol{A}}{\partial \boldsymbol{A}}\operatorname{tr} \boldsymbol{A}^2 + \operatorname{tr} \boldsymbol{A}\frac{\partial \operatorname{tr} \boldsymbol{A}^2}{\partial \boldsymbol{A}}\right) + \frac{1}{2}\frac{\partial (\operatorname{tr} \boldsymbol{A})^3}{\partial \boldsymbol{A}}\right\}$$

$$= (\boldsymbol{A}^2)^T - (\operatorname{tr} \boldsymbol{A})\boldsymbol{A}^T + \frac{1}{2}\left\{(\operatorname{tr} \boldsymbol{A})^2 - \operatorname{tr} \boldsymbol{A}^2\right\}\boldsymbol{I}$$

$$= (\boldsymbol{A}^T)^2 - I_A \boldsymbol{A}^T + II_A \boldsymbol{I} \tag{A.152}$$

となる．Cayley–Hamilton の定理より，

$$(\boldsymbol{A}^T)^3 - I_A (\boldsymbol{A}^T)^2 + II_A \boldsymbol{A}^T - III_A \boldsymbol{I} = \boldsymbol{0}$$

$$\rightarrow \quad III_A (\boldsymbol{A}^T)^{-1} = (\boldsymbol{A}^T)^2 - I_A \boldsymbol{A}^T + II_A \boldsymbol{I}$$

であるから，テンソル $\boldsymbol{A}$ の第 3 不変量のテンソル $\boldsymbol{A}$ による微分は，

$$\frac{\partial III_A}{\partial \boldsymbol{A}} = III_A (\boldsymbol{A}^T)^{-1} \tag{A.153}$$

となる．第 3 不変量がテンソル $\boldsymbol{A}$ の行列式であることを考慮すると，式 (A.153) より，テンソル $\boldsymbol{A}$ の行列式のテンソル $\boldsymbol{A}$ による微分は，

$$\frac{\partial |\boldsymbol{A}|}{\partial \boldsymbol{A}} = |\boldsymbol{A}| \boldsymbol{A}^{-T} \tag{A.154}$$

と記述される．

2 階のテンソル $\boldsymbol{A}$ の 2 階のテンソル $\boldsymbol{B}$ による微分は，4 階のテンソル

$$\frac{\partial \boldsymbol{A}}{\partial \boldsymbol{B}} = \frac{\partial A_{ij}}{\partial B_{kl}} \boldsymbol{e}_i \otimes \boldsymbol{e}_j \otimes \boldsymbol{e}_k \otimes \boldsymbol{e}_l \tag{A.155}$$

として定義される．この定義によると，テンソル $\boldsymbol{A}$ のテンソル $\boldsymbol{A}$ 自身による微分は，4 階の恒等テンソル $\mathbb{I}$ を与える．

$$\frac{\partial \boldsymbol{A}}{\partial \boldsymbol{A}} = \mathbb{I} \tag{A.156}$$

なぜなら，定義より，

$$\frac{\partial \boldsymbol{A}}{\partial \boldsymbol{A}} = \frac{\partial A_{ij}}{\partial A_{kl}} \boldsymbol{e}_i \otimes \boldsymbol{e}_j \otimes \boldsymbol{e}_k \otimes \boldsymbol{e}_l$$

であるが，各成分は，

$$\frac{\partial A_{ij}}{\partial A_{kl}} = \begin{cases} 1 & (i=k \text{ and } j=l) \\ 0 & \text{(otherwise)} \end{cases}$$

であるので,

$$\frac{\partial A_{ij}}{\partial A_{kl}} = \delta_{ik}\delta_{jl}$$

と書ける. これを用いると,

$$\frac{\partial \boldsymbol{A}}{\partial \boldsymbol{A}} = \delta_{ik}\delta_{jl}\boldsymbol{e}_i \otimes \boldsymbol{e}_j \otimes \boldsymbol{e}_k \otimes \boldsymbol{e}_l = \boldsymbol{e}_i \otimes \boldsymbol{e}_j \otimes \boldsymbol{e}_i \otimes \boldsymbol{e}_j = \mathbb{I}$$

となり, 確かに4階の恒等テンソルが得られる.

なお, 4階の恒等テンソルは, 複内積について2階のテンソルを変化させないテンソルであり,

$$\boldsymbol{A} = \mathbb{I} : \boldsymbol{A} \tag{A.157}$$

と定義される.

$$\begin{aligned} \mathbb{I} : \boldsymbol{A} &= I_{ijkl}\, A_{mn}\left(\boldsymbol{e}_i \otimes \boldsymbol{e}_j \otimes \boldsymbol{e}_k \otimes \boldsymbol{e}_l\right) : \left(\boldsymbol{e}_m \otimes \boldsymbol{e}_n\right) \\ &= I_{ijkl}\, A_{mn}\left(\boldsymbol{e}_i \otimes \boldsymbol{e}_j\right)(\boldsymbol{e}_k \cdot \boldsymbol{e}_m)(\boldsymbol{e}_l \cdot \boldsymbol{e}_n) \\ &= I_{ijkl}\, A_{mn}\, \delta_{km}\delta_{ln}\boldsymbol{e}_i \otimes \boldsymbol{e}_j = I_{ijkl}\, A_{kl}\, \boldsymbol{e}_i \otimes \boldsymbol{e}_j \\ \boldsymbol{A} &= A_{ij}\, \boldsymbol{e}_i \otimes \boldsymbol{e}_j \end{aligned}$$

であるから,

$$I_{ijkl}\, A_{kl} = A_{ij} \quad \rightarrow \quad I_{ijkl} = \delta_{ik}\delta_{jl}$$

となり, 4階の恒等テンソルは,

$$\mathbb{I} = \delta_{ik}\delta_{jl}\boldsymbol{e}_i \otimes \boldsymbol{e}_j \otimes \boldsymbol{e}_k \otimes \boldsymbol{e}_l = \boldsymbol{e}_i \otimes \boldsymbol{e}_j \otimes \boldsymbol{e}_i \otimes \boldsymbol{e}_j \tag{A.158}$$

と記述される.

B クォータニオン

B.1 クォータニオンの代数演算

クォータニオンは，複素数の虚軸を 3 次元に拡張したものである．

$$\boldsymbol{q} \equiv \begin{pmatrix} \boldsymbol{q}_v \\ q_w \end{pmatrix} = i q_x + j q_y + k q_z + q_w \tag{B.1}$$

ここに，i, j, k は虚数単位であり，

$$i^2 = j^2 = k^2 = ijk = -1 \tag{B.2}$$

$$ij = -ji = k \quad ; \quad jk = -kj = i \quad ; \quad ki = -ik = j \tag{B.3}$$

の関係を満たす．複素数は，実数 a, b，虚数単位 i として，$a + ib$ と表されるが，クォータニオンは，実数 x, y, z, w，虚数単位 i, j, k として，$w + xi + yj + zk$ と記述される．ここで，虚数単位 i, j, k を基本ベクトル $\boldsymbol{i}, \boldsymbol{j}, \boldsymbol{k}$ に置き換えると，形式的に

$$\boldsymbol{q} = \boldsymbol{i} q_x + \boldsymbol{j} q_y + \boldsymbol{k} q_z + q_w \tag{B.4}$$

$$\boldsymbol{i}^2 = \boldsymbol{j}^2 = \boldsymbol{k}^2 = \boldsymbol{ijk} = -1 \tag{B.5}$$

と書ける．$\boldsymbol{ijk} = -1$ の左から $\boldsymbol{i}$ を乗じると，$\boldsymbol{i}^2 = -1$ だから $\boldsymbol{jk} = \boldsymbol{i}$ が得られる．この式の左から $\boldsymbol{j}$ を乗じると，$\boldsymbol{k} = -\boldsymbol{ji}$ となり，$\boldsymbol{ijk} = -1$ の右から $\boldsymbol{k}$ を乗じると $\boldsymbol{ij} = \boldsymbol{k}$ となる．以上より，$\boldsymbol{ij} = -\boldsymbol{ji} = \boldsymbol{k}$ が得られる．つまり，式 (B.4), (B.5) の定義は以下の関係を含んでいる．

$$\boldsymbol{ij} = -\boldsymbol{ji} = \boldsymbol{k} \quad ; \quad \boldsymbol{jk} = -\boldsymbol{kj} = \boldsymbol{i} \quad ; \quad \boldsymbol{ki} = -\boldsymbol{ik} = \boldsymbol{j} \tag{B.6}$$

なお，式 (B.5), (B.6) はクォータニオンの基底としての積を表すものであり，ベクトルの積を表すものではない．

クォータニオン $\boldsymbol{p}$ と $\boldsymbol{q}$ の和は，

$$\boldsymbol{p} + \boldsymbol{q} = \begin{pmatrix} \boldsymbol{p}_v + \boldsymbol{q}_v \\ p_w + q_w \end{pmatrix} \tag{B.7}$$

となる．クォータニオン $\boldsymbol{p}$ と $\boldsymbol{q}$ の積は，基底間の積と分配律によって，

$$\begin{aligned}
\boldsymbol{p} \otimes \boldsymbol{q} &= \left(p_x \boldsymbol{i} + p_y \boldsymbol{j} + p_z \boldsymbol{k} + p_w \right) \left(q_x \boldsymbol{i} + q_y \boldsymbol{j} + q_z \boldsymbol{k} + q_w \right) \\
&= p_x q_x \boldsymbol{i}^2 + p_x q_y \boldsymbol{ij} + p_x q_z \boldsymbol{ik} + p_x q_w \boldsymbol{i} \\
&\quad + p_y q_x \boldsymbol{ji} + p_y q_y \boldsymbol{j}^2 + p_y q_z \boldsymbol{jk} + p_y q_w \boldsymbol{j} \\
&\quad + p_z q_x \boldsymbol{ki} + p_z q_y \boldsymbol{kj} + p_z q_z \boldsymbol{k}^2 + p_z q_w \boldsymbol{k} \\
&\quad + p_w q_x \boldsymbol{i} + p_w q_y \boldsymbol{j} + p_w q_z \boldsymbol{k} + p_w q_w
\end{aligned}$$

$$= -p_x q_x + p_x q_y \boldsymbol{k} - p_x q_z \, \boldsymbol{j} + p_x q_w \boldsymbol{i}$$
$$\quad - p_y q_x \boldsymbol{k} - p_y q_y + p_y q_z \boldsymbol{i} + p_y q_w \boldsymbol{j}$$
$$\quad + p_z q_x \boldsymbol{j} - p_z q_y \boldsymbol{i} - p_z q_z + p_z q_w \boldsymbol{k}$$
$$\quad + p_w q_x \boldsymbol{i} + p_w q_y \boldsymbol{j} + p_w q_z \boldsymbol{k} + p_w q_w$$
$$= p_w \big(q_x \boldsymbol{i} + q_y \boldsymbol{j} + q_z \boldsymbol{k} \big) + q_w \big(p_x \boldsymbol{i} + p_y \boldsymbol{j} + p_z \boldsymbol{k} \big)$$
$$\quad + \big(p_y q_z - p_z q_y \big) \boldsymbol{i} + \big(p_z q_x - p_x q_z \big) \boldsymbol{j} + \big(p_x q_y - p_y q_x \big) \boldsymbol{k}$$
$$\quad + p_w q_w - \big(p_x q_x + p_y q_y + p_z q_z \big)$$

となる．まとめると，

$$\boldsymbol{p} \otimes \boldsymbol{q} = \begin{pmatrix} \boldsymbol{p}_v \times \boldsymbol{q}_v + p_w \boldsymbol{q}_v + q_w \boldsymbol{p}_v \\ p_w q_w - \boldsymbol{p}_v \cdot \boldsymbol{q}_v \end{pmatrix} \tag{B.8}$$

と書ける．改めて成分で表示すれば，

$$\boldsymbol{p} \otimes \boldsymbol{q} = \begin{pmatrix} p_w q_x + p_x q_w + p_y q_z - p_z q_y \\ p_w q_y + p_y q_w + p_z q_x - p_x q_z \\ p_w q_z + p_z q_w + p_x q_y - p_y q_x \\ p_w q_w - p_x q_x - p_y q_y - p_z q_z \end{pmatrix} \tag{B.9}$$

となる．上式に外積が含まれることから明らかなように，クォータニオン積は非可換である．

$$\boldsymbol{p} \otimes \boldsymbol{q} \neq \boldsymbol{q} \otimes \boldsymbol{p} \tag{B.10}$$

クォータニオン積の行列表示について考える．

$$\boldsymbol{p} \otimes \boldsymbol{q} = \begin{pmatrix} q_w & q_z & -q_y & q_x \\ -q_z & q_w & q_x & q_y \\ q_y & -q_x & q_w & q_z \\ -q_x & -q_y & -q_z & q_w \end{pmatrix} \begin{pmatrix} p_x \\ p_y \\ p_z \\ p_w \end{pmatrix} \tag{B.11}$$

であるから，

$$\boldsymbol{p} \otimes \boldsymbol{q} = \left\{ q_w \, \boldsymbol{I}_4 + \begin{pmatrix} -[\boldsymbol{q}_v]_\times & \boldsymbol{q}_v \\ -\boldsymbol{q}_v^T & 0 \end{pmatrix} \right\} \cdot \boldsymbol{p} \tag{B.12}$$

あるいは，

$$\boldsymbol{p} \otimes \boldsymbol{q} = \begin{pmatrix} q_w \, \boldsymbol{I} - [\boldsymbol{q}_v]_\times & \boldsymbol{q}_v \\ -\boldsymbol{q}_v^T & q_w \end{pmatrix} \cdot \boldsymbol{p} \tag{B.13}$$

と書ける．ここに，$\boldsymbol{I}_4$ は 4×4 の恒等テンソル，$\boldsymbol{I}$ は 3×3 の恒等テンソルである．式中の $[\boldsymbol{a}]_\times$ は，ベクトル $\boldsymbol{a} = (a_x, \, a_y, \, a_z)^T$ に随伴する反対称テンソル（交代テンソル）である．

$$[\boldsymbol{a}]_\times \equiv \begin{pmatrix} 0 & -a_z & a_y \\ a_z & 0 & -a_x \\ -a_y & a_x & 0 \end{pmatrix} \tag{B.14}$$

反対称テンソルは外積演算の行列表現となっている．すなわち，任意のベクトル $\boldsymbol{a}$, $\boldsymbol{b}$ について，

$$[\boldsymbol{a}]_{\times} \cdot \boldsymbol{b} = \boldsymbol{a} \times \boldsymbol{b} \tag{B.15}$$

である．また，式 (B.14) から明らかなように，転置が自身の -1 倍となる．

$$[\boldsymbol{a}]_{\times}^{T} = -[\boldsymbol{a}]_{\times} \tag{B.16}$$

クォータニオン積は，以下のようにも行列表示される．

$$\boldsymbol{p} \otimes \boldsymbol{q} = \begin{pmatrix} p_w & -p_z & p_y & p_x \\ p_z & p_w & -p_x & p_y \\ -p_y & p_x & p_w & p_z \\ -p_x & -p_y & -p_z & p_w \end{pmatrix} \begin{pmatrix} q_x \\ q_y \\ q_z \\ q_w \end{pmatrix} \tag{B.17}$$

式 (B.12), (B.13) と同様に考えると，

$$\boldsymbol{p} \otimes \boldsymbol{q} = \left\{ p_w \, \boldsymbol{I}_4 + \begin{pmatrix} [\boldsymbol{p}_v]_{\times} & \boldsymbol{p}_v \\ -\boldsymbol{p}_v^T & 0 \end{pmatrix} \right\} \cdot \boldsymbol{q} \tag{B.18}$$

あるいは，

$$\boldsymbol{p} \otimes \boldsymbol{q} = \begin{pmatrix} p_w \, \boldsymbol{I} + [\boldsymbol{p}_v]_{\times} & \boldsymbol{p}_v \\ -\boldsymbol{p}_v^T & p_w \end{pmatrix} \cdot \boldsymbol{q} \tag{B.19}$$

と書ける．

クォータニオン $\boldsymbol{q}$ と共役クォータニオン $\boldsymbol{q}^*$ の積は，

$$\boldsymbol{q} \otimes \boldsymbol{q}^* = \begin{pmatrix} \boldsymbol{q}_v \\ q_w \end{pmatrix} \otimes \begin{pmatrix} -\boldsymbol{q}_v \\ q_w \end{pmatrix} = \begin{pmatrix} -\boldsymbol{q}_v \times \boldsymbol{q}_v + q_w \left(\boldsymbol{q}_v - \boldsymbol{q}_v \right) \\ q_w^2 + \boldsymbol{q}_v \cdot \boldsymbol{q}_v \end{pmatrix} = \begin{pmatrix} \boldsymbol{0} \\ \|\boldsymbol{q}\|^2 \end{pmatrix} \tag{B.20}$$

となる．単位クォータニオンと共役クォータニオンの積は，単位元 $\boldsymbol{q}_1$ を与える．

$$\frac{\boldsymbol{q}}{\|\boldsymbol{q}\|} \otimes \frac{\boldsymbol{q}^*}{\|\boldsymbol{q}\|} = \begin{pmatrix} \boldsymbol{0} \\ 1 \end{pmatrix} \equiv \boldsymbol{q}_1 \quad ; \quad \|\boldsymbol{q}\| \equiv \sqrt{q_x^2 + q_y^2 + q_z^2 + q_w^2} \tag{B.21}$$

すなわち，

$$\boldsymbol{q} \otimes \boldsymbol{q}_1 = \begin{pmatrix} \boldsymbol{q}_v \times \boldsymbol{0} + 1\boldsymbol{q}_v + 0 q_w \\ 1 q_w - \boldsymbol{q}_v \cdot \boldsymbol{0} \end{pmatrix} = \begin{pmatrix} \boldsymbol{q}_v \\ q_w \end{pmatrix} \tag{B.22}$$

である．逆クォータニオン $\boldsymbol{q}^{-1}$ は

$$\boldsymbol{q} \otimes \boldsymbol{q}^{-1} = \boldsymbol{q}^{-1} \otimes \boldsymbol{q} = \boldsymbol{q}_1 \tag{B.23}$$

だから，式 (B.21) より，

$$\boldsymbol{q}^{-1} = \frac{\boldsymbol{q}^*}{\|\boldsymbol{q}\|^2} \tag{B.24}$$

となり，特に単位クォータニオンについて第 4 章の式 (4.39) が成り立つ．

B.2　クォータニオンによる回転変換

クォータニオン

$$q = \begin{pmatrix} \boldsymbol{n}\sin\phi \\ \cos\phi \end{pmatrix} \qquad\qquad (4.37)\ \text{再掲}$$

（$\boldsymbol{n}$：単位ベクトル）は，

$$\|\boldsymbol{q}\| = \sqrt{\boldsymbol{n}\cdot\boldsymbol{n}\sin^2\phi + \cos^2\phi} = 1 \qquad\qquad (\text{B.25})$$

だから，単位クォータニオンである．

第 4 章で述べたクォータニオンの回転操作に関する定理（式 (4.37), (4.38)）に関して，幾何的意味を考える．**図 B.1** に示すように，ベクトル $\boldsymbol{r}$ を $\boldsymbol{n}$ 軸周りに 2ϕ 回転するとベクトル $\boldsymbol{r}'$ に一致する状況を想定する．

$$\boldsymbol{r}' = \overrightarrow{\mathrm{OP'}},\quad \boldsymbol{r} = \overrightarrow{\mathrm{OP}}\ ;\quad \boldsymbol{p} = \begin{pmatrix} \boldsymbol{r} \\ 0 \end{pmatrix},\quad \boldsymbol{p}' = \boldsymbol{q}\otimes\boldsymbol{p}\otimes\boldsymbol{q}^{-1} = \begin{pmatrix} \boldsymbol{r}' \\ 0 \end{pmatrix}$$

として，

$$\overrightarrow{\mathrm{OP'}} = \overrightarrow{\mathrm{ON}} + \overrightarrow{\mathrm{NH}} + \overrightarrow{\mathrm{HP'}}$$

と分解すると，図より，

$$\overrightarrow{\mathrm{ON}} = (\boldsymbol{n}\cdot\boldsymbol{r})\boldsymbol{n},\quad \overrightarrow{\mathrm{NH}} = (\boldsymbol{r}-(\boldsymbol{n}\cdot\boldsymbol{r})\boldsymbol{n})\cos 2\phi,\quad \overrightarrow{\mathrm{HP'}} = \boldsymbol{n}\times\boldsymbol{r}\sin 2\phi$$

であるから，ベクトル $\boldsymbol{r}'$ は，

$$\begin{aligned} \boldsymbol{r}' &= (\boldsymbol{n}\cdot\boldsymbol{r})\boldsymbol{n} + (\boldsymbol{r}-(\boldsymbol{n}\cdot\boldsymbol{r})\boldsymbol{n})\cos 2\phi + \boldsymbol{n}\times\boldsymbol{r}\sin 2\phi \\ &= (\boldsymbol{n}\cdot\boldsymbol{r})\boldsymbol{n}(1-\cos 2\phi) + \boldsymbol{r}\cos 2\phi + \boldsymbol{n}\times\boldsymbol{r}\sin 2\phi \end{aligned} \qquad (\text{B.26})$$

と書ける．

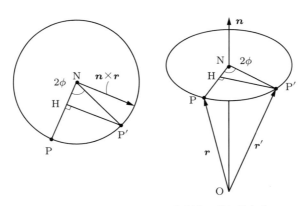

図 B.1 クォータニオンの回転操作の幾何的意味

一方，クォータニオンの回転演算によると，

$$\begin{aligned} \boldsymbol{p}' &= \boldsymbol{q}\otimes\boldsymbol{p}\otimes\boldsymbol{q}^{-1} = \boldsymbol{q}\otimes\boldsymbol{p}\otimes\boldsymbol{q}^* = \begin{pmatrix} \boldsymbol{n}\sin\phi \\ \cos\phi \end{pmatrix}\otimes\begin{pmatrix} \boldsymbol{r} \\ 0 \end{pmatrix}\otimes\begin{pmatrix} -\boldsymbol{n}\sin\phi \\ \cos\phi \end{pmatrix} \\ &= \begin{pmatrix} \boldsymbol{n}\sin\phi \\ \cos\phi \end{pmatrix}\otimes\begin{pmatrix} -\boldsymbol{r}\times\boldsymbol{n}\sin\phi + \boldsymbol{r}\cos\phi \\ \boldsymbol{n}\cdot\boldsymbol{r}\sin\phi \end{pmatrix} \end{aligned}$$

$$= \begin{pmatrix} -\boldsymbol{n}\times(\boldsymbol{r}\times\boldsymbol{n})\sin^2\phi + (\boldsymbol{n}\times\boldsymbol{r} - \boldsymbol{r}\times\boldsymbol{n})\sin\phi\cos\phi + \boldsymbol{r}\cos^2\phi + (\boldsymbol{n}\cdot\boldsymbol{r})\boldsymbol{n}\sin^2\phi \\ \boldsymbol{n}\cdot\boldsymbol{r}\sin\phi\cos\phi + \boldsymbol{n}\cdot(\boldsymbol{r}\times\boldsymbol{n})\sin^2\phi - \boldsymbol{n}\cdot\boldsymbol{r}\sin\phi\cos\phi \end{pmatrix}$$

$$= \begin{pmatrix} -\boldsymbol{n}\times(\boldsymbol{r}\times\boldsymbol{n})\sin^2\phi + 2\boldsymbol{n}\times\boldsymbol{r}\sin\phi\cos\phi + \boldsymbol{r}\cos^2\phi + (\boldsymbol{n}\cdot\boldsymbol{r})\boldsymbol{n}\sin^2\phi \\ 0 \end{pmatrix} \quad \text{(B.27)}$$

であり，ベクトル 3 重積すなわち公式 (A.40) を用いると，

$$\boldsymbol{n}\times(\boldsymbol{r}\times\boldsymbol{n}) = (\boldsymbol{n}\cdot\boldsymbol{n})\boldsymbol{r} - (\boldsymbol{n}\cdot\boldsymbol{r})\boldsymbol{n} = \boldsymbol{r} - (\boldsymbol{n}\cdot\boldsymbol{r})\boldsymbol{n}$$

と書けるから，式 (B.27) のベクトル部分を取り出すと，

$$\boldsymbol{r}' = -\boldsymbol{r}\sin^2\phi + (\boldsymbol{n}\cdot\boldsymbol{r})\boldsymbol{n}\sin^2\phi + 2\boldsymbol{n}\times\boldsymbol{r}\sin\phi\cos\phi + \boldsymbol{r}\cos^2\phi + (\boldsymbol{n}\cdot\boldsymbol{r})\boldsymbol{n}\sin^2\phi$$

$$= 2(\boldsymbol{n}\cdot\boldsymbol{r})\boldsymbol{n}\sin^2\phi + \left(\cos^2\phi - \sin^2\phi\right)\boldsymbol{r} + 2\boldsymbol{n}\times\boldsymbol{r}\sin\phi\cos\phi$$

$$= (\boldsymbol{n}\cdot\boldsymbol{r})\boldsymbol{n}(1 - \cos 2\phi) + \boldsymbol{r}\cos 2\phi + \boldsymbol{n}\times\boldsymbol{r}\sin 2\phi \quad \text{(B.28)}$$

が得られる．この表式は式 (B.26) と一致するので，クォータニオンの回転演算が，先のとおり幾何的に解釈できる．

最後に，回転行列の表式 (4.42) を導出する．ベクトル $\boldsymbol{r} = x\boldsymbol{i} + y\boldsymbol{j} + z\boldsymbol{k}$ について，クォータニオンを

$$\boldsymbol{q} = \begin{pmatrix} \boldsymbol{n}\sin\phi \\ \cos\phi \end{pmatrix} = \begin{pmatrix} q_x \\ q_y \\ q_z \\ q_w \end{pmatrix} \quad \text{(B.29)}$$

$$q_x^2 + q_y^2 + q_z^2 + q_w^2 = 1 \quad \text{(B.30)}$$

とする．この定義の下では，

$$\boldsymbol{n}\sin\phi = q_x\boldsymbol{i} + q_y\,\boldsymbol{j} + q_z\boldsymbol{k} \quad \text{(B.31)}$$

であるから，回転角 ϕ は，クォータニオンの成分を用いて以下のように書ける．

$$\boldsymbol{n}\cdot\boldsymbol{n}\sin^2\phi = q_x^2 + q_y^2 + q_z^2 \quad \rightarrow \quad \sin^2\phi = q_x^2 + q_y^2 + q_z^2$$

$$\cos^2\phi = 1 - \sin^2\phi = 1 - q_x^2 - q_y^2 - q_z^2 = q_w^2$$

$$\rightarrow \quad 2\cos^2\phi - 1 = q_w^2 + \left(1 - q_x^2 - q_y^2 - q_z^2\right) - 1$$

$$= q_w^2 - q_x^2 - q_y^2 - q_z^2 \quad \text{(B.32)}$$

ベクトル $\boldsymbol{r}'$ は式 (B.28) の第 2 行を若干書き換え，式 (B.31), (B.32) を用いると，

$$\boldsymbol{r}' = 2\left\{(\boldsymbol{n}\sin\phi)\cdot\boldsymbol{r}\right\}(\boldsymbol{n}\sin\phi) + \left(2\cos^2\phi - 1\right)\boldsymbol{r} + 2\cos\phi(\boldsymbol{n}\sin\phi)\times\boldsymbol{r}$$

$$= 2\left(q_x x + q_y y + q_z z\right)\left(q_x\boldsymbol{i} + q_y\boldsymbol{j} + q_z\boldsymbol{k}\right)$$

$$+ \left(q_w^2 - q_x^2 - q_y^2 - q_z^2\right)(x\boldsymbol{i} + y\boldsymbol{j} + z\boldsymbol{k})$$

$$+ 2q_w\left\{\left(q_y z - q_z y\right)\boldsymbol{i} + \left(q_z x - q_x z\right)\boldsymbol{j} + \left(q_x y - q_y x\right)\boldsymbol{k}\right\}$$

$$= \left\{ 2q_x^2 + \left(q_w^2 - q_x^2 - q_y^2 - q_z^2 \right) \right\} x\boldsymbol{i} + \left(2q_y q_x - 2q_w q_z \right) y\boldsymbol{i}$$

$$+ \left(2q_z q_x + 2q_w q_y \right) z\boldsymbol{i} + \left(2q_x q_y + 2q_w q_z \right) x\boldsymbol{j}$$

$$+ \left\{ 2q_y^2 + \left(q_w^2 - q_x^2 - q_y^2 - q_z^2 \right) \right\} y\boldsymbol{j} + \left(2q_z q_y - 2q_w q_x \right) z\boldsymbol{j}$$

$$+ \left(2q_x q_z - 2q_w q_y \right) x\boldsymbol{k} + \left(2q_y q_z + 2q_w q_x \right) y\boldsymbol{k}$$

$$+ \left\{ 2q_z^2 + \left(q_w^2 - q_x^2 - q_y^2 - q_z^2 \right) \right\} z\boldsymbol{k}$$

$$= \begin{pmatrix} \boldsymbol{i} & \boldsymbol{j} & \boldsymbol{k} \end{pmatrix} \boldsymbol{R}_q \begin{pmatrix} x \\ y \\ z \end{pmatrix} \tag{B.33}$$

$$\boldsymbol{R}_q = \begin{pmatrix} q_x^2 - q_y^2 - q_z^2 + q_w^2 & 2q_y q_x - 2q_w q_z & 2q_z q_x + 2q_w q_y \\ 2q_x q_y + 2q_w q_z & -q_x^2 + q_y^2 - q_z^2 + q_w^2 & 2q_z q_y - 2q_w q_x \\ 2q_x q_z - 2q_w q_y & 2q_y q_z + 2q_w q_x & -q_x^2 - q_y^2 + q_z^2 + q_w^2 \end{pmatrix} \tag{B.34}$$

となる．式 (B.30) によってこの行列の対角成分から q_w を消去すると，式 (4.42) の回転行列

$$\boldsymbol{R}_q = \begin{pmatrix} 1 - 2q_y^2 - 2q_z^2 & 2q_x q_y - 2q_w q_z & 2q_x q_z + 2q_w q_y \\ 2q_x q_y + 2q_w q_z & 1 - 2q_z^2 - 2q_x^2 & 2q_y q_z - 2q_w q_x \\ 2q_x q_z - 2q_w q_y & 2q_y q_z + 2q_w q_x & 1 - 2q_x^2 - 2q_y^2 \end{pmatrix} \tag{4.42 再掲}$$

に一致する．

B.3　クォータニオンの時間微分

　以下では表記の簡単化のため，特に指定しない限り単位クォータニオンを扱うこととする．クォータニオン $\boldsymbol{q}$ の時間微分は，

$$\dot{\boldsymbol{q}} = \dot{\boldsymbol{q}}_v + \dot{q}_w = \boldsymbol{i}\dot{q}_x + \boldsymbol{j}\dot{q}_y + \boldsymbol{k}\dot{q}_z + \dot{q}_w \tag{B.35}$$

クォータニオン $\boldsymbol{p}$ と $\boldsymbol{q}$ の積の時間微分は，

$$\frac{d}{dt}(\boldsymbol{p} \otimes \boldsymbol{q}) = \dot{\boldsymbol{p}} \otimes \boldsymbol{q} + \boldsymbol{p} \otimes \dot{\boldsymbol{q}} \tag{B.36}$$

と書ける．クォータニオン $\boldsymbol{q}$ の時間微分の定義は，

$$\frac{d\boldsymbol{q}}{dt} \equiv \lim_{\Delta t \to 0} \frac{\boldsymbol{q}(t + \Delta t) - \boldsymbol{q}(t)}{\Delta t} \tag{B.37}$$

であるが，瞬間的角速度ベクトル $\boldsymbol{\omega}$ を軸として微小回転 $\Delta\theta$ が Δt 時間に生じるとすると，回転軸（単位ベクトル）$\boldsymbol{n}$ および回転角 $\Delta\theta$ は，

$$\boldsymbol{n} = \frac{\boldsymbol{\omega}}{|\boldsymbol{\omega}|} \quad ; \quad \Delta\theta = |\boldsymbol{\omega}|\Delta t \tag{B.38}$$

であり，この回転はクォータニオン

$$\Delta \boldsymbol{q} = \begin{pmatrix} \boldsymbol{n} \sin \dfrac{\Delta\theta}{2} \\ \cos \dfrac{\Delta\theta}{2} \end{pmatrix} \simeq \begin{pmatrix} \boldsymbol{n}\Delta\theta/2 \\ 1 \end{pmatrix} \tag{B.39}$$

により与えられる．ここでは $\Delta\theta$ は微小であるから，

$$\sin \frac{\Delta\theta}{2} \simeq \frac{\Delta\theta}{2} \quad ; \quad \cos \frac{\Delta\theta}{2} = 1 - 2\sin^2 \frac{\Delta\theta}{4} \simeq 1$$

と近似できることを用いた．微小回転 $\Delta\theta$ によって，$\boldsymbol{q}(t)$ が $\boldsymbol{q}(t+\Delta t)$ になるとすれば，

$$\boldsymbol{q}(t + \Delta t) = \Delta\boldsymbol{q} \otimes \boldsymbol{q}(t) \tag{B.40}$$

であり，式 (B.37), (B.39), (B.40) より，

$$
\begin{aligned}
\frac{d\boldsymbol{q}}{dt} &\equiv \lim_{\Delta t \to 0} \frac{\Delta\boldsymbol{q} \otimes \boldsymbol{q}(t) - \boldsymbol{q}(t)}{\Delta t} \\
&= \lim_{\Delta t \to 0} \frac{\left\{ \begin{pmatrix} \boldsymbol{n}\Delta\theta/2 \\ 1 \end{pmatrix} - \begin{pmatrix} \boldsymbol{0} \\ 1 \end{pmatrix} \right\} \otimes \boldsymbol{q}(t)}{\Delta t} = \lim_{\Delta t \to 0} \begin{pmatrix} \boldsymbol{n}\Delta\theta/2\Delta t \\ 0 \end{pmatrix} \otimes \boldsymbol{q}(t) \\
&= \frac{1}{2} \begin{pmatrix} \boldsymbol{\omega} \\ 0 \end{pmatrix} \otimes \boldsymbol{q}(t)
\end{aligned}
$$

となる．以上より，クォータニオン $\boldsymbol{q}$ の時間微分は

$$\dot{\boldsymbol{q}} = \frac{1}{2} \begin{pmatrix} \boldsymbol{\omega} \\ 0 \end{pmatrix} \otimes \boldsymbol{q} \tag{B.41}$$

と書けることが示された．

クォータニオン積の式 (B.17) において，$\boldsymbol{p} = (\boldsymbol{\omega}^T, 0)^T$ すなわち $\boldsymbol{p}_v = \boldsymbol{\omega}$, $p_w = 0$ とすれば，

$$\begin{pmatrix} \boldsymbol{\omega} \\ 0 \end{pmatrix} \otimes \boldsymbol{q} = \begin{pmatrix} 0 & -\omega_z & \omega_y & \omega_x \\ \omega_z & 0 & -\omega_x & \omega_y \\ -\omega_y & \omega_x & 0 & \omega_z \\ -\omega_x & -\omega_y & -\omega_z & 0 \end{pmatrix} \cdot \boldsymbol{q} \tag{B.42}$$

つまり，

$$\begin{pmatrix} \boldsymbol{\omega} \\ 0 \end{pmatrix} \otimes \boldsymbol{q} = \begin{pmatrix} [\boldsymbol{\omega}]_\times & \boldsymbol{\omega} \\ -\boldsymbol{\omega}^T & 0 \end{pmatrix} \cdot \boldsymbol{q} \tag{B.43}$$

となる．これを用いて，クォータニオンの時間微分の行列表記は，

$$\dot{\boldsymbol{q}} = \frac{1}{2} \begin{pmatrix} [\boldsymbol{\omega}]_\times & \boldsymbol{\omega} \\ -\boldsymbol{\omega}^T & 0 \end{pmatrix} \cdot \boldsymbol{q} \tag{B.44}$$

となる．ここで，式 (B.41) に共役クォータニオン $\boldsymbol{q}^*$ を右から乗じると，

$$\dot{\boldsymbol{q}} \otimes \boldsymbol{q}^* = \frac{1}{2} \begin{pmatrix} \boldsymbol{\omega} \\ 0 \end{pmatrix} \otimes \boldsymbol{q} \otimes \boldsymbol{q}^* = \frac{1}{2} \begin{pmatrix} \boldsymbol{\omega} \\ 0 \end{pmatrix} \otimes \begin{pmatrix} \boldsymbol{0} \\ 1 \end{pmatrix} = \frac{1}{2} \begin{pmatrix} \boldsymbol{\omega} \\ 0 \end{pmatrix}$$

であるので，クォータニオンの時間微分によって角速度ベクトルを評価するための式

$$\begin{pmatrix} \boldsymbol{\omega} \\ 0 \end{pmatrix} = 2\dot{\boldsymbol{q}} \otimes \boldsymbol{q}^* \tag{B.45}$$

が得られる.

　クォータニオンの 2 階の時間微分は,積の微分則 (B.36) と 1 階の微分 (B.41) を用いて,

$$\ddot{\boldsymbol{q}} = \frac{1}{2}\left\{ \begin{pmatrix} \dot{\boldsymbol{\omega}} \\ 0 \end{pmatrix} \otimes \boldsymbol{q} + \begin{pmatrix} \boldsymbol{\omega} \\ 0 \end{pmatrix} \otimes \dot{\boldsymbol{q}} \right\}$$

$$= \frac{1}{2}\begin{pmatrix} \dot{\boldsymbol{\omega}} \\ 0 \end{pmatrix} \otimes \boldsymbol{q} + \frac{1}{4}\begin{pmatrix} \boldsymbol{\omega} \\ 0 \end{pmatrix} \otimes \begin{pmatrix} \boldsymbol{\omega} \\ 0 \end{pmatrix} \otimes \boldsymbol{q} = \frac{1}{2}\left\{ \begin{pmatrix} \dot{\boldsymbol{\omega}} \\ 0 \end{pmatrix} - \frac{1}{2}\begin{pmatrix} \boldsymbol{0} \\ |\boldsymbol{\omega}|^2 \end{pmatrix} \right\} \otimes \boldsymbol{q} \tag{B.46}$$

となる.したがって,クォータニオンの 2 階の時間微分は,

$$\ddot{\boldsymbol{q}} = \frac{1}{2}\begin{pmatrix} \dot{\boldsymbol{\omega}} \\ -|\boldsymbol{\omega}|^2/2 \end{pmatrix} \otimes \boldsymbol{q} \tag{B.47}$$

で与えられる.式 (B.46) の第 1 行の表記に,共役クォータニオン $\boldsymbol{q}^*$ を右から乗じると,

$$2\ddot{\boldsymbol{q}} \otimes \boldsymbol{q}^* = \begin{pmatrix} \dot{\boldsymbol{\omega}} \\ 0 \end{pmatrix} \otimes \boldsymbol{q} \otimes \boldsymbol{q}^* + \begin{pmatrix} \boldsymbol{\omega} \\ 0 \end{pmatrix} \otimes \dot{\boldsymbol{q}} \otimes \boldsymbol{q}^*$$

となり,右辺第 2 項の $(\boldsymbol{\omega}^T, 0)^T$ を,式 (B.45) を用いて書き換えると,

$$2\ddot{\boldsymbol{q}} \otimes \boldsymbol{q}^* = \begin{pmatrix} \dot{\boldsymbol{\omega}} \\ 0 \end{pmatrix} + 2\left(\dot{\boldsymbol{q}} \otimes \boldsymbol{q}^*\right) \otimes \left(\dot{\boldsymbol{q}} \otimes \boldsymbol{q}^*\right)$$

となる.以上より,クォータニオンの 1 階および 2 階の時間微分から角加速度ベクトルを得るための式は,

$$\begin{pmatrix} \dot{\boldsymbol{\omega}} \\ 0 \end{pmatrix} = 2\left\{ \ddot{\boldsymbol{q}} \otimes \boldsymbol{q}^* - \left(\dot{\boldsymbol{q}} \otimes \boldsymbol{q}^*\right) \otimes \left(\dot{\boldsymbol{q}} \otimes \boldsymbol{q}^*\right) \right\} \tag{B.48}$$

と書ける.

参考文献

第 1 章「粒子法概説」関連

➤ Cundall, P. A. and Strack, O. D. L. (1979). A distinct numerical model for granular assemblies. *Geotechnique* **29**: 47–65.

➤ Gingold, R. A. and Monaghan, J. J. (1977). Smoothed particle hydrodynamics: theory and application to non-spherical stars. *Mon. Not. R. Astron. Soc.* **181**: 375–389.

➤ Gotoh, H. and Khayyer, A. (2016). Current achievements and future perspectives for projection-based particle methods with applications in ocean engineering. *J. Ocean Eng. Mar. Energy* **2**(3): 251–278.

➤ Harlow, F. H. (1955). A machine calculation method for hydrodynamic problems. *Los Alamos Scientific Laboratory Report* LAMS–1956.

➤ Harlow, F. H. (1988). PIC and Its Progeny. *Comput. Phys. Commun.* **48**: 1–10.

➤ Harlow, F. H. and Daly, B. J. (1961). The particle-and-force computing method for fluid dynamics. *Los Alamos Scientific Laboratory Report* LAMS–2567.

➤ Harlow, F. H. and Welch, J. E. (1965). Numerical calculation of time-dependent viscous incompressible flow of fluid with a free surface. *Phys. Fluids* **8**: 2182–2189.

➤ Hirt, C. W. and Nichols, B. D. (1981). Volume of fluid (VOF) method for the dynamics of free boundaries. *J. Comput. Phys.* **39**: 201–225.

➤ Koshizuka, S. and Oka, Y. (1996). Moving-particle semi-implicit method for fragmentation of incompressible fluid. *Nuclear Sci. Eng.* **123**: 421–434.

➤ Liu, M. B. and Liu, G. R. (2010). Smoothed particle hydrodynamics (SPH): an overview and recent developments. *Archives Comput. Meth. Eng.* **17**: 25–76.

➤ Lucy, L. B. (1977). A numerical approach to the testing of the fission hypothesis. *Astron. J.* **82**: 1013–1024.

➤ Monaghan, J. J. (1994). Simulating free surface flows with SPH. *J. Comput. Phys.* **110**: 399–406.

➤ Reeves, W. T. (1983). Particle systems – A technique for modeling a class of fuzzy objects. *Computer Graphics* **17**: 359–376.

➤ Rosswog, S. (2009). Astrophysical smooth particle hydrodynamics, *New Astronomy Rev.* **53**: 78–104.

➤ Shao, S. D. and Lo, E. Y. M. (2003). Incompressible SPH method for simulating Newtonian and non-Newtonian flows with a free surface. *Adv. Water Res.* **26**(7): 787–800.

➤ 越塚誠一 (2002). 粒子法による流れの数値解析. ながれ：日本流体力学会誌 **21**(3): 230–239.

➤ 越塚誠一 (2005). 粒子法. 丸善. 144p.

➤ 越塚誠一 (2008). 粒子法シミュレーション─物理ベース CG 入門. 培風館. 179p.

➤ 越塚誠一, 柴田和也, 室谷浩平 (2014). 粒子法入門. 丸善. 220p.

➤ 後藤仁志 (2004). 数値流砂水理学. 森北出版. 223p.

➤ 山田祥徳, 酒井幹夫, 水谷慎, 越塚誠一, 大地雅俊, 室園浩司 (2011). Explicit–MPS 法による三次元自由液面流れの数値解析. 日本原子力学会和文論文誌 **10**(3): 185–193.

第2章 「標準型の粒子法」関連

➤ Adams, B., Pauly, M., Keiser, R. and Guibas, L. J. (2007). Adaptively sampled particle fluids. *ACM Transaction on Graphics* **26**(3): Article No. 48.

➤ Amsden, A. A. and Harlow, F. H. (1970). The SMAC Method: A Numerical technique for calculating incompressible fluid flows. LA–4370.

➤ Arai, J., Koshizuka1, S. and Murozono, K. (2013). Large eddy simulation and a simple wall model for turbulent flow calculation by a particle method. *Int'l. J. Numer. Meth. Fluids* **71**: 772–787.

➤ Balsara, D. (1995). von Neumann stability analysis of smoothed particle hydrodynamics – Suggestions for optimal algorithms. *J. Comput. Phys.* **121**: 357–372.

➤ Barnes, J. E. and Hut, P. (1986). A hierarchical O (NlogN) forced-calculation algorithm. *Nature* **324**: 446–449.

➤ Bate, M. R., Bonnell, I. A., Price, N. M. (1995). Modelling accretion in protobinary systems. *Mon. Not. Royal Astron. Soc.* **277**: 362–376.

➤ Blanc, T. and Pastor, M (2012). A stabilized fractional step, Runge–Kutta Taylor SPH algorithm for coupled problems in Geomechanics. *Comput. Meth. Appl. Mech. Eng.* **221**: 41–53.

➤ Boris, J. P., Grinstein, F. F., Oran, E. S. and Kolbe, R. L. (1992). New insights into large eddy simulation. *Fluid Dyn. Res.* **10**: 199–229.

➤ Chorin, A. J. (1968). Numerical solution of the Navier-Stokes equations. *Math. Compt.* **22**: 745–762.

➤ Colagrossi, A. and Landrini, M. (2003). Numerical simulation of interfacial flows by smoothed particle hydrodynamics. *J. Comput. Phys.* **191**(2): 448–475.

➤ Dalrymple, R. and Rogers, B. (2006). Numerical modeling of water waves with the SPH method. *Coastal Eng.* **53**: 141–147.

➤ Gingold, R. A. and Monaghan, J. J. (1977). Smoothed particle hydrodynamics: theory and application to non-spherical stars. *Mon. Not. R. Astron. Soc.* **181**: 375–89.

➤ Godunov, S. K. (1959). A difference scheme for numerical solution of discontinuous solution of hydrodynamic equations. *Math. Sbornik* **47**: 271–306. translated US Joint Publ. Res. Service. JPRS 7226, 1969.

➤ Gomez-Gesteira, M., Rogers, B. D., Crespo, A. J. C., Dalrymple, R. A., Narayanaswamy M. and Dominguez, J. M. (2012). SPHysics – development of a free-surface fluid solver – Part 1: Theory and formulations. *Comput. Geosciences* **48**: 289–299.

➤ Gotoh, H., Ikari, H., Memita, T. and Sakai, T. (2005). Lagrangian particle method for simulation of wave overtopping on a vertical seawall. *Coast. Eng. J.* **47**: 157–181.

➤Gotoh, H., Shao, S. D. and Memita, T. (2003). SPH-LES model for wave dissipation using a curtain wall. *Annu. J. Hydraulic Eng., JSCE* **47**: 397–402.

➤Gotoh, H., Shibahara, T. and Sakai, T. (2001). Sub-particle-scale turbulence model for the MPS method - Lagrangian flow model for hydraulic engineering. *Comput. Fluid Dyn. J.* **9**(4): 339–347.

➤Harten, A., Lax, P. and van Leer, B. (1983). On upstream differencing and Godunov type methods for hyperbolic conservation laws. *SIAM review* **25**(1): 35–61.

➤Hirakuchi, H., Kajima, R. and Kawaguchi, T. (1990). Application of a piston-type absorbing wave-maker to irregular wave experiment. *Coast. Eng. Japan* **33**(1): 11–24.

➤Hirsch, C. (1992). *Numerical Computation of Internal and External Flows – Computational Methods for Inviscid and Viscous Flows, Vol.2*. A Wiley Interscience Publication. p.714.

➤Inutsuka, S. (2002). Reformulation of smoothed particle hydrodynamics with Riemann solver. *J. Comput. Phys.* **179**: 238–267.

➤Jeong, A. S. M., Nam, J. W., Hwang, S. C., Park, J. C. and Kim, M. H. (2013). Numerical prediction of oil amount leaked from a damaged tank using two-dimensional Moving Particle Simulation Method. *Ocean Eng.* **69**: 70–78.

➤Khayyer, A., Gotoh, H. and Shao, S. D. (2009): Enhanced predictions of wave impact pressure by improved incompressible SPH methods. *Appl. Ocean Res.* **31**(2): 111–131.

➤Koshizuka, S. and Oka, Y. (1996). Moving-particle semi-implicit method for fragmentation of incompressible fluid. *Nuclear Sci. Eng.* **123**: 421–434.

➤Koshizuka, S., Nobe, A. and Oka, Y. (1998). Numerical analysis of breaking waves using the moving particle semi-implicit method. *Int'l. J. Numer. Mech. Fluids* **26**: 751–769.

➤Koshizuka, S., Ikeda, H. and Oka, Y. (1999). Numerical analysis of fragmentation mechanisms in vapor explosions. *Nuclear Eng. Design* **189**: 423–433.

➤Landau, L. D. and Lifshitz, E. M. (1959). *Fluid Mechanics – Course of Theoretical Physics*. Pergamon Press. Oxford.

➤Lee, E. S., Moulinec, C., Xu, R., Violeau, D., Laurence, D. and Stansby, P. (2008): Comparisons of weakly-compressible and truly incompressible algorithms for the SPH mesh free particle method. *J. Comput. Phys.* **227**(18): 8417–8436.

➤Liu, M. B. and Liu, G. R. (2010). Smoothed Particle Hydrodynamics (SPH): An overview and recent developments. *Archives of Comput. Meth. Eng.* **17**: 25–76.

➤Lombardi, J. C., Sills, A., Rasio, F. A., and Shapiro, S. L. (1999). Tests of spurious transport in smoothed particle hydrodynamics. *J. Comput. Phys.* **152**: 687–735.

➤Lucy, L. B. (1977). A numerical approach to the testing of the fission hypothesis. *Astron. J.* **82**: 1013–1024.

➤Ma, Q. W. and Zhou, J. T. (2009). MLPG-R method for numerical simulation of 2D breaking waves. *Comput. Modeling Eng. Sci.* **43**(3): 277–304.

➤Macià, F., Antuono, M. and Colagrossi, A. (2011). Benefits of using a Wendland kernel for free-surface flows. *Proc. 6th international SPHERIC workshop*. Germany.

➤Molteni, D. and Bilello, C. (2003). Riemann solver in SPH. *Mem. S.A.It. Suppl.* **1**: 36.

➢Molteni, D. and Colagrossi, A. (2009). A simple procedure to improve the pressure evaluation in hydrodynamic context using the SPH. *Comput. Phys. Commun.* **180**(6): 861–872.

➢Monaghan, J. J. (1985). Particle methods for hydrodynamics. *Comput. Phys. Rep.* **3**(2): 71–124.

➢Monaghan, J. J. (1989). On the problem of penetration in particle methods. *J. Comput. Phys.* **82**: 1–15.

➢Monaghan, J. J. (1992). Smoothed particle hydrodynamics. *Ann. Rev. Astron. Astrophys.* **30**: 543–574.

➢Monaghan, J. J. (1994). Simulating free surface flows with SPH. *J. Comput. Phys.* **110**: 399–406.

➢Monaghan, J. J. (2002). SPH compressible turbulence. *Monthly Notices of the Royal Astronomical Society.* **335**(3): 843–852.

➢Monaghan, J. J. and Lattanzio, J. C. (1985). A refined particle method for astrophysical problems. *Astronomy and Astrophysics* **149**: 135–143.

➢Morris, J. P., Fox, P. J. and Zhu, Y. (1997). Modeling low Reynolds number incompressible flows using SPH. *J. Comput. Phys.* **136**: 214–226.

➢Morris, J. P. and Monaghan, J. J. (1997). A switch to reduce SPH viscosity. *J. Comput. Phys.* **136**: 41–50.

➢Roe, P. L. (1981). Approximate Riemann solvers, parameter vectors and difference schemes. *J. Comput. Phys.* **43**(2): 357–372,

➢Rosswog, S. (2009). Astrophysical smooth particle hydrodynamics. *New Astronomy Rev.* **53**: 78–104.

➢Shao, S. D. (2006). Incompressible SPH simulation of wave breaking and overtopping with turbulence modelling. *Int'l. J. Numer. Meth. Fluids* **50**(5): 597–621.

➢Shao, S. D. and Lo, E. Y. M. (2003). Incompressible SPH method for simulating Newtonian and non-Newtonian flows with a free surface. *Adv. Water Res.* **26**(7): 787–800.

➢Shimizu, Y. and Gotoh, H. (2016). Toward enhancement of MPS method for ocean engineering: Effect of time-integration schemes. *Int'l. J. Offshore Polar Eng.* **26**(4): 378–384.

➢Tanaka, M. and Masunaga, T. (2010). Stabilization and smoothing of pressure in MPS method by quasi-compressibility. *J. Comput. Phys.* **229**: 4279–4290.

➢Toro, E. F. (1997). *Riemann solvers and numerical methods for fluid dynamics*: A *practical introduction*. Springer. p592.

➢Toro, E. F., Spruce, M. and Speares, W. (1994). Restoration of the contact surface in the HLL-Riemann solver. *Shock Waves* **4**: 25–34.

➢van Leer, B. (1979). Towards the Ultimate Conservative Difference Scheme. V. A Second Order Sequel to Godunov's Method. *J. Comput. Phys.* **32**: 101–136.

➢Violeau, D. and Issa, R. (2007). Numerical modelling of complex turbulent free-surface flows with the SPH model: an overview. *Int'l. J. Numer. Meth. Fluids* **83**: 277–304.

➢von Neumann, J., Richtmyer, R. D. (1950). A method for the numerical calculation of hydrodynamic shocks. *J. Appl. Phys.* **21**: 232–237.

➢Wendland, H. (1995). Piecewise polynomial, positive definite and compactly supported radial functions of minimal degree. *Adv. Comput. Math.* **4**: 389–396.

➢梶島岳夫 (1999)．乱流の数値シミュレーション．養賢堂．pp.255.

➢越塚誠一 (2005)．粒子法．丸善．144p.

➢柴田和也，室園浩司，近藤雅裕，酒井幹夫，越塚誠一 (2012)．MPS 法における外気圧と負圧の考慮および curl 演算子の開発に関する研究．第 17 回計算工学講演会論文集 C–2–3.

➢末吉誠，内藤林 (2004)．粒子法の圧力 計算法の改善．関西造船協会論文集 **242**: 53–60.

➢鈴木幸人 (2007)．粒子法の高精度化とマルチフィジクスシミュレータに関する研究．東京大学博士論文．348p.

➢大宮司久明，三宅裕，吉澤徴 (1998)．乱流の数値流体力学—モデルと計算法．東京大学出版会．652p.

➢田中正幸，益永孝幸，中川泰忠 (2009)．解像度可変型 MPS 法．日本計算工学会論文集．No. 20090001.

➢日比茂幸，藪下和樹 (2004)．MPS 法の不自然な圧力振動の抑制に関する研究．関西造船協会論文集 **241**: 125–131.

➢保原充・大宮司久明 (1992)．数値流体力学—基礎と応用．東京大学出版会．635p.

➢山田祥徳，酒井幹夫，水谷慎，越塚誠一，大地雅俊，室園浩司 (2011)．Explicit–MPS 法による三次元自由液面流れの数値解析．日本原子力学会和文論文誌 **10**(3): 185–193.

➢鷲頭伸一，川口達也，齊藤卓志，佐藤勲 (2010)．粒子法による溶融樹脂の塗布挙動シミュレーション．第 24 回数値流体力学シンポジウム C5-4.

第 3 章　「高精度粒子法」関連

➢Adami, S., Hu, X. Y. and Adams, N. A. (2012). A generalized wall boundary condition for smoothed particle hydrodynamics. *J. Comput. Phys.* **231**(21): 7057–7075.

➢Antuono, M., Colagrossi, A. and Marrone, S. (2012). Numerical diffusive terms in weakly-compressible SPH schemes. *Comput. Phys. Commun.* **183**: 2570–2580.

➢Antuono, M., Colagrossi, A., Marrone, S. and Molteni, D. (2010). Free-surface flows solved by means of SPH schemes with numerical diffusive terms. *Comput. Phys. Commun.* **181**: 532–549.

➢Asai, M., Aly, A. M., Sonoda, Y. and Sakai, Y. (2012). A stabilized incompressible SPH method by relaxing the density invariant condition. *J. Appl. Math.* Article ID 139583.

➢Belytschko, T., Guo, Y., Liu, W. K. and Xiao, S. P. (2000). A unified stability analysis of meshless particle methods. *Int'l. J. Numer. Meth. Eng.* **48**(9): 1359–1400.

➢Belytschko, T. and Xiao, S. P. (2002). Stability analysis of particle methods with corrected derivatives. *Comput. Math. Appl.* **43**(3): 329–350.

➢Bonet, J. and Lok, T.-S. L. (1999). Variational and momentum preserving aspects of smooth particle hydrodynamics (SPH) formulations. *Comput. Meth. Appl. Mech. Eng.* **180**: 97–115.

➢Bonet, J. and Kulasegaram, S. (2000). Correction and stabilization of smooth particle hydrodynamics methods with applications in metal forming simulations. *Int'l. J. Numer. Meth. Eng.* **47**: 1189–1214.

➢Bonet, J. and Kulasegaram, S. (2001). Remarks on tension instability of Eulerian and Lagrangian corrected smooth particle hydrodynamics (CSPH) methods. *Int'l. J. Numer. Meth. Eng.* **52**: 1203–1220.

➢Colagrossi, A. and Landrini, M. (2003). Numerical simulation of interfacial flows by smoothed particle hydrodynamics. *J. Comput. Phys.* **191**(2): 448–475.

➢Cummins, S. J. and Rudman, M. (1999). An SPH projection method. *J. Comput. Phys.* **152**: 584–607.

➢Dilts, G. A. (1999). Moving least squares hydrodynamics: consistency and stability. *Int'l. J. Numer. Meth. Eng.* **44**(8): 1115–1155.

➢Di Monaco, A., Manenti, S., Gallati, M., Sibilla, S., Agante, G. and Guandalini, R. (2011). SPH modeling of solid boundaries through a semi-analytic approach. *Eng. Appl. Comput. Fluid Mech.* **5**(1): 1–15.

➢Dyka, C. T., Randles P. W. and Ingel, R. P.(1997). Stress points for tension instability in SPH. *Int'l. J. Numer. Meth. Eng.* **40**(13): 2325–2341.

➢Fatehi, R., Fayazbakhsh M. A. and Manzari, M. T. (2009). On discretization of second-order derivatives in smoothed particle hydrodynamics. *Int'l. J. Aerospace Mech. Eng.* **3**(1): 50–53.

➢Fatehi, R. and Manzari, M. T. (2011). A remedy for numerical oscillations in weakly compressible smoothed particle hydrodynamics. *Int'l. J. Numer. Meth. Fluids* **67**: 1100–1114.

➢Ferrari, A., Dumbser, M., Toro, E. F., and Armanini, A. (2009). A new 3D parallel SPH scheme for free-surface flows. *Compt. Fluids* **38**: 1203–1217.

➢Fries, T. P. and Belytschko, T.(2008). Convergence and stabilization of stress-point integration in mesh-free and particle methods. *Int'l. J. Numer. Meth. Eng.* **74**(7): 1067–1087.

➢Guenther, C., Hicks D. L. and Swegle, J. W. (1994). Conservative smoothing versus artificial viscosity. *SAND* 94–1853.

➢Gray, J. P., Monaghan, J. J. and Swift, R. P. (2001). SPH elastic dynamics. *Comput. Methods Appl. Mech. Eng.* **190**: 6641–6662.

➢Hicks, D. L. and Liebrock, L. M.(2004). Conservative smoothing with B-splines stabilizes SPH material dynamics in both tension and compression. *Appl. Math. Comput.* **150**: 213–234.

➢Hongbin, J. and Xin, D. (2005). On criterions for smoothed particle hydrodynamics kernels in stable field. *J. Comput. Phys.* **202**: 699–709.

➢Khayyer, A. and Gotoh, H. (2008). Development of CMPS Method for accurate wave-surface tracking in breaking waves. *Coastal Eng. J.* **50**(2): 179–207.

➢Khayyer, A. and Gotoh, H. (2009). Modified moving particle semi-implicit methods for the prediction of 2D wave impact pressure. *Coastal Eng.* **56**(4): 419–440.

➢Khayyer, A. and Gotoh, H. (2010). A higher order Laplacian model for enhancement and stabilization of pressure calculation by the MPS method. *Appl. Ocean Res.* **32**(1): 124–131.

➢ Khayyer, A. and Gotoh, H. (2011). Enhancement of stability and accuracy of the moving particle semi-implicit method. *J. Comput. Phys.* **230**(8): 3093–3118.

➢ Khayyer, A. and Gotoh, H. (2012). A 3D higher order Laplacian model for enhancement and stabilization of pressure calculation in 3D MPS-based simulations. *Appl. Ocean Res.* **37**: 120–126.

➢ Khayyer, A., Gotoh, H. and Shao, S. D. (2008). Corrected incompressible SPH method for accurate water-surface tracking in breaking waves. *Coastal Eng.* **55**: 236–250.

➢ Khayyer, A., Gotoh, H. and Shao, S. D. (2009). Enhanced predictions of wave impact pressure by improved incompressible SPH methods. *Appl. Ocean Res.* **31**(2): 111–131.

➢ Khayyer, A., Gotoh, H. and Shimizu, Y. (2017). Comparative study on accuracy and conservation properties of two particle regularization schemes and proposal of an optimized particle shifting scheme in ISPH context. *J. Comput. Phys.* **332**(1): 236–256.

➢ Kondo, M. and Koshizuka, S. (2006). Suppressing pressure oscillation in MPS fluid analysis. *Proc. the Third APCOM in Conjunction with 11th EPMESC.*

➢ Kondo, M. and Koshizuka, S. (2011). Improvement of stability in moving particle semi-implicit method. *Int'l. J. Numer. Meth. Fluids* **65**(6): 638–654.

➢ Li, Y. and Raichlen, F. (2003). Energy balance model for breaking solitary wave runup. *J. Waterw. Port Coast. Ocean Eng.* **129** (2): 47–59.

➢ Lind, S. J., Xu, R., Stansby, P. K. and Rogers, B. D. (2012). Incompressible smoothed particle hydrodynamics for free-surface flows: a generalised diffusion-based algorithm for stability and validations for impulsive flows and propagating waves. *J. Comput. Phys.* **231**(4): 1499–1523.

➢ Ma, Q. W. and Zhou, J. T. (2009). MLPG_R method for numerical simulation of 2-D breaking waves. *Compt. Modeling Eng. Sci.* **43**(3): 277–303.

➢ Marrone, S., Antuono, M., Colagrossi, A., Colicchio, G., Le Touzé, D. and Graziani, G. (2011). δ-SPH model for simulating violent impact flows. *Comput. Meth. Appl. Mech. Eng.* **200**: 1526–1542.

➢ Molteni, D. and Colagrossi, A. (2009). A simple procedure to improve the pressure evaluation in hydrodynamic context using the SPH. *Comp. Phys. Comm.* **180**: 861–872.

➢ Monaghan, J. J. (1992). Smoothed particle hydrodynamics. *Ann. Rev. Astron. Astrophys.* **30**: 543–574.

➢ Monaghan, J. J. (2000). SPH without a tensile instability. *J. Comput. Phys.* **159**(2): 290–311.

➢ Monaghan, J. J. (2005). Smoothed particle hydrodynamics. *Reports on progress in physics* **68**(8): 1703.

➢ Morris, J. P., Fox, P. J. and Zhu, Y. (1997). Modeling low Reynolds number incompressible flows using SPH. *J. Comput. Phys.* **136**: 214–226.

➢ Nair, P. and Tomar, G. (2014). An improved free surface modeling for incompressible SPH. *Comput. Fluids* **102**: 304–314.

➢ Oger, G., Doring, M., Alessandrini, B. and Ferrant, P. (2007). An improved SPH method:

Towards higher order convergence. *J. Comput. Phys.* **225**: 1472–1492.

➤Randles, P. W. and Libersky, L. D. (1996). Smoothed particle hydrodynamics: Some recent improvements and applications. *Comput. Methods Appl. Mech. Eng.* **139**: 375–408.

➤Shahriari, S., Hassan, I. G. and Kadem, L. (2013). Modeling unsteady flow characteristics using smoothed particle hydrodynamics. *Appl. Math. Modelling* **37**(3): 1431–1450.

➤Shao, S. D. and Lo, E. Y. M. (2003). Incompressible SPH method for simulating Newtonian and non-Newtonian flows with a free surface. *Adv.Water Res.* **26**: 787–800.

➤Skillen, A., Lind, S., Stansby, P. K. and Rogers, B. D. (2013). Incompressible smoothed particle hydrodynamics (SPH) with reduced temporal noise and generalised Fickian smoothing applied to body-water slam and efficient wave-body interaction. *Comput. Meth. Appl. Mech. Eng.* **265**: 163–173.

➤Swegle, J. W.(2000). Conservation of momentum and tensile instability in particle methods. *Sandia Report SAND* 2000–1223.

➤Swegle, J. W., Attaway, S. W., Heinstein, M. W., Mello, F. J. and Hicks, D. L.(1994). An analysis of smooth particle hydrodynamics. *Sandia Report SAND* 93–2513.

➤Tanaka, M. and Masunaga, T. (2010). Stabilization and smoothing of pressure in MPS method by quasi-compressibility. *J. Comput. Phys.* **229**: 4279–4290.

➤Tsuruta, N., Khayyer, A. and Gotoh, H. (2013). A short note on dynamic stabilization of moving particle semi-implicit method. *Compt. Fluids* **82**: 158–164.

➤Tsuruta, N., Khayyer, A. and Gotoh, H. (2015). Space potential particles to enhance the stability of projection-based particle methods. *Int'l. J. Comput. Fluid Dyn.* **29**(1): 100–119.

➤Vaughan, G. L., Healy, T. R., Bryan, K. R., Sneyd, A. D. and Gorman, R. M. (2008). Completeness, conservation and error in SPH for fluids. *Int'l. J. Numer. Meth. Fluids* **56**(1): 37–62.

➤Wendland, H. (1995). Piecewise polynomial, positive definite and compactly supported radial functions of minimal degree. *Adv. Comput. Math.* **4**: 389–396.

➤Xu, R., Stansby, P. K. and Laurence, D. (2009). Accuracy and stability in incompressible SPH (ISPH) based on the projection method and a new approach. *J. Comput. Phys.* **228**(18): 6703–6725.

➤Zhang, G. M. and Batra, R. C. (2009). Symmetric smoothed particle hydrodynamics (SSPH) method and its application to elastic problems. *Comput. Mech.* **43**: 321–340.

➤越塚誠一 (2005). 粒子法. 丸善. 144p.

➤鈴木幸人 (2007). 粒子法の高精度化とマノレチフィジクスシミュレータに関する研究. 東京大学博士論文.

➤入部綱清, 仲座栄三 (2010). MPS 法における勾配計算の高精度化とその応用. 土木学会論文集 B2 (海岸工学) **66**: 46–50.

➤玉井佑, 柴田和也, 越塚誠一 (2013). Taylor 展開を用いた高次精度 MPS 法の開発. 日本計算工学会論文集 Paper No.20130003.

➤鶴田修己, Khayyer Abbas, 後藤仁志 (2014). 粒子法型の数値波動水槽のための高精度造波モデルの提案. 土木学会論文集 B2 (海岸工学) **70**(2): I_31–I_35.

第4章　「剛体群・弾性体解析」関連

➤ Amicarelli, A., Albano, R., Mirauda, D., Agate, G., Sole, A. and Guandalini, R. (2015). A Smoothed Particle Hydrodynamics model for 3D solid body transport in free surface flow. *Comput. Fluids* **116**: 205–228.

➤ Antoci, C., Gallati, M. and Sibilla, S. (2007). Numerical simulation of fluid-structure interaction by SPH. *Comput. Struct.* **85**: 879–890.

➤ Bouscasse, B., Colagrossi, A., Marrone, S. and Antuono, M. (2013). Nonlinear water wave interaction with floating bodies in SPH. *J. Fluids Struct.* **42**: 112–129.

➤ Bui, H. H., Fukagawa, R., Sako, K. and Ohno, S. (2008). Lagrangian meshfree particles method (SPH) for large deformation and failure flows of geomaterial using elastic-plastic soil constitutive model. *Int'l. J. Numer. Analytical Meth. Geomachanics* **32**: 1537–1570.

➤ Eghtesad, A., Shafiei, A. R. and Mahzoon, M. (2012). A new fluid-solid interface algorithm for simulating fluid structure problems in FGM plates. *J. Fluids Struct.* **30**: 141–158.

➤ Gotoh, H. and Khayyer, A. (2016). Current achievements and future perspectives for projection-based particle methods with applications in ocean engineering. *J. Ocean Eng. Mar. Energy* **2**(3): 251–278.

➤ Gray, J. P., Monaghan, J. J. and Swift, R. P. (2001). SPH elastic dynamics. *Comput. Methods Appl. Mech. Eng.* **190**: 6641–6662.

➤ Hayhurst, C. J., Livingstone, I. H. G., Clegg, R. A., Destefanis, R. and Faraud, M. (2001). Ballistic limit evaluation of advanced shielding using numerical simulations. *Int'l. J. Impact Eng.* **26**: 309–320.

➤ Hwang, S. C., Khayyer, A., Gotoh, H. and Park, J. C. (2014). Development of a fully Lagrangian MPS-based coupled method for simulation of fluid-structure interaction problems. *J. Fluids Struct.* **50**: 497–511.

➤ Ikari, H. and Gotoh, H. (2016). SPH-based simulation of granular collapse on an inclined bed. *Mech. Res. Commun.* **73**: 12–18.

➤ Kondo, M., Suzuki, Y. and Koshizuka, S. (2010). Suppressing local particle oscillations in the Hamiltonian particle method for elasticity. *Int'l J. Numer. Meth. Eng.* **81**(12): 1514–1528.

➤ Koshizuka, S., Nobe, A. and Oka, Y. (1998). Numerical analysis of breaking waves using the moving particle semi-implicit method. *Int'l. J. Numer. Meth. Fluids* **26**: 751–769.

➤ Kupchellaa, R., Stowea, D., Weissa, M., Pana, H. and Cogara, J. (2015). SPH Modeling improvements for hypervelocity impacts. *Procedia Eng.* **103**: 326–333.

➤ Liao, K., Hu, C. and Sueyoshi, M. (2014). Numerical Simulation of Free Surface Flow Impacting on an Elastic Plate. *the 29th Int'l Workshop on Water Waves and Floating Bodies*. Osaka (Japan).

➤ Libersky, L. D., Petschek, A. G., Carney, T. C., Hipp, J. R. and Allahdadi, F. A. (1993). High strain Lagrangian hydrodynamics: a three dimensional SPH code for dynamic material response. *J. Comput. Phys.* **109**: 67–75.

➤ Lorensen, W. E. and Cline, H. E. (1987). Marching cubes: A high resolution 3D surface construction algorithm. *Computer Graphics* **21**(4): 163–169.

➤Ma, S., Zhang, X. and Qiu, X. M. (2009). Comparison study of MPM and SPH in modeling hypervelocity impact problems. *Int'l. J. Impact Eng.* **36**: 272–282.

➤Nonoyama, H., Moriguchi, S., Sawada, K. and Yashima, A. (2015). Slope stability analysis using smoothed particle hydrodynamics (SPH) method. *Soils Foundations* **55**(2): 458–470.

➤Rabczuk, T., Belytschko, T. and Xiao, S. P. (2004). Stable particle methods based on Lagrangian kernels. *Comput. Meth. Appl. Mech. Eng.* **193** (12-14): 1035–1063.

➤Rafiee, A. and Thiagarajan, K. P. (2009). An SPH projection method for simulating fluid-hypoelastic structure interaction. *Comput. Meth. Appl. Mech. Eng.* **198**: 2785–2795.

➤Randles, P. W. and Libersky, L. D. (1996). Smoothed particle hydrodynamics: Some recent improvements and applications. *Comput. Meth. Appl. Mech. Eng.* **139**(1–4): 375–408.

➤Randles, P. W. and Libersky, L. D. (2000). Normalized SPH with stress points. *Int'l. J. Numer. Meth. Eng.* **48**: 1445–1462.

➤Randles, P. W. and Libersky, L. D. (2005). Boundary conditions for a dual particle method. *Comput. Struct.* **83**: 1476–1486.

➤Ren, B., He, M., Dong, P. and Wen, H. (2015). Nonlinear simulations of wave-induced motions of a freely floating body using WCSPH method. *Appl. Ocean Res.* **50**: 1–12.

➤Shibata, K., Koshizuka, S., Sakai, M. and Tanizawa, K. (2012). Lagrangian simulations of ship-wave interactions in rough seas. *Ocean Eng.* **42**: 13–25.

➤Stowe, D., Kupchella, R., Pana, H. and Cogara, J. (2015). Investigation of S-SPH for hypervelocity impact calculations. *Procedia Eng.* **103**: 585–592.

➤Sueyoshi, M., Kashiwagi, M. and Naito, S. (2008). Numerical simulation of wave-induced nonlinear motions of a two-dimensional floating body by the moving particle semi-implicit method. *J. Mar. Sci. Technol.* **13**: 85–94.

➤Sulsky, D., Chen, Z. and Schreyer, H. L. (1994). A particle method for history-dependent materials. *Comput. Meth. Appl. Mech. Eng.* **118**(1–2): 179–196.

➤Suzuki, Y. and Koshizuka, S. (2007). A Hamiltonian particle method for non-linear elastodynamics. *Int'l J. Numer. Meth. Eng.* **74**: 1344–1373.

➤Takekawa, J., Mikada, H., Goto, T., Sanada, Y. and Ashida, Y. (2013). Coupled Simulation of Seismic Wave Propagation and Failure Phenomena by Use of an MPS method. *Pure Appl. Geophysics* **170**: 561-570.

➤Takekawa, J., Mikada, H. and Goto, T. (2014). A Hamiltonian particle method with a staggered particle technique for simulating seismic wave propagation. *Pure Appl. Geophysics* **171**(8): 1747–1757.

➤Tanaka, N. (2001). On Hamiltonian particle dynamics. *Int'l J. Comput. Fluid Dyn.* **15**(1): 57–71.

➤Zhang, S., Kuwabara, S., Suzuki, T., Kawano, Y., Morita, K. and Fukuda, K. (2009). Simulation of solid-fluid mixture flow using moving particle methods. *J. Comput. Phys.* **228**: 2552–2565.

➤五十里洋行, 後藤仁志 (2009). MPS 法弾塑性解析による粘性土河岸崩落過程の計算力学. 水工学論文集 **53**: 1069–1074.

➤五十里洋行, 後藤仁志, 吉年英文 (2009). 斜面崩壊誘発型津波の数値解析のための流体 -

弾塑性体ハイブリッド粒子法の開発. 土木学会論文集 B2（海岸工学）**65**: 46–50.

➤河島庸一, 酒井譲 (2005). 超弾性体（ゴム）の SPH 粒子法大変形解析. 第 18 回計算力学講演会講演論文集 : 765–766.

➤越塚誠一 (2005). 粒子法. 丸善. 144p.

➤越塚誠一, 近澤佳隆, 岡芳明 (1999). 弾性体に対する陽的な粒子計算モデルの開発. 第 4 回計算工学講演会論文集 : 33–36.

➤越塚誠一, 原田隆宏, 田中正幸, 近藤雅裕 (2008). 粒子法シミュレーション　物理ベース CG 入門. 培風館. 179p.

➤後藤仁志, 五十里洋行, 酒井哲郎, 奥謙介 (2006). 浮体群を伴う津波氾濫流の 3D シミュレーション. 海岸工学論文集 **53**: 196–200.

➤後藤仁志, 五十里洋行, 酒井哲郎, 奥謙介 (2007). 山地橋梁の流木閉塞過程の 3 次元シミュレーション. 水工学論文集 **51**: 835–840.

➤近藤雅裕, 鈴木幸人, 越塚誠一 (2007). 最小自乗近似による粒子法弾性解析手法の振動抑制. 日本計算校学会論文集 Paper No. 20070031.

➤鈴木幸人, 越塚誠一 (2007). 非線型弾性体に対する粒子法の開発. 日本計算校学会論文集 Paper No.20070001.

➤宋武燮, 越塚誠一, 岡芳明 (2005). MPS 法による弾性構造体の動的解析. 日本機械学会論文集（A 編）**71**(701): 16–22.

➤田中伸厚 (2000). Hamiltonain Particle Dynamics 法の開発. 日本計算校学会論文集 Paper No. 20000035.

➤陸田秀実, 新蔵慶昭, 土井康明 (2008). 衝撃砕波圧作用下における固体流体連成解析法と構造物の動的応答解析. 海岸工学論文集 **55**: 31–35.

➤陸田秀実, 清水雄, 土井康明 (2009). SPH 法による流力弾性解析法と水面衝撃問題への適用. 土木学会論文集 B **65**(2): 70–80.

第 5 章　「気液混相流解析」関連

➤Adami, S., Hu, X. and Adams, N. (2010). A new surface-tension formulation for multi-phase SPH using a reproducing divergence approximation. *J. Comput. Phys.* **229**(13): 5011–5021.

➤Brackbill, J. U., Kothe, D. B. and Zemach, C. (1992). A continuum method for modeling surface tension. *J. Comput. Phys.* **100**: 335–354.

➤Chen, Z., Zong, Z., Liu, M. B., Zou, L., Li, H. T. and Shu, C. (2015). An SPH model for multiphase flows with complex interfaces and large density differences. *J. Comput. Phys.* **283**: 169–188.

➤Colagrossi, A. and Landrini, M. (2003). Numerical simulation of interfacial flows by smoothed particle hydrodynamics. *J. Comput. Phys.* **191**: 448–475.

➤Drew, D. A. (1983). Mathematical modeling of two-phase flow. *Annual Rev. Fluid Mech.* **15**: 261–291.

➤Grenier, N., Antuono, M., Colagrossi, A., Le Touzé, D. and Alessandrini, B. (2009). An Hamiltonian interface SPH formulation for multi-fluid and free surface flows. *J. Comput. Phys.* **228**: 8380–8393.

➢Hu, X. Y. and Adams, N. A. (2006). A multi-phase SPH method for macroscopic and mesoscopic flows. *J. Comput. Phys.* **213**: 844–861.

➢Hu, X. Y. and Adams, N. A. (2007). An incompressible multi-phase SPH method. *J. Comput. Phys.* **227**(1): 264–278.

➢Ichikawa, H. and Labrosse, S. (2010). Smooth particle approach for surface tension calculation in moving particle semi-implicit method. *Fluid Dyn. Res.* **42**: 035503.

➢Ishii, M. (1975). *Thermo-fluid dynamic theory of two-phase flow*. Paris. Eyrolles. p.275.

➢Jacqmin, D. (1999). Calculation of two-phase Navier–Stokes flows using phase-field modeling. *J. Comput. Phys.* **155**: 96–127.

➢Jacqmin, D. (2000). Contact-line dynamics of a diffuse fluid interface. *J. Fluid Mech.* 40257–88.

➢Khayyer, A. and Gotoh, H. (2013). Enhancement of performance and stability of MPS mesh-free particle method for multiphase flows characterized by high density ratios. *J. Comput. Phys.* **242**: 211–233.

➢Khayyer, A., Gotoh, H. and Tsuruta, N. (2014), A new surface tension for particle methods with enhanced splash Computation. J. Japan Soci. Civil Eng. Ser. B2 (Coastal Engineering) 70(2): 26–30.

➢Kondo, M., Koshizuka, S., Suzuki, K. and Takimoto, M. (2007). Surface tension model using inter-particle force in particle method. *Proc. 5th Joint Fluids Eng. Conf.* (*FEDSM2007*): 93–98.

➢Lafaurie, B., Nardone, C., Scardovelli, R., Zaleski, S. and Zanetti, G. (1994). Modeling merging and fragmentation in multiphase flows with SURFER. *J. Comput. Phys.* **113**: 134–147.

➢Lind, S. J., Stansby, P. K., Rogers, B. D. and Lloyd, P. M. (2015). Numerical predictions of water-air wave slam using incompressible-compressible smoothed particle hydrodynamics. *Appl. Ocean Res.* **49**: 57–71.

➢Liu, J., Koshizuka, S. and Oka, Y. (2005). A hybrid particle-mesh method for viscous, incompressible, multiphase flows. *J. Comput. Phys.* **202**: 65–93.

➢Lyczkowski, R. W., Gidaspow, D., Solbrig, C. W. and Hughes, E. D. (1978). Characteristics and stability analyses of transient one-dimensional two-phase flow equations and their finite difference approximations. *Nuclear Sci. Eng.* **66** (3): 378–396.

➢Monaghan, J. J. (1994). Simulating free surface flows with SPH. *J. Comput. Phys.* **110**(2): 399–406.

➢Monaghan, J. J. and Kocharyan, A. (1995). SPH simulation of multi-phase flow. *Comput. Phys. Commun.* **87**: 225–235.

➢Monaghan, J. J. and Rafiee, A. (2013). A simple SPH algorithm for multi-fluid flow with high density ratios. *Int'l. J. Numer. Meth. Fluids* **71**: 537–561.

➢Morris, J. P. (2000). Simulating surface tension with smoothed particle hydrodynamics. *Int'l. J. Numer. Meth. Fluids* **33**: 333–353.

➢Nomura, K., Koshizuka, S., Oka, Y., and Obata, H. (2001). Numerical analysis of droplet breakup behavior using particle method. *J. Nuclear Sci. Tech.* **38**: 1057–1064.

➢Nugent, S. and Posch, H. A. (2000). Liquid drops and surface tension with smoothed particle applied mechanics. *Phys. Rev. E* **62**(4): 4968.

➢Richie, B. W. and Thomas, P. A. (2001). Multiphase smoothed-particle hydrodynamics. *Mon. Not. R. Astron. Soc.* **323**: 743–756.

➢Rong, S. and Chen, B. (2010). Numerical simulation of Taylor bubble formation in micro-channel by MPS method. *Microgravity Sci. Tech.* **22**: 321–327.

➢Rognebakke, O. F., Hoff, J. R., Allers, J. M., Berget, K., Bergo, B. O. and Zhao, R. (2006). Experimental approaches for determining sloshing loads in LNG tanks. *Trans. Soc. Naval Archit. Mar. Eng.* **113**: 384–401.

➢Shirakawa, N., Rorie, H., Yamamoto, Y. and Tsunayama, S. (2001). Analysis of the void distribution in a circular tube with the two-fluid particle interacthion method. *J. Nuclear Sci. Tech.* **38**(6): 392–402.

➢Stewart, H. B. (1979). Stability of two-phase flow calculation using two-fluid models. *J. Comput. Phys.* **3**: 259–270.

➢Stuhmiller, J. H. (1977). The influence of interfacial pressure forces on the character of two-phase flow model equations. *Int'l J. Multiphase Flow* **3**: 551–560.

➢Souto-Iglesias, A., Macià, F., González, L. M. and Cercos-Pita, J. L. (2013). Addendum to "On the consistency of MPS". *Comput. Phys. Commun.* **184**(3): 732–745.

➢Tartakovsky, A., Ferris, K. F. and Meakin, P. (2009). Lagrangian particle model for multiphase flows. *Comput. Phys. Commun.* **180**(10): 1874–1881.

➢Tartakovsky, A. and Meakin, P. (2005). Modeling of surface tension and contact angles with smoothed particle hydrodynamics. *Phys. Rev. E* **72**: 026301.

➢Tartakovsky, A. and Panchenko, A. (2016). Pairwise force smoothed particle hydrodynamics model for multiphase flow: Surface tension and contact line dynamics. *J. Comput. Phys.* **305**: 1119–1146.

➢Xu, R., Stansby, P. K. and Laurence, D. (2009). Accuracy and stability in incompressible SPH (ISPH) based on the projection method and a new approach. *J. Comput. Phys.* **228**(18): 6703–6725.

➢Zhang, S., Morita, K., Fukuda, K. and Shirakawa, N. (2007). A new algorithm for surface tension model in moving particle methods. *Int'l. J. Numer. Meth. Fluids* **55**: 225–240.

➢Zhang, S., Guo, L. C., Morita, K., Fukuda, K., Shirakawa, N. and Yamamoto, Y. (2008). Simulation of single bubble rising up in stagnant liquid pool with finite volume particle method. *6th Japan-Korea Symposium on Nuclear Thermal Hydraulics and Safety*: 24–27.

第 6 章　「固液混相流解析」関連

➢Cross, M. M. (1965). Rheology of non-Newtonian fluids: A new flow equation for pseudoplastic systems. *J. Colloid Sci.* **20**(5):. 417–437.

➢Crowe, C. T., Sharma, M. P. and Stock, D. E. (1977). The particle-source-in-cell (PSI-CELL) method for gas droplet flow. *Trans. ASME J. Fluids Eng.* **99**: 325–332.

➢Cundall, P. A. (1971). A computer model for simulating progressive, large-scale movements in blocky rock systems. *Proc. Symp. ISRM, Nancy, France* **2**: 129–136.

➤ Cundall, P. A. and Strack, O. D. L. (1979). A discrete numerical model for granular assemblies. *Géotechnique* **29**(1): 47–65.

➤ Ergun, S. (1952). Fluid flow through packed columns. *Chemical Eng. Progress* **48**(2): 89–94.

➤ Hammad, K. and Vradis, G. C. (1994). Flow of a non-Newtonian Bingham plastic through an axisymmetric sudden contraction: effects of Reynolds and yield numbers. *Numer. Meth. Non-Newtonian Fluid Dyn., ASME* **179**: 63–9.

➤ Koch, D. L. and Hill, R. J. (2001). Inertial effects in suspension and porous media flows. *Annual Rev. Fluid Mech.* **33**: 619–647.

➤ Koshizuka, S., Nobe, A. and Oka, Y. (1998). Numerical analysis of breaking waves using the moving particle semi-implicit method. *Int'l. J. Numer. Meth. Fluids* **26**: 751–769.

➤ Patankar, S. V. (1980). *Numerical Heat Transfer and Fluid Flow*. Hemisphere Pub. Corp.

➤ Schiller, V. L. and Naumann, A. (1933). Uber die grundlegenden berechnungen bei der scherkraftaufbereitung. *Z. Vereines Deutscher Inge.* **77**: 318–321.

➤ Shao, S. D. and Lo, E. Y. M. (2003). Incompressible SPH method for simulating Newtonian and non-Newtonian flows with a free surface. *Adv. Water Res.* **26**: 787–800.

➤ Sun, X., Sakai, M., Sakai, M-T. and Yamada, Y. (2014) A Lagrangian-Lagrangian coupled method for three-dimensional solid-liquid flows involving free surfaces in a rotating cylindrical tank. *Chem. Eng. J.* **246**: 122–141.

➤ Sun, X., Sakai, M. and Yamada, Y. (2013). Three-dimensional simulation of a solid-liquid flow by the DEM-SPH method. *J. Comput. Phys.* **248**: 147–176.

➤ Tsuruta, N. (2013). *Improved particle method with high-resolution and computational stability for solid-liquid two-phase flows*. Ph.D. Dissertation. Kyoto University. p.123.

➤ van der Hoef, M. A., van Sint Annaland, M. and Kuipers, J. A. M. (2004). Computational fluid dynamics for dense gas-solid fluidized beds: a multi-scale modeling strategy. *Chemical Eng. Sci.* **59**: 5157–5165.

➤ van der Vorst, H. A. (1992). BI-CGSTAB: A fast and smoothly converging variant of BI-CG for the solution of nonsymmetric linear systems. *SIAM J. Sci. Stat. Comput.* **13**(2): 631–644.

➤ Wen, C. Y. and Yu, Y. H. (1966). Mechanics of fluidization. *Chemical Eng. Progress Symposium Series* **62**: 100–111.

➤ Xu, X., Jie, O., Yang B. and Liu, Z. (2013). SPH simulations of three-dimensional non-Newtonian free surface flows, *Comput. Meth. Appl. Mech. Eng.* **256**: 101–116.

➤ Yamada, Y. and Sakai, M. (2013). Lagrangian-Lagrangian simulations of solid-liquid flows in a bead mill. *Powder Technol.* **239**: 105–114.

➤ Ye, M., van der Hoef, M. A. and Kuipers, J. A. M. (2005). The effects of particle and gas properties on the fluidization of Geldart A particles. *Chemical Eng. Sci.* **60**: 4567–4580.

➤ Zhang, S., Kuwabara, S., Suzuki, T., Kawano, Y., Morita, K. and Fukuda, K. (2009). Simulation of solid-fluid mixture flow using moving particle methods. *J. Comp. Phys.* **228**:

2552–2565.

➤五十里洋行, 後藤仁志, 新井智之 (2012). 粒子法型非ニュートン流体モデルによる地滑り 津波解析. 土木学会論文集 B2（海岸工学）**68**(2): I_66–I_70.

➤太田光浩, 酒井幹夫, 島田直樹, 本間俊司, 松隈洋介 (2015). 混相流の数値シミュレーション. 丸善. 224p.

➤大塚達也, 清水康行, 木村一郎, 大槻政哉, 齋藤佳彦 (2009). MPS 法の雪崩への適用に向けての二, 三の検討. 水工学論文集 **53**: 1063–1068.

➤川口寿裕, 田中敏嗣, 辻裕 (1992). 離散要素法による流動 層の数値シミュレーション（噴流層の場合）. 日本機械学会 論文集（B 編）**58**(551): 79–85.

➤川口寿裕, 萩原健一郎, 乾真規, 辻拓也, 田中敏嗣 (2012). 液中固体粒子挙動の DEM-MPS 解析および PTV 計測. 日本機械学会論文集（B 編）**78**(786): 276–290.

➤後藤仁志. (2004). 数値流砂水理学. 森北出版. 223p.

➤後藤仁志, 林稔, 安藤怜, 鷲見崇, 酒井哲郎 (2003). 砂礫混合層を伴う混相流解析のための DEM-MPS 法マルチスケールリンクの開発. 海岸工学論文集 **50**: 26–30.

➤後藤仁志, Jørgen Fredsøe (1999). Lagrange 型固液二相流モデルによる海洋放棄微細土砂の拡散過程の数値解析. 海岸工学論文集 **46**: 986–990.

➤後藤仁志, 鶴田修己, 原田英治, 五十里洋行, 久保田博貴. (2012). 固液混相流解析のための DEM-MPS 連成手法の提案. 土木論文集 B2（海岸工学）**68**(2): 21–25.

➤酒井幹夫, 越塚誠一, 豊島至 (2008). DEM-MPS 法による自由界面を伴う固液混相流の数値解析. 粉体工学会誌 **45**: 466–477.

➤鶴田修己, 後藤仁志, 五十里洋行, 原田英治 (2012). 高精度 3D-DEM-MPS による多数粒子群非定常沈降過程の計算力学的検討. 土木学会論文集 B2（海岸工学）**68**(2): 851–855.

➤鶴田修己, Khayyer Abbas, 後藤仁志 (2013). 高精度 DEM-MPS 法のための計算安定スキームの提案. 土木学会論文集 B2（海岸工学）**69**(2): 1006–1010.

➤伯野元彦. (1997). 破壊のシミュレーション―拡張個別要素法で破壊を追う―. 森北出版. 230p.

➤福澤洋平, 富山秀樹, 柴田和也, 越塚 誠一 (2014). MPS 法による高粘性非ニュートン流体の流動解析. Transactions of JSCES. Paper No.20140007.

➤三好淳之, 川口寿裕, 田中敏嗣, 辻裕 (2001). 流動層内の粒子流動特性に及ぼす気流脈動の影響. 日本機械学会論文集（B 編）**67**(654): 324–349.

➤吉田博, 桝谷浩, 今井和昭 (1988). 個別要素法による敷砂上への落石の衝撃特性に関する解析. 土木学会論文集 **392**: 297–306.

その他

全般を通じて参考となる書籍を, 入手が比較的容易な和書を中心に刊行年順に以下に示す.

[流体力学]

➤友近晋 (1940). 流体力学. 文献社. 351p.

➤今井功 (1973). 流体力学 前編. 裳華房. 428p.

➤巽友正 (1982). 流体力学. 培風館. 453p.

➤日野幹雄 (1992). 流体力学. 朝倉書店. 469p.

➤吉沢徴 (2001)．流体力学．東京大学出版会．344p.

[数値流体力学]
➤保原充，大宮司久明 (1992)．数値流体力学 - 基礎と応用．東京大学出版会．635p.
➤荒川忠一 (1994)．数値流体工学，東京大学出版会．229p.
➤藤井孝蔵 (1994)．流体力学の数値計算法．東京大学出版会．234p.
➤越塚誠一 (1997)．数値流体力学．培風館．223p.

[粒子法]
➤Liu, G. R. and Liu, B. M. (2003). *Smoothed Particle Hydrodynamics: A Meshfree Particle Method.* World Scientific. 472p.
➤Li, S. and Liu, W. K. (2007). *Meshfree Particle Methods.* Springer. 502p.
➤Liu, B. M. and Liu, G. R. (2015). *Particle Methods for Multi-Scale and Multi-Physics.* World Scientific. 400p.
➤越塚誠一 (2005)．粒子法．丸善．144p.
➤越塚誠一 (2008)．粒子法シミュレーション―物理ベース CG 入門．培風館．179p.
➤越塚誠一，柴田和也，室谷浩平 (2014)．粒子法入門．丸善，220p.
➤Hoover, W. G.（志田晃一郎訳)(2008)．粒子法による力学（Smooth Particle Applied Mechanics)．森北出版．243p.
➤矢川元基，酒井譲 (2016)．粒子法 基礎と応用．岩波書店．160p.

[乱流モデル]
➤大宮司久明，吉沢徴，三宅裕（編) (1998)．乱流の数値流体力学―モデルと計算法．東京大学出版会．652p.
➤梶島岳夫 (1999)．乱流の数値シミュレーション．養賢堂．255p.

[混相流モデル]
➤粉体工学会編 (1998)．粉体シミュレーション入門―コンピュータで粉体技術を創造する．産業図書．196p.
➤有冨正憲，秋山守（監修)(2001)．新しい気液二相流数値解析―多次元流動解析．コロナ社．261p.
➤後藤仁志 (2004)．数値流砂水理学．森北出版．223p.
➤太田光浩，酒井幹夫，島田直樹，本間俊司，松隈洋介 (2015)．混相流の数値シミュレーション．丸善．224p.

[粒状体モデル・個別要素法]
➤粉体工学会編 (1998)．粉体シミュレーション入門―コンピュータで粉体技術を創造する．産業図書．196p.
➤伯野元彦 (1997)．破壊のシミュレーション―拡張個別要素法で破壊を追う―．森北出版．230p.
➤後藤仁志 (2004)．数値流砂水理学．森北出版．223p.

➢酒井幹夫 (著編) (2012). 粉体の数値シミュレーション. 丸善. 208p.
➢O'Sullivan, C.（鈴木輝一訳）(2014). 粒子個別要素法（*Particulate Discrete Element Modelling: A Geomechanics Perspective*）. 森北出版. 376p.

［連続体・固体・弾性体力学］
➢Holzapfel, G. A. (2000). *Nonlinear solid mechanics: A continuum approach for engineering*. Wiley. 470p.
➢冨田佳宏 (1995). 連続体力学の基礎. 養賢堂. 165p.
➢中村喜代次，森教安 (1998). 連続体力学の基礎. コロナ社. 200p.
➢岡二三生 (2000). 地盤の弾粘塑性構成式. 森北出版. 166p.
➢京谷孝史 (2008). よくわかる連続体力学ノート. 森北出版. 304p.
➢清水昭比古 (2012). 連続体力学の話法. 森北出版. 309p.

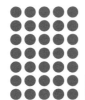

索　引

著　者　略　歴

後藤　仁志（ごとう・ひとし）

年　京都大学工学部卒業
1992 年　京都大学大学院博士後期課程修了（土木工学専攻）
1992 年　京都大学工学部助手
1996 年　京都大学工学研究科講師
1997 年　京都大学工学研究科助教授（2007 年 同准教授）
2008 年　京都大学工学研究科教授
現　在　京都大学工学研究科教授（社会基盤工学専攻）
　　　　博士（工学）

編集担当　富井　晃（森北出版）
編集責任　藤原祐介（森北出版）
組　版　双文社印刷
印　刷　　同
製　本　ブックアート

連続体・混相流・粒状体のための計算科学　　　　　　　© 後藤仁志　2018

2018 年　1 月 11 日　第 1 版第 1 刷発行　　　　【本書の無断転載を禁ず】
2021 年　6 月 30 日　第 1 版第 2 刷発行

著　　者　後藤仁志
発 行 者　森北博巳
発 行 所　森北出版株式会社

東京都千代田区富士見 1-4-11（〒102-0071）
電話 03-3265-8341／FAX 03-3264-8709
https://www.morikita.co.jp/
日本書籍出版協会・自然科学書協会　会員
[JCOPY]<(一社)出版者著作権管理機構 委託出版物>

Printed in Japan／ISBN 978-4-627-92231-0

MEMO

MEMO

MEMO